高等学校数学教育系列教材

数学方法论与解题研究

第三版

张雄 李得虎

中国教育出版传媒集团
高等教育出版社·北京

内容提要

本书从数学的创造性思维本质出发，论述了数学发现和数学解题的一般性规律、原理和方法。本书既有理论原理，又有大量的典型例题、例证分析，内容丰富，文笔流畅，富有启发性，可读性较强。

全书分上、下两篇，上篇为数学方法论，阐述了数学发现的基本方法、数学的论证方法、数学与物理方法、数学智力的开发与创新意识的培养等内容；下篇为数学解题研究，阐述了数学解题观、数学解题的思维过程、解题策略、解题思想等内容。

本次修订除对书中内容进一步完善外，还提供了部分典型习题的解答过程，以二维码的形式呈现在各章末，方便读者学习。

本书可作为高等师范院校数学类专业本、专科教材，高等师范院校数学与应用数学专业自学考试教材，以及中学数学教师继续教育和骨干教师培训的教材，也可供数学教研人员和数学教师参考。

图书在版编目(CIP)数据

数学方法论与解题研究/张雄，李得虎主编.--3版.--北京：高等教育出版社，2022.7（2023.2重印）

ISBN 978-7-04-058730-2

Ⅰ.①数… Ⅱ.①张…②李… Ⅲ.①数学方法-高等学校-教学参考资料 Ⅳ.①O1-0

中国版本图书馆CIP数据核字(2022)第094718号

Shuxue Fangfalun yu Jieti Yanjiu

策划编辑 刘 荣　　责任编辑 刘 荣　　封面设计 赵 阳　　版式设计 杜微言
责任绘图 黄云燕　　责任校对 马鑫蕊　　责任印制 田 甜

出版发行 高等教育出版社
社　　址 北京市西城区德外大街4号
邮政编码 100120
印　　刷 北京七色印务有限公司
开　　本 787mm×1092mm 1/16
印　　张 21.5
字　　数 440千字
购书热线 010-58581118
咨询电话 400-810-0598

网　　址 http://www.hep.edu.cn
　　　　 http://www.hep.com.cn
网上订购 http://www.hepmall.com.cn
　　　　 http://www.hepmall.com
　　　　 http://www.hepmall.cn
版　　次 2003年8月第1版
　　　　 2022年7月第3版
印　　次 2023年2月第2次印刷
定　　价 50.00元

物 料 号 58730-00

第三版前言

本书第一版于2003年8月出版，迄今已有19年，其间印刷了二三十次，并深受读者喜爱，不少师范院校将其用作本科生和研究生教材。本书曾被选为全国教师教育课程资源"优秀资源"和国家精品课程资源，也被用作中学教师继续教育培训进修的参考书。据中国引文数据库显示，本书被同行专家、学者大量引用。在此，谨向广大读者和关心支持本书的同行与社会各界朋友表示诚挚的感谢。

由于第二作者李得虎老师早已过世，这一版的修订工作同样由我来完成。本次修订除了在第二版的基础上对少数内容做了改动、进一步完善本书内容，还在各章末对部分典型习题给出解答，并以二维码的形式呈现，方便读者学习。

希望本书第三版能够得到更多读者的关注。限于本人水平，书中恐仍有疏漏和不足，恳请读者、同行指正，以便继续完善和提高。

张 雄

2022年3月

第二版前言

本书第一版问世后，得到了同行的普遍关注。本书被为数众多的院校选作教材，曾荣获教育部表彰的首届全国教师教育课程资源“优秀资源”奖(2004年)，并进入国家精品课程资源网教材中心，据中国知网统计的引用频次也在不断攀升。在此，首先要对多年来关爱本书的同行、师生和社会各界朋友表示由衷的谢意！

本次修订由张雄教授完成，主要是在第一版的基础上新增加了第一章的第一节和第九章的第六节内容，对部分章节的内容也作了修改完善。同时，在各章内容的后面还选配了适量的习题，以方便师生教学。需要提到的是，陈焕斌、赵云山两位老师参与了部分习题的选配工作，第九章第六节“最简元思想”参考了赵云山老师的相关论文，这里向两位老师表示感谢。

编著者

2013年4月

目　　录

上篇　数学方法论

第一章　数学方法的源头 …… (3)

§1　数学方法的产生、意义及认识 …… (3)
§2　数的产生与数进制的创生及分类 …… (7)
§3　自然数的四则运算 …… (9)
§4　关于开平方的方法 …… (15)
习题一 …… (17)

第二章　数学发现的基本方法 …… (19)

§1　观察 …… (19)
§2　联想 …… (24)
§3　尝试 …… (32)
§4　实验 …… (38)
§5　归纳猜测 …… (42)
§6　类比推广 …… (52)
§7　模拟 …… (65)
§8　化归 …… (74)
§9　几何变换 …… (99)
习题二 …… (112)

第三章　数学的论证方法 …… (116)

§1　分析法与综合法 …… (116)
§2　演绎法 …… (127)
§3　公理化方法 …… (135)
§4　数学思维概述 …… (141)
§5　数学悖论及公理集合论简介 …… (147)
习题三 …… (154)

第四章　数学与物理方法 …… (156)

§1　数学问题中的物理方法 …… (156)

§2　爱因斯坦狭义相对论简介 …… (164)
§3　数学与大自然及宇宙的和谐 …… (170)
习题四 …… (172)

第五章　数学智力的开发与创新意识的培养 …… (174)

§1　智力及其结构 …… (174)
§2　能力及其培养 …… (176)
§3　智力的开发 …… (180)
§4　华罗庚数学教育思想及治学原则初探 …… (189)
§5　数学创新意识的培养 …… (196)
习题五 …… (203)

下篇　数学解题研究

第六章　数学解题理论概述 …… (207)

§1　数学问题及其类型 …… (207)
§2　问题解决的要素和一般模式 …… (212)
§3　数学解题观 …… (217)
§4　数学解题目的 …… (227)
习题六 …… (235)

第七章　数学解题的思维过程 …… (237)

§1　解题过程的思维分析 …… (237)
§2　数学解题的思维监控 …… (243)
§3　解题坐标系 …… (249)
习题七 …… (263)

第八章　数学解题策略 …… (265)

§1　解题策略与策略决策 …… (265)
§2　模型策略 …… (266)
§3　化归转化策略 …… (268)
§4　归纳策略 …… (271)
§5　演绎策略 …… (275)
§6　类比策略 …… (279)
§7　数形结合策略 …… (282)
§8　差异分析策略 …… (288)
§9　正难则反策略 …… (292)
习题八 …… (295)

第九章　数学解题思想 …… (298)

§1　系统思想 …… (298)
§2　辩证思想 …… (303)
§3　运动变化思想 …… (307)
§4　建模思想 …… (310)
§5　审美思想 …… (315)
§6　最简元思想 …… (320)
习题九 …… (327)

参考文献 …… (331)

上　　篇

数学方法论

第一章　数学方法的源头

任何一门科学都有其方法论基础. 如同其他科学技术一样，在数学的产生与发展过程中，方法与理论始终是相生相伴的. “工欲善其事，必先利其器”，数学方法论就是关于数学活动中的“工具”的创造、产生和发展研究的理论，是研究和讨论数学的发展规律、数学思想方法以及数学发现的一般性原理和方法的学问.

§1　数学方法的产生、意义及认识

一、数学方法的产生

在数学发展的历史长河中，数学方法与数学理论始终是紧密相连、不可分割的. 英国数学家格莱舍(Glaisher)曾经说过：“如果企图将一门学科和它的历史割裂开来，我确信，没有哪一门学科比数学的损失更大.”数学史表明，数学方法和数学理论的产生是比翼双飞、共同发展的，有时候方法先于理论，有时候理论派生方法，更多情况下则是两者齐头并进.

拿计数法来说，尽管数系的发展极其缓慢，但是，早期人们在实际中用到的数目可能要超出他们的认识范围，解决的办法就是“一一对应”. 例如，用石子、木棍等方便的实物与羊群“一一对应”，采用一一对应的方法完成计数问题.

除了用石子、木棍之类的东西之外，还有三种常见的早期计数方法：手指计数、刻痕计数、结绳计数. 手指是人类最早的计数工具，堪称一种“便携式”计算器，成语“屈指可数”即来源于此. 刻痕计数即用锐器在竹片、木板、甲骨、石壁上刻划出痕迹作为示意的记号，如果这种记号表示的是数目，那就是最早的数学符号了. 结绳计数即在绳子上打结，用所打结的多少来计数.

我们来看古埃及人的乘除法运算. 他们发明了一套独特的方法，把一般的乘除法运算通过一系列的倍乘(乘 2)和加法(或减法)来完成. 例如，以 26 为乘数或除数时，要事先对 26 多次倍乘，得到如下所示一组数：

26 的个数	1	2	4	8	16	32	…
相应的结果	26	52	104	208	416	832	…

由此可知

$$29\times26=(1+4+8+16)\times26=26+104+208+416=754,$$

而 $580\div26=22\cdots\cdots8$，其思路如下：

$$\begin{aligned}580&=416+164=416+104+60=416+104+52+8\\&=26\times(16+4+2)+8=26\times22+8.\end{aligned}$$

在用上述一系列的倍乘和加法（或减法）来完成乘除运算时，我们应该注意到，其中蕴含着一条数学上的定律，即任何自然数都可以用等比数列 $1,2,4,8,\cdots,2^n,\cdots$ 中的某些项之和来表示，这也正是每个自然数都可以用二进制的方式表示出来的原因.

再例如，古埃及的代数知识主要是“堆算”，而古埃及人解决堆算问题主要使用的是“试位法”. 所谓试位法，即先找一个满足部分条件的适当数代替未知数，代入已知条件中尝试一下，看结果与实际相差多少，然后按比例增加或减少该数使之完全符合条件. 例如 $x+\frac{x}{7}=24$，取 $x=7$（因为 x 一定是 7 的倍数）代入方程，算得左边等于 8，它是 24 的 $\frac{1}{3}$，故应当将所尝试的数扩大 3 倍，即正确答案应该是 $x=7\times3=21$.

莫斯科纸草书上有一个二次方程的问题：“把面积为 100 的正方形分成两个小正方形，使其中一边是另一边的四分之三”. 用现代数学符号表示其试位法的过程是：设两个小正方形的边长分别为 x,y，则可列出方程组

$$\begin{cases}x^2+y^2=100,\\x:y=1:\frac{3}{4}.\end{cases}$$

取 $x'=1,y'=\frac{3}{4}$ 尝试，则 $x'^2+y'^2=\frac{25}{16}$. 因为

$$\sqrt{100}\div\sqrt{\frac{25}{16}}=10\div\frac{5}{4}=8,$$

所以 $x=1\times8=8,y=\frac{3}{4}\times8=6$ 即为正确答案.

事实证明，数学方法体现了数学理论，而数学理论提供了数学方法. 常常是方法在理论中找，理论在方法中生.

二、数学方法的意义

人类在认识世界和改造世界的过程中，总是要根据一定的目的为自己确定各式各样的任务. 然而，“我们不但要提出任务，而且要解决完成任务的方法问题. 我们的任务是过河，但是没有桥或没有船就不能过. 不解决桥或船的问题，过河就是一句空话. 不解决方法问题，任务也只是瞎说一顿.”（《毛泽东选集》第一卷，第 139 页，人民出版社 1991 年出版）数学方法就相当于这里讲的桥或船的问题.

下面，我们具体用阿基米德（Archimedes）螺线与古典几何作图三大难题来说明数学方法的意义.

众所周知的三大几何作图难题是：倍立方体问题，即求作一个立方体，使该立方体体积为给定立方体体积的两倍；三等分角问题，即分一个给定的任意角为三个相等的部分；化圆为方问题，即作一个正方形，使其面积等于一个给定的圆的面积.

在这三大几何作图难题提出之后两千多年里，它们对数学的发展作用巨大. 虽然用直尺和圆规这两种工具能够成功地解决许多其他作图问题，但对这三个问题却不能精确求解，而只能近似求解. 对其方法的深入探索给古希腊几何学以巨大的影响，并引出大量的发现，例如，二次曲线（如圆锥曲线）、三次曲线以及几种超越曲线（如割圆曲线）的发现，还有后来有关有理域和群论的若干发展.

数学家发明了许多方法来解决三大难题，但它们都不是严格意义上的尺规作图，其中包括利用阿基米德螺线、蔓叶线、蚌线等一些高次平面曲线解法. 其中阿基米德螺线既可以解决化圆为方问题，又能解决三等分角问题，而且方法很简单，一箭双雕. 有很多学数学的人，只知道阿基米德螺线，但并不了解该螺线是阿基米德在公元前 225 年为解决化圆为方问题而发现的，并用螺线成功地解决了化圆为方问题和三等分角问题.

平面上的一条射线绕其端点做匀速转动的同时，沿着该射线做匀速运动的点的轨迹被称为阿基米德螺线. 当我们把动点 P 与射线的端点 O 重合时转动射线的位置 OA 取作极坐标系的极轴，转动过的角度$\angle AOB$ 作为极角 θ，即建立了极坐标系. 由于极径 OP 与$\angle AOP$ 成正比例，所以得到阿基米德螺线的极坐标方程为 $r=a\theta$（a 为比例常数）.

先用阿基米德螺线化圆为方. 如图 1－1 所示，以点 O 为圆心、a 为半径作一个圆，分别交 OA，OB 于 M，N 两点，则 OP 的长度与两条射线 OA，OB 之间所夹的弧长相等，即

$$|OP|=\overset{\frown}{MN}=a\theta.$$

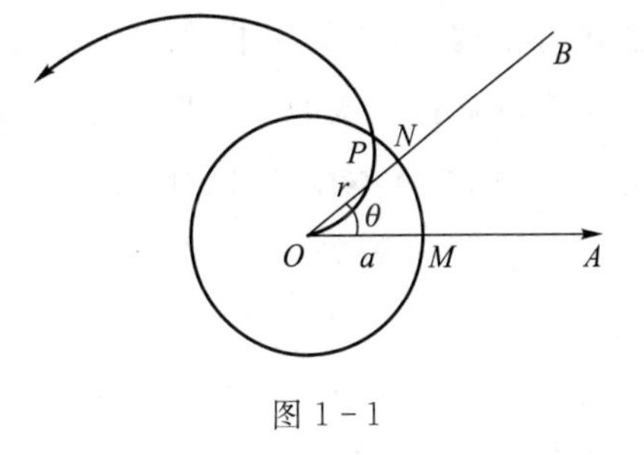

图 1－1

当 $OP\perp OA$ 时，$|OP|=\dfrac{1}{4}\times$圆的周长. 又

$$S_{圆}=\pi a^2=\frac{a}{2}\cdot 2\pi a,$$

所以

$$S_{圆}=\frac{a}{2}\cdot 4|OP|=2a|OP|.$$

设所求作正方形的面积等于圆 O 的面积，且边长为 x，则 $x^2=S_{圆}=2a|OP|$. 因此，所求正方形的边长是 $2a$ 与$|OP|$的比例中项，即圆的直径和垂直于 OA 的螺线的极径长之比例中项. 这样就解决了化圆为方问题.

再用阿基米德螺线三等分任意$\angle AOB$. 设 OB 交螺线于点 P，先三等分线段 OP，并设分点为 P_1，P_2；再以点 O 为圆心，分别以 OP_1 和 OP_2 为半径画圆，两圆分别与

螺线相交于 T_1, T_2 两点.

由于 $OT_2=2OT_1, OP=3OT_1, T_1, T_2, P$ 都是螺线上的点,从而 OT_2 与 OA 之间所夹圆弧等于 OT_1 与 OA 之间所夹圆弧的 2 倍,OB 与 OA 之间所夹圆弧是 OT_1 与 OA 之间所夹圆弧的 3 倍,所以,$\angle AOT_1=\angle T_1OT_2=\angle T_2OP$,即 OT_1, OT_2 三等分$\angle AOB$.

历史上类似这样的近似解法还有许多. 三大几何作图难题不论是对希腊几何学,还是对整个数学,影响都极为深远. 事实上,希腊数学的头三百年,有三条主要的互不相同的发展路线:第一条路线是欧几里得(Euclid)编入《原本》的那些材料;第二条路线是有关无穷小、极限以及求和过程的各种概念的发展,这些概念直到现代微积分发明之后,才得到彻底澄清;第三条路线是高等几何,即圆和直线之外的曲线以及球面和平面之外的曲面的几何学发展路线. 高等几何学中的大部分内容起源于对解三大作图难题的研究.

三、数学方法的认识

数学方法是指在数学活动中,从实践上和理论上把握现实,从而达到某种目的的途径、手段和方式的总和. 数学方法为数学问题的求解和数学知识的获取提供了可能,没有数学方法就没有数学的进展. 西方语言中"方法"一词,源于希腊文 μεθοδοs,从原文词义上看,表示沿着某条道路行进.

数学方法与数学思想既有区别又有联系. 数学思想是在数学研究活动中的根本想法,是对数学对象的本质认识,是在对具体的数学知识和方法做更进一步的认识过程中提炼概括形成的一般性观点. 通常认为,在强调数学活动的指导思想时称为数学思想,在强调具体操作过程时则称为数学方法. 思想就是数学家常说的"idea",方法就是"technique". 在解决数学问题时,首先应该有"idea",然后再寻找具体的"technique". 反之,"technique"体现着"idea".

数学是一个有机的整体,打个比方,问题是数学的心脏,知识是数学的躯体,方法是数学的行为,思想是数学的灵魂. 数学彰显其生命力的一个必要条件就是内部的数学问题、知识、方法、思想之间相结合,它们是相互影响、相互联系、和谐发展的辩证统一体. 为解决实践中和理论上提出的各类数学问题,势必创造出各种不同的数学方法,相应的数学知识也就接踵而来. 例如,为解决高次代数方程求根公式问题,不知多少数学家为之努力,创立了许多的方法和理论,直到伽罗瓦(Galois)创立了"群论",才使这一向人类智慧挑战的难题得到彻底解决. 伽罗瓦群论是近代数学的重大突破,被称为"群论"思想方法,然而该方法却是源于前述代数难题. 为了解决代数方程根的个数问题,运用引进复数的思想方法,从而产生了著名的"代数学基本定理".

数学中解决具有相同性质问题所用的通用方法,我们可称之为通法. 通法是数学思想和数学方法在解决数学问题中的集中体现. 数学的发展史几乎就是数学通法的发展史. 例如,微积分学的创立与发展几乎是数学通法创立与发展的范例. “微元法”“拉格朗日(Lagrange)乘数法”“洛必达(L'Hospital)法则”等,不仅是微积分学知识的重要组成部分,也为解决具体的问题提供了强有力的方法. 欧拉(Euler)在解决“七桥问题”的同时给出了欧拉定理,这个定理为解决同类的图论问题提供了有力的方法,同时还为图论的研究和发展指明了方向. 再如泛函分析中的压缩映射定理,其证明方法是迭代法,而这个迭代法在数值分析、动力系统等诸多领域有着广泛的应用. 压缩映射定理也称为不动点定理,在求解诸如代数方程、微分方程、积分方程等各种各样的方程和数理经济学等诸多领域里都有着广泛的应用.

可以看出,数学的通法常常和数学的重要定理联系在一起,也就是我们常说的“方法寓于概念之中”“方法在概念和定理(理论)中找”. 事实上,许多数学定理及其证明都是通法的代表. 数学广泛的应用性实际上就是指其通法的普遍性程度上更高,可以涵盖非常广泛的情形. 这些数学定理不仅是构建数学知识理论的构件,也提供了解决问题的一般思维方法. 数学的通法是数学方法的核心,是现代数学发展的基石.

四、数学方法论

数学方法论主要是研究和讨论数学的发展规律、数学的思想方法以及数学中的发现、发明与创新等一般法则的一门学问.

如果把数学研究或解决数学问题比作打仗,那么数学基本知识就是“兵力”,基本的数学方法就是“兵器”,调动数学知识、运用数学方法的数学方法论就是“兵法”. 在数学学习过程中,掌握基本概念和定理固然重要,了解这些概念是如何形成的以及获得这些定理的思想方法,有时更重要. 因为思想方法不仅有趣、富有启发性,而且可以引导人们去研究新问题、做出新发现.

§2　数的产生与数进制的创生及分类

人类社会有记载的历史大约有 5 000 年,数学的历史可能比 5 000 年更长. 可以说数学是随着人类的产生而产生的,更确切地说,数学产生于人类的生产实践,产生于劳动成果的剩余,与此同时,数学方法也就随之产生与发展. 我们提一个既简单而又耐人寻味的问题,来探讨数学方法的产生和发展,那就是:为什么我们现在常用的记数和计数都采用十进制?

记数是一种最基本的数学方法,也是产生最早的数学方法之一,在日常生活、文化和科学技术活动中,还用到其他的进制,比如角进制是六十进制. 另外还有四进制、八进制、十二进制、十六进制等,特别是计算机中要用到二进制. 那么为什么日常生活大都采用十进制呢?

这还得从数的产生谈起,我们知道,“远古时期,饮血茹毛”. 类人猿的生活环境和生存条件是非常残酷的，赤手空拳，或最多拿根树枝跟野兽搏斗. 但残酷的环境和条件，不但锻炼了人的肢体，更重要的是锻炼了人的大脑，使人们逐渐地聪明起来. 石刀、石斧、石箭等工具的产生，使人们的“生产力”大大提高，生存能力大大增强，有了剩余的劳动产品，需要记录下来，这就产生了数.

数的产生也是一种由实践到理论的“映射”或对应. 哲学家罗素(Russell)曾说过：“不知道经过了多少年，人类才发现一对锦鸡与两天同是数字二的例子.”

一个猎物与一个手指对应，两个猎物与两个手指对应……十个指头对应完了，就用一根大树枝或大石头“记录”下来，这样就产生了“十进制”. 可见，十进制源于人的双手有 10 个手指头.

除了十进制，其他进制也都有它们的由来和发展历史. 这里，我们把各种进制列一张表，如表 1-1 所示(表中的 A,B,C,D,E,F 分别表示十进制中的 10,11,12,13,14,15)，并用一个统一的公式表示一下. 各种进制与十进制的关系可用一个简单的公式表示为

$$(x)_p=\sum_{i=n}^{m}a_ip^i,$$

表 1-1　十进制记数法和其他进制记数法对照表

十进制	其他进制													
	二	三	四	五	六	七	八	九	十一	十二	十三	十四	十五	十六
1	1	1	1	1	1	1	1	1	1	1	1	1	1	1
2	10	2	2	2	2	2	2	2	2	2	2	2	2	2
3	11	10	3	3	3	3	3	3	3	3	3	3	3	3
4	100	11	10	4	4	4	4	4	4	4	4	4	4	4
5	101	12	11	10	5	5	5	5	5	5	5	5	5	5
6	110	20	12	11	10	6	6	6	6	6	6	6	6	6
7	111	21	13	12	11	10	7	7	7	7	7	7	7	7
8	1000	22	20	13	12	11	10	8	8	8	8	8	8	8
9	1001	100	21	14	13	12	11	10	9	9	9	9	9	9
10	1010	101	22	20	14	13	12	11	A	A	A	A	A	A
11	1011	102	23	21	15	14	13	12	10	B	B	B	B	B
12	1100	110	30	22	20	15	14	13	11	10	C	C	C	C
13	1101	111	31	23	21	16	15	14	12	11	10	D	D	D
14	1110	112	32	24	22	20	16	15	13	12	11	10	E	E
15	1111	120	33	30	23	21	17	16	14	13	12	11	10	F
16	10000	121	100	31	24	22	20	17	15	14	13	12	11	10

其中$(x)_p$表示以p为基数（即几进制中的“几”）的数，a_i为$0,1,2,\cdots,p-1$中的一个，n,m为正整数，p为大于或等于2的正整数.

例如，任意一个自然数N可用十进制表示为

$$N=10^{n-1}a_1+10^{n-2}a_2+\cdots+10a_{n-1}+a_n,$$

其中n为正整数，$a_i(i=1,2,\cdots,n)$为$0,1,2,\cdots,9$中的一个. 推而广之，在十进制中1 347.076可表示为（基数$p=10$）

$$(1\ 347.076)_{10}=1\times10^3+3\times10^2+4\times10+7\times10^0+0\times10^{-1}+7\times10^{-2}+6\times10^{-3},$$

而

$$\begin{aligned}(1\ 712)_8&=(1\times8^3+7\times8^2+1\times8+2\times8^0)_{10}\\&=(1\times512+7\times64+8+2)_{10}=(970)_{10}.\end{aligned}$$

特别应提到的是小数——也叫十进分数，无疑是一项十分伟大的发明创造. 小数发明之后，数1 174.07应记为

…0 0 0 1 1 7 4. 0 7 0 0…
百十万千百十个 十百千万
…万万　　　　　分分分分…
位位位位位位位 位位位位

§3　自然数的四则运算

自然数的加减乘除四则运算，是在十进制记数法和计数法的基础上发展起来的伟大创举，它使数真正应用于生产劳动和产品分配的社会实践中. 而运算法则的产生，无疑是由于人们发现了四则运算的规律，也就是说运算法则依赖于运算规律，而运算规律又是在长期的劳动实践中发现的.

利用竖式进行加减乘除四则运算，是自然数四则运算的主要内容. 本节将用代数方法，来表述自然数的竖式运算的原理，从而使我们明白其中的道理，并从中受到启迪.

自然数的四则运算，遵从如下规律：

(1) 加法交换律

$$a+b=b+a;$$

(2) 加法结合律

$$a+b+c=a+(b+c)=(a+b)+c;$$

(3) 乘法交换律

$$ab=ba;$$

(4) 乘法结合律

$$abc=(ab)c=a(bc);$$

（5）乘法对于加法的分配律

$$a(b+c)=ab+ac.$$

以下介绍的竖式运算原理均假设正整数 n 和 m 满足 $n\geqslant m$. 竖式加法原理：

$$\begin{array}{r} a_1a_2\cdots a_{n-m+1}a_{n-m+2}\cdots a_{n-1}a_n \\ +)\qquad b_1\qquad b_2\qquad \cdots b_{m-1}b_m \\ \hline c_0c_1c_2\cdots c_{n-m+1}c_{n-m+2}\cdots c_{n-1}c_n \end{array}$$

即

$$\begin{aligned}
&10^{n-1}a_1+10^{n-2}a_2+\cdots+10^{m-1}a_{n-m+1}+10^{m-2}a_{n-m+2}+\cdots+\\
&10a_{n-1}+a_n+10^{m-1}b_1+10^{m-2}b_2+\cdots+10b_{m-1}+b_m\\
=&\sum_{i=1}^{n}10^{n-i}a_i+\sum_{j=1}^{m}10^{m-j}b_j\\
=&\sum_{i=1}^{n-1}10^{n-i}a_i+\sum_{j=1}^{m-1}10^{m-j}b_j+(a_n+b_m)\\
=&\sum_{i=1}^{n-1}10^{n-i}a_i+\sum_{j=1}^{m-1}10^{m-j}b_j+10k_1+c_n\\
=&\sum_{i=1}^{n-2}10^{n-i}a_i+\sum_{j=1}^{m-2}10^{m-j}b_j+10(a_{n-1}+b_{m-1}+k_1)+c_n\\
=&\sum_{i=1}^{n-2}10^{n-i}a_i+\sum_{j=1}^{m-2}10^{m-j}b_j+10(10k_2+c_{n-1})+c_n\\
=&\sum_{i=1}^{n-2}10^{n-i}a_i+\sum_{j=1}^{m-2}10^{m-j}b_j+10^2k_2+10c_{n-1}+c_n\\
=&\sum_{i=1}^{n-m}10^{n-i}a_i+10^{m-1}(a_{n-m+1}+b_1)+10^{m-2}(a_{n-m+2}+b_2+k_{m-2})+\\
&\sum_{j=n-m+3}^{n}10^{n-j}c_j\\
=&\sum_{i=1}^{n-m}10^{n-i}a_i+10^{m-1}(a_{n-m+1}+b_1)+10^{m-2}(10k_{m-1}+c_{n-m+2})+\\
&\sum_{j=n-m+3}^{n}10^{n-j}c_j\\
=&\sum_{i=1}^{n-m}10^{n-i}a_i+10^{m-1}(a_{n-m+1}+b_1)+10^{m-1}k_{m-1}+\sum_{j=n-m+2}^{n}10^{n-j}c_j\\
=&\sum_{i=1}^{n-m}10^{n-i}a_i+10^{m-1}(a_{n-m+1}+b_1+k_{m-1})+\sum_{j=n-m+2}^{n}10^{n-j}c_j\\
=&\sum_{i=1}^{n-m}10^{n-i}a_i+10^{m-1}(10k_m+c_{n-m+1})+\sum_{j=n-m+2}^{n}10^{n-j}c_j\\
=&\sum_{i=1}^{n-m}10^{n-i}a_i+10^{m}k_m+\sum_{j=n-m+1}^{n}10^{n-j}c_j\\
=&10^{n-1}a_1+10^{n-2}(a_2+k_{n-2})+\sum_{j=3}^{n}10^{n-j}c_j
\end{aligned}$$

$$=10^{n-1}a_1+10^{n-2}(10k_{n-1}+c_2)+\sum_{j=3}^{n}10^{n-j}c_j$$

$$=10^{n-1}a_1+10^{n-1}k_{n-1}+\sum_{j=2}^{n}10^{n-j}c_j$$

$$=10^{n-1}(a_1+k_{n-1})+\sum_{j=2}^{n}10^{n-j}c_j$$

$$=10^{n-1}(10k_n+c_1)+\sum_{j=2}^{n}10^{n-j}c_j$$

$$=10^{n}k_n+\sum_{j=1}^{n}10^{n-j}c_j=\sum_{j=0}^{n}10^{n-j}c_j,$$

其中 $k_i=0,1(i=1,2,3,\cdots,n)$，$c_j=0,1,2,\cdots,9(j=0,1,2,\cdots,n)$. 显然 $k_i=0$ 时为不进位加法，$k_i=1$ 时为进位加法.

竖式减法原理：

$$\begin{array}{r} a_1a_2\cdots a_{n-m+1}a_{n-m+2}\cdots a_{n-1}a_n \\ -)\qquad b_1\qquad b_2\qquad \cdots b_{m-1}b_m \\ \hline d_1d_2\cdots d_{n-m+1}d_{n-m+2}\cdots d_{n-1}d_n \end{array}$$

即设

$$\sum_{i=1}^{n}10^{n-i}a_i\geqslant\sum_{j=1}^{m}10^{m-j}b_j,$$

则

$$\sum_{i=1}^{m}10^{n-i}a_i-\sum_{j=1}^{m}10^{m-j}b_j$$

$$=\sum_{i=1}^{n-1}10^{n-i}a_i-\sum_{j=1}^{m-1}10^{m-j}b_j+(a_n-b_m)$$

$$=\sum_{i=1}^{n-2}10^{n-i}a_i-\sum_{j=1}^{m-2}10^{m-j}b_j+10(a_{n-1}-k_1-b_{m-1})+(10k_1+a_n-b_m)$$

$$=\sum_{i=1}^{n-3}10^{n-i}a_i-\sum_{j=1}^{m-3}10^{m-j}b_j+10^2(a_{n-2}-k_2-b_{m-2})+$$
$$10(10k_2+a_{n-1}-k_1-b_{m-1})+d_n$$

$$=\sum_{i=1}^{n-m}10^{n-i}a_i+10^{m-1}(a_{n-m+1}-k_{m-1}-b_1)+$$
$$10^{m-2}(10k_{m-1}+a_{n-m+2}-b_2-k_{m-2})+\sum_{j=n-m+3}^{n}10^{n-j}d_j$$

$$=\sum_{i=1}^{n-m-1}10^{n-i}a_i+10^{m}(a_{n-m}-k_m)+$$
$$10^{m-1}(10k_m+a_{n-m+1}-k_{m-1}-b_1)+\sum_{j=n-m+2}^{n}10^{n-j}d_j$$

$$=10^{n-1}(a_1-k_{n-1})+10^{n-2}(10k_{n-1}+a_2-k_{n-2})+\sum_{j=3}^{n}10^{n-j}d_j$$

$$= \sum_{j=1}^{n} 10^{n-j} d_j,$$

其中 $k_i=0,1(i=1,2,\cdots,n-1)$，$d_j=0,1,2,\cdots,9(j=1,2,\cdots,n)$. 显然 $k_i=0$ 时为不退位减法，$k_i=1$ 时为退位减法.

多位数乘一位数竖式原理：

$$\begin{array}{r} a_1\ a_2 \cdots\ a_{n-1} a_n \\ \times)\qquad\qquad\quad b \\ \hline e_0\ e_1\ e_2 \cdots\ e_{n-1}\ e_n \end{array}$$

即

$$\begin{aligned}
&\left(\sum_{i=1}^{n} 10^{n-i} a_i\right) b \\
=&\left(\sum_{i=1}^{n-1} 10^{n-i} a_i\right) b + a_n b \\
=&\left(\sum_{i=1}^{n-1} 10^{n-i} a_i\right) b + 10k_1 + e_n \\
=&\left(\sum_{i=1}^{n-2} 10^{n-i} a_i\right) b + 10(a_{n-1} b + k_1) + e_n \\
=&\left(\sum_{i=1}^{n-2} 10^{n-i} a_i\right) b + 10(10k_2 + e_{n-1}) + e_n \\
=&\left(\sum_{i=1}^{n-2} 10^{n-i} a_i\right) b + 10^2 k_2 + 10e_{n-1} + e_n \\
=&10^{n-1}(a_1 b) + 10^{n-2}(a_2 b + k_{n-2}) + \sum_{j=3}^{n} 10^{n-j} e_j \\
=&10^{n-1}(a_1 b) + 10^{n-2}(10k_{n-1} + e_2) + \sum_{j=3}^{n} 10^{n-j} e_j \\
=&10^{n-1}(a_1 b + k_{n-1}) + \sum_{j=2}^{n} 10^{n-j} e_j \\
=&10^{n-1}(10k_n + e_1) + \sum_{j=2}^{n} 10^{n-j} e_j \\
=&10^n k_n + \sum_{j=1}^{n} 10^{n-j} e_j = \sum_{j=0}^{n} 10^{n-j} e_j,
\end{aligned}$$

其中 $k_i=0,1,2,\cdots,8(i=1,2,\cdots,n)$，$e_j=0,1,2,\cdots,9(j=0,1,2,\cdots,n)$.

多位数乘多位数竖式原理：

$$\begin{aligned}
\left(\sum_{i=1}^{n} 10^{n-i} a_i\right)\left(\sum_{j=1}^{m} 10^{m-j} b_j\right) &= \sum_{j=0}^{m-1}\left[\left(\sum_{i=1}^{n} 10^{n-i} a_i\right) 10^j b_{m-j}\right] \\
&= \sum_{j=0}^{m-1}\left[10^j \left(\sum_{i=1}^{n} 10^{n-i} a_i\right) b_{m-j}\right],
\end{aligned}$$

即化为多位数乘一位数及加法运算.

竖式除法原理：设

$$\sum_{i=1}^{n}10^{n-i}a_i \geqslant \sum_{j=1}^{m}10^{m-j}b_j,\quad 且\sum_{j=1}^{m}10^{m-j}b_j \,\Big|\, \sum_{i=1}^{n}10^{n-i}a_i$$

($b\,|\,a$ 表示 a 是 b 的倍数，或说 b 可整除 a)，则

$$\begin{aligned}
&\left(\sum_{i=1}^{n}10^{n-i}a_i\right)\div\left(\sum_{j=1}^{m}10^{m-j}b_j\right)\\
&=\frac{\sum_{i=1}^{n}10^{n-i}a_i}{\sum_{j=1}^{m}10^{m-j}b_j}=\frac{\sum_{i=1}^{m}10^{n-i}a_i+\sum_{i=m+1}^{n}10^{n-i}a_i}{\sum_{j=1}^{m}10^{m-j}b_j}\\
&=\frac{10^{n-m}\left(\sum_{i=1}^{m}10^{m-i}a_i\right)+\sum_{i=m+1}^{n}10^{n-i}a_i}{\sum_{j=1}^{m}10^{m-j}b_j}\\
&=10^{n-m}k_1+\frac{(10^{n-m}Q_1+10^{n-m-1}a_{m+1})+\sum_{i=m+2}^{n}10^{n-i}a_i}{\sum_{j=1}^{m}10^{m-j}b_j}\\
&=10^{n-m}k_1+\frac{10^{n-m-1}(10Q_1+a_{m+1})+\sum_{i=m+2}^{n}10^{n-i}a_i}{\sum_{j=1}^{m}10^{m-j}b_j}\\
&=10^{n-m}k_1+10^{n-m-1}k_2+\frac{10^{n-m-1}Q_2+10^{n-m-2}a_{m+2}+\sum_{i=m+3}^{n}10^{n-i}a_i}{\sum_{j=1}^{m}10^{m-j}b_j}\\
&=10^{n-m}k_1+10^{n-m-1}k_2+\frac{10^{n-m-2}(10Q_2+a_{m+2})+\sum_{i=m+3}^{n}10^{n-i}a_i}{\sum_{j=1}^{m}10^{m-j}b_j}\\
&=10^{n-m}k_1+10^{n-m-1}k_2+\cdots+10k_{n-m}+k_{n-m+1}\\
&=\sum_{i=1}^{n-m+1}10^{n-m+1-i}k_i,
\end{aligned}$$

其中 $k_i=0,1,2,\cdots,9(i=1,2,\cdots,n-m+1)$ 表示商数，$Q_j(j=1,2,\cdots,n-m)$ 表示余数.

由以上的推导可以看出，自然数的四则运算完全依赖于它的运算律，也就是说，运算律主宰运算. 这里当然也有一些推广，比如减法运算和除法运算. 对于今天的读者来说，这是不言而喻的. 正因为如此，它也往往被人们所忽视. 可是，这些运算律的产生和发展，必定是经历了漫长而艰难的历史. 还要指出的是，自然数的竖式运算方法，

并非自然数四则运算的唯一方法.

乘除法运算对于古埃及人来说是比较困难的，本章§1开头介绍过古埃及人发明的独特方法，他们是把一般的乘除法运算通过一系列的倍乘（乘2）和加法（或减法）来完成的. 后来，古埃及人又把这种算法发展成为双倍和调停法（duplation and mediation）. 下面举例说明双倍和调停法.

例如要求33×26，就可以连续地减半26，并双倍33，进行如下：

26	33
13	66*
6	132
3	264*
1	528*

于是，我们把倍列中的那些与半列中奇数相对应的倍数（带*号的数）加起来，便是得数，即$66+264+528=858$.

可以证明，双倍和调停法是一种普遍的乘法运算，其证明留作习题由读者完成. 今天，这种方法已被应用在计算机程序上.

其他的运算方法，也是有的，再举一小例：

例　计算92×97.

解　由$100-92=8$，或$100-97=3$，$92-3=97-8=89$，$3\times 8=24$，得

$$92\times 97=8\ 924.$$

这是少儿数学中的速算法，它主要是靠口算，以求简捷巧妙，其实

$$\begin{aligned}&(92-3)\times 100+(100-92)\times(100-97)\\&=92\times 100-3\times 100+100\times 100-92\times 100-97\times 100+92\times 97\\&=92\times 97.\end{aligned}$$

同理可计算104×107. 由$107-100=7$，或$104-100=4$，$107+4=104+7=111$，$4\times 7=28$，得

$$104\times 107=11\ 128.$$

最后，需要强调规律和法则是重要的和主要的. 至于记号，它只是"记录"运算方法的符号，其实，我们现在所熟悉的加减乘除记号"+，−，×，÷"以及等号"="，它们的最后定形，历史并不悠久. 它们远远晚于这些运算规律及其方法本身.

"+"号和"−"号是15世纪德国数学家维德曼（Widman）创造的. 在横线上加上一竖，表示增加；从"+"号中减去一竖，表示减少.

"×"号是1631年英国数学家奥特雷德（Oughtred）最先使用的. 它是表示增加的另一种方法，因而把"+"号斜过来写.

"÷"号是1659年瑞士人拉恩（Rahn）创造的. 它的含义是分解，因此用一条横线把两个圆点分开.

“=”号是1557年英国学者雷科德(Recorde)发明的. 他认为,世界上再也没有比这两条平行而又相等的线段更相同了,所以用来表示两个数相等.

当然,符号的创造、发展和变革也是十分重要的. 如今,我们使用字母表示多项式和代数方程、函数等,这种记录数学问题的式子,简洁明快,让人一目了然,使用起来十分方便,但它的确立也是来之不易的. 比如说,远在公元7世纪,我国人民就已找到了求一次、二次方程的解法. 到了宋朝,著名数学家秦九韶在《数书九章》里更进一步提出了求高次方程的近似解法. 这些成就,如果跟欧洲同样的发现比起来,早了四五百年.

另外,由于是运算律决定着运算,在满足一定运算律的情况下,所定义的运算可普遍适用于任意数. 比如加法,用不同加法的共同点来定义,满足运算律:(1) 交换律;(2) 结合律;(3)0的性质:$a+0=a$(任意数a);(4) 相反数:$(-a)+a=0, a=-(-a)$. 满足这4条运算律就授予加法的称号,其待遇是共享公式.

数的乘法,同样满足这4条,只是(3)、(4)改变了记号,实质不变:(3) 1的性质:$1a=a$(任意数a);(4) 倒数:$a\neq0, ab=1$,则$b=\frac{1}{a}, a=\frac{1}{b}=\frac{1}{\frac{1}{a}}$;(5) 乘法对加法的分配律:$a(b+c)=ab+ac$对任意数$a,b,c$成立.

有了加法和乘法的运算律,减法和除法也就随之产生,即

减法:已知两数之和a及其中一个加数b,求另一个加数$a-b=x$,满足$x+b=a$.

除法:已知两数之积a及其中一个因数b,求另一个因数$a\div b=x$,满足$bx=a$.

逆运算立即打破计算的理想境界,逆运算真正的困难来自负数和减法的引入. 负数的概念对中国人和印度人没有困难,但是遭到一些西方人反对,例如,帕斯卡(Pascal)无法想象比0还小的数. 数学家最早面临的两难问题是形如$x+3=2$的方程,是认为它无解,还是引入负数使它存在唯一正确的解? 对这个两难问题,选择前者是保守主义,选择后者是扩张主义. 从历史来看,扩张主义往往获胜.

§4　关于开平方的方法

有了乘方运算之后,随之便产生了开方运算. 相对于乘方运算而言,开方运算要难得多. 虽说自从计算机问世之后,开平方是轻而易举的事,但从传统意义上来看,开平方的方法在早期数学发展中无疑也算得上一项重大发明. 古巴比伦人在公元前1600年前编制的平方根表、立方根表中就已经给出了一些精确度很高的近似值. 本节我们简单介绍开平方的方法,并对其原理稍加说明.

我们用下面的例子来说明开平方的一般方法.

例　求316.484 1的平方根.

解　第一步,将被开数从小数点位置开始,向左、右每隔两位用逗号“,”分段,如把316.484 1分段成3,16.48,41.

第二步,找出第一段数字的初商,使初商的平方不超过第一段数字,而初商加1的平方大于第一段数字.本例中第一段数字为3,则初商为1,因为$1^2<3$,而$(1+1)^2=4>3$.

第三步,用第一段数字减去初商的平方,并移下第二段数字,组成第一余数.在本例中第一余数为216.

第四步,找出试商,使

$$(20\times\text{初商}+\text{试商})\times\text{试商}\leqslant\text{第一余数},$$

$$[20\times\text{初商}+(\text{试商}+1)]\times(\text{试商}+1)>\text{第一余数}.$$

第五步,将第一余数减去(20×初商+试商)×试商,并移下第三段数字,组成第二余数.本例中试商为7,第二余数为2 748.

以此法继续做下去,直到移完所有的段数.若最后余数为零,则开方运算结束.若余数永远不为零,则只能取某一精度的近似值.

第六步,确定小数点位置,平方根小数点位置应与被开方数的小数点位置对齐.

本例算式如下:

	1　7 . 7　9	
	$\sqrt{3,16.48,41}$	
	1	1^2
20 × 1 = 20	2 16	第一余数
+7		
27	1 89	27 × 7
20 × 17 = 340	27 48	第二余数
+7		
347	24 29	347 × 7
20 × 177 = 3540	3 19 41	第三余数
+9		
3549	3 19 41	3549 × 9
	0	

从这个具体例子可以看出,开平方的过程其实就是利用完全平方公式来从左至右试数的过程.以两位数的平方为例,设一个数的平方根(这里指算术平方根,以下同)为$10a_1+a_2$,则

$$(10a_1+a_2)^2=10^2a_1^2+a_2^2+20a_1a_2=10^2a_1^2+a_2(20a_1+a_2),$$

即

$$(10a_1+a_2)^2-10^2a_1^2-a_2(20a_1+a_2)=0.$$

可见开平方的过程,就是按照完全平方公式的算理结构进行试数,以求出a_1,a_2,即平方根$10a_1+a_2$的过程.

一般地,我们有

$$
\begin{aligned}
&(10^{n-1}a_1+10^{n-2}a_2+10^{n-3}a_3+\cdots+a_n)^2\\
=&(10^{n-1})^2a_1^2+(10^{n-2})^2a_2(20a_1+a_2)+\\
&(10^{n-3})^2a_3[20(10a_1+a_2)+a_3]+\cdots+\\
&a_n[20(10^{n-2}a_1+10^{n-3}a_2+\cdots+a_{n-1})+a_n].
\end{aligned}
$$

数的开平方的方法就是依据上式进行的. 用同样的方法可以得出求 n 次方根的方法.

本章内容只能是对数学方法的发展历史“窥豹一斑”. 数学这门学科发展至今,已好比一棵根深叶茂的“参天大树”,其许多分支都生机勃勃,它们都有相应较为完善的研究方法. 我们这本书不是专门的数学史稿,只能到此为止,目的在于使读者对数学方法的产生和原理及其重要性有一个初步的认识.

习　题　一

1. 请完成以下两个八进制运算表,并利用表格计算:

(1) $63_{(8)}+15_{(8)}$;　　(2) $27_{(8)}+64_{(8)}$;

(3) $35_{(8)}\times64_{(8)}$;　　(4) $72_{(8)}\times43_{(8)}$.

八进制加法表

+	1	2	3	4	5	6	7
1	2						10
2		4				10	
3			6		10		
4				10			
5			10		12		
6		10				14	
7	10						16

八进制乘法表

×	1	2	3	4	5	6	7
1	1			4			
2		4		10			
3			11	14			
4	4	10	14	20	24	30	34
5				24	31		
6				30		44	
7				34			61

2. 试证明本章§3介绍的双倍和调停法乘法运算规律.

3. 用双倍和调停法计算 137×424.

4. 用古埃及人的方法求 1 043 除以 28 所得之商和余数.

5. 有一种用手指进行简单计算的方法,可以给出 5 到 10 之间任意两个整数的乘积. 例如,求 7×9,在一只手上伸出 7−5=2 个手指,在另一只手上伸出 9−5=4 个手指,把伸出的手指加起来 2+4=6作为这个乘积的十位数,把弯起来的手指乘起来 3×1=3 作为这个乘积的个位数,得到结果 63. 试证明这种方法的正确性.

6. 除用阿基米德螺线解决几何作图三大难题外,历史上还有许多数学家创造了其他方法,请查找资料,叙述一至两种方法.

7. 利用数的乘法规则和十进位制数的表示结构式:

$$\overline{a_1a_2a_3\cdots a_{n+1}}=a_1\times10^n+a_2\times10^{n-1}+a_3\times10^{n-2}+\cdots+a_n\times10+a_{n+1}$$

(其中 a_i 取 0,1,2,…,9 这 10 个数字中的某一个,$a_1\neq0$)回答下列问题:

(1) 首(数)同尾(个位数)和(为)10 的两数相乘速算规则(口诀)是:首乘(首+1),尾乘尾,写在一起就是积. 例如,

$$24\times26,\quad 2\times(2+1)=6,\ 4\times6=24,$$

写在一起就是 $24\times26=624$;

$$51\times59,\quad 5\times(5+1)=30,\ 1\times9=9,$$

写在一起就是 $51\times59=3\ 009$.

请说明它的数学原理,并应用这一速算规则快捷计算

$$63\times67,\ 31\times39,\ 25^2,\ 35^2,\ 255^2,\ 254\times256,\ 2\ 551\times2\ 559.$$

(2) 用 1,2,…,8 这八个数字分别组成两个四位数,使它们的积最大.

8. 证明:用 1 g,2 g,4 g 砝码各 1 个,8 g 砝码 4 个,可以秤出从 1 g 到 39 g 的任一整数质量.

9. 我国数学家祖冲之发现的 $\frac{355}{113}$,是圆周率的一个分数形式的近似值,人们称之为密率.

(1) 计算:

$$①\ 1-\frac{355}{113},\quad ②\ 1-\cfrac{1}{1-\cfrac{355}{113}},\quad ③\ 1-\cfrac{1}{1-\cfrac{1}{1-\cfrac{355}{113}}},\quad ④\ 1-\cfrac{1}{1-\cfrac{1}{1-\cfrac{1}{1-\cfrac{355}{113}}}},$$

你发现了什么规律?

(2) 计算:$1-\cfrac{1}{1-\cfrac{1}{1-\cfrac{1}{\cdots\cdots\cfrac{}{1-\cfrac{355}{113}}}}}$(共 2 022 层分数线).

10. 将 12 个苹果分成 4 堆,以使每堆都至少有一个苹果且各堆数量不相等,问有哪几种不同的分法?

11. 设 x_1,x_2,x_3 皆为素数,且 $x_1+x_2+x_3=68$,$x_1x_2+x_2x_3+x_1x_3=1\ 121$,求 $x_1x_2x_3$ 的值.

12. 设有理数 a,b 满足等式 $a^5+b^5=2a^2b^2$,求证:$1-ab$ 是一个有理数的平方.

13. 已知 x 为正整数,y 和 z 均为素数且满足 $x=yz$,$\frac{1}{x}+\frac{1}{y}=\frac{1}{z}$,求 x,y 的值.

14. 用试位法计算:5 人按等差数列分 100 个面包,使后 3 人所得总和为前 2 人所得总和的 7 倍.

第一章典型习题

解答或提示

第二章　数学发现的基本方法

数学是在解决问题中产生，并在解决问题的过程中不断发展起来的. 美国著名数学家哈尔莫斯(Halmos)说过:“数学的真正组成部分是问题和解”“数学研究主要的就是发现问题和解决问题.”

数学发现是以提出问题和解决问题为主要标志的，而这方面的能力又是衡量一个人数学水平的重要标志. 因此，提高发现问题和解决问题的能力，就成为老师教好数学、学生学好数学的重要环节，也是研究数学、运用数学必不可少的技能.

数学方法源自数学思想，思想是由思维产生的. 思维活动具有多样性，即多种形态. 通常把思维分为三类，即抽象(逻辑)思维、形象(直感)思维和灵感(顿悟)思维. 根据思维的品质来分，粗略地分为再现性思维和发现性思维. 再现性思维是指对原有内容的复现，其结果是已知的或较为熟悉的，而发现性思维则要求有所创新. 根据对思维的这种分类方法，数学方法就可分为发现方法和化归方法两大类.

发现方法通常包括观察、联想、尝试、实验、归纳、猜想、类比、模拟等.

§1　观　　察

从字面上讲，“观”就是看，“察”是仔细看，观察就是仔细察看. 所谓明察秋毫，明察即看清、察明，秋毫是指秋天鸟兽脱毛的同时，身上长出的细小的绒毛，明察秋毫就是形容目光敏锐、观察入微.

在心理学中，观察被看成一种有目的、有计划、有步骤的感知活动，是一种主动的、对思维起积极作用的感知活动. 所谓感知，包括感觉和知觉，感觉是客观事物作用于感觉器官而引起的，是人脑对直接作用于感觉器官的客体个别属性的主观反映. 因为感觉范围有限，所以有一定的片面性与表面性. 知觉是在感觉的基础上形成的，是客观事物直接作用于感官时人脑产生的直接整体反映.

从信息论的观点看，观察应是外部环境的信息通过感官输送到大脑皮层，经过加工处理，感知外部世界的过程，它既包含信息的输入，又包含信息加工的初步过程.

从认识论上来说，观察是人类科学认识中的一种重要实践活动，是获取感性经验的科学事实的根本途径.

从方法论上来说，观察是人们通过感官，或借助于一定的科学仪器，对客观对象(数学对象、自然现象、社会现象等)在自然条件下，进行有目的、有计划、有步骤地考察和描述的一种方法.

也可用数学上的“映射”概念来解释观察. 观察是由客体或已有成果到大脑的一种“映射”,其中眼睛就好比一架照相机,它把已有的客观材料摄入人的大脑,让大脑去分析处理,去伪存真,由此及彼,从而形成新的成果——发现.

可见,观察是认识主体通过感官对客体的认识(活动)过程,如果说工具是人类四肢的延伸,科学仪器就是感官的延伸.

在科学发展史上,观察起了相当重要的作用. 观察是人类科学认识中的重要实践活动,是搜索、获取经验材料和科学事实的基本途径;观察是进行科学研究的出发点,是一切发明创造的起步器,而且它还是检验科学认识真理性的标准. 几乎所有的科学家都十分强调观察的重要作用,同时,他们无不具有敏锐的观察力.

祖国传统医学诊病的方法是:望、闻、问、切. 望即观察,它是诊病的第一关键,通过观察病人的气色及病的程度、部位等形成第一感觉,为判断病情建立感性基础和客观依据.

俄国著名的心理学家巴甫洛夫(Pavlov)为研究“条件反射”,利用狗等动物,进行了无数次的观察. 他的座右铭就是“观察、观察、再观察”,并把它用大字书写在实验大楼的正面. 他在科学上的伟大成就,就是通过反复的、深入的观察而得来的. 他还指出:“应当先学会观察. 不学会观察,就永远也当不了科学家.”物理学家法拉第(Faraday)说过:“没有观察就没有科学,科学的发现诞生于仔细观察中,观察是我们研究问题的出发点.”达尔文(Darwin)说过:“我既没有突出的理解力,也没有过人的机智,只是在觉察那些稍纵即逝的事物,并对其精细的观察的能力,我可能在众人之上.”天才的大物理学家、数学家牛顿(Newton),他不光是具有科学的天才,而且敏锐的观察能力可能是他科学本领的第一能力. 1665 年夏天,牛顿躺在苹果园里,观察苹果熟了之后,就会从树上掉到地上,而不会飞向天空,从而得出存在“万有引力”的结论.

当然,在观察的同时,应伴有分析推理和归纳猜测,才会得出惊人的结论和成果. 哥白尼(Copernicus)观察到太阳从东方升起,从西边落下,他正是把这种观察到的自然现象去伪存真,根据运动的相对性得出“日心说”的.

数学方法的产生,数学结论的形成,无不依赖于观察. 18 世纪杰出的数学家欧拉说过:“在被称为纯粹数学的那部分数学中,观察无疑占有极重要的地位.”今天我们知道的数的性质大多数是通过观察发现的,而且在它们的真实性被严格证实以前就已被发现了. 虽然许多数的性质,我们都非常熟悉,但是至今还不能证明,只是通过观察才认识的. 因此,我们在许多还不完善的数论结论中可以看到,最大的希望寄托在观察中,观察还能引导我们继续探讨新的性质并同时致力于它的证明.

这位堪与伽利略(Galileo)、牛顿和爱因斯坦(Einstein)齐名的大数学家、科学家并被人人称为“多产的数学家”的事迹,在我们研究数学方法的时候,备受鼓舞.

欧拉出生于瑞士,但他的一生大部分时间是在俄国彼得堡科学院的研究工作中度过的. 13 岁时进入瑞士的巴塞尔大学求学,18 岁开始发表论文,19 岁荣获巴黎科学院奖金，26 岁便成为彼得堡科学院的数学教授，从初等数学到高等数学，几乎所有的数学分支中都留下了他的足迹.

欧拉一生的 76 年之中，共发表论文和著作 800 余篇(部). 1911 年瑞士科学院开始编辑欧拉全集，共计 72 卷，这比几位著名大数学家全集的卷数(牛顿 5 卷，莱布尼茨(Leibniz)7 卷，柯西(Cauchy)26 卷，高斯(Gauss)12 卷)的总和还多. 仅编辑、整理和出版他的著作，就让后人忙碌了七八十年.

在天文学的研究中，由于长期用肉眼观察太阳，强烈的阳光刺伤了欧拉的眼睛. 他 28 岁就右眼失明，59 岁时双目全失明. 欧拉的一生，大部分时间是在一目失明和双目失明中度过的，其中 400 多篇论文是在双目失明后，由他口述让助手记录的. 可见观察不光是依靠眼睛，还要靠大脑.

例 1　哥德巴赫(Goldbach)猜想.

1742 年 6 月 7 日，一位生于德国、法律系毕业、后来在俄国工作和定居的德国常驻莫斯科外交公使，哥德巴赫，给当时在彼得堡工作的大数学家欧拉的信中指出："每个数都能表示成两个素数之和，如果把 1 当成素数，则每个数还可以表示为许多素数之和，以至表示为该数那么多的 1 之和，例如

$$4=\begin{cases}1+3,\\1+1+2,\\1+1+1+1,\end{cases}\qquad 5=\begin{cases}2+3,\\1+1+3,\\1+1+1+2,\\1+1+1+1+1,\end{cases}$$

等等."6 月 30 日，欧拉在回信中说："虽然我还不能证明它，但我肯定每个偶数是两个素数之和，它是一个不可怀疑的定理."

1770 年，英国数学家华林(Waring)对这个猜想进行了修正加工："每个偶数都可以表示为两个素数之和. 每个奇数要么是素数，要么可以表示为三个素数之和."

1638—1640 年间，法国数学家笛卡儿(Descartes)在未发表的退稿中提出一个这样的命题：每个偶数都可以表示为 1，2 或 3 个素数之和.

后来经过人们多方探讨使问题严密化，形成了如下两个命题：

(1) 每个不小于 6 的偶数都可以表示为两个奇素数之和；

(2) 每个不小于 9 的奇数都可以表示为三个奇素数之和.

现在人们的普遍表述为：每个不小于 4 的偶数都可以表示为两个素数之和，简记为：偶数＝(1＋1).

我国数学家华罗庚、王元、潘承洞、丁夏畦、尹文霖都就证明该猜想作出了许多贡献. 特别是陈景润，为此贡献了毕生的精力. 他于 1966 年证明了：每一个充分大的偶数都可以表示为一个素数及不超过两个素数乘积之和，简记为：偶数＝(1＋2)，即陈氏定理. 遗憾的是，陈景润未能完成哥德巴赫猜想的最终证明，而于 1996 年去世了.

哥德巴赫猜想无疑是"观察"的结果，这就进一步告诫我们：处处留心皆学问. 如

果不是哥德巴赫、欧拉等人的仔细观察，这个连小学生也能明白、但至今仍未彻底证明的数学难题，也许会一直“养在深闺人未识”.

例 2　费马(Fermat)大定理.

17 世纪，法国大数学家费马曾研究过这样的问题：当 $n>2$ 时，$x^n+y^n=z^n$ 没有正整数解 x,y,z. 这就是著名的费马大定理.

1637 年，费马在读丢番图(Diophantus)的《算术》第 2 卷第 8 题时，在书的空白处写道：“任何一个数的立方不能分为两个立方数之和，任何一个数的四次方不能分为两个数的四次方之和，一般地，不可能将一个高于二次的幂分成两个同次的幂之和，关于此，我已发现了一种美妙的证法，可惜这里空白地方太小，写不下.”

费马大定理公布于世后的 300 多年中，曾有过不少悬赏征求证明，其中最大的一个是 1908 年德国数学家沃尔夫斯克尔(Wolfskehl)逝世时赠给哥廷根科学会的 10 万马克，作为费马大定理的解答奖金.

经过 300 多年的停滞，1983 年，年仅 28 岁的德国数学家法尔廷斯(Faltings)证明了英国数学家莫德尔(Mordell)于 1922 年提出的一个猜想，这是一个重要转折. 之后，1955 年，日本两位年轻数学家谷山丰和志村五郎提出每一条椭圆曲线都是模椭圆曲线的猜想；1986 年，德国数学家弗雷(Frey)发现，可以用反证法通过证明谷山-志村猜想的成立，间接推出费马大定理. 在这一系列工作的基础上，1993 年费马大定理的证明有了重大突破，英国数学家怀尔斯(Wiles)宣布已证明了费马大定理. 随后数学家发现怀尔斯证明中有漏洞，怀尔斯又经过了两年的修补，终于在 1995 年完成了证明，得到了数学界的公认，从而诞生了一个 20 世纪最伟大的数学成就.

如果说勾股定理是观察的结果，那么费马大定理就是“再观察”的结果.

例 3　神奇的“π”.

什么是 π? π 就是圆周率，即 $\dfrac{\text{圆的周长}}{\text{该圆的直径}}$，它是一个无理数，约等于 3.141 59. 这样的回答是众所周知的，但太少了点. 关于 π 的问题太多了，太有趣了，而且太深奥了. 有人曾说关于 π 的研究水平就代表一个国家的数学水平.

以下几个关于 π 的有趣性质无疑是学者们惊人的观察结果.

1. 关于 3.141 59 的性质.

(1) 314 159 是个素数，而且是个逆素数，即 951 413 也是素数；

(2) 314 159 各位数的补数构成的数 796 951 也是一个素数，且也是一个逆素数；

(3) 31，41，59 是三个素数，且都是孪生素数(29，31；41，43；59，61)；

(4) 31 和 32 是只有一个素因子的连续数对(31 只有一个素因子 31，32 只有一个素因子 2)，且目前知道这样的数对只有 26 对，26 正好是 3.141 592 6 中的 26；

(5) 41 不仅是孪生素数，且在 x^2+x+41 中当 $x=0,1,\cdots,39$ 时全为素数；

(6) $31+41+59=131$ 是对称素数，$31^3+41^3+59^3=304\ 091$ 也是素数.

2. 密率$\frac{355}{113}$,它是自然数中头三个奇数各写两遍,然后从中间分开,前段为分母,后段为分子.

3. 3.141 592 6 与完全数 1,6,28 的关系(若一个数等于它的约数之和,则这个数称为完全数. 对大于 1 的数,约数不取自身).

π 的第一位小数是 1,是最小的完全数,$1+4+1=6$ 是第二个完全数(即 $6=1+2+3$),$1+4+1+5+9+2+6=28$ 为第三个完全数(即 $28=1+2+4+7+14$),且等于 $1+2+3+4+5+6+7$,并且,这是顺序自然数之和 $1+2+3+\cdots+n$ 与 π 的前 n 位小数之和相等的仅有的三个数.

4. π 的前 32 位小数的迷人性质,观察

$$3.141\ 592\ 653\ 589 | 793\ 238\ 462\ 643\ 383\ 279 | 50,$$

在这 32 位数字中出现两个 26,以第二个 26 为中心,它的两侧各有 3 对数 79,32,38 处在对称位置. 在第一个 79 到第二个 79 间的 18 位数字中(用两直杠隔开):

第一个 26 前 5 个数字与后 5 个数字之和为 50,恰为第二个直杠后的 50;

第二个 26 前 2 位数与后 2 位数字之和为 89,又恰为第一个直杠前的数字.

在数学解题中,"直接观察法"也是一种简便的事半功倍的方法,但要仔细观察,防止误漏.

例 4　在实数范围内解下列方程和方程组(观察法):

(1) $\frac{a+x^2}{a+1}+\frac{b+x^2}{b+1}+\frac{c+x^2}{c+1}=3$;

(2) $x^2+\frac{1}{x^2}=a^2+\frac{1}{a^2}$;

(3) $\begin{cases} x+y+z=3, \\ x^2+y^2+z^2=3, \\ x^3+y^3+z^3=3; \end{cases}$

(4) $\begin{cases} x+y+z=a, \\ x^2+y^2+z^2=a^2, \\ x^3+y^3+z^3=a^3. \end{cases}$

解　(1) $x=\pm 1$;

(2) $x=\pm a$, $x=\pm\frac{1}{a}$(注意四次方程应有 4 个根);

(3) $x=y=z=1$;

(4) $\begin{cases} x=0, \\ y=0, \\ z=a, \end{cases}$ 或 $\begin{cases} x=0, \\ y=a, \\ z=0, \end{cases}$ 或 $\begin{cases} x=a, \\ y=0, \\ z=0. \end{cases}$

例 5　判断下列方程有无解：

(1) $\sqrt{x+1}+\sqrt{x-4}+1=0$；　(2) $\sqrt{x+1}-\sqrt{x-4}+1=0$；

(3) $\sqrt{x-8}+\sqrt{2-x}-5=0$.

解　(1) 无解；因为左边>0，右边$=0$，矛盾.

(2) 无解；因为 $x\geqslant 4$，左边>0，右边$=0$，矛盾.

(3) 无解；因为 $x\geqslant 8$ 且 $x\leqslant 2$，矛盾.

§2　联　　想

联想是思维的一种形式，也是记忆的一种表现，即所谓"浮想联翩". 联想是回忆旧知识、发现新知识的重要手段，即所谓"举一反三""由此及彼""触类旁通"等.

一、联想的意义和作用

客观世界的各种事物，并不是彼此孤立的，而是相互联系和相互制约的，人们对各种事物的认识也具有相互联系、相互制约的效应. 当人们感知到或回忆起某种事物时，就会连带地想到一些有关的事物.

在科学研究中，通过观察获得感性材料后，往往就会产生联想. 现代心理学认为，联想是在主体(人)和客体(事物)相互作用过程中产生的，它是按照一定的规律形成的心理之间的一种联系，这个联系反映着客观世界事物与现象以及各种事物间的联系. 由于这种联想式的联系，一种心理要素的出现就会引起与它有关的其他心理要素的出现. 联想是构成人的思维活动的一种形式，也是人的记忆的一种表现.

最著名的联想的故事该是牛顿看到苹果落地，瓦特(Watt)看到蒸气冲顶. 20 世纪 50 年代，于振善先生发明尺算法(在若干竖线上标有刻度，用直尺斜置其上可计算两数的乘除)，他是看到农村割高粱留下的斜茬，而联想到将直尺斜置而得到他的尺算法的. 于振善在长期苦思苦想时，任何事物都会使他联想到和他的尺算有什么关系.

探索数学问题过程中的联想就是通过观察，抓住数学问题有关部分的特征以及它们之间的某种联系，回忆和搜集与之有关的知识和思想方法，把问题化归为熟悉的问题或想出新的方法.

联想是回忆旧知识、发现新知识的重要手段，是联系生疏问题和熟知问题的心理桥梁，是在解题过程中不可缺少的心理活动. 如果缺乏应有的联想能力，就不容易找到解题所需要的定义、定理、公式、法则以及思想方法，就难以建立题设条件与解题目标之间的逻辑联系，解题就会遇到困难. 因此，联想在解题中是十分重要的.

一般说来，联想这种思维形式有三个组成部分，或称为联想三要素：

其一是所谓"某种概念"，它是联想的出发点，是产生联想的起因. 我们称之为联想因素.

其二是所谓“相关概念”，它是联想的结果，我们常据此做出判断. 我们把“相关概念”及据此作出的判断合称为联想效应.

其三是联想因素与联想效应的相关性，这是由此及彼的线路，我们称为联想线路(链).

二、联想的方法

关于联想的一般模式，我们可以用下面的框图来说明：

一般化
↑
类似←[一件事物]→类比
↓
特殊化

中间放入当前最感兴趣的事，上下左右类比、一般化则没有确切定义，可以随心所欲地去合理解释. 例如，把定理“三角形的三条中线必相交于一点，称之为该三角形的重心”放在中间框内，那么什么是它的“类比”“类似”呢？想到三角形的内心、外心、垂心. 什么是它的“特殊化”？等腰三角形的重心如何？发现等腰三角形四心共线. 再特殊一点，等边三角形的情形如何？会得出四心合一. 这时人们会问：四心合一的三角形是等边的吗？四心共线的三角形是等腰的吗？……还有，三角形的四个心可以共圆吗？再试试“一般化”，平面到立体是一种推广，什么立体图形相当于平面上的三角形呢？选定四面体. 那么，四面体中的哪个点或哪条线相当于三角形的重心呢？什么又是这个四面体的重心，如何找出这个重心？是四面体的顶点和其对面三角形的重心连线的公共交点吗？同样还可以问：四面体有相当于三角形的垂心那样的结构吗？再问自己，还有没有另外角度的“一般化”？

在数学发现和解题的过程中，联想的方式主要有以下几种：

1. 接近联想

接近联想又称为形似联想，主要由概念、原理、法则的接近而产生的联想. 它是由命题的已知条件和结论的外表形态与结构特征，想到相关的、相似的定义、定理、公式和图形等. 它是一种由此及彼、由表及里的联想，一般教材在学习定理、法则和公式之后的巩固和练习题中，大都借助于这种联想，使学生巩固知识，灵活地运用接近联想，从而提高解题技巧和创新能力.

例 1　若$(z-x)^2-4(x-y)(y-z)=0$，证明：$2y=x+z$.

分析　此题一般是通过因式分解来证. 但是如果注意观察已知条件的特点，不难发现它与一元二次方程判别式相似，于是，联想到借助一元二次方程的知识来证题.

证　当$x-y\neq 0$时，我们把等式

$$(z-x)^2-4(x-y)(y-z)=0$$

看成关于t的一元二次方程

$$(x-y)t^2+(z-x)t+(y-z)=0$$

有等根的条件. 再进一步观察这个方程,它的两个相等的实根是1,根据韦达(Viète)定理有

$$\frac{y-z}{x-y}=1,\quad 即\quad 2y=x+z.$$

若 $x-y=0$,由已知条件,容易得出

$$z-x=0,\quad 即\quad x=y=z,$$

显然也有 $2y=x+z$.

另外,若以 $x-y,y-z$ 为根的关于 t 的二次方程以

$$[t-(x-y)][t-(y-z)]=0$$

的形式出现,即

$$t^2+(z-x)t+(x-y)(y-z)=0,$$

则由 $\Delta=(z-x)^2-4(x-y)(y-z)=0$ 知,$x-y=y-z$,故 $2y=x+z$.

再观察已知条件,如果把已知式视为 y 的二次方程

$$4y^2-4(z+x)y+(z+x)^2=0,$$

联想到求根公式,解得 $y=\dfrac{z+x}{2}$,这又是一种证法.

例2　已知 a,b,c 均为正数,且满足关系式 $a^2+b^2=c^2$,又 n 为不小于3的自然数,求证:

$$a^n+b^n<c^n.$$

证　由条件联想勾股定理,a,b,c 可构成直角三角形的三边. 设 a,b,c 所对角分别为 A,B,C,则 C 是直角,A 为锐角,于是

$$\sin A=\frac{a}{c},\quad \cos A=\frac{b}{c},$$

且 $0<\sin A<1,0<\cos A<1$.

当 $n\geqslant 3$ 时,有

$$\sin^n A<\sin^2 A,\quad \cos^n A<\cos^2 A.$$

于是有

$$\sin^n A+\cos^n A<\sin^2 A+\cos^2 A=1,$$

即

$$\left(\frac{a}{c}\right)^n+\left(\frac{b}{c}\right)^n<1,$$

从而就有

$$a^n+b^n<c^n.$$

2. 类比联想

类比联想又称为对比联想,主要是根据问题的具体情况,从具有类似和相似特点的数、式、图形以及相近的内容和性质等进行联想. 例如,从抽象问题联想到具体问题,从空

间图形联想到类似的平面图形，从有关数量关系问题联想到相应的几何图形问题等.

例 3　求证：正四面体内任一点到各面的距离之和为定值.

分析　在正三角形内任一点到各边的距离之和为定值，即等于正三角形的高. 其证明方法是将正三角形分割为以此点为顶点、以正三角形三边为此顶点的对边的三个三角形，利用它们的面积之和等于原三角形面积来证明. 类似地，可利用体积来证明此题.

证　设正四面体 $ABCD$ 内的任一点 P 到各面的距离为 d_1,d_2,d_3,d_4，每个面的面积为 S，原四面体的高为 h（定值）.

以 P 为定点，以各面为底把原四面体分成四个小棱锥，则它们的体积之和等于原四面体的体积. 根据棱锥的体积公式，就有

$$\frac{1}{3}Sd_1+\frac{1}{3}Sd_2+\frac{1}{3}Sd_3+\frac{1}{3}Sd_4=\frac{1}{3}Sh,$$

由此得

$$d_1+d_2+d_3+d_4=h\text{（定值）}.$$

3. 关系联想

关系联想是根据知识之间的从属关系、一般关系、因果关系以及其内在联系进行的一种联想. 例如，看到一个问题，联想到它属于什么类型和一般用什么方法来求解，由一个一般问题想到特殊情形，由一个题设条件联想到它的推论等.

例 4　一个整系数四次多项式 $f(x)$，若有四个不同的整数 a_1,a_2,a_3,a_4，使得

$$f(a_1)=f(a_2)=f(a_3)=f(a_4)=1,$$

求证：对任何整数 β 都不能使 $f(\beta)=-1$.

证　通过观察题设条件，可以联想到余数定理，根据余数定理就有

$$f(x)=(x-a_1)(x-a_2)(x-a_3)(x-a_4)+1.$$

因为 a_1,a_2,a_3,a_4 是四个不同的整数，所以对任何整数 β，

$$(\beta-a_1)(\beta-a_2)(\beta-a_3)(\beta-a_4)$$

应是四个不同整数的乘积. 而这个积不能等于 -2，因而，

$$f(\beta)=(\beta-a_1)(\beta-a_2)(\beta-a_3)(\beta-a_4)+1$$

不可能等于 -1.

4. 逆向联想

逆向联想是指从问题的正面想到问题的反面. 当从正面解题遇到困难时，常常产生逆向联想，在解题方法上表现为反面解法、倒推法等间接解法，在证明上表现为反证法、同一法等间接证法.

例 5　已知 $p,p+10,p+14$ 是素数，求 p.

解　观察知可取 $p=3$. 再试下去 $p=5,7,11,\cdots$，不能使 $p+10,p+14$ 同为素数. 这就促使我们逆向联想，否定 p 取其他值，于是采用反证法.

设 $k\in\mathbf{N}$ 且 $k\geqslant 2$,因为 p 是素数,所以 $p\neq 3k$,故假设

$$p=3k-1 \quad 或 \quad p=3k+1.$$

若 $p=3k-1$,则有 $p+10=3(k+3)$不是素数.

若 $p=3k+1$,则有 $p+14=3(k+5)$不是素数.

可见只有 $p=3$ 符合题意.

例 6　如果两个三角形有一个角对应相等,该角的平分线和对边对应相等,则这两个三角形全等.

证　此题很难从正面给予证明,于是采用逆向联想. 为此,首先将题目具体化,设在$\triangle ABC$ 和$\triangle A'B'C'$ 中 $\angle A=\angle A'$, $BC=B'C'$, AD, $A'D'$分别是$\angle A$, $\angle A'$的平分线,且 $AD=A'D'$,求证:$\triangle ABC\cong\triangle A'B'C'$.

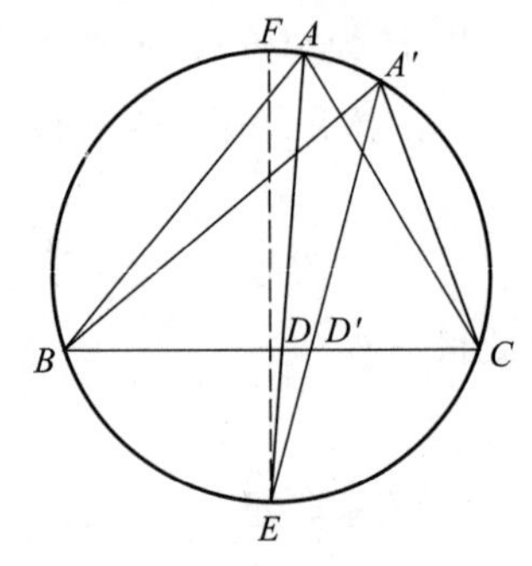

图 2-1

因为 $BC=B'C'$,故可使 BC 与 $B'C'$重合,如图 2-1 所示. 若点 A 与 A'不重合,由$\angle A=\angle A'$,则 A, B, C, A'四点共圆. 不妨设点 A'在$\overset{\frown}{AC}$上,则 AD 与 $A'D'$延长线交$\overset{\frown}{BC}$的中点 E. 作直径 EF,则有$\overset{\frown}{FA}<\overset{\frown}{FA'}$, $\overset{\frown}{AE}>\overset{\frown}{A'E}$,以及 $AE>A'E$, $DE<D'E$,从而有

$$AD=AE-DE>A'E-D'E=A'D',$$

这与 $AD=A'D'$矛盾. 因此,点 A 与 A'重合.

5. 横向联想

横向联想,是指数学各分支之间,乃至数学与物理、化学等学科之间的联想. 各种知识之间有着一定的联系和互相渗透,这就为横向联想提供了可能条件.

例 7　证明:$\triangle ABC$ 三条中线交于一点 G(图 2-2),这点称为三角形的重心.

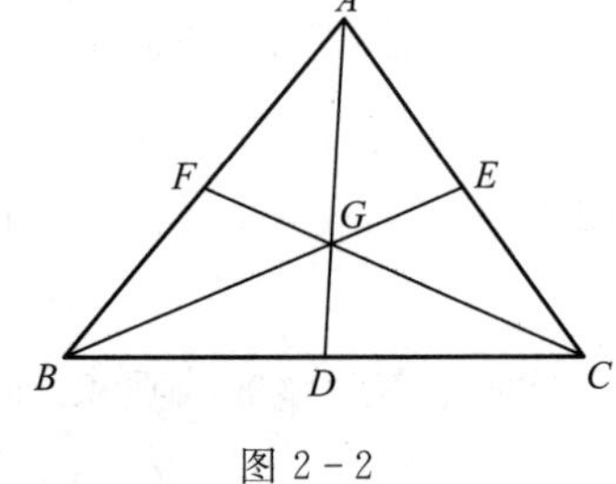

图 2-2

本例用平面几何和解析几何的方法证明并不简捷,可改用杠杆原理来证明,详见第四章 §1“二、杠杆原理的应用”.

三、联想能力的培养

良好的联想能力是在长期的学习中培养出来的. 在解题的实践中,要培养良好的联想能力,应注意以下几点:

1. 重视基础知识,掌握知识之间的纵横联系,注意把已掌握的知识系统化

在求解问题的过程中,联想是为了找出合适的方法、途径. 因此,联想要有针对性,要针对条件和目标,联想到有关的知识和方法. 要做到这一点,就必须掌握必要的基础知识,明白知识之间的联系. 掌握的知识越丰富,了解知识之间的纵横关系越多,

联想就能在更广阔的领域中展开. 回忆到或搜集到的有关知识越多,对已学过的概念、定理、公式、法则以及数学思想方法理解得越透彻,掌握得越牢固、越系统,解题经验越丰富,联想就越畅通、越有效.

例 8　已知 $x,y,z\in\mathbf{R}$,$x+y+z=xyz$,求证:

$$\frac{2x}{1-x^2}+\frac{2y}{1-y^2}+\frac{2z}{1-z^2}=\frac{8xyz}{(1-x^2)(1-y^2)(1-z^2)}.$$

证　表面上看这是一道代数证明题,用代数方法可以证出,但不太简单.

联想到三角知识

$$\tan A+\tan B+\tan C=\tan A\tan B\tan C,\quad A+B+C=k\pi,k\in\mathbf{Z},$$

而这个结论没有列为定理,只是一个习题,善于观察和联想的学生一定会注意到这个有趣的结论. 再利用 $\tan 2\theta=\dfrac{2\tan\theta}{1-\tan^2\theta}$,则此题得证.

2. 既要开展控制联想,也要开展自由联想

如果从主观是否受意识控制来对联想分类的话,可分控制联想和自由联想. 控制联想是有目的、有方向且受到一定条件限制的联想,而自由联想是没有一定的目的、方向,不受任何条件约束的联想. 在解题时依据题设条件和解题目标的特点,回忆或搜集解题有关的知识和思想方法,建立题设条件和要求的逻辑联系,是受一定条件约束的. 在数学学习过程中所展开的联想,多数是控制联想,不过单纯的控制联想容易形成思维定式,不利于解题能力的发展. 自由联想是从多方向、多角度、多层次进行的联想,有助于提高联想的广度和深度. 因此,在解题过程中进行联想,需要控制联想和自由联想交替进行. 既要从多方向、多角度、多层次去联想,又要使联想不离开解题的范围,这就能使解题思路开阔、巧法频生,酝酿出多种不同的解题策略和解题思路,可以培养良好的思维素质.

例 9　已知 x,y,z,m,n 均为正实数,且 $x^2+y^2=z^2$,求证:$\dfrac{mx+ny}{\sqrt{m^2+n^2}}\leqslant z$.

证　这道题可以从多角度来观察和联想.

(1) 从代数角度来考虑,由求证式子的结构,可以联想利用柯西不等式

$$mx+ny\leqslant\sqrt{m^2+n^2}\cdot\sqrt{x^2+y^2}.$$

(2) 从三角的角度来考虑,可令

$$x=z\cos\theta,\quad y=z\sin\theta,$$

$$\frac{m}{\sqrt{m^2+n^2}}=\sin\alpha,\quad \frac{n}{\sqrt{m^2+n^2}}=\cos\alpha,$$

则

$$左边=z\sin\alpha\cos\theta+z\cos\alpha\sin\theta=z\sin(\alpha+\theta)\leqslant z.$$

(3) 从平面几何的角度来考虑. 求证式子可以看成

$$x\cdot\frac{mz}{\sqrt{m^2+n^2}}+y\cdot\frac{nz}{\sqrt{m^2+n^2}}\leqslant z\cdot z,$$

于是联想到关于圆内接四边形的托勒密(Ptolemy)定理

$$AB \cdot CD + AD \cdot BC = AC \cdot BD \quad (\text{图 } 2-3).$$

只要令 $AB=x$, $BC=y$, $AC=z$(AC 为圆的直径), $AD=\dfrac{nz}{\sqrt{m^2+n^2}}$, $CD=\dfrac{mz}{\sqrt{m^2+n^2}}$,就可以用托勒密定理加以证明.

(4) 从解析几何的角度考虑. 代数式$\dfrac{mx+ny}{\sqrt{m^2+n^2}}$的结构与点到直线的距离类似,于是建立直角坐标系如图 2-4 所示. $\dfrac{mx+ny}{\sqrt{m^2+n^2}}$是点 $P(x,y)$到直线 $mx+ny=0$ 的距离 $|PM|$,而 $z=|OP|$,显然有 $|PM|\leqslant|OP|$,即

$$\frac{mx+ny}{\sqrt{m^2+n^2}}\leqslant z.$$

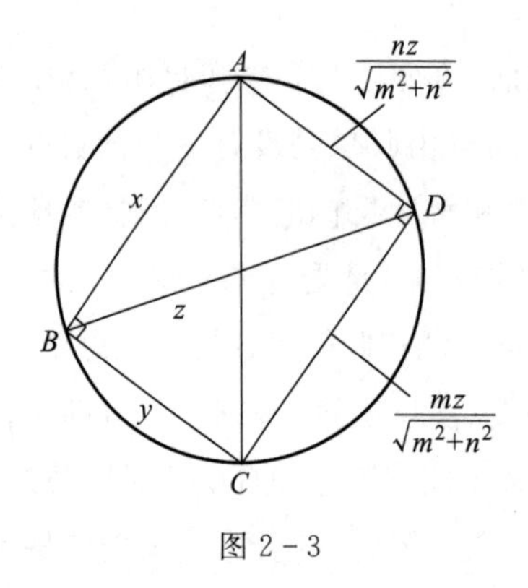

图 2-3

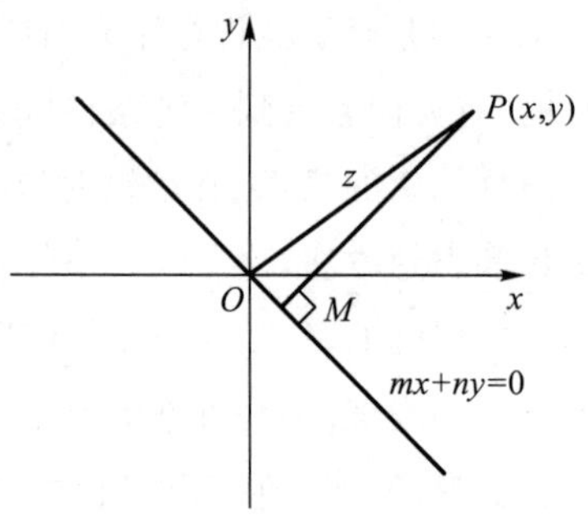

图 2-4

3. 运用联想把问题引申推广

不要满足于解完一道题,在解完一道题后,还应该把问题引申推广. 经常这样做,就会养成自由联想的习惯,联想能力也就在经常的联想活动中得到发展.

例 10　如图 2-5 所示,设 AD 是$\triangle ABC$ 的一条中线, $BC=a$, $AC=b$. $AB=c$,求证:

$$AD^2=\frac{1}{2}\left[(b^2+c^2)-\frac{1}{2}a^2\right].$$

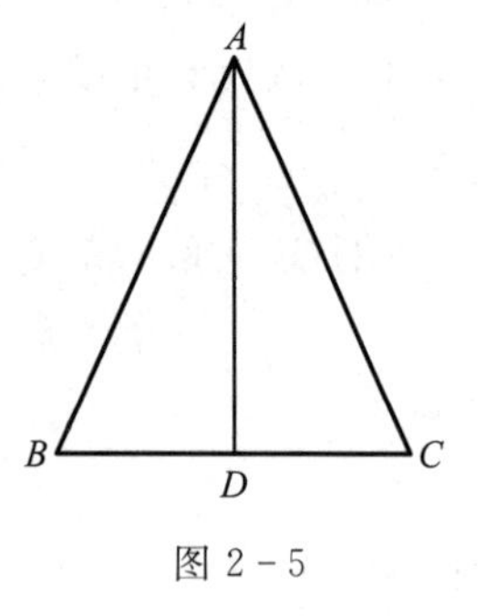

图 2-5

观察求证的式子,容易联想到,用余弦定理来证. 证明后,思维可以进一步延续下去,从纵横两方面对问题进行引申推广.

把 BC 中点 D 一般化,可得到以下问题:

(1) 设 D 为 BC 上一点且$\dfrac{BD}{DC}=\dfrac{m}{n}$,用余弦定理可得

$$AD^2=\frac{1}{m+n}\left(mb^2+nc^2-\frac{mn}{m+n}a^2\right).$$

(2) 设点 D 在 BC 延长线上，可得

$$AD^2=\frac{1}{m-n}\left(mb^2-nc^2+\frac{mn}{m-n}a^2\right).$$

若将(1)推广到角平分线 AE 上，由 $\frac{BE}{CE}=\frac{c}{b}$，可得

$$AE^2=\frac{cb}{(c+b)^2}[(c+b)^2-a^2].$$

例 11　题同例 8，推而广之.

由于 $A+B+C=k\pi$ 时，

$$\tan A+\tan B+\tan C=\tan A\tan B\tan C,$$

所以，

$$\tan nA+\tan nB+\tan nC=\tan nA\tan nB\tan nC.$$

对于 $\tan n\theta$ 的展开式，可将原式推而广之.

例 12　若 $\begin{cases}a+b+c\geqslant 0,\\ ab+bc+ac\geqslant 0,\\ abc\geqslant 0,\end{cases}$ 则 $\begin{cases}a\geqslant 0,\\ b\geqslant 0,\\ c\geqslant 0.\end{cases}$

证　联想韦达定理，a,b,c 为三次方程

$$x^3-(a+b+c)x^2+(ab+bc+ac)x-abc=0$$

的三个根. 观察知此方程无负根，即证.

根据韦达定理推而广之，有

$$若\begin{cases}\sum\limits_{i=1}^{n}a_i\geqslant 0,\\ \sum\limits_{\substack{i,j=1\\ i>j}}^{n}a_ia_j\geqslant 0,\\ \sum\limits_{\substack{i,j,k=1\\ i>j>k}}^{n}a_ia_ja_k\geqslant 0,\\ \cdots\cdots\cdots\cdots\\ a_1a_2\cdots a_n\geqslant 0,\end{cases}可得\begin{cases}a_1\geqslant 0,\\ a_2\geqslant 0,\\ \cdots\cdots\cdots\cdots\\ a_n\geqslant 0.\end{cases}$$

例 13　在 1 到 100 这 100 个数中，任找 10 个数，使其倒数之和等于 1.

解　联想 $\frac{1}{n(n+1)}=\frac{1}{n}-\frac{1}{n+1}$ 可得

$$1-\frac{1}{2}=\frac{1}{2},$$

$$\frac{1}{2}-\frac{1}{3}=\frac{1}{6},$$

$$\frac{1}{3}-\frac{1}{4}=\frac{1}{12},$$

$$\cdots,$$

$$\frac{1}{9}-\frac{1}{10}=\frac{1}{90},$$

$$\frac{1}{10}\quad=\frac{1}{10},$$

则

$$\frac{1}{2}+\frac{1}{6}+\frac{1}{12}+\frac{1}{20}+\frac{1}{30}+\frac{1}{42}+\frac{1}{56}+\frac{1}{72}+\frac{1}{90}+\frac{1}{10}=1.$$

上式可继续写下去,得到其他结论,读者自习之. 还可得出

(1) 不可能找到偶数个奇数,使其倒数之和等于 1.

(2) 若 $a_1,a_2,\cdots,a_{n+1}$ 是等差数列,公差为 d,则有

$$\frac{1}{a_1a_2}+\frac{1}{a_2a_3}+\cdots+\frac{1}{a_na_{n+1}}=\frac{1}{d}\left(\frac{1}{a_1}-\frac{1}{a_{n+1}}\right).$$

此二结论作为习题,请读者自行证明.

§3　尝　　试

通过对数学问题进行观察、联想,我们往往从整体上把握问题,形成初步的(有时甚至只是模糊的)策略意向(解决问题的想法、方向,解答的范围等). 尝试就是将初步意向付诸实施,试探是否可行、是否有进展、是否可以接近目标、是否能缩小解答所在的范围等.

尝试是探索式思维的一种重要方法. 在解题中如何着手进行尝试? 下面列举几种常见的尝试方法.

一、简单化,化难为易

常见的解数学题的探索过程是连续化简过程,因此,将难题简化是尝试的一个基本方法.

1. 从简单入手

首先考虑符合题意的最简单情形,尝试找出这种情形的解法,然后再过渡到一般情形.

例 1　设 m,n 是任意实数,试在平面上找出这样的点,它位于方程

$$x^2+y^2-2mx-2ny+4(m-n-2)=0$$

所表示的曲线系的每一曲线上.

解　显然我们所要寻找的点就是曲线系中所有曲线的公共点,其坐标满足曲线系

的方程(不论 m,n 是什么实数).

既然如此,所求的点就应该在曲线系中的任一曲线上,于是,我们先尝试 $m_1=n_1=0$,和 $m_2=0,n_2=1$ 两种简单情形,相应地得到曲线系中的两条曲线

$$C_1: x^2+y^2-8=0,$$
$$C_2: x^2+y^2-2y-12=0.$$

而所要求的点必定是 C_1,C_2 的交点,将 C_1,C_2 的方程联立解得

$$\begin{cases}x_1=2,\\ y_1=-2\end{cases} \quad 和 \quad \begin{cases}x_2=-2,\\ y_2=-2.\end{cases}$$

于是一般情形(m,n 为任意实数)就变成为判别点 $P(2,-2)$,$Q(-2,-2)$是否为所寻找的点. 代入原方程知,只有点 P 的坐标,不论 m,n 是什么实数时都满足方程,因此,它位于曲线系中的每一条曲线上.

2. 将复杂问题分解为几个简单问题

复杂的综合问题,往往是由一些比较简单的问题巧妙地糅合而成的,因此,要善于通过观察,将该问题分解成几个小问题,各个击破后再综合起来.

例 2　设 $f(a)=a^{10}-a^5+a^2-a+1$,求证:对于一切实数 a,都有 $f(a)>0$.

证　本题为多项求和,各项是同底幂,于是联想到指数函数 $y=a^x$ 的性质,尝试用指数函数增减性来证题. 但指数函数 $y=a^x$ 的增减性与底数 a 有关,因此,将问题分解成如下几种情况来讨论:

(1) 当 $a<0$ 时,a 的偶次幂为正,奇次幂为负,于是

$$f(a)=a^{10}+(-a)^5+a^2+(-a)+1\geqslant 1,$$

所以 $f(a)>0$.

(2) 当 $a=0$ 或 $a=1$ 时,$f(a)=1>0$.

(3) 当 $0<a<1$ 时,$y=a^x$ 为减函数,$a^5<a^2$,于是

$$f(a)=a^{10}+(a^2-a^5)+(1-a)>0.$$

(4) 当 $a>1$ 时,$y=a^x$ 为增函数,$a^{10}>a^5$,$a^2>a$,所以

$$f(a)=(a^{10}-a^5)+(a^2-a)+1>0.$$

综合(1)—(4),对于一切实数 a,都有 $f(a)>0$.

二、特殊化,寻找突破口

对于某些数学问题,先找出符合题意的特殊值、特殊图形、特殊位置来进行试探,往往能得到启示,找到解题途径.

1. 分析特例,寻求启示

例 3　如图 2-6 所示,设两圆$\odot O_1$,$\odot O_2$ 内切于点 A,其半径分别为 $R,r(R>r)$,任作一直线垂直于连心线所在直线,并使其在连心线同侧分别交$\odot O_1$ 与$\odot O_2$ 于点 B,C,求证:$\triangle ABC$ 外接圆面积为定值.

对于这个问题,我们先在特殊位置来考察"定值". 连心线 O_1O_2 过点 A,设它与 $\odot O_1$,$\odot O_2$ 分别交于点 E,F,过点 F 作 FB' 垂直于 O_1O_2,此时 BC 的特殊位置为 $B'F$,$\triangle AB'F$ 是$\triangle ABC$ 的特殊位置,其外接圆直径为 AB',显然

$$AB'^2=AE\cdot AF=4R\cdot r$$

是定值,从而面积也是定值. 对于一般情形(图 2-7),连接 EB,FC,并延长交于点 P. 因为$\angle ABP=\angle ACP=90°$,所以 A,C,B,P 四点共圆,从而 AP 是$\triangle ABC$ 外接圆直径. 由特殊情形得到启示,只要证明 $AP^2=AE\cdot AF$ 即可,这不难通过相似三角形来加以证明.

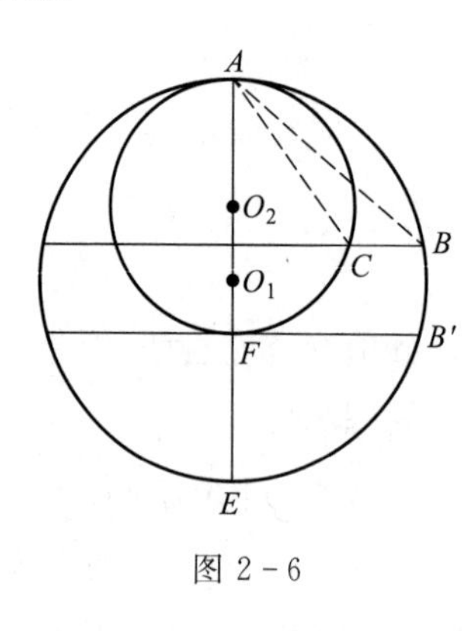

图 2-6

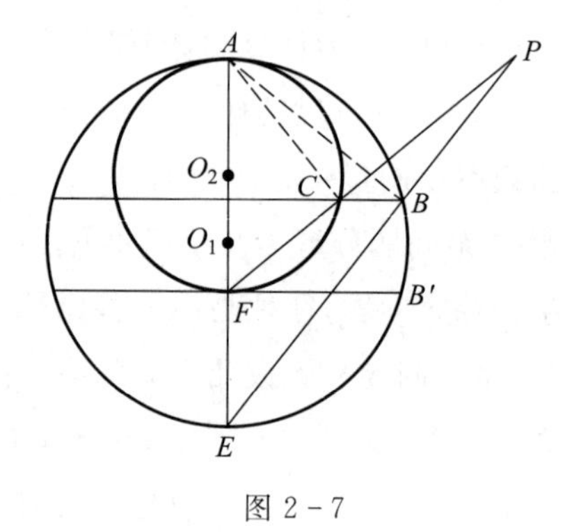

图 2-7

2. 利用特例,奠定基础

有时可先讨论一种简单特例,然后把一般情形化归为特例.

例 4　如图 2-8 所示,设$\triangle ABC$ 外心为 O,垂心为 H,BC 中点为 M,求证:$OM=\dfrac{1}{2}AH$.

证　观察图中各种情形(视点 A 为动点),发现点 O 在边 AB 上时,证明最为简单. 可以联想把一般情形化为这种特殊情形来证明. 为此,连接 OB,并延长交圆周于点 A',则对$\triangle A'BC$ 而言,垂心与 C 重合,显然 $OM=\dfrac{1}{2}A'C$. 再证 $AH=A'C$ 即可,而这不难通过证明 $AHCA'$是平行四边形得到.

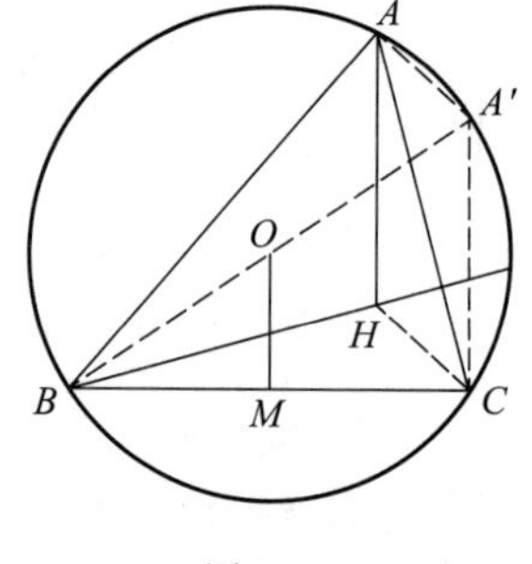

图 2-8

3. 使用特例,完善解题

有时对其特例的推演,也恰是解题中的最重要步骤.

例 5　证明:圆系 $x^2+y^2+2(1+\sin^2\theta)x-2(1+\sin^2\theta)y+1+6\sin^2\theta=0$ 经过定点,并求定点坐标.

证　圆系既过定点,则应与参数 θ 无关,不妨取特例 $\theta=0,\dfrac{\pi}{2}$,所得两圆之交点必为所求. 为此,取 $\theta=0,\dfrac{\pi}{2}$,所得两圆方程为

$$\begin{cases}(x+1)^2+(y-1)^2=1,\\(x+2)^2+(y-2)^2=1,\end{cases}$$

解之知它们的交点为 $P(-1,2)$，$Q(-2,1)$. 将点 P，Q 的坐标代入圆系方程适合，即圆系过定点 P 和 Q.

三、变换角度，选择主攻方向

如果按照题意直接求解(证)有很大困难，我们可以尝试变换一个角度去看问题，或者变易论题，或者换用另一种数学方法来求解，或者通过数形转换，从中选择最容易突破难点的主攻方向.

1. 变易命题

例 6　已知二次方程 $ax^2+2bx+1=0$ 及 $cx^2+2dx+1=0(ac\neq 0)$ 的系数满足 a，bd，c 组成等差数列. 求证：上述两个方程至少有一个方程有实根.

分析　此题直接证明有困难，因此，先将原题变易为逆否命题：已知二次方程 $ax^2+2bx+1=0$ 及 $cx^2+2dx+1=0$ 均无实根，求证：a，bd，c 不成等差数列，再将变易命题继续变易为：已知 $b^2-a<0$，$d^2-c<0$，求证：$a+c\neq 2bd$. 从最后的变易命题知

$$a+c>b^2+d^2\geqslant 2bd.$$

2. 数形转换

有关图形问题，可转换到"数"来解决，这是大家熟知的. 而有不少关于数的问题，解题者往往忽略从"形"的角度去研究解决它.

例 7　已知不等式 $2\sqrt{x}\geqslant ax+b$ 的解集是 $1\leqslant x\leqslant 4$，求 a，b 的值.

解　此题用纯代数方法解较为困难. 通过构造函数① $y=2\sqrt{x}$，② $y=ax+b$，观察其图像(图 2－9)知，在区间$[1,4]$上，函数①的图像是抛物线$\overset{\frown}{PQ}$，而点 P，Q 的坐标分别为 $P(1,2)$，$Q(4,4)$，函数②的图像是直线. 由题意，这条直线恰过点 P，Q，因此，问题等价于求过点 P，Q 的直线方程. 将点 P，Q 坐标代入②，解之得

$$a=\frac{2}{3},\quad b=\frac{4}{3}.$$

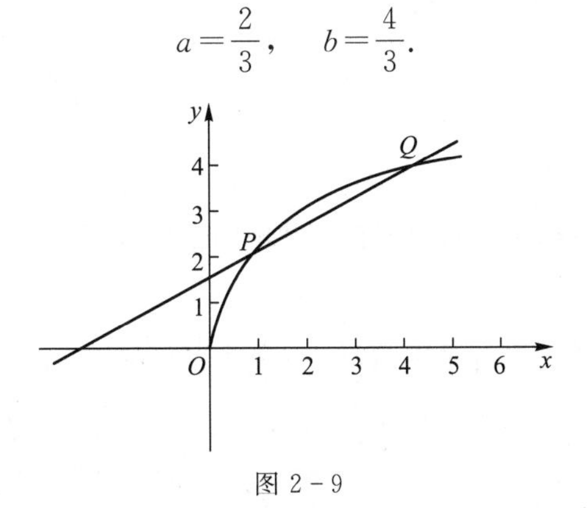

图 2－9

3. 横向求索

人们的观察常常是纵向追溯，即按照知识系统，回顾和使用题意所涉及范围的所学内容，而忽视“横向求索”，即不习惯采用那些看来与题意不“相关”的其他数学分支的内容. 事实上，这种“旁敲侧击”对于解数学题有时却是一个很重要的策略. “他山之石可以攻玉”的道理在数学发现和数学解题中也是屡见不鲜的.

例 8　求证：对于任何整数 $p,q(q\neq 0)$都有

$$\left|\sqrt{2}-\frac{p}{q}\right|>\frac{1}{3q^2}.$$

这是有名的波兰数学家施坦豪斯(Steinhaus)编著的《又一百个数学问题》中的第 8 题，该书用纯代数的证明，较难想到. 如果我们变换视角，综合运用代数、几何和三角知识，可以得到一个简捷自然的证法.

证　先将命题变易为：找不到整数 $p,q(q>0)$，满足不等式

$$\left|\sqrt{2}-\frac{p}{q}\right|\leqslant\frac{1}{3q^2}. \tag{1}$$

命题(1)对等号是显然的，因为无理数与有理数的差不会是有理数. 当 $p\leqslant 0$ 时，命题也是显然的，因为$\sqrt{2}\leqslant\left|\sqrt{2}-\frac{p}{q}\right|\leqslant\frac{1}{3q^2}(q^2\geqslant 1)$，矛盾. 于是命题(1)又可变易为：找不到正整数 p,q，满足不等式

$$\left|\sqrt{2}-\frac{p}{q}\right|<\frac{1}{3q^2}. \tag{2}$$

由(2)式有

$$\sqrt{2}q-\frac{1}{3q}<p<\sqrt{2}q+\frac{1}{3q},$$

由此，我们将$\sqrt{2}q,\frac{1}{3q},p$ 看成某个三角形的三边长. 设边长为 p 的边所对的角为 A，由余弦定理有(图 2 - 10)

$$p^2=2q^2+\frac{1}{9q^2}-\frac{2\sqrt{2}}{3}\cos A.$$

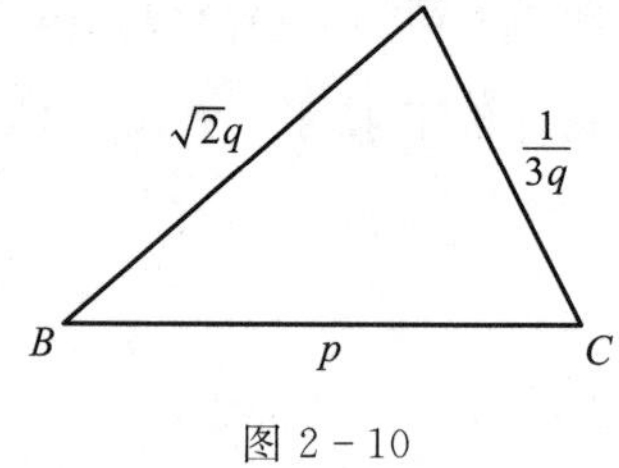

图 2 - 10

因为

$$-\frac{2\sqrt{2}}{3}<-\frac{2\sqrt{2}}{3}\cos A<\frac{2\sqrt{2}}{3},$$

所以，当 $q=1$ 时，可得 $1<p^2<4$，但不存在这样的整数 p；当 $q\geqslant 2$ 时，由 $0<\frac{1}{9q^2}\leqslant\frac{1}{36}$ 知

$$-1<-\frac{2\sqrt{2}}{3}<\frac{1}{9q^2}-\frac{2\sqrt{2}}{3}\cos A<\frac{1}{36}+\frac{2\sqrt{2}}{3}<1,$$

从而得

$$-1<p^2-2q^2<1,$$

故应有 $p^2-2q^2=0$，此时亦无整数解. 从而对任意的自然数 p,q，以 $\sqrt{2}q,\frac{1}{3q},p$ 为三边的三角形不存在，命题(2)得证.

四、逆反转换，灵活解题

逆反转换是指沿着解题的习惯思维方向的相反方向进行探索，即顺推不行时，考虑逆推；直接解决不易时，考虑间接解决；从正面入手有困难时，就从反面入手，等等. 逆反转换是解数学题的重要策略之一，正确而又巧妙地运用逆反转换来解数学题，常常使人茅塞顿开、突破思维定式，使思维进入新的境界.

1. 倒推法

倒推法就是把问题发生的顺序倒过来，用逆推的方法，逐步还原.

例 9(欧洲古代数学趣题)　有一篮李子不知其数，分给甲一半又 1 个，分给乙剩下的一半又 1 个，分给丙剩下的一半又 3 个，李子刚好分完，问原有李子多少个？

解　此题用列方程求解不太简便，采用倒推法，口算即出.

由题意知丙最后分得李子为剩下的一半又 3 个，则剩下即为 6 个，且丙就拿了 6 个. 往上推，乙拿了(6+1+1)=8(个)，甲拿了(8+6+1+1)=16(个)，则原有李子为 16+8+6=30(个).

验证如下：总共有 30 个李子，甲拿了

$$30\times\frac{1}{2}+1=16(\text{个}),$$

乙拿了

$$(30-16)\times\frac{1}{2}+1=8(\text{个}),$$

丙拿了

$$(30-16-8)\times\frac{1}{2}+3=6(\text{个}).$$

2. 反客为主

有些问题，把它的主要元素与某个次要元素倒过来，常常能取得出人意料的效果.

例 10　解方程 $x^3+2\sqrt{3}x^2+3x+\sqrt{3}-1=0$.

解　这个方程是三次的，且系数含有无理数. 但根据题目的特点，把 $\sqrt{3}$ 看成“未知数”，反把 x 看成“已知数”，则得关于 $\sqrt{3}$ 的一元二次方程. 令 $a=\sqrt{3}$，则整理成为关于 a 的方程为

$$xa^2+(2x^2+1)a+x^3-1=0,$$

解之得

$$a=1-x\quad 或\quad a=-\frac{x^2+x+1}{x}.$$

因此，原方程等价于

$$x=1-\sqrt{3} \quad 及 \quad x^2+x+1+\sqrt{3}x=0.$$

这就不难求得 x 的值了.

§4　实　　验

实验是在观察的基础上，进一步发挥人的主观能动作用，从而进一步获得感性资料. 实验是人们根据科学研究的目的，运用一定的研究手段(通常指器具、仪器或科研设备)，在人为控制、变革或模拟客观对象的条件下，通过观察获取感性经验和科学事实的研究方法. 观察是在自然发生的条件下，感知客观对象的方法. 实验实际上是在人为控制条件下的观察. 观察是实验的前提，实验是观察的发展. 在现代科学研究中，实验往往同观察紧密地结合在一起，观察依赖于实验，而实验伴随着观察，它们两者之间是互相依存的.

实验方法比观察方法有着更大的优越性. 实验方法可以重复进行或多次再现被研究的对象，以便反复进行考察. 实验是一种探索性的活动，有时要经过多次失败才有可能获得成功. 从某种意义上来说，实验更能发挥研究人员的主观能动性，有利于证明客观的必然性，达到科学研究的目的.

一个数学家不积累一定的科学事实——我们称之为经验材料，就很难做出什么数学猜想和进行科学研究. 但是，怎样才能获取经验材料呢？按照辩证唯物主义认识论的观点，经验材料只有从对研究对象之间的关系、性质等的观察、实验中，从原有科学知识的学习中获得. 所以，观察和实验都是人类科学认识中的重要实践活动，是获取感性经验和科学事实的根本途径，是科学研究中的一种最基本、最普遍的方法，也是数学方法论中最基本的方法之一.

一、传统意义上的实验

数学实验具有科学实验的特点，属于科学实验的范畴，但它又不同于一般的科学实验. 数学实验是为获得某种数学理论、检验某个数学猜想、解决某类数学问题，实验者运用一定的物质手段，在思维的参与下、在典型的实验环境中或特定的实验条件下所进行的一种数学探索活动.

高斯声称，他获得数学真理的方法是"通过系统的实验". 事实就是如此，许多重要的数学进展都始于对例子的实验. 例如，动力系统理论源于对恒星和行星的研究，更一般地说，源于对物理引发的微分方程的研究. 一个现代的精彩例子是杜阿迪(Douady)和哈伯德(Hubbard)发现的某些茹利亚(Julia)集的树结构，最初是通过观赏计算机画的图形而获得的，然后用形式推理证明.

例 1　求三角形的内角和.

我们设想，在初等几何的萌芽时期，由观察得到结论：三角形内角和等于一个平角，证明的方法将会是在实验的基础上进行的.

(1) 用割补法变革三角形(实验对象). 把三角形三个内角剪下来拼在一起与一条直线相联系，于是三角形内角和立刻呈现出来. 如图 2－11 所示，我们把$\triangle ABC$三个内角剪下来拼在一起. 如果操作比较精确的话，线段 CE 几乎与线段 BC 的延长线 CF 重合，即$\triangle ABC$内角和可能等于 180°. 这个实验不仅使我们建立猜想，而且还为探索提供了证明的途径和方法.

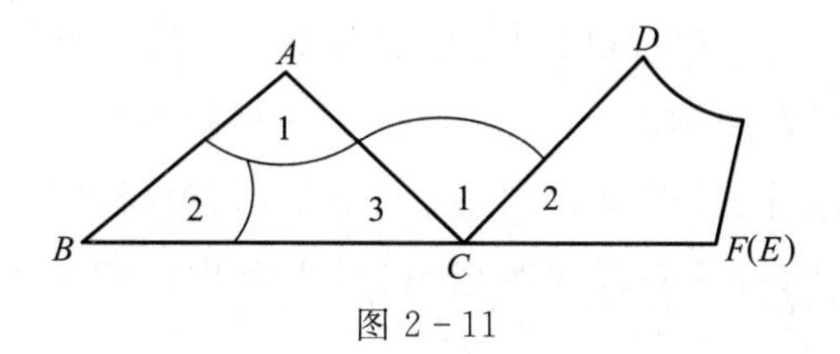

图 2－11

(2) 证明：如图 2－11 所示，因为

$$\angle ACD=\angle 1 \quad (\text{实验的结果}),$$

所以

$$AB /\!/ CD \quad (\text{内错角相等，则二直线平行}).$$

因为

$$\angle DCE=\angle 2 \quad (\text{实验的结果}),$$

又

$$\angle DCF=\angle 2 \quad (\text{二直线平行，则同位角相等})$$

所以 CE 与 CF 重合，即三角形内角和等于 180°.

例 2　概率论的产生与发展.

在遥远的古希腊时代就有哲学家讨论过随机现象，但是当时对随机现象的研究只停留在表面上，即只注意到它的“随机性”，而未探求随机现象的“统计规律性”. 然而到了 16 世纪，随着经济的发展，人们对随机现象的研究也更深入，并用随机试验来研究随机现象. 随机试验的最简单的形式“掷硬币”或“掷骰子”就是探求随机现象“统计规律性”的开始. 历史上记录这个“掷硬币”的频率统计表(表 2－1)就是最好的例子.

表 2－1　“掷硬币”的频率统计

实验者	掷硬币次数 n	出现正面朝上次数 m	频率 $\frac{m}{n}$
蒲丰(Buffon)	4 040	2 048	0. 506 9
皮尔逊(Pearson)	12 000	6 019	0. 501 6
皮尔逊	24 000	12 012	0. 500 5

表 2－1 通过实验证明了概率

$$P(\text{掷一枚硬币出现正面朝上})=\frac{1}{2}.$$

1654 年，有人向帕斯卡(Pascal)提出一个属于现代概率论中“数学期望”的问题，帕斯卡把此人和自己的看法写信给天才的“业余数学家之王”费马，而且帕斯卡和费马各自用自己不同的方法解决了这一问题. 这是最早的概率论中的趣闻，它充分说明概率论是在完全实验的基础上发展起来的一门学问.

实验和发现是紧密联系在一起的，实验法不论对于发现数学知识、形成数学概念和论题，还是对于探求结论及解题思路都具有十分重要的作用.

在中学教学中，一些作为推理的原始概念和基本性质(公理)以及一些理论证明比较复杂而中学生又难以理解的数学内容，往往先通过观察和实验来发现，并肯定其正确性，数学教学中的“发现法”即以此为基础. 例如，用剪拼图形来说明三角形三个内角之和等于一个平角，用折叠来说明图形对称，用实物容积的测量来证实祖暅原理，等等.

例 3　一位医学教授想考考他的护士的数学水平，他拿来一个盐水瓶，里面装有近乎瓶子容积一半的液体，让护士们用最简单的办法，判断一下瓶中的液体的体积与容积的一半的大小关系，其中一个聪明的护士只是颠倒了一下瓶子就得到了答案，她是怎么做的?

解　这位护士用手指掐住液面线，颠倒一下瓶子. 若倒过来的液面等于原液面线，则液体的体积等于容积的一半；若高于原液面线，则液体的体积大于容积的一半；若低于原液面线，则液体的体积小于容积的一半，即

$$\begin{cases} 1-x=x, & x=\dfrac{1}{2}, \\ 1-x<x, & x>\dfrac{1}{2}, \\ 1-x>x, & x<\dfrac{1}{2}. \end{cases}$$

例 4(于振善巧测面积)　于振善是一位木工出身的数学家，他有非常高明的手艺和出众的数学才能，后来于振善成为河北大学的教师. 于振善的家乡在河北省清苑县. 有一年，清苑县分了一块土地给邻近的县，县长想知道清苑县的面积究竟有多大，因此，县政府的干部动了不少脑子，请教了一些人，可是谁也没有好的办法. 后来有人找到了于振善，他利用他精湛的木工手艺和出众的数学才能，巧妙地解决了这一问题，想想看，他是怎么测出的?

解　他先找来一块质地均匀的木板，把两面刨得溜光. 设这块木板的面积为 a m^2，质量为 b kg，那么木板单位面积的质量是 $\dfrac{b}{a}=c(\mathrm{kg})$.

他把地图绘在木板上，然后把这块“木地图”锯下来，称得“木地图”的质量是 d kg，那么清苑县地图的面积应该是 $\dfrac{d}{c}=e(\mathrm{m}^2)$.

值得指出的是，传统意义上的数学实验是指用手工的方法，利用实物模型或数学教具进行实验，主要目的是用于某些数学事实、结论的发现、具体验证或直观解释性说明. 现代数学实验则是以信息技术为工具，以数学软件的应用为平台，模拟实验环境，结合数学模型而进行的数学活动方式. 现代数学实验不仅具有传统数学实验的验证结论和增强直观性的功能，更重要的是创设了数学活动的环境，使人置身于一个“数学实验室”之中，进行观察并尝试错误，发现并作出猜想，进行实验、测量、分类，或是设计算法、通过运算检验，或是提出假说，借助逻辑推理加以证明，或是提出反例予以否定，等等. 数学实验既有验证和情境，又能通过实验做出发现，具备科学实验的特点.

二、实验数学

随着现代技术的进步，数学实验的重要性及其表现形式愈加具体和生动，过去只能在想象中完成的事情，现在可以在“数学实验室”中完成. 一些悬而未决的数学难题也可能借助“数学实验室”而得到解答. 如“四色问题”，在数学上化归为 1 936 种情形，每种情形的证明都可以化为数学的逻辑判断，并利用计算机来做.

数学实验可以通过计算机提供的数据、图像及动态表现，实验者有了更多的观察、探索、试验和模拟的机会，在此基础上，可产生顿悟和直觉，形成猜想，再利用数学手段，对猜想进行肯定或否定.

可见，计算机在数学中的应用使数学的研究方法出现了崭新的变化，其中的实验性数学方法，在一些数学领域的应用，从很大程度上取代了现有的数学方法，也产生了实验数学. 从今天的角度来说，实验性数学方法，就是利用计算机的作用，主要是超强的计算能力，搜索数字之间以及数字与其他更抽象数学数量之间所有可能的联系，并做出判断. 这种方法比逻辑推理的范围更广，因为它可以找到那些正确的然而又是无法证明的真理. 计算机模拟、人工智能在很大程度上都来源于实验性数学的思想.

实验数学的实验性表现为以下三个方面：

(1) 借助计算机探索数量及几何形体的性质. 例如，三维流形理论就是一个有趣的例子. 早先，低维拓扑是构造性数学中许多进展的源泉，这些进展大多数是通过德恩(Dehn)在 20 世纪 20 年代的工作获得的. 20 世纪 50 年代后期，哈肯(Haken)创立了正规曲面理论，用来解决一些重要的可判定性问题，例如赫敏(Hemion)给出了一个算法，它以两个结点图为其输入，输出的结论是这两个结点图是否等价. 正规曲面的另一新成果是鲁宾斯坦(Rubinstein)算法，检验一个有限单纯复形是否同胚于三维球体. Jeff Weeks 的程序可以很快算出有关三维流形令人惊异的结果.

(2) 实现数学定理的机器证明. 我们所说的证明不仅仅是指用计算机直接证明定理，还可以用来反面验证猜测的正确性. 例如，对于理论发展具有实质影响的一个程序是肯布拉克(Ken Brakke)的 Evolver，它被认为有助于为一个长期没有解决的猜想提供反例，该猜想是关于将三维空间用薄膜划分为等积胞腔，而使薄膜达到最小面积的正则排列问题.

(3) 计算机可以探索和检验知识. 一个典型的例子是计算机在分形图形的生成过程中要用到迭代函数系统,其过程是:原图—IFS代码—仿真图. 这个过程实际上是一个建立数学模型的过程. 从理论上讲,分形学家可以寻找IFS代码,从而建立数学模型,但这个过程,特别是确定其中的伴随概率的过程,太费时间. 所以在实际中,数学家是利用计算机并采用拼贴方法来描述原图的,从而确定IFS代码,并且通过人机交互环境来调试仿射压缩变换的参数及其伴随概率,使得所建立的数学模型(IFS代码)能够更准确地反映原图. 由此可见,计算机在数学建模的过程中具有探索知识的实验性质.

§5 归纳猜测

在研究数学问题时,我们常常在观察和实验等基础上,把一些特殊问题一般化,从中发现新问题,有时还可以发现新问题的解法. 这种由特殊到一般的思考,能否有所发现,关键在于能否恰当地运用归纳法,能否善于从个别特殊的例子中归纳概括出一般性的结论和方法来.

归纳是人类探索真理和发现真理的主要工具之一,在数学上也不例外. 法国著名的数学家和天文学家拉普拉斯(Laplace)曾说:"即使在数学里,发现真理的主要工具也是归纳和类比."实际上,许多数学的基本概念和方法的建立,许多重要问题的发现和解决,许多研究成果的获得,都是由一些特殊的例子归纳概括出来的. 例如,我国古代《周髀算经》中有关勾股定理的特殊形式及其应用,贾宪、杨辉关于二项式系数三角阵的发现,欧拉关于凸多面体的面数 F、顶点数 V 和棱数 E 之间的公式 $F+V-E=2$ 的发现,数论中的许多定理和猜想,如哥德巴赫猜想的提出等,都是对大量的数学实例进行观察和归纳而得来的.

一、归纳法的原理、意义和类型

我们知道,特殊和一般是对立的统一,特殊性包含着一般性,一般性寓于特殊性之中,个性表现共性,共性存在于个性之中. 特殊与一般,个性与共性这对辩证关系纳入认识论,就可得出人类认识运动的一般秩序. 在实践的基础上,从认识个别的特殊的事物开始,然后归纳概括出事物的共同本质,再以已经取得的对共同本质的一般认识为指导,去继续研究尚未深入研究的许多具体事物,以进一步丰富和发展对一般的共同本质的认识. 这也就是说,人类的认识是由个别(特殊)向一般的转移,再由一般向个别(特殊)转移的过程,归纳是第一过程中的思维方法.

(一) 归纳的原理

逻辑推理的方法有两种:一是演绎推理,即由一般到特殊的推理;二是归纳推理,即由特殊到一般的推理. 由此看来,归纳法就是通过对同一类事物的特殊对象的研究,而得出一般结论的方法.

归纳推理的理论原理是归纳原理:如果在各种各样的条件下,观察大量的 S 类对象,所有这些被观察到的对象都具有性质 P,则可断定所有 S 类对象都具有性质 P,其推理模式为

$$
\begin{array}{l}
S_1\text{——}P \\
S_2\text{——}P \\
\cdots\cdots \\
S_n\text{——}P \\
\cdots\cdots \\
S=\{S_1,S_2,\cdots,S_n,\cdots\} \\
\hline
S\text{——}P
\end{array}
$$

这样一个从特殊到一般的推理过程,就是归纳推理,它是属于"合情推理"的范畴,是一种"似然"的推理方法.

(二) 归纳法的意义

归纳法虽然是一种"似然"的"合情推理",但这并不意味着归纳法作用不大. 实际上,对于数学的发展和创新而言,归纳推理的巨大作用,是论证推理所无法代替的.

牛顿曾说:"没有大胆的猜测,就做不出伟大的发现."一些具有共同属性的事物,共同属性是由它们的本质决定的,即使是在特殊的情况下,它们的共同属性也往往会体现出来. 在特殊的情况下,通过观察或实验等方法,捕捉它们的本质属性,从而大胆猜测,得出归纳判断,在这个基础上再设法加以论证. 因为特殊的事物或情况一般比较简单,人们便于把握,因而也就为我们解决疑难打开了通道. 而一般情况比较复杂,人们甚至不可能(比如说无限集合)去完全考察它们每一个的特性,这时归纳猜测法便是推理的主要手段.

我们以一个历史上应用归纳法的比较复杂的例子来说明归纳法的意义.

例 1　求和 $S_n=1^3+2^3+3^3+\cdots+n^3$.

解　目前来说,这个求和公式可用很多方法求出,但历史上,有人就是利用归纳猜测的方法得出的. 看下面的一个和数表:

$$
\begin{array}{l}
1=1^3 \\
3+5=2^3, \\
7+9+11=3^3, \\
13+15+17+19=4^3, \\
\cdots,
\end{array}
$$

由此得出

$$
\begin{aligned}
&1^3+2^3+3^3+\cdots+n^3\\
=&1+(3+5)+(7+9+11)+(13+15+17+19)+\cdots+\\
&[n(n-1)+1+n(n-1)+3+\cdots+n(n-1)+2n-1]\\
=&\left[\frac{n(n+1)}{2}\right]^2,
\end{aligned}
$$

其中第 n 组中第一个奇数为 $2\left[\frac{n(n-1)}{2}+1\right]-1=n(n-1)+1$. 当然这个公式的正确性还得用数学归纳法加以证明.

(三) 归纳法的类型

由于归纳的情况不同,归纳法可按照它所考察的对象是否完全而分为完全归纳法和不完全归纳法两种.

1. 完全归纳法

完全归纳法是根据对某类事物的全体对象的考察,发现它们都具有某一种属性,从而得出这类事物都具有这种属性的一般性结论的推理方法. 完全归纳法又分为穷举归纳法和类分法两种类型.

(1) 穷举归纳法

穷举归纳法是对具有有限个对象的某类事物进行研究时,将它的每个对象逐一进行考察;如果它们都具有某种属性,就得出这类事物都具有这种属性的一般性结论的归纳推理.

例 2　证明:当 $n\in\mathbf{N}$ 时,$n\leqslant 8$,$f(n)=n^2+n+11$ 是素数.

证　因为

$$
\begin{gathered}
f(1)=13,\ f(2)=17,\ f(3)=23,\ f(4)=31,\\
f(5)=41,\ f(6)=53,\ f(7)=67,\ f(8)=83
\end{gathered}
$$

均为素数,所以,当 $n\in\mathbf{N}$,$n\leqslant 8$ 时,$f(n)$都是素数.

穷举归纳法主要适用于当研究的某类事物只包含有限个对象,并且数目较小时候的情况.

(2) 类分法

类分法是指对具有无限多个对象的某类事物进行研究时,将这类事物划分为互相排斥且其外延之和等于该类事物的几个子类,并对它们分别进行考察;如果这些子类都具有某些属性,就得出这类事物都具有这种属性的一般性结论的归纳推理.

如果我们在论证时,将一个子类看成一个对象,那么类分法也可看成穷举法,统一起来看,完全归纳法可看成以分类为基础的一种论证方法. 由于完全归纳法是穷尽了被考察对象的每一类(个)以后才作出的结论,因此结论是确凿无疑的,故它是一种严格的推理方法.

在数学教学中,类分法不仅在定义、概念、讨论数学对象的性质时有一定的应用,而且在不等式、几何图形、函数单调区间、排列组合、剩余类(同余)以及抽屉原则等方面都有广泛的应用.

例 3　某商店有 3 kg,5 kg 两种包装的糖果,数量极为充足,保证供应,求证:凡购买 8 kg 以上整千克的糖果时,都可以不用拆包.

解　$8=5+3, 9=3\times3, 10=2\times5, 11=2\times3+5$. 故问题的实质是要证明对于自然数 $N\geqslant8$,一定存在自然数 m 和 n,使得 $N=3m+5n$.

类分:$N=3k$,或 $3k+1, 3k-1$(按模 3 分类),其中 $k\geqslant3, k\in\mathbf{Z}$.

(1) 当 $N=3k$ 时,$3k=3m+5n$,只要取 $m=k, n=0$.

(2) 当 $N=3k+1$ 时,要证明 $3k+1=3m+5n$.

因为 $1=10-3\times3$,所以 $3k+1=3(k-3)+10=3m+5n$,取 $m=k-3, n=2$.

(3) 当 $N=3k-1$ 时,要证明 $3k-1=3m+5n$.

因为 $-1=-6+5$,所以 $3k-1=3k-6+5=3m+5n$,取 $m=k-2, n=1$.

综上结论,对任意正整数 $N\geqslant8$,N kg 糖果都可以用 3 kg 包装和 5 kg 包装不拆包组成.

例 4　设 α 是方程 $ax^2+bx+c=0$ 的一个根,且 $0<c<b<a$,证明:$|\alpha|<1$.

证　(1) 当 $\Delta\geqslant0$ 时,α 为实数. 设另一个根为 β,由韦达定理,$\alpha\beta=\dfrac{c}{a}>0$. 由此知 α,β 同号,于是有

$$|\alpha|\leqslant|\alpha|+|\beta|=|\alpha+\beta|=\frac{b}{a}<1,\quad 即 |\alpha|<1.$$

(2) 当 $\Delta<0$ 时,方程的两根 α,β 共轭,即 $\beta=\bar{\alpha}$,则有

$$|\alpha|^2=\alpha\cdot\bar{\alpha}=\alpha\cdot\beta=\frac{c}{a}<1,\quad 即 |\alpha|<1.$$

综合(1)和(2)知命题得证.

2. 不完全归纳法

不完全归纳法是根据对某类事物部分对象的考察而得出这类事物都具有某种属性的一般性结论的推理方法. 由于不完全归纳法的结论的判断范围超出了前提的判断范围,因而它是一种或然推理(也就是似然推理). 在数学中,它又可以分为枚举归纳法与因果关系归纳法.

(1) 枚举归纳法

枚举归纳法是根据某类事物的 n 个特殊对象具有某种属性,而作出的这类事物都具有这种属性的一般性结论的推理方法. 枚举归纳法虽然不能作为严格的论证方法,但它有助于发现解题线索和提供研究方向. 因此,它是数学学习和数学发现、发明的重要方法. 它的步骤可概括为"实验—归纳—猜测".

例 5　1640 年费马给出了一个公式 $F(n)=2^{2^n}+1$,他发现

$$F(0)=3,\ F(1)=5,\ F(2)=17,\ F(3)=257,\ F(4)=65\,537$$

均为素数,于是猜想对任何非负整数 n,F_n 是素数.

但是,他错了,因为

$$F(5)=2^{2^5}+1=4\ 294\ 967\ 297=641\times 6\ 700\ 417,$$

这个分解是由欧拉于 1732 年完成的,从而否定了费马用不完全归纳法得出的猜测.这个问题正好说明归纳猜测是"或然"的、"合情"的推理,但不一定正确,这就是其中一个典型的例子.

(2) 因果关系归纳法(科学归纳法)

因果关系归纳法是指以某类事物的部分对象的因果关系作为前提,而得出一般性结论的推理方法.

例 6　设有 $a_1=\sin\theta, a_2=\sin 2\theta$,当 $k>2$ 时($k\in\mathbf{N}$),$a_k=2\cos\theta a_{k-1}-a_{k-2}$,求通项 a_n.

解　因为

$$a_3=2\cos\theta\sin 2\theta-\sin\theta=\sin 3\theta+\sin\theta-\sin\theta=\sin 3\theta,$$

$$a_4=2\cos\theta\sin 3\theta-\sin 2\theta=\sin 4\theta,$$

$$\cdots,$$

归纳猜想:$a_n=\sin n\theta$.

这个结果就是由因果关系归纳法得出来的.由于因果关系归纳体现了所研究的这类事物的本质属性,因此,一般来说,由因果关系归纳出来的结论要比由枚举归纳法得出的结论可靠性大.

因果关系归纳法通常有 4 种方法,其推理模式如下:

(i) 求同法

情况	具有因素		出现性质
Ⅰ	A,B,C	$\longrightarrow$	P
Ⅱ	A,D,E	$\longrightarrow$	P
Ⅲ	A,F,G	$\longrightarrow$	P

故 A 是 P 的原因.

(ii) 差异法

情况	具有因素		出现性质
Ⅰ	A,B,C	$\longrightarrow$	P
Ⅱ	B,C	$\longrightarrow$	Q 或不出现 P

故 A 是 P 的原因.

(iii) 异同共求法

情况	具有因素		出现性质
Ⅰ	A,B,C	$\longrightarrow$	P
Ⅱ	A,D,E	$\longrightarrow$	P
Ⅲ	F,G	$\longrightarrow$	Q 或不出现 P
Ⅳ	L,F	$\longrightarrow$	R 或不出现 P

故 A 是 P 的原因.

(iv) 共变法

情况	具有因素		出现性质
Ⅰ	A_1, B, C	$\longrightarrow$	P_1
Ⅱ	A_2, B, C	$\longrightarrow$	P_2
Ⅲ	A_3, B, C	$\longrightarrow$	P_3

故 A 是 P 的原因.

例 7　设 $a_1=\cot x, a_n=a_{n-1}\cos x-\sin(n-1)x$，试求数列 $\{a_n\}$.

解　计算前 4 项，

$$a_1=\cot x=\frac{\cos x}{\sin x},$$

$$\begin{aligned}a_2&=a_1\cos x-\sin x=\cot x\cos x-\sin x\\&=\frac{\cos^2 x}{\sin x}-\sin x=\frac{\cos 2x}{\sin x},\end{aligned}$$

$$a_3=a_2\cos x-\sin 2x=\frac{\cos 2x\cos x}{\sin x}-\sin 2x=\frac{\cos 3x}{\sin x},$$

$$a_4=a_3\cos x-\sin 3x=\frac{\cos 3x\cos x}{\sin x}-\sin 3x=\frac{\cos 4x}{\sin x},$$

用求同法可发现不论 n 取何值，a_n 总是以 $\sin x$ 作分母，以余弦函数作分子. 当 $n=1$ 时，对应的分子为 $\cos x$；当 $n=2$ 时，对应分子为 $\cos 2x$，如此继续下去，可以归纳得到

$$a_n=\frac{\cos nx}{\sin x}.$$

二、归纳法解题举例

例 8　比较 $1\,992^{1\,993}$ 与 $1\,993^{1\,992}$ 的大小.

解　这是一道初中生的数学竞赛题. 显然这两个算式不可能手算，甚至一般的电子计算机在计算时也会溢出.

先归纳，取 $n=1,2,3,4,5$，分别计算 n^{n+1} 与 $(n+1)^n$ 发现当 $n=3,4,5$ 时，有 $n^{n+1}>(n+1)^n$，由此可得 $1\,992^{1\,993}>1\,993^{1\,992}$ 的猜想. 一般的证明可用数学归纳法或二项式定理.

此题的证明，还可用高等数学知识，解答比较简便.

例 9　求方程 $x+y=x^2-xy+y^2$ 的整数解.

解　经过代数变形，由原方程可得

$$x^2-(y+1)x+y^2-y=0,$$

把它看成一个关于 x 的一元二次方程，其判别式为

$$\Delta=4-3(y-1)^2.$$

由于是探求 x, y 的整数解，故 $\Delta\geqslant 0$，于是可确定 y 只能取 0，1，2 三个值. 直接穷举得

当 $y=0$ 时，$x=0,1$；

当 $y=1$ 时，$x=0,2$；

当 $y=2$ 时，$x=1,2$.

综合得原方程的整数解 (x,y) 为 $(0,0),(1,0),(0,1),(2,1),(1,2),(2,2)$，共 6 组.

例 10　设 $k\in\mathbf{Z}^+$，求满足不等式 $|x|+|y|<k$ 的整数解组 (x,y) 的组数.

解　显然要直接给出解答是不容易的，不妨把 k 看成参数，整数解组的组数与 k 有关，我们把它记作 $f(k)$. 现从 $f(k)$ 的特殊值入手，探求计算 $f(k)$ 的规律，作出猜想，再设法给予证明

当 $k=1$ 时，有解组 $(0,0)$，$f(1)=1$.

当 $k=2$ 时，有解组 $(0,0),(0,\pm1),(\pm1,0)$，即 $f(2)=1+4=5$.

当 $k=3$ 时，有解组 $(0,0),(0,\pm1),(0,\pm2),(\pm1,0),(\pm1,\pm1),(\pm2,0)$，即 $f(3)=1+4+4\times2$.

当 $k=4$ 时，有解组 $(0,0),(0,\pm1),(0,\pm2),(0,\pm3),(\pm1,0),(\pm1,\pm1),(\pm1,\pm2),(\pm2,0),(\pm2,\pm1),(\pm3,0)$，即 $f(4)=1+4+4\times2+4\times3$.

于是我们猜想

$$f(k)=1+4\times1+4\times2+\cdots+4(k-1)=1+2k(k-1).$$

这个猜想可以看成由因果归纳法概括出递推公式

$$f(k)=f(k-1)+4(k-1).$$

这个结果，可以用数学归纳法加以证明.

例 11　试把 2 022 表示成若干正整数之和，使这些数的积最大.

解　把 2 022 表示成若干正整数之和的情形很多，直接一一列举是很困难的，还是回到最简单的情形进行考察，探求分解的规律，再推广到一般情形.

数 2：只能表示成 $1+1$，但 $1\times1<2$，这说明不如不变. 看来从原来的数分出 1 是不满足条件的，这种分解情形不再予以考虑.

数 3：不如不变.

数 4：表示成 $2+2$，因 $2\times2=4$，故变与不变无区别.

数 5：表示成 $2+3$，因 $2\times3=6$. 故积最大值为 6.

数 6：表示成 $3+3$，则 $3\times3=9$；

　　表示成 $2+4$，则 $2\times4=8$；

　　表示成 $2+2+2$，则 $2\times2\times2=8$.

后两种情形可归结为一种情形，因为 4 可以表示成 $2+2$，且变与不变无区别. 所以积的最大值为 9，可见表示成 3 个 2 的和不如表示成 2 个 3 的和.

数 7：表示成 $2+5$，5 应继续表示成 $2+3$，则其积最大为 $3\times2\times2=12$.

数 8：表示成 $2+6$，$3+5$，应把 6，5 继续表示成若干个 2 与 3 的和. 此外 8 也可表示成 $4+4$，也可继续表示成若干个 2 的和.

经过以上枚举，可以猜想到，欲得所求，应该把该数表示成若干个 2 与 3 的和.

现在，我们来证明这个猜想. 首先把 2 022 表示成若干个正整数之和，欲使其积最大，这些数均不超过 4. 否则，不妨假设存在加数为 x 且 $x>4$，那么 x 可表示成 $2+(x-2)$，但

$$2(x-2)=2x-4=x+(x-4)>x,$$

这就使得其积增大.

其次，我们可以把 4 表示成 2 个 2 的和，且应把 3 个 2 的和表示成 2 个 3 的和，即加数中 2 不宜超过 2 个.

因此，应把 2 022 表示成 674 个 3 的和，所求积的最大值为 3^{674}.

上述结论可推广到任意大于 1 的自然数 N：当 $N=3k(k\in\mathbf{N})$时，N 可表示成 k 个 3 的和，所求最大积为 3^k；当 $N=3k+1$ 时，N 可表示成 $k-1$ 个 3 与 2 个 2 的和，最大积为 $2^2\times 3^{k-1}$；当 $N=3k+2$ 时，N 可表示成 k 个 3 与 1 个 2 的和，其最大积为 2×3^k.

例 12　证明：具有下列形式

$$N=\underbrace{11\cdots1}_{n-1\text{个}}\underbrace{22\cdots25}_{n\text{个}}$$

的数是完全平方数.

分析　先考察简单形式. 当 $n=1$ 时，$N=25=5^2$；当 $n=2$ 时，

$$N=1\ 225=35^2=\left(\frac{10^2+5}{3}\right)^2;$$

当 $n=3$ 时，

$$N=112\ 225=335^2=\left(\frac{10^3+5}{3}\right)^2.$$

至此，我们可以猜想

$$N=\underbrace{11\cdots1}_{n-1\text{个}}\underbrace{22\cdots25}_{n\text{个}}=\underbrace{33\cdots3}_{n-1\text{个}}5^2=\left(\frac{10^n+5}{3}\right)^2.$$

证　对 N 变形，

$$\begin{aligned}N&=\underbrace{11\cdots1}_{n-1\text{个}}\underbrace{22\cdots25}_{n\text{个}}=10^{n+1}\times\underbrace{11\cdots1}_{n-1\text{个}}+2\times10\times\underbrace{11\cdots1}_{n\text{个}}+5\\&=10^{n+1}\times\frac{10^{n-1}-1}{9}+2\times10\times\frac{10^n-1}{9}+5\\&=\frac{1}{9}(10^{2n}+10^{n+1}+25)=\left(\frac{10^n+5}{3}\right)^2.\end{aligned}$$

猜想是正确的，这是由于 10^n+5 的各位数字之和为 6，故 3 能整除 10^n+5，所以 N 为完全平方数.

在本节结束之前，我们介绍一下 F 数列，并介绍它的通项公式的一种求法. 关于它的通项公式的数学归纳法证明，请读者自己完成.

F 数列是斐波那契(Fibonacci)在 1202 年提出的：假定一对大兔子每月生一对一

雌一雄的小兔子，每对小兔子在两个月后也逐月生一对一雌一雄的小兔子. 现设年初时在兔房里放一对小兔子(刚出生的)，问一年后兔房里有多少对兔子？

稍加分析后，便可得出每月的兔子对数的数列，即 F 数列：

$$1,1,2,3,5,8,13,21,34,55,89,\cdots,$$

其特征是从第三项起，后面每一项都是前面两项的和，即

$$a_{n+1}=a_n+a_{n-1}\quad(n>2). \tag{1}$$

(1)式属于线性递归数列的递推公式，此数列的递推公式的一般表达形式为

$$pa_{n+1}+qa_n+ra_{n-1}=0. \tag{2}$$

(2)式变形为

$$a_{n+1}-(\alpha+\beta)a_n+\alpha\beta a_{n-1}=0, \tag{3}$$

比较(2)式与(3)式的系数得

$$\begin{cases}\dfrac{q}{p}=-(\alpha+\beta),\\[2ex]\dfrac{r}{p}=\alpha\beta.\end{cases}$$

由此可知 α,β 是方程

$$px^2+qx+r=0 \tag{4}$$

的根，此方程称为线性递归数列的特征方程，其根称为特征根.

F 数列的递推公式 $a_{n+1}=a_n+a_{n-1}$ 化为

$$a_{n+1}-a_n-a_{n-1}=0,$$

其中 $p=1,q=r=-1$，它的特征方程为

$$x^2-x-1=0, \tag{5}$$

解之得 $\alpha=\dfrac{1-\sqrt{5}}{2},\beta=\dfrac{1+\sqrt{5}}{2}$.

将 α,β 代入 $a_{n+1}-(\alpha+\beta)a_n+\alpha\beta a_{n-1}=0$，得

$$a_{n+1}-\left(\frac{1-\sqrt{5}}{2}+\frac{1+\sqrt{5}}{2}\right)a_n+\frac{(1-\sqrt{5})(1+\sqrt{5})}{2^2}a_{n-1}=0,$$

变形后，化为

$$a_{n+1}-\frac{1-\sqrt{5}}{2}a_n=\frac{1+\sqrt{5}}{2}\left(a_n-\frac{1-\sqrt{5}}{2}a_{n-1}\right).$$

令 $a_{n+1}-\dfrac{1-\sqrt{5}}{2}a_n=b_n$，则 $b_n=\dfrac{1+\sqrt{5}}{2}b_{n-1}$，于是

$$\frac{b_2}{b_1}=\frac{1+\sqrt{5}}{2},\quad b_1=a_2-\frac{1-\sqrt{5}}{2}a_1=1-\frac{1-\sqrt{5}}{2}=\frac{1+\sqrt{5}}{2},$$

所以 $b_n=\left(\dfrac{1+\sqrt{5}}{2}\right)^n$，

$$
\begin{aligned}
a_{n+1}&=\frac{1-\sqrt{5}}{2}a_n+\left(\frac{1+\sqrt{5}}{2}\right)^n\\
&=\frac{1-\sqrt{5}}{2}\left[\frac{1-\sqrt{5}}{2}a_{n-1}+\left(\frac{1+\sqrt{5}}{2}\right)^{n-1}\right]+\left(\frac{1+\sqrt{5}}{2}\right)^n\\
&=\left(\frac{1-\sqrt{5}}{2}\right)^2a_{n-1}+\left(\frac{1-\sqrt{5}}{2}\right)\left(\frac{1+\sqrt{5}}{2}\right)^{n-1}+\left(\frac{1+\sqrt{5}}{2}\right)^n\\
&=\left(\frac{1-\sqrt{5}}{2}\right)^2\left[\frac{1-\sqrt{5}}{2}a_{n-2}+\left(\frac{1+\sqrt{5}}{2}\right)^{n-2}\right]+\\
&\quad\left(\frac{1-\sqrt{5}}{2}\right)\left(\frac{1+\sqrt{5}}{2}\right)^{n-1}+\left(\frac{1+\sqrt{5}}{2}\right)^n\\
&=\cdots\\
&=\left(\frac{1-\sqrt{5}}{2}\right)^n a_1+\left(\frac{1-\sqrt{5}}{2}\right)^{n-1}\left(\frac{1+\sqrt{5}}{2}\right)+\\
&\quad\left(\frac{1-\sqrt{5}}{2}\right)^{n-2}\left(\frac{1+\sqrt{5}}{2}\right)^2+\cdots+\left(\frac{1-\sqrt{5}}{2}\right)\left(\frac{1+\sqrt{5}}{2}\right)^{n-1}+\left(\frac{1+\sqrt{5}}{2}\right)^n\\
&=\left(\frac{1-\sqrt{5}}{2}\right)^n+\left(\frac{1-\sqrt{5}}{2}\right)^{n-1}\left(\frac{1+\sqrt{5}}{2}\right)+\cdots+\\
&\quad\left(\frac{1-\sqrt{5}}{2}\right)\left(\frac{1+\sqrt{5}}{2}\right)^{n-1}+\left(\frac{1+\sqrt{5}}{2}\right)^n.
\end{aligned}
$$

其中等比数列第一项为$\left(\frac{1+\sqrt{5}}{2}\right)^n$,公比

$$
q=\frac{\left(\frac{1-\sqrt{5}}{2}\right)\left(\frac{1+\sqrt{5}}{2}\right)^{n-1}}{\left(\frac{1+\sqrt{5}}{2}\right)^n}=\frac{1-\sqrt{5}}{1+\sqrt{5}}=\frac{\sqrt{5}-3}{2},
$$

则

$$
\begin{aligned}
a_{n+1}&=\frac{\left(\frac{1+\sqrt{5}}{2}\right)^n\left[1-\left(\frac{\sqrt{5}-3}{2}\right)^{n+1}\right]}{1-\frac{\sqrt{5}-3}{2}}\\
&=\frac{1}{\sqrt{5}}\left[\left(\frac{1+\sqrt{5}}{2}\right)^{n+1}-\left(\frac{1-\sqrt{5}}{2}\right)^{n+1}\right],
\end{aligned}
$$

所以 $a_n=\frac{1}{\sqrt{5}}\left[\left(\frac{1+\sqrt{5}}{2}\right)^n-\left(\frac{1-\sqrt{5}}{2}\right)^n\right]$.

§6 类比推广

类比法是数学发现中最常用、最有效的方法之一，它在科学发展史上起过重大作用. 开普勒(Kepler)说过："我珍视类比胜过任何别的东西，它是我最信赖的老师，它能揭示自然界的秘密，在几何学中它是最不容忽视的."拉普拉斯指出："甚至在数学里发现真理的主要工具是归纳和类比."

一、类比的原理、意义和类型

(一) 类比的原理

类比法就是根据不同的两个对象之间在某些方面相似或相同，从而推出它们在其他方面也可能相似或相同的推理方法.

类比的推理模式为

$$\begin{array}{l} A \text{ 具有性质 } F_1, F_2, \cdots, F_n, P \\ B \text{ 具有性质 } F_1, F_2, \cdots, F_n \\ \hline B \text{ 具有性质 } P \end{array}$$

(二) 类比的意义

在科学上，不少新的学说是基于类比的方法建立起来的. 如对各类动物特性的研究促进"仿生学"的发展，傅里叶(Fourier)将热的传导与水的流动作类比，建立了热传导的精密理论. 在技术上，类比法的应用也起过巨大的作用，如奥地利医生奥恩布鲁格(Auenbrugger)发明叩诊法，就是类比了叩击酒桶能判别酒的存量，所谓"薄壳建筑"是类比了蛋壳的性能而设计出来的.

具有相同或相似属性的不同事物称为相似事物. 相似事物的相同或相似属性往往是表现在多方面的. 在某些方面相同或相似的属性具有一定的延伸性，人们正是利用相似事物属性的延伸性，通过对一个事物的认识来认识与它相似的另一事物，这种认识方法就是类比.

类比推理是一种"合情"的"似然"推理，它的结论的正确性不能肯定，原因在于：在推理过程中使用的"相似"这个概念，本身不是确定的，有很大的变化范围，人们可以给出各种各样的"相似". 良好的类比只是人们给出的"相似"比较接近于事物的本质，况且"相似"毕竟有差异，因此，类比推理中前提与结论的从属关系不是必然的，而是或然的，其正确性必须加以证明或举反例来否定.

例 1　长方形与长方体可以运用类比推理. 因为它们有类比根据：长方形交于同一顶点的两条边互相垂直，相对的两条边互相平行；长方体交于同一顶点的三个面两两互相垂直，相对的两个面互相平行.

类比推移一：又因长方形的对角线互相平分，那么长方体的任意两个对棱面也互相平分,这个类比推理是正确的.

类比推移二:又因长方形的对角线长 d 的平方等于交于同一顶点的两条边 a 和 b(长和宽)的平方和,即 $d^2=a^2+b^2$,那么,长方体任一对棱面面积 S 的平方等于交于同一顶点三个面面积 S_1,S_2,S_3 的平方和,即

$$S^2=S_1^2+S_2^2+S_3^2.$$

这个类比推理是不正确的,举一个简单的反例,对棱长为 1 的正方体,

$$S^2=(1\times\sqrt{2})^2=2,\quad S_1^2+S_2^2+S_3^2=3,\quad 2\neq3.$$

例 2　不等式 $ax+b>0(a\neq0)$ 与方程 $ax+b=0$ 可以类比,因为有类比根据:方程与不等式左边的式子完全相同.

类比推移:方程有解 $x=-\dfrac{b}{a}$,所以不等式也有解 $x>-\dfrac{b}{a}$,这个由类比推出的结论是不正确的.

虽然类比推理结论不一定正确,但是这种推理的作用远比它的缺陷大得多. 在自然科学的各个领域,利用类比常常得出惊人的发现. 这是因为自然界从宏观到微观的各个方面,同类事物的相似性远大于它的差异性.

例 3　波利亚(Pólya)说过:“求解立体几何问题往往有赖于平面几何的类比.”他举了一个例子,在研究四面体的四个表面面积的关系时,把它和三角形三边关系进行类比.

在 Rt$\triangle ABC$ 中,$\angle C=90°$,其三边 a,b,c 有勾股定理的关系 $c^2=a^2+b^2$.

类比到直角四面体 $D-ABC$ 中,顶点为 D 的三面角的三个平面角是直角,它的四个表面积 S_d,S_a,S_b,S_c 的关系,按照形式猜想为

$$S_d^3=S_a^3+S_b^3+S_c^3 \tag{1}$$

或

$$S_d^2=S_a^2+S_b^2+S_c^2. \tag{2}$$

易证(1)式不成立,而(2)式正确.

我们再考虑一般情形. 在三角形内,有余弦定理

$$c^2=a^2+b^2-2ab\cos C,$$

于是我们猜想四面体有类似的关系

$$S_d^2=S_a^2+S_b^2+S_c^2-\boxed{?}\,.$$

式子$\boxed{?}$是什么? 形式一时写不出来,比照余弦定理的证明进行类比,看能否得出结果. 如图 2-12所示,余弦定理的证明是:

$$c=a\cos B+b\cos A, \tag{3}$$

$$a=c\cos B+b\cos C, \tag{4}$$

$$b=c\cos A+a\cos C, \tag{5}$$

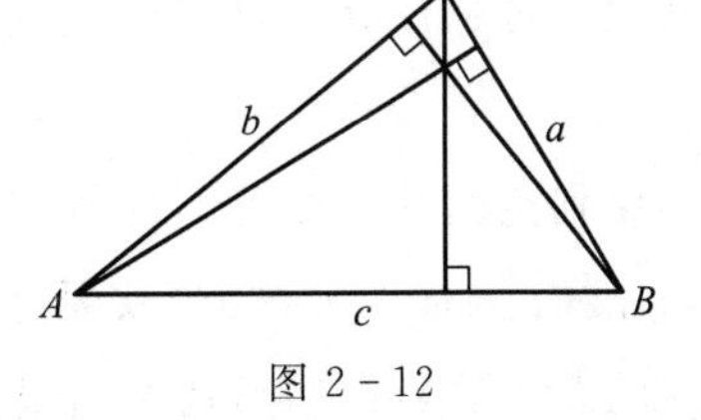

图 2-12

由(4)式和(5)式得

$$\cos B=\frac{1}{c}(a-b\cos C), \tag{6}$$

$$\cos A=\frac{1}{c}(b-a\cos C), \tag{7}$$

把(6)式和(7)式代入(1)式，并整理得

$$c^2=a^2+b^2-2ab\cos C.$$

对于四面体，如图 2-13 所示，我们有

$$S_d=S_a\cos\theta_{ad}+S_b\cos\theta_{bd}+S_c\cos\theta_{cd}, \tag{8}$$

$$S_a=S_d\cos\theta_{ad}+S_b\cos\theta_{ab}+S_c\cos\theta_{ac},$$

其中 θ_{ad} 表示二面角 $A-BC-D$ 的度数，其余同理，由此得

$$\cos\theta_{ad}=\frac{1}{S_d}(S_a-S_b\cos\theta_{ab}-S_c\cos\theta_{ac}). \tag{9}$$

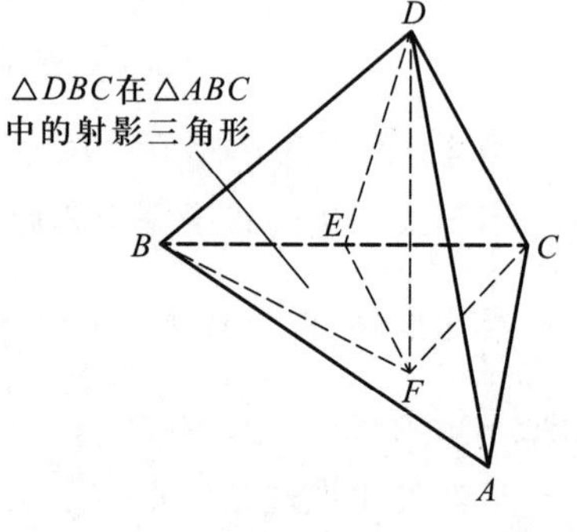

图 2-13

同理得

$$\cos\theta_{bd}=\frac{1}{S_d}(S_b-S_a\cos\theta_{ba}-S_c\cos\theta_{bc}), \tag{10}$$

$$\cos\theta_{cd}=\frac{1}{S_d}(S_c-S_a\cos\theta_{ac}-S_b\cos\theta_{bc}). \tag{11}$$

把(9)—(11)式代入(8)式并整理得

$$S_d^2=S_a^2+S_b^2+S_c^2-2(S_aS_b\cos\theta_{ab}+S_bS_c\cos\theta_{bc}+S_cS_a\cos\theta_{ca}).$$

将三角形类比到四面体，由三角形面积公式可以类比推出四面体的如下两个体积公式：

定理 1　如果一个四面体的两条相对棱的长分别是 a，b，它们的距离是 d，所成的角为 θ，那么它的体积是 $V=\frac{1}{6}abd\sin\theta$.

定理 2　如果四面体的各面都是边长分别为 a，b，c 的全等三角形，并记 $S^2=\frac{1}{2}(a^2+b^2+c^2)$，那么该四面体的体积是

$$V=\frac{1}{3}\sqrt{(s^2-a^2)(s^2-b^2)(s^2-c^2)}.$$

这两个定理的证明留给读者.

我们可以尝试将三角形向四面体继续类比. 张景中院士曾提出平面几何中一个共边定理：若线段 AB 与 PQ 相交于点 M，则

$$S_{\triangle PAB}:S_{\triangle QAB}=PM:QM.$$

类比到空间几何便有“共面定理”，如果两个四面体有一个公共面，则称其为一对共面四面体. 共面四面体的“共面定理”是什么？请读者研究，并借之研究证明台体体积公式的新方法(可参考《数学通报》1997 年第 3 期).

(三) 类比的分类

1. 简单共存类比,它是根据对象的属性之间具有简单共存关系而进行的推理.

简单共存类比的推理模式为

$$\frac{\begin{array}{l}A\text{ 具有属性 }a,b,c,d\\ B\text{ 具有属性 }a,b,c\end{array}}{B\text{ 可能具有属性 }d}$$

多项式的四则运算与整数的四则运算之间的类比就是简单共存类比.

2. 因果类比,它是根据对象的属性间可能有同一种因果关系而进行的推理.

因果类比的推理模式为

$$\frac{\begin{array}{l}A\text{ 中属性 }a,b,c\text{ 与 }d\text{ 有因果关系}\\ B\text{ 中属性 }a',b',c'\text{ 与 }a,b,c\text{ 相同或相似}\end{array}}{B\text{ 可能具有属性 }d'(d'\text{ 与 }d\text{ 相同或相似})}$$

例如,三角形(A)中,三条中线交于一点,且交点分每条中线为 2∶1,四面体(B)中,类比出可能成立的结论:四条中线(顶点与对底面重心的连线)交于一点且交点分每条中线为 3∶1(此定理后面还要讲到).

3. 对称类比,它是根据对象属性之间具有对称性而进行的推理.

4. 协变类比(数学相似类比),它是根据对象属性之间具有某种确定的协变关系(即函数变化关系)而进行的推理.

协变类比的推理模式有两种:

(1) 两个对象有若干属性相似,且在两者的数学方程式相似的情况下,推出它们的其他属性也可能相似.

$$\frac{\begin{array}{l}A\text{ 具有属性 }a,b,c\text{ 且对 }A\text{ 有 }f(x)=0\\ B\text{ 具有属性 }a',b',\text{且对 }B\text{ 有 }f(x')=0\end{array}}{B\text{ 可能有属性 }c'(\text{因为 }f(x')=0\text{ 与 }f(x)=0\text{ 相似})}$$

(2) 两个对象的各种属性在协变关系中的地位与作用相似,推出它们的数学方程式也可能相似.

$$\frac{\begin{array}{l}A\text{ 具有属性 }a,b,c\text{ 且对 }A\text{ 有 }f(x)=0\\ B\text{ 具有属性 }a',b',c'\end{array}}{\text{对 }B\text{ 可能有 }f(x')=0(\text{因为 }a,b,c\text{ 与 }a',b',c'\text{ 相似})}$$

5. 综合类比,它是根据对象属性的多种关系的综合相似而进行推理.

综合类比的推理模式为

$$\frac{\begin{array}{l}A\text{ 具有属性 }a,b,c,d\text{ 以及它们之间的多种关系}\\ B\text{ 具有属性 }a',b',c',d'\text{ 及它们之间的多种关系}\end{array}}{\text{由 }a,b,c,d\text{ 的量值可能推出 }a',b',c',d'\text{ 的相应量值}}$$

数学中常用的类比有

(1) 低维与高维类比：从二维的情形可类比到三维的情形，从三维的情形可类比联想到四维甚至 n 维的情形；

(2) 数与形的类比；

(3) 有限与无限的类比，例如无穷级数、积分在许多方面同有限和可以类比；微分法同有限差分法类比；线性齐次方程同代数方程相类比等，所有这些都属于有限和无限的类比.

一般意义上的普遍性推广，既是数学研究和发现中的一种十分重要的方法，同时也是数学发展的重要动力. 下面我们来看哈密顿(Hamilton)发现四元数的例子.

1835 年，哈密顿全力投入到建立数的逻辑基础的研究中去了. 他的研究是从对复数的考察开始的. 哈密顿首先对复数符号的实质作了解释，他指出：复数 $a+b\mathrm{i}$ 不是 $2+3$ 意义上的一个真正的和，加号的使用是历史的偶然，而 $b\mathrm{i}$ 不能加到 a 上去，复数 $a+b\mathrm{i}$ 不过是实数的有序偶 (a,b). 在此意义下，复数的四则运算应该是

$$(a,b)\pm(c,d)=(a\pm c,b\pm d),$$

$$(a,b)\cdot(c,d)=(ac-bd,ad+bc),$$

$$\frac{(a,b)}{(c,d)}=\left(\frac{ac+bd}{c^2+b^2},\frac{bc-ad}{c^2+a^2}\right).$$

这样，通常的结合律、交换律和分配律都能推导出来. 哈密顿把复数的逻辑基础建立在实数的基础上，但他没有去探讨实数的逻辑基础，而是直接进行创立比复数更高一层次的新数的尝试了.

平面向量的概念获得了它的代数形式——复数，作用于一个物体而不在同一平面上的几个力的结果一般是空间向量. 代数上为了处理它，就需要一个三维的类似物. 我们能用点的空间坐标 (x,y,z) 来表示从原点到该点的向量，但不存在三元数组的运算来表现向量的运算. 那么可以表示空间向量的代数形式究竟是什么？数学家们开始了寻找所谓三维复数以及它的代数形式的探索.

哈密顿澄清了复数的概念，这使他能更清楚地思考怎样引进这个三维空间的类似物. 他首先想到的是，既然是复数的扩展，那么把这个“类似物”表示为 $a+b\mathrm{i}+c\mathrm{j}$ 的形式是自然的. 但是，这样的新数却不满足“模法则”：两个向量乘积的模等于这两个模的积. 当时哈密顿遇到这样的情况：

$$(a+b\mathrm{i}+c\mathrm{j})^2=a^2-b^2-c^2+2ab\mathrm{i}+2ac\mathrm{j}+2bc\mathrm{ij}.$$

如果不考虑右端 $2bc\mathrm{ij}$，或者说假设 $\mathrm{ij}=0$，那么右端 $1,\mathrm{i},\mathrm{j}$ 各系数的平方和

$$(a^2-b^2-c^2)^2+(2ab)^2+(2ac)^2=(a^2+b^2+c^2)^2$$

恰好符合“模法则”. 可是按“模法则”，ij 的模是 1，$\mathrm{ij}=0$ 的假设不合理. 于是，哈密顿又假设 $\mathrm{ij}=-\mathrm{ji}$，并假设 $\mathrm{ij}=\mathrm{k}$. 这样假设的好处是此时“模法则”成立，但是 k 究竟是什么？

这时哈密顿考虑一般新数的乘积

$$(a+b\mathrm{i}+c\mathrm{j})(x+y\mathrm{i}+z\mathrm{j})$$
$$=(ax-by-cz)+(ay+bx)\mathrm{i}+(az+cx)\mathrm{j}+(bz+cy)\mathrm{k}.$$

他发现在这个乘积中“模法则”正好成立. 如果把 k 设想为同时垂直于单位向量 1,i,j 的新单位向量,那么上述等式表示了:两个属于三维空间的向量的乘积,是一个四维空间的向量. 真是美妙!

这启发他放弃了对“三元数”的追求,而着手对新数“$a+b\mathrm{i}+c\mathrm{j}+d\mathrm{k}$”的考虑. 研究之后,哈密顿发现必须被迫作两个让步:一是他的新数必须包含四个分量;二是必须牺牲乘法交换律. 这两个特点对代数都是革命性的,他把这种新数称为“四元数”.

“四元数”:$a+b\mathrm{i}+c\mathrm{j}+d\mathrm{k}$,其中 i,j,k 起着类似 i 在复数中的作用. 实数部分 a 称为四元数的数量部分,其余是向量部分. 向量部分的三个系数是点 P 的笛卡儿直角坐标,i,j,k 是定性的单元,几何上其方向是沿着三根坐标轴.

四元数进行乘法运算时,乘法的所有代数规则有效,只是在形成 i,j,k 的积时,放弃了交换律,而具备下列规则:

$$\mathrm{jk}=\mathrm{i},\ \mathrm{kj}=-\mathrm{i},\ \mathrm{ki}=\mathrm{j},\ \mathrm{ik}=-\mathrm{j},$$
$$\mathrm{ij}=\mathrm{k},\ \mathrm{ji}=-\mathrm{k},\ \mathrm{i}^2=\mathrm{j}^2=\mathrm{k}^2=-1.$$

1843 年,哈密顿在爱尔兰皇家科学院会议上宣告了四元数的发明. 这是他 15 年思索的结晶,也是他后来 22 年研究的开始.

可见,数学思想一旦冲破传统模式的藩篱,便会产生不可估量的创造力. 哈密顿的四元数的发明,使数学家认识到既然可以抛弃实数和复数的交换性去构造一个有意义、有作用的“数系”,那么,就可以更大胆“自由”地去考虑甚至偏离实数和复数的通常性质的构造. 这就打开了进一步通向抽象代数的大门.

二、类比法解题及研究举例

例 4　空间 n 个平面最多能把空间分割成多少个部分?

分析　这是平面分割空间问题,由问题的内容容易联想到与它相似的一个问题:平面上 n 条直线最多能把平面分割成多少个平面块? 后一个问题是我们已经熟悉的,因此可作为类比对象.

我们已经知道,平面上 n 条直线,最多把平面分割成 $F(n)=\frac{1}{2}(n^2+n+2)$ 个平面块. 这是用平面上 n 条直线(一维的)分割平面(二维的)所得的块数的表达式,是 n 的二次式,且分母为 2. 运用类比推理,用 n 个平面(二维的)分割空间(三维的)所得的块数 $\Phi(n)$,就可能是 n 的三次式,且分母可能是 3,即

$$\Phi(n)=\frac{an^3+bn^2+cn+d}{3},$$

其中 a,b,c,d 是待定系数，可用实验和计数方法求出. 由实验可得

$$\begin{cases}\Phi(1)=\dfrac{a+b+c+d}{3}=2,\\[2ex] \Phi(2)=\dfrac{8a+4b+2c+d}{3}=4,\\[2ex] \Phi(3)=\dfrac{27a+9b+3c+d}{3}=8,\\[2ex] \Phi(4)=\dfrac{64a+16b+4c+d}{3}=15,\end{cases}$$

联立后解之得 $a=\dfrac{1}{2},b=0,c=\dfrac{5}{2},d=3$，于是就有

$$\Phi(n)=\frac{n^3+5n+6}{6}.$$

这个结论仍是一种猜想，为了证明这个猜想，我们还可以仿照处理直线分割平面问题的方法，用因果归纳法建立递推关系公式.

用 n 个平面分割空间得到块数 $\Phi(n)$ 后，再增加一个平面时，这个增加的平面与原来的 n 个平面有 n 条交线. 这 n 条直线把新增加的平面分割成 $F(n)=\dfrac{n^2+n+2}{2}$ 个平面块，而这 $F(n)$ 个平面块的每一块把它所在空间一分为二. 因而增加了 $F(n)$ 个空间块，所以 $n+1$ 个平面把空间分割成的块数是

$$\Phi(n+1)=\Phi(n)+F(n),$$

即

$$\Phi(n+1)=\Phi(n)+\frac{n^2+n+2}{2}.$$

这个关系是正确的，可以作为证明猜想的基础.

例 5　设 r,s,t,x,y,z 都是正实数，且满足条件

$$r+s+t=rst, \tag{1}$$

$$\frac{x}{y}+\frac{y}{x}-\frac{1}{xy}=\frac{2(1-r^2)}{1+r^2}, \tag{2}$$

$$\frac{y}{z}+\frac{z}{y}-\frac{1}{yz}=\frac{2(1-s^2)}{1+s^2}, \tag{3}$$

$$\frac{z}{x}+\frac{x}{z}-\frac{1}{xz}=\frac{2(1-t^2)}{1+t^2}, \tag{4}$$

求 $x+y+z$ 的最小值.

解　这个问题的条件很复杂，直接从给出的条件求出 $x+y+z$ 的表达式是很困难的，因此，我们想到用类比法. 从条件(1)的结构形式容易联想到三角形内角正切的恒等式

$$\tan A+\tan B+\tan C=\tan A\tan B\tan C,$$

这个恒等式可作为条件(1)的类比对象，于是我们可令 $r=\tan A, s=\tan B, t=\tan C$. 因 r,s,t 都是正数，故 A,B,C 都是锐角. 且 $A+B+C=180°$. 由此，我们又有

$$\frac{1-r^2}{1+r^2}=\cos 2A,\quad \frac{1-s^2}{1+s^2}=\cos 2B,\quad \frac{1-t^2}{1+t^2}=\cos 2C,$$

且

$$2A+2B+2C=360°.$$

于是条件(2)—(4)又可化为

$$\begin{cases}x^2+y^2-2xy\cos 2A=1, & (5)\\ y^2+z^2-2yz\cos 2B=1, & (6)\\ z^2+x^2-2xz\cos 2C=1. & (7)\end{cases}$$

从(5)—(7)式的结构形式可以联想到平面几何中一个相似的问题：在边长为 1 的正三角形之中，求到三个顶点距离之和最小的点及这个最小值. 这个问题的结论是：到边长为 1 的正三角形三个顶点距离之和最小的点是它的重心，其最小值为$\sqrt{3}$.

显然这个结论仍是猜想，但是我们运用的类比推理是协变类比推理，因为正实数与两点间的距离有一一对应的关系，它们的基本性质也是对应的，这种对应在数学上称为同构对应. 具有同构对应的两个类比对象，其类比推理是协变类比推理，这种推理的结果是正确的.

在解决这个问题的过程中，我们是通过结构形式上的相似来寻找类比对象的，这种方法称为结构类比法. 运用结构类比法时，要善于把待解决的数学问题的条件或结论进行适当的变形，使之与某些已知的公式或结论相似，再进行类比，从而使问题获得解决.

例 6　求级数 $1+\frac{1}{2^2}+\frac{1}{3^2}+\cdots$ 的值.

解　欧拉对级数和方程都有深入的研究，他大胆地把方程和级数进行类比，成功地解决了门戈利(Mengoli)提出的这道难题(巴塞尔(Basel)问题).

首先，考虑只含偶次项的 $2n$ 次代数方程

$$b_0-b_1x^2+b_2x^4-\cdots+(-1)^n b_n x^{2n}=0\quad (b_0\neq 0).$$

如果有 $2n$ 个不相等的根 $\beta_1,-\beta_1;\beta_2,-\beta_2;\cdots;\beta_n,-\beta_n$(显然都不为零)，那就有

$$b_0-b_1x^2+b_2x^4-\cdots+(-1)^n b_n x^{2n}$$
$$=b_0\left(1-\frac{x^2}{\beta_1^2}\right)\left(1-\frac{x^2}{\beta_2^2}\right)\cdots\left(1-\frac{x^2}{\beta_n^2}\right).$$

再把乘积展开，比较 x^2 项的系数就有

$$b_1=b_0\left(\frac{1}{\beta_1^2}+\frac{1}{\beta_2^2}+\cdots+\frac{1}{\beta_n^2}\right).$$

这里出现了根的平方的倒数和的形式，这与所求解的级数和问题有些相似. 为了把这有限项的和推广到无限项的和的情形，欧拉又考察了三角方程

$$\frac{\sin x}{x}=1-\frac{x^2}{3!}+\frac{x^4}{5!}-\frac{x^6}{7!}+\cdots=0.$$

他把它看成只含偶数项的无限次代数方程有相异的根$\pm\pi,\pm2\pi,\pm3\pi,\cdots$，于是大胆地采用类比方法，即仿照上述$2n$次多项式分解成乘积的形式，把这里出现的所谓无限次多项式也照样分解为无限多个因式乘积的形式

$$1-\frac{x^2}{3!}+\frac{x^4}{5!}-\frac{x^6}{7!}+\cdots=\left(1-\frac{x^2}{\pi^2}\right)\left(1-\frac{x^2}{4\pi^2}\right)\left(1-\frac{x^2}{9\pi^2}\right)\cdots.$$

这样一来，再把乘积展开，比较x^2的系数就有

$$\frac{1}{3!}=\frac{1}{\pi^2}+\frac{1}{4\pi^2}+\frac{1}{9\pi^2}+\cdots,$$

这也就是

$$1+\frac{1}{2^2}+\frac{1}{3^2}+\cdots=\frac{\pi^2}{6}.$$

这样，欧拉完成了一项非常有趣的发现，给出了伯努利(Bernoulli)所未找到的级数的和，当然这个和的值仍是一种猜想. 欧拉曾用近似计算来验证，没有发现可疑的事情. 实际上欧拉的这个发现，在现在的数学分析教程中已有很多证明方法.

欧拉在解决这个难题的过程中是通过对比来寻找类比的对象的，这种方法称为对比类比方法. 能够进行对比的对象很多，涉及面很广，甚至可以跨越学科.

例 7　已知x,y,z均为实数且$xy\neq-1,yz\neq-1,zx\neq-1$. 求证：

$$\frac{x-y}{1+xy}+\frac{y-z}{1+yz}+\frac{z-x}{1+zx}=\frac{x-y}{1+xy}\cdot\frac{y-z}{1+yz}\cdot\frac{z-x}{1+zx}.$$

证　本题可直接用代数方法来证明，但太繁. 我们观察此题结论的结构特征，想到与它相似的一个三角恒等式

$$\tan A+\tan B+\tan C=\tan A\tan B\tan C. \tag{1}$$

可以把这个三角恒等式作类比对象，从而发现可用三角函数换元法来证明.

三角恒等式(1)成立的充分条件是$A+B+C=k\pi(k\in\mathbf{Z})$，这样，要通过三角函数代换

$$\tan A=\frac{x-y}{1+xy},\quad \tan B=\frac{y-z}{1+yz},\quad \tan C=\frac{z-x}{1+zx}$$

达到利用恒等式(1)的目的，必须具有条件$A+B+C=k\pi$，但这不易直接判别. 因此，不能直接作这样的三角函数代换. 但我们注意到，每一个式子的结构与三角公式

$$\tan(\varphi-\psi)=\frac{\tan\varphi-\tan\psi}{1+\tan\varphi\tan\psi}$$

的结构相似，于是我们可作三角函数代换

$$x=\tan\alpha,\quad y=\tan\beta,\quad z=\tan\gamma,$$

$$A=\alpha-\beta,\quad B=\beta-\gamma,\quad C=\gamma-\alpha.$$

这样，我们就有

$$\tan A=\tan(\alpha-\beta)=\frac{\tan\alpha-\tan\beta}{1+\tan\alpha\tan\beta}=\frac{x-y}{1+xy},$$

$$\tan B=\tan(\beta-\gamma)=\frac{\tan\beta-\tan\gamma}{1+\tan\beta\tan\gamma}=\frac{y-z}{1+yz},$$

$$\tan C=\tan(\gamma-\alpha)=\frac{\tan\gamma-\tan\alpha}{1+\tan\gamma\tan\alpha}=\frac{z-x}{1+zx},$$

而且有

$$A+B+C=(\alpha-\beta)+(\beta-\gamma)+(\gamma-\alpha)=0,$$

即具有恒等式(1)成立的条件. 利用恒等式(1),命题即证.

例 8　如图 2-14 所示,过四面体 $V\text{-}ABC$ 的底面上任一点 O,分别作 $OA_1/\!/VA$, $OB_1/\!/VB$, $OC_1/\!/VC$,其中 A_1, B_1, C_1 分别是所作直线与侧面的交点.

求证:$\frac{OA_1}{VA}+\frac{OB_1}{VB}+\frac{OC_1}{VC}$为定值.

分析　采用降维方法,很容易想到平面图形中相似的命题(图 2-15).

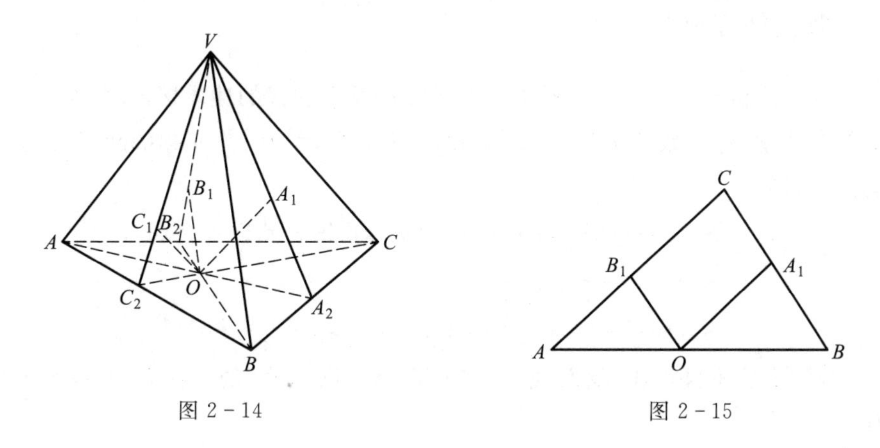

图 2-14　　　　图 2-15

过$\triangle ABC$ 底边 AB 上任一点 O 分别作 $OA_1/\!/AC$, $OB_1/\!/BC$,与 BC, AC 分别交于点 A_1, B_1.

求证:$\frac{OA_1}{AC}+\frac{OB_1}{BC}$为定值.

这个命题的正确性很容易由相似三角形的性质推出,也不难用"面积法"证得定值为 1(证略),类比到空间图形,就得到本题的两种证法.

证法一　由题设知点 V, A, O, A_1 共面,点 V, B, O, B_1 共面,点 V, C, O, C_1 共面,这三个平面分别交 BC, AC, AB 于点 A_2, B_2, C_2. 易证

$$\triangle A_1OA_2\backsim\triangle VAA_2,\quad \triangle B_1OB_2\backsim\triangle VBB_2,\quad \triangle C_1OC_2\backsim\triangle VCC_2,$$

于是就有

$$\frac{OA_1}{VA}+\frac{OB_1}{VB}+\frac{OC_1}{VC}=\frac{OA_2}{AA_2}+\frac{OB_2}{BB_2}+\frac{OC_2}{CC_2}.$$

在底面$\triangle ABC$中，由于AA_2,BB_2,CC_2交于一点O，不难用相似三角形或面积法证明$\frac{OA_2}{AA_2}+\frac{OB_2}{BB_2}+\frac{OC_2}{CC_2}=1$. 从而得证.

证法二（体积法）　连接O与四面体各顶点，分原四面体为三个小四面体：

$$O-ABV,\ O-ACV,\ O-BCV.$$

作$AA_3\perp$侧面VBC于点A_3，$OO_3\perp$侧面VBC于点O_3，则有

$$\frac{OO_3}{AA_3}=\frac{V_{O\text{-}VBC}}{V_{V\text{-}ABC}},$$

且易证$\triangle VAA_3\backsim\triangle A_1OO_3$，从而就有

$$\frac{OA_1}{VA}=\frac{OO_3}{AA_3}=\frac{V_{O\text{-}VBC}}{V_{V\text{-}ABC}}.$$

类似地有$\frac{OB_1}{VB}=\frac{V_{O\text{-}VAC}}{V_{V\text{-}ABC}},\frac{OC_1}{VC}=\frac{V_{O\text{-}VAB}}{V_{V\text{-}ABC}}$.

把上述三式相加立即得到结论.

三、类比法专题

下面介绍用微积分求一类特殊数列和的方法及对和式的性质探讨.

在初等数学中，求数列$\{a_n=n^m\}$（m和n均为正整数）的前n项的和，是比较麻烦的一类问题，即求

$$S_n^{(1)}=1+2+3+\cdots+n\quad(m=1,\text{即自然数列之和}),$$

$$S_n^{(2)}=1^2+2^2+3^2+\cdots+n^2\quad(m=2),$$

$$S_n^{(3)}=1^3+2^3+3^3+\cdots+n^3\quad(m=3),$$

等等. 传统的求法不再重述，我们现在设法用类比“微积分”的方法解决这个问题，比较简便.

定义1（这里只能是定义）　自然数的幂n^m的导数为$(n^m)'=mn^{m-1}$，且和的导数为导数的和.

定义2　自然数幂n^m的不定积分为$\int n^m\,\mathrm{d}n=\frac{1}{m+1}n^{m+1}+cn$，其中$c$相对$m$和$n$来讲是常数（加$cn$这一点与函数的微积分有所不同），且和的积分等于积分的和.

在这两个定义之下，我们来求一类数列$\{a_n=n^m\}$的前n项的和.

对$S_n^{(1)}=1+2+3+\cdots+n(m=1)$，因为

$$\begin{aligned}[S_n^{(1)}]'&=(1+2+3+\cdots+n)'\\&=\underbrace{1+1+1+\cdots+1}_{n\text{个}}=n,\end{aligned}$$

所以

$$S_n^{(1)}=\int n\,\mathrm{d}n=\frac{1}{2}n^2+cn.$$

而由于 $S_1^{(1)}=1$，所以，$1=\frac{1}{2}\times 1^2+c$，则 $c=\frac{1}{2}$，故 $S_n^{(1)}=\frac{1}{2}n^2+\frac{1}{2}n$.

对 $S_n^{(2)}=1^2+2^2+3^2+\cdots+n^2(m=2)$，因为

$$\begin{aligned}[S_n^{(2)}]'&=(1^2+2^2+3^2+\cdots+n^2)'\\&=2\times 1+2\times 2+2\times 3+\cdots+2\times n\\&=2(1+2+3+\cdots+n)=2\left(\frac{1}{2}n^2+\frac{1}{2}n\right)\\&=n^2+n,\end{aligned}$$

所以

$$\begin{aligned}S_n^{(2)}&=\int(n^2+n)\mathrm{d}n=\int n^2\mathrm{d}n+\int n\mathrm{d}n\\&=\frac{1}{3}n^3+\frac{1}{2}n^2+cn,\end{aligned}$$

而 $1=\frac{1}{3}\times 1^3+\frac{1}{2}\times 1^2+c$，$c=\frac{1}{6}$，则

$$S_n^{(2)}=\frac{1}{3}n^3+\frac{1}{2}n^2+\frac{1}{6}n.$$

同理，

$$\begin{aligned}S_n^{(3)}&=\int 3\left(\frac{1}{3}n^3+\frac{1}{2}n^2+\frac{1}{6}n\right)\mathrm{d}n=\int\left(n^3+\frac{3}{2}n^2+\frac{1}{2}n\right)\mathrm{d}n\\&=\frac{1}{4}n^4+\frac{1}{2}n^3+\frac{1}{4}n^2+cn,\end{aligned}$$

而 $c=1-\frac{1}{4}-\frac{1}{2}-\frac{1}{4}=0$，所以

$$S_n^{(3)}=\frac{1}{4}n^4+\frac{1}{2}n^3+\frac{1}{4}n^2.$$

照此办法可求得

$$S_n^{(4)}=\frac{1}{5}n^5+\frac{1}{2}n^4+\frac{1}{3}n^3-\frac{1}{30}n,$$

$$S_n^{(5)}=\frac{1}{6}n^6+\frac{1}{2}n^5+\frac{5}{12}n^4-\frac{1}{12}n^2,$$

$$S_n^{(6)}=\frac{1}{7}n^7+\frac{1}{2}n^6+\frac{1}{2}n^5-\frac{1}{6}n^3+\frac{1}{42}n,$$

$$S_n^{(7)}=\frac{1}{8}n^8+\frac{1}{2}n^7+\frac{7}{12}n^6-\frac{7}{24}n^4+\frac{1}{12}n^2,$$

$$S_n^{(8)}=\frac{1}{9}n^9+\frac{1}{2}n^8+\frac{2}{3}n^7-\frac{7}{15}n^5+\frac{2}{9}n^3-\frac{1}{30}n,$$

$$S_n^{(9)}=\frac{1}{10}n^{10}+\frac{1}{2}n^9+\frac{3}{4}n^8-\frac{7}{10}n^6+\frac{1}{2}n^4-\frac{3}{20}n^2,$$

$$S_n^{(10)}=\frac{1}{11}n^{11}+\frac{1}{2}n^{10}+\frac{5}{6}n^9-n^7+n^5-\frac{1}{2}n^3+\frac{5}{66}n,$$

$$S_n^{(11)}=\frac{1}{12}n^{12}+\frac{1}{2}n^{11}+\frac{11}{12}n^{10}-\frac{11}{8}n^8+\frac{11}{6}n^6-\frac{11}{8}n^4+\frac{5}{12}n^2,$$

$$S_n^{(12)}=\frac{1}{13}n^{13}+\frac{1}{2}n^{12}+n^{11}-\frac{11}{6}n^9+\frac{22}{7}n^7-\frac{33}{10}n^5+\frac{5}{3}n^3-\frac{691}{2\,730}n,$$

$$S_n^{(13)}=\frac{1}{14}n^{14}+\frac{1}{2}n^{13}+\frac{13}{12}n^{12}-\frac{143}{60}n^{10}+\frac{143}{28}n^8-\frac{143}{20}n^6+\frac{65}{12}n^4-\frac{691}{420}n^2.$$

若把它们的系数用矩阵表示出来，则可得

$$\begin{pmatrix}
\frac{1}{2} & \frac{1}{2} & 0 & 0 & 0 & 0 & 0 & 0 & 0 & 0 & 0 & 0 & 0 & 0 & 0 & 0 & \cdots & 0\\
\frac{1}{3} & \frac{1}{2} & \frac{1}{6} & 0 & 0 & 0 & 0 & 0 & 0 & 0 & 0 & 0 & 0 & 0 & 0 & 0 & \cdots & 0\\
\frac{1}{4} & \frac{1}{2} & \frac{1}{4} & 0 & 0 & 0 & 0 & 0 & 0 & 0 & 0 & 0 & 0 & 0 & 0 & 0 & \cdots & 0\\
\frac{1}{5} & \frac{1}{2} & \frac{1}{3} & 0 & -\frac{1}{30} & 0 & 0 & 0 & 0 & 0 & 0 & 0 & 0 & 0 & 0 & 0 & \cdots & 0\\
\frac{1}{6} & \frac{1}{2} & \frac{5}{12} & 0 & -\frac{1}{12} & 0 & 0 & 0 & 0 & 0 & 0 & 0 & 0 & 0 & 0 & 0 & \cdots & 0\\
\frac{1}{7} & \frac{1}{2} & \frac{1}{2} & 0 & -\frac{1}{6} & 0 & \frac{1}{42} & 0 & 0 & 0 & 0 & 0 & 0 & 0 & 0 & 0 & \cdots & 0\\
\frac{1}{8} & \frac{1}{2} & \frac{7}{12} & 0 & -\frac{7}{24} & 0 & \frac{1}{12} & 0 & 0 & 0 & 0 & 0 & 0 & 0 & 0 & 0 & \cdots & 0\\
\frac{1}{9} & \frac{1}{2} & \frac{2}{3} & 0 & -\frac{7}{15} & 0 & \frac{2}{9} & 0 & -\frac{1}{30} & 0 & 0 & 0 & 0 & 0 & 0 & 0 & \cdots & 0\\
\frac{1}{10} & \frac{1}{2} & \frac{3}{4} & 0 & -\frac{7}{10} & 0 & \frac{1}{2} & 0 & -\frac{3}{20} & 0 & 0 & 0 & 0 & 0 & 0 & 0 & \cdots & 0\\
\frac{1}{11} & \frac{1}{2} & \frac{5}{6} & 0 & -1 & 0 & 1 & 0 & -\frac{1}{2} & 0 & \frac{5}{66} & 0 & 0 & 0 & 0 & 0 & \cdots & 0\\
\frac{1}{12} & \frac{1}{2} & \frac{11}{12} & 0 & -\frac{11}{8} & 0 & \frac{11}{6} & 0 & -\frac{11}{8} & 0 & \frac{5}{12} & 0 & 0 & 0 & 0 & 0 & \cdots & 0\\
\frac{1}{13} & \frac{1}{2} & 1 & 0 & -\frac{11}{6} & 0 & \frac{22}{7} & 0 & -\frac{33}{10} & 0 & \frac{5}{3} & 0 & -\frac{691}{2\,730} & 0 & 0 & 0 & \cdots & 0\\
\frac{1}{14} & \frac{1}{2} & \frac{13}{12} & 0 & -\frac{143}{60} & 0 & \frac{143}{28} & 0 & -\frac{143}{20} & 0 & \frac{65}{12} & 0 & -\frac{691}{420} & 0 & 0 & 0 & \cdots & 0\\
\vdots & \vdots & \vdots & \vdots & \vdots & \vdots & \vdots & \vdots & \vdots & \vdots & \vdots & \vdots & \vdots & \vdots & \vdots & \vdots & & \vdots\\
\frac{1}{m+1} & \frac{1}{2} & \frac{m}{12} & 0 & & & & & \cdots\cdots\cdots & & & & & & & & & 0
\end{pmatrix}$$

由此可以看出$\{a_n=n^m\}$的前 n 项的和 $S_n^{(m)}$ 是一个 n 的 $m+1$ 次多项式，且它们的系数矩阵有如下性质：

（1）第一列为$\dfrac{1}{m+1}$；

（2）第二列为$\dfrac{1}{2}$（常数）；

（3）第三列第 m 行的数字为$\dfrac{m}{12}(m\neq 1)$；

（4）第四列全为零，以至后面“偶数列”全为零；

（5）后面的非全零列的情况比较复杂，有待进一步探讨；

（6）每行数字的和为 1，若用 T_i 表示第 i 行的系数之和，用 C_{ij} 表示第 i 行、第 j 列的系数，则 $T_i=\sum\limits_{j=1}^{m+1}C_{ij}=1$，这是因为$S_1^{(m)}=1$.

§7　模　　拟

模拟方法是科学研究的一个重要方法，对那些不便直接进行考察实验的事物，可以人为地建立一个与之相似的模型来进行考察实验. 模拟方法在探索解题的途径中，特别是解数学应用问题中，也起着很大的作用. 一个最典型的例子就是欧拉解决柯尼斯堡(Königsberg)“七桥问题”.

柯尼斯堡是 18 世纪东普鲁士(East Prussia)的一个城市，流经市区的普雷格尔(Pregel)河的河湾处，有两个岛和七座桥，如图 2 - 16 所示. 人们提出了一个有趣的问题：能否在一次连续的散步中不重复地走过这七座桥？对于这个问题，许多人进行了大量的实验均未成功，这就成了著名的柯尼斯堡七桥问题.

问题到了欧拉那里，他把每块陆地用点来代替，而每座桥用线来表示，从而得到一个网络图，如图 2 - 17 所示. 这也就是建立了柯尼斯堡七桥问题的一个数学模型，通过这个模型来研究原型问题. 而这个数学模型问题是“一笔画”问题. 欧拉证明了一笔画成图 2 - 17 是不可能的. 因为任何一笔画图形，或者没有奇点（指连接奇数条线的点），或者有两个奇点，而现在这个图形中有四个奇点，故不能一笔画成.

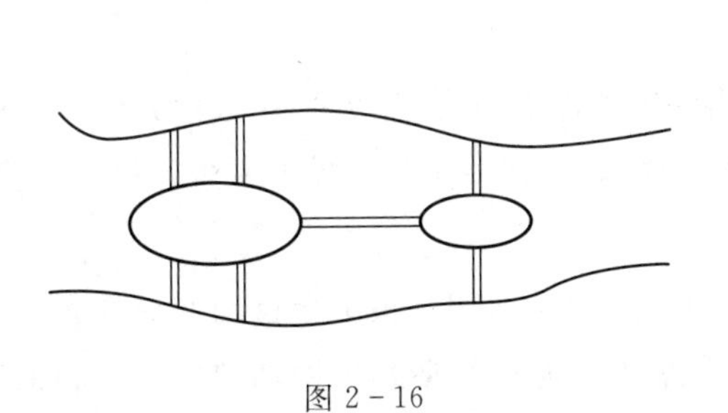

图 2 - 16

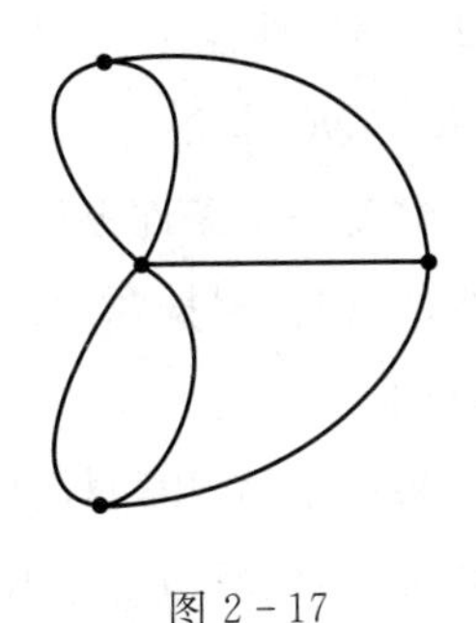

图 2 - 17

欧拉在解决七桥问题时，根据陆地、桥和人走过的关系的特征，巧妙地构造了一个网络图(模型)，把七桥问题化归为网络图的一笔画问题，这种方法就是模拟方法.

一、模拟的意义和类型

具有某些相同本质属性的不同事物也就可能有其他相同的属性. 我们在研究某一对象(原型)时，可以根据它的某些本质属性，去掉一切与其无本质联系的属性，人为地构造一个与之相似或近似的模型来进行考察研究，我们称这个模型为原型的模拟. 这种通过对原型的模拟来间接研究原型的性质和规律的方法称为模拟方法.

在解数学题的过程中，运用模拟方法，就是根据原题的题设条件，构造一个与之相似的问题来进行考察，这个新问题就称之为原问题的模型(或模拟题)，通过解决这个模型(或模拟题)来解决原题或发现解题方法.

例 1　试证：若在有 6 人参加的集会中，每两个人之间原先互相认识或不认识，则至少有 3 人原先就互相认识或互相不认识.

证　这个题的题设条件的基本关系是：有 6 人与会，每两个人之间原先互相认识或不认识，这是问题所考察对象的本质属性. 根据这些本质属性，我们可以构造与之相似的模型.

以点代人，用实线和虚线连接每两点分别表示每两人之间原先认识和不认识，于是就可以构造一个图. 在平面上有 6 个点(不妨假设每三点不在同一直线上)，每两点任意用实线或虚线连接成一个图形(图 2-18)，在这个图形中，至少有 3 个点，它们之间的连线都是实线或都是虚线，这就是原题的一个模型.

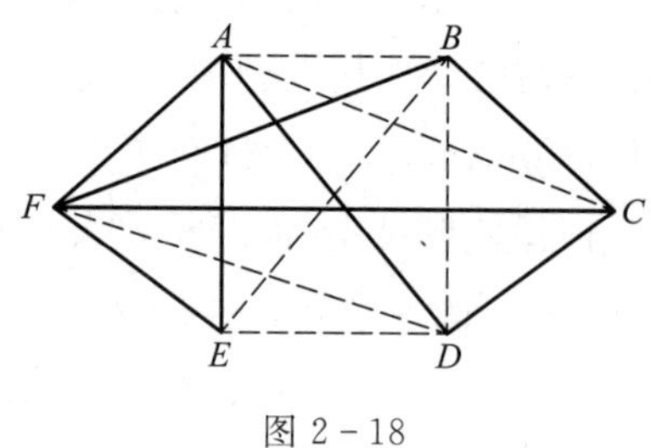

图 2-18

这个模拟题比原题直观，而且易于解决. 因为一点与其他 5 点的连线之中至少有三条同为实线或同为虚线，不妨假设有三条同为实线，它们另一端的三点之间的连线中若有一条是实线，则这条实线连的那两点与原先一点，这三点之间的连线都是实线；若没有一条是实线，则这三点之间的连线都是虚线，从而也就间接证明了原题.

例 2　固定两点 P，Q 和曲线 L 在同一平面上，动点 R 在 L 上运动，找出 R 的位置，使 $PR+QR$ 最短.

解　这是一个条件极值问题. 当约束条件 L 比较复杂时，用数学方法直接解题是相当困难的，但是根据题设条件和力学原理，构造一个物理模型来进行模拟实验，则是易于解决的.

用平板做平面，用两枚铁钉做两个定点 P，Q，用一根不会自动变形的光滑的钢丝做成曲线 L，用钢环做动点 R，用橡皮绳做连线 RP，RQ，用钢环把橡皮绳和钢丝套在一起，并使之可以自由滑动.

如图 2-19 所示，将橡皮绳绷紧，其两端固定在 P，Q 上，不计钢环的重量及摩擦力，那么绷紧的橡皮绳便尽量缩短，钢环 R 随着滑动. 当它静止时，说明橡皮绳已经最短，所以静止时 R 的位置即为所求. 下面我们根据力学原理，来分析静止时 R 的位置应在哪里.

如图 2-20 所示，当钢环 R 静止时，橡皮绳 RP 段的张力 $\boldsymbol{F}_P$ 和 RQ 段的张力 $\boldsymbol{F}_Q$ 的大小应相等，即 $|\boldsymbol{F}_P|=|\boldsymbol{F}_Q|$，$\boldsymbol{F}_P$ 和 $\boldsymbol{F}_Q$ 在 L 的点 R 处的切线方向的分力大小 F_1 和 F_2 也应相等，即 $F_1=F_2$. 设 $\boldsymbol{F}_P$ 和 $\boldsymbol{F}_Q$ 与 L 在点 R 处的法方向的夹角分别为 θ_1 和 θ_2，于是，我们有

$$F_1=|\boldsymbol{F}_P|\sin\theta_1,\quad F_2=|\boldsymbol{F}_Q|\sin\theta_2,$$

从而就有 $\theta_1=\theta_2$. 这就是说，若 $RP+RQ$ 最短，则曲线 L 在点 R 处的法线平分 $\angle PRQ$. 反之，也可以证明，当曲线 L 在点 R 处的法线平分 $\angle PRQ$ 时，$RP+RQ$ 最短.

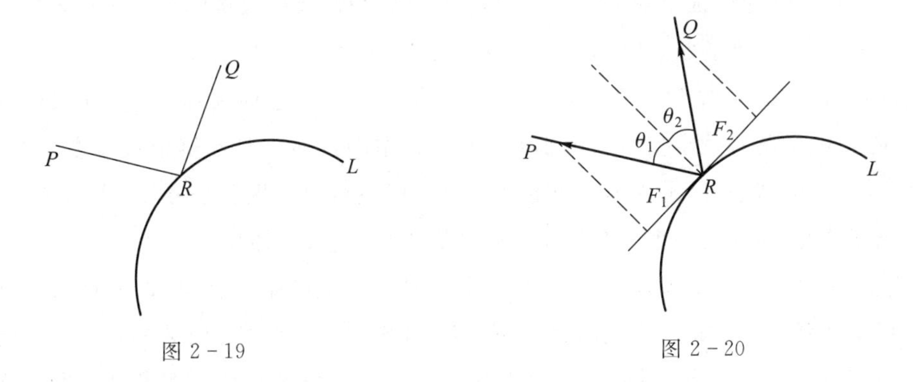

图 2-19　　图 2-20

在这个例子中，我们构造了一个物理模型来进行模拟实验，然后根据力学原理来分析这个实验的结果，从而在理论上找到 $RP+RQ$ 最短时，动点 R 的位置，这也就发现了解题途径.

一般说来，用模拟方法解数学题或探求解题途径要比类比方法所得的结果精确得多. 当模拟题的题设条件与原题的题设条件实质上完全相同时，模拟题的解题结果就可以直接移植到解题上来. 但是当模拟题的题设条件与原题的题设条件实质上不完全相同时，它们的论断就可能有差异. 在这种情况下，模拟法解题的结果与原题的结果只能是近似的. 因此，在运用模拟法解题的过程中，要不断完善模拟题，使之在实质上更逼近原题，解题结果更为准确.

解数学题的模拟方法，大致可分为物理相似模拟方法和数学关系相似模拟方法. 物理相似模拟方法，是根据原题的题设条件与某种物理形态和物理过程的相似性，构造一个物质(实体)模型来进行模拟实验，从模拟实验所得的结果来推断原题的结果，或通过对模拟实验过程的物理分析来发现解题的途径.

数学关系相似模拟方法，是根据原题的题设条件的数量关系或空间形式，构造一个与之相似的较为简单的模拟题，通过解这个模拟题来解决原题. 解纯数学题的数学

关系相似模拟方法，实际上就是将原题的数学形式转换为较为简单的或较为熟悉的数学形式. 解数学应用题的数学关系相似模拟方法，就是将实际问题中有关数量关系或空间形式用数学语言（包括式子和图形）表达出来的一种数学模拟题，并且通过解这个模拟题来解决原来的实际问题.

二、计算机模拟

计算机模拟，顾名思义，就是利用人工编制的程序模拟一些复杂的数学现象或者自然现象，通过制定明确的转换规则得到演变过程. 通过计算机模拟，不仅可以将复杂的计算过程交付于芯片去做，还可以通过显示输出清楚地看到现象的连续演变过程和电影十分相似，每一个镜头都是通过特定的规则演化而来的. 一个著名的例子是英国数学家约翰·康韦（John Conway）发明的“生命游戏”.

“生命游戏”的规则实际上模拟了细胞的生活过程：有生命的细胞分布在各自的小格子里面，如果细胞的状态既不“过度拥挤”又不“孤独”（比如说，有二到三个邻居），那么就能保持生命，否则死亡；而那些没有细胞的小格子，如果周围有“适宜”生长的环境（有三个活的细胞），就会生出新的细胞. 虽然利用围棋的棋盘和棋子可以表示“生命游戏”某一代的状态，但是一个简单的计算机程序就可以帮助我们探索“生命游戏”数代的演变情况，而这是一个人在棋盘上摆弄棋子时很难达到的.

“生命游戏”看似简单，然而它体现了所有算法游戏的基本特点，即根据某种规则在计算机屏幕上一代又一代地演化，因此以“细胞的自动装置”而著称. 由于它反映了自然界许多基本过程的特征，所以引起了许多数学家和科学家的极大关注. 这个过程实质上是一个“混沌”现象，它的起始阶段的极小变化在经过一系列演变后将引发结构上的极大差异，初始阶段紧密联系的各个要素在演变为下一代后也可能一个个分离.

对混沌现象的研究，以及应用数学家从对有序的、可预测的过程的研究转向对无序的、不可预测过程的研究，和计算机模拟是分不开的. 混沌学作为一门非线性科学，把人们对于“正常”事实的研究转向对于“反常”事物的探索，打破了确定性方程由初始条件严格确定系统未来运动的“常规”. 这样不可预测的复杂系统，用计算机模拟是最好的方法，同时也推动了计算机图形学的研究和发展. 分形图形学便是由此产生的.

同时，计算机硬件技术的飞速发展，高分辨率图像系统和三维技术的出现，使模拟现实环境更加逼真，也促使了特殊的实验性数学的发展，使数学不再拘泥于传统“应用”数学的范围内. 这种数学可以看成数学家创造虚拟现实的尝试. 现在，数学家创造出来的“虚拟现实”，并把它作为证明数学猜想以及探索其他思想的一种手段，已经开始发挥出巨大作用. 最新的图像技术用于在计算机上模拟世界的几何结构，它可以是非欧几里得（Euclid）的空间，并且对这个结构进行研究. 这种研究数学的新方法，即对数学结构的模拟，多年来已经在物理学中发挥出重要作用. 最近数学家们根据非欧几里得几何学原理拍摄了一个虚拟世界，在这样的世界里发现了非欧几里得现象，证明了长期以来人们对这种几何性质的猜想.

三、模拟发现法解题举例

例 3　化简$\sqrt[3]{2+\sqrt{5}}+\sqrt[3]{2-\sqrt{5}}$.

解　这个算式含有立方根，直接化简较为繁难. 但若令

$$x=\sqrt[3]{2+\sqrt{5}}+\sqrt[3]{2-\sqrt{5}},$$

两边立方并整理得

$$x^3=4-3(\sqrt[3]{2+\sqrt{5}}+\sqrt[3]{2-\sqrt{5}})=4-3x,$$

由此可以看出

$$\sqrt[3]{2+\sqrt{5}}+\sqrt[3]{2-\sqrt{5}}$$

是三次方程 $x^3+3x-4=0$ 的一个实根，从而可以构造它的模拟题：

求方程 $x^3+3x-4=0$ 的实根.

解这个模拟题是容易的，分解因式得

$$(x-1)(x^2+x+4)=0.$$

对于方程 $x^2+x+4=0$，因为 $\Delta=1-4\times4<0$，所以没有实根，于是方程 $x^3+3x-4=0$ 有且只有一个实根 1，即

$$\sqrt[3]{2+\sqrt{5}}+\sqrt[3]{2-\sqrt{5}}=1.$$

例 4　已知 $0<y<x<\frac{\pi}{2}$，$\tan x=3\tan y$，求 $u=x-y$ 的最大值.

解　由题设，x，y 可以看成一个三角形的两个锐角，于是，我们可以构造一个三角形来观察，找出构造模拟题的途径.

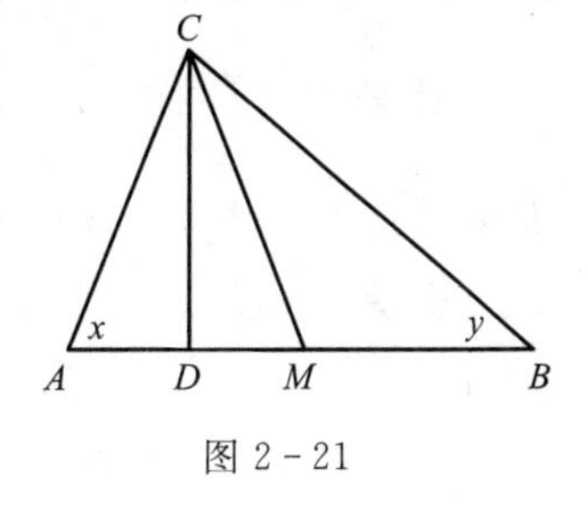

图 2－21

为此，如图 2－21 所示，作$\triangle ABC$，使$\angle A=x$，$\angle B=y$，过点 C 作 $CD\perp AB$ 于点 D. 因为 $0<\angle B<\angle A<\frac{\pi}{2}$，所以，点 D 必在 A，B 之间，由

$$\tan\angle A=3\tan\angle B,$$

得

$$AD=\frac{1}{3}DB.$$

取 AB 的中点 M，则 $AD=DM$，$CA=CM$，于是就有

$$\angle CMD=\angle A=x,\quad \angle MCB=\angle CMD-\angle B=x-y.$$

由 $S_{\triangle ABC}=2S_{\triangle MBC}$ 及三角形面积公式就有

$$\frac{1}{2}|CA|\cdot|CB|\sin\angle ACB=2\cdot\frac{1}{2}|CM|\cdot|CB|\sin u,$$

即

$$\sin u=\frac{1}{2}\sin\angle ACB\leqslant\frac{1}{2},$$

故 u 的最大值为 $\frac{\pi}{6}$.

例 5　求证：在单位圆周上可取 n 个点，使其中任意两点的距离是有理数.

证　首先，我们注意到圆周上两点间的距离就是以这两点为端点的弦长. 由正弦定理知，弦 PQ 的长 $|PQ|=2R\sin\alpha$，其中 R 为圆的半径，α 为 $\widehat{PQ}$ 所对的圆周角，由此，我们可以构造模拟题：

在半径为 1 的圆周上可取 n 个不同点，使以其中任意两点为端点的劣弧所对的圆周角的正弦都是有理数.

为了证明这个模拟题，如图 2－22 所示，我们注意到：半圆 $\widehat{A_1A_0}$ 所对的圆周角 $\alpha=\frac{\pi}{2}$，它的正弦、余弦都是有理数；又可在 $\widehat{A_1A_0}$ 上取点 A_2，使 $\widehat{A_1A_2}$ 所对圆周角 α_1 的正弦 $\sin\alpha_1=\frac{3}{5}$，而 $\widehat{A_2A_0}$ 所对圆周角 α_2 的正弦

$$\sin\alpha_2=\sin\left(\frac{\pi}{2}-\alpha_1\right)=\cos\alpha_2=\frac{4}{5},$$

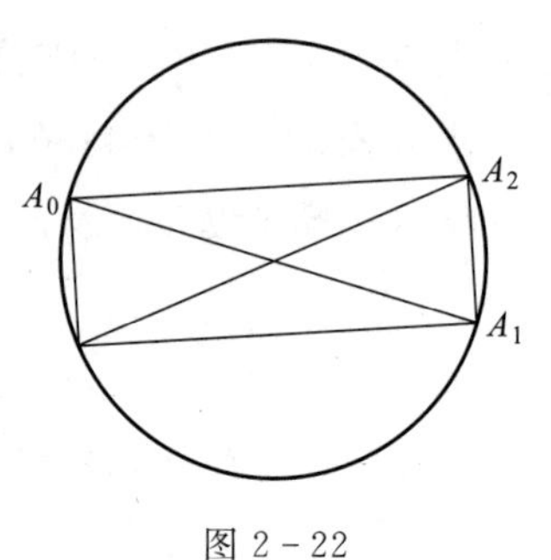

图 2－22

可见所取的点 A_0,A_1,A_2 是符合条件的. 现在的问题是：能否继续取 $A_3,A_4,A_5,\cdots$，使它们都满足条件？为了解决这个问题，我们先证明两个引理.

引理 1　若 $\alpha\left(0<\alpha\leqslant\frac{\pi}{2}\right)$ 的正弦、余弦都是有理数，则一定可找到一对角 α_1,α_2 满足条件：$\alpha_1+\alpha_2=\alpha$；α_1,α_2 的正弦、余弦都是有理数.

引理 2　若 α_1,α_2 的正弦、余弦都是有理数，则 $\alpha=\alpha_1\pm\alpha_2$ 的正弦、余弦也都是有理数.

由三角函数的和角公式，引理 2 立即得到证明，下面只证引理 1.

由于 $0<\alpha\leqslant\frac{\pi}{2}$，$\sin\alpha$，$\cos\alpha$ 都是有理数，所以必存在非负整数 a,b,c，使

$$\sin\alpha=\frac{a}{c},\quad\cos\alpha=\frac{b}{c},$$

这里有 $a^2+b^2=c^2$. 又由勾股数的性质知，一定存在两个自然数 $m,n\ (m>n)$，使

$$m^2+n^2=c,\quad m^2-n^2=a,\quad 2mn=b.$$

若 $m-n>1$，取自然数 n_1 使 $n<n_1<m$，令

$$m^2+n_1^2=c_1,\quad m^2-n_1^2=a_1,\quad 2mn_1=b_1,$$

则有

$$a_1^2+b_1^2=c_1^2.$$

由此,可取得 α_1,使

$$\sin\alpha_1=\frac{a_1}{c_1},\quad \cos\alpha_1=\frac{b_1}{c_1}$$

都是有理数. 又由

$$\sin\alpha_1=\frac{m^2-n_1^2}{m^2+n_1^2}<\frac{m^2-n^2}{m^2+n^2}=\sin\alpha,$$

有

$$0<\alpha_1<\alpha.$$

若 $m-n=1$,则 $2m-2n=2>1,2n<2n+1<2m$,令

$$c_1=(2m)^2+(2n+1)^2,$$
$$a_1=(2m)^2-(2n+1)^2,$$
$$b_1=2\cdot 2m(2n+1),$$

由此,可取得 α_1,使

$$\sin\alpha_1=\frac{a_1}{c_1},\quad \cos\alpha_1=\frac{b_1}{c_1}$$

都是有理数. 又由

$$\sin\alpha_1=\frac{(2m)^2-(2n+1)^2}{(2m)^2+(2n+1)^2}<\frac{m^2-n^2}{m^2+n^2}=\sin\alpha,$$

也有

$$0<\alpha_1<\alpha.$$

由上述可令 $\alpha_2=\alpha-\alpha_1$,显然就有

$$\alpha_1+\alpha_2=\alpha,$$

且

$$\sin\alpha_2=\sin(\alpha-\alpha_1)=\sin\alpha\cos\alpha_1-\cos\alpha\sin\alpha_1$$

和

$$\cos\alpha_2=\cos(\alpha-\alpha_1)=\cos\alpha\cos\alpha_1+\sin\alpha\sin\alpha_1$$

均为有理数,从而引理 1 得证.

下面用数学归纳法证明模拟题:

(1) 当 $n=2$ 时,取半圆弧的两端点,因其所对圆周角 $\alpha=\frac{\pi}{2}$,显然符合条件.

(2) 假设 $n=k$ 时,结论成立. 即在半径为 1 的半圆周上可取 k 个点 $A_0,A_1,\cdots,A_{k-1}$,使$\overset{\frown}{A_iA_{i+1}}$所对的圆周角 α_i 的正弦值 $\sin\alpha_i$ 和余弦值 $\cos\alpha_i$ 都是有理数($i=0,1,2,\cdots,k-1$). 由引理 1 可知,可在$\overset{\frown}{A_{k-1}A_0}$上取一点 A_k,使$\overset{\frown}{A_{k-1}A_k}$,$\overset{\frown}{A_kA_0}$所对的圆周角的正弦、余弦都是有理数,而任意弧$\overset{\frown}{A_iA_k}$所对的圆周角为 $\beta_i=\alpha_i+\alpha_{i+1}+\cdots+$

$\alpha_{k-1}(i=0,1,\cdots,k-1)$. 由引理 2 可推出 $\sin\beta_i$, $\cos\beta_i$ 都是有理数，从而模拟题得证，故原题得证.

例 6　A 地气象站于中午 12 时测得离该地正西约 400 km 处的台风中心，正以 40 km/h的速度向东北方向前进. 以台风中心为圆心、300 km 为半径的圆称为台风圈，处于台风圈内的地区会受到台风的侵袭. 我们要对 A 地受台风影响的时间（即起止时间）作出预报.

解　当A 地受台风影响时，台风中心与 A 地的距离不大于 300 km. 这样，我们可把情况看成台风中心在以点 A 为圆心且半径为300 km的圆内. 我们把问题理想化，台风中心是沿直线前进的. 如图 2 - 23 所示，设初始台风中心在点 O 处，它沿 OT 方向前进，$\angle AOT=\frac{\pi}{4}$. OT 与以点A 为圆心且半径为 300 km 的圆交于两点 B,C，那么当台风中心移到点 B 时，点 A 开始在台风圈内，当台风中心移到点 C 时，点 A 就脱离了台风圈.

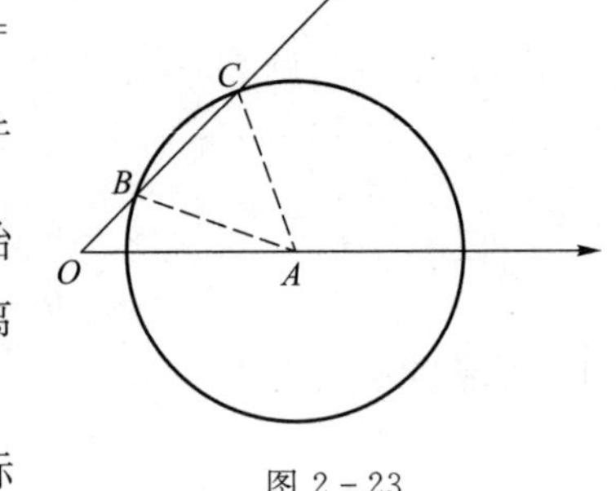

图 2 - 23

现以 O 为极点、射线 OA 为极轴，建立极坐标系，则圆 A 的方程为（以百千米为单位）

$$\rho^2-8\rho\cos\theta+7=0, \tag{1}$$

而直线 OT 的方程为

$$\theta=\frac{\pi}{4}. \tag{2}$$

(1)式与(2)式联立，解之得点 B,C 的极坐标为

$$B\left(2\sqrt{2}-1,\frac{\pi}{4}\right),\quad C\left(2\sqrt{2}+1,\frac{\pi}{4}\right),$$

即点 B,C 与 O 的距离分别为

$$\rho_B=2\sqrt{2}-1,\quad \rho_C=2\sqrt{2}+1.$$

台风中心移到点 B,C 所需时间分别为

$$t_B=\frac{2\sqrt{2}-1}{0.4}\approx 4.6\ (\text{h}),$$

$$t_C=\frac{2\sqrt{2}+1}{0.4}\approx 9.6\ (\text{h}),$$

故 A 地于 16 时 36 分至 21 时 36 分受台风影响.

例 7　阿基米德利用杠杆原理计算球的体积.

大家知道，半径为 a 的球的体积公式为 $V=\frac{4}{3}\pi a^3$. 这个公式是公元前 2 世纪由阿基米德首先推导出来的，他把物理知识和数学知识巧妙地结合在一起，从而得出计算球的体积的一种独特的方法. 为了方便,我们使用现代的表现手法来叙述阿基米德的计算过程.

阿基米德把球看成由圆旋转而成,他考虑从圆

$$x^2+y^2=2ax \tag{1}$$

出发,由圆(1)绕 x 轴旋转即得到球,又利用把球体切成薄片,然后再将薄片积累成球体的思想来寻找计算球的体积的途径.

首先注意到,如图 2-24 所示,圆的方程(1)中的 $y=\sqrt{2ax-x^2}$,它表示上半圆在 x 处的截线段,将它绕 x 轴旋转就得到球的截面,其面积为 πy^2. 将(1)式改写为

$$\pi x^2+\pi y^2=2a\pi x, \tag{2}$$

则这个等式的各项可以作出几何解释:πy^2 可看成球的变截面(圆)的面积;πx^2 可看成直线 $y=x$ 绕 x 轴旋转的锥体的变截面(圆)的面积;而 $2a\pi x$ 这一项,如果再将它改写为$\dfrac{x}{2a}\pi(2a)^2$,那么 $\pi(2a)^2$ 就可看成直线 $y=2a$ 绕 x 轴旋转而得的圆柱体的截面(圆)的面积. 于是我们又可将(2)式改写为

$$2a(\pi y^2+\pi x^2)=x\pi(2a)^2, \tag{3}$$

其中 πy^2,πx^2 与 $\pi(2a)^2$ 就都有了明确的几何意义,它们分别为上半圆 E、$\triangle OBC$ 及正方形 $OABC$ 绕 x 轴旋转而成的球、圆锥及圆柱在点 D 处($OD=x$)的截面面积,这三个截面分别记为Ⅰ、Ⅱ、Ⅲ.

熟悉物理知识的阿基米德,用杠杆原理重新解释(3)式,即距离支点 $2a$ 处的圆盘Ⅰ及Ⅱ与距离支点 x 处的圆盘Ⅲ,处于平衡状态,用式子表示为

$$2a[\text{Ⅰ}+\text{Ⅱ}]=x\text{Ⅲ}. \tag{4}$$

因此他设计了一个杠杆装置,进行模拟实验. 如图 2-25 所示,以点 O 为支点,把圆盘Ⅰ、Ⅱ的圆心串在一根(可忽略重量)的细绳上,挂在杠杆的点 H 处($OH=2a$),而圆盘Ⅲ在杠杆的另一端点 G 处($OG=x$),则杠杆处于平衡状态.

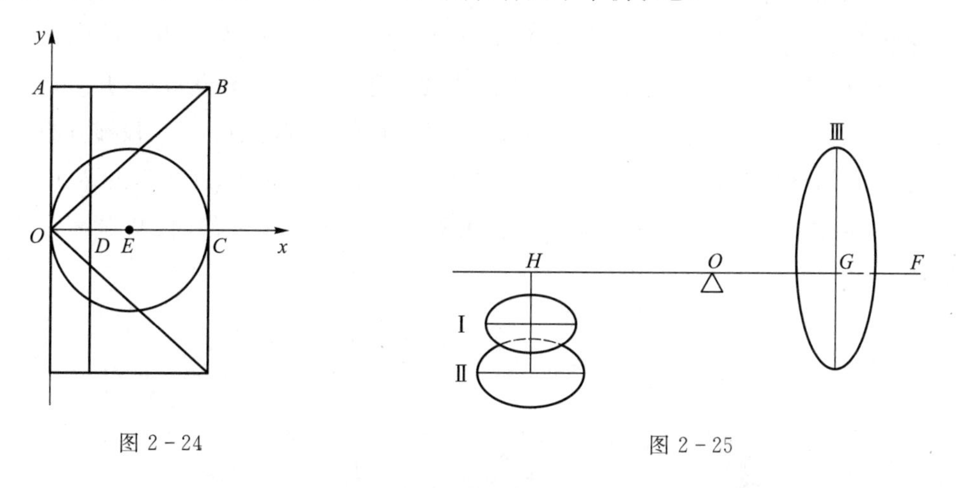

图 2-24　　　　图 2-25

阿基米德让点 G 在 O 与 F($OF=2a$)之间改变位置. 要使杠杆位置保持平衡,则

圆盘Ⅰ、Ⅱ的大小随之改变，Ⅰ成为球的截面，Ⅱ成为锥体的截面. 阿基米德又断定这些截面形成的薄片积累起来，形成的球体、圆锥体、圆柱体也使杠杆处于平衡状态. 此时形成的圆柱体的重心在离支点 a 处，而球体、圆锥体的重心仍在点 H 处，由杠杆原理就有

$$2a(V_{球}+V_{锥})=aV_{柱}. \tag{5}$$

而

$$V_{锥}=\frac{8}{3}\pi a^3,\quad V_{柱}=8\pi a^3,$$

代入(5)式就可以得到

$$V_{球}=\frac{4}{3}\pi a^3.$$

这个解法是十分巧妙的，它不仅出自阿基米德将几何知识和物理知识巧妙地结合在一起，而且也出自他的创造性的思维方法. 阿基米德本人也意识到这种方法的深远意义，他充满自信地说："我深信这种方法对于数学是很有用处的. 为此，我预言，这种方法一旦被理解，将会被现在或未来的数学家用以发现我未曾想到的其他一些定理." 1 000 多年以后，牛顿和莱布尼茨就把这一思想加以发展完善，最后创立了一个新的数学分支——微积分学. 它不仅能精确地计算出球和更一般的几何体的体积，而且得到了许多物理和几何的新定理.

§8　化　　归

一、化归的意义及分类

（一）化归的意义

所谓"化归"，从字面上看，可以理解为转化和归结的意思. 数学方法论所论及的"化归"方法，是指数学家们把待解决或未解决的问题，通过某种转化过程，归结到一类已经解决或者比较容易解决的问题中去，最终求得原问题解答的一种手段和方法.

在解决数学问题时，人们的眼光并不完全落在问题的结论上，往往是去寻觅、追溯一些熟知的结果，促使要解决的问题转化为某个已经解决了的问题，基本思维过程如下：

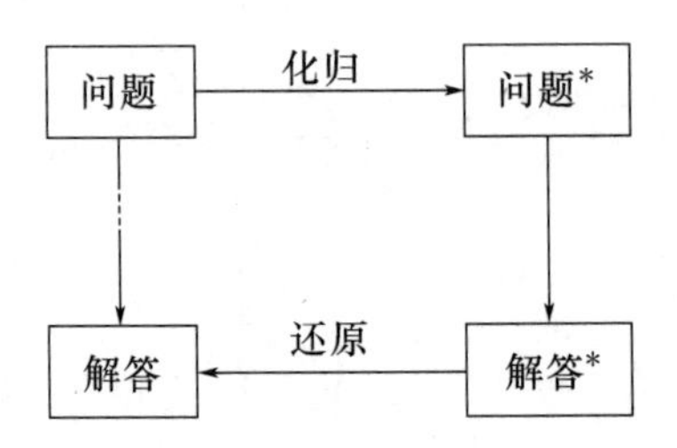

例 1　已知函数 $f(x)=x^2+(a+1)x+b$ 满足 $f(3)=3$，且对任意实数 x 都有 $f(x)\geqslant x$，求 $f(x)$.

解　解答的过程用基本模式表示如下：

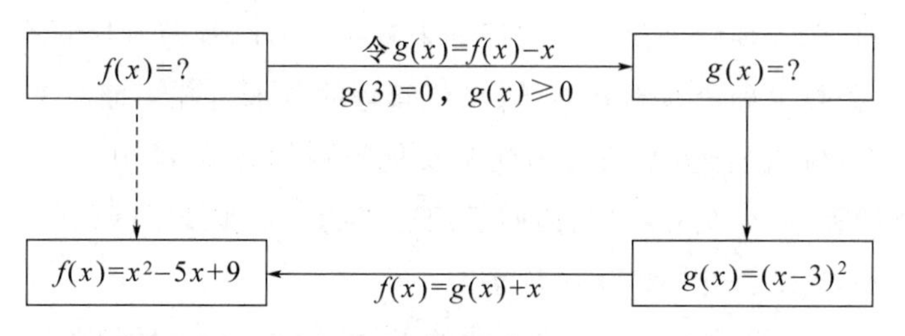

例 2　解方程 $x=\sqrt{2+\sqrt{2+\sqrt{2+\sqrt{2+x}}}}$.

解　令

$$y=\sqrt{2+\sqrt{2+x}}, \tag{1}$$

则原方程变形为

$$x=\sqrt{2+\sqrt{2+y}}, \tag{2}$$

原方程的解就是方程组(1)，(2)的解. 由于(1)式和(2)式的图形关于直线 $y=x$ 对称，它们的公共解满足 $y=x$，故方程(2)化为

$$x=\sqrt{2+\sqrt{2+x}}. \tag{3}$$

原方程与方程(3)有相同的正根，同理，方程(3)与方程

$$x=\sqrt{2+x} \tag{4}$$

有相同的正根. 由方程(4)解得 $x_1=2$，$x_2=-1$(舍去)，故原方程的解为 $x=2$.

在此实施了多次化归的过程，这实际上也是我们最熟悉的“分析—综合”过程，前一部分问题的转化是分析过程，后一部分解答是综合过程.

(二) 化归原则与规范化

理想的化归方法，是通过数学的内部联系和矛盾运动，在推移转化中实现问题的规范化，也就是把待解决问题转化为规范问题，从而使原问题得到解决的方法.

人类在研究数学的长期实践中，获得了大量的成果，并积累了丰富的经验. 许多问题的研究已经形成了固定的方法和约定俗成的步骤，我们把这种有既定解决方法和程序的问题叫做规范问题，而把一个问题转化为规范问题的过程称为问题的规范化. 例如，求部分分式的不定积分已经有行之有效的方法和步骤，这种问题就是规范问题. 把有理函数的不定积分化为部分分式的不定积分的过程就是问题的规范化. 又如，解方程中的有理化、整式化、降次，解方程组中的“消元”与“降次”都是为了实现问题的规范化.

规范问题具有确定性、相对性和发展性的特点. 对规范问题人们不仅可以利用已知的理论和方法达到问题的解决，而且已经掌握了一定的程序，这就是确定性. 所谓

相对性，是指对于数学研究工作者以及不同层次的学习者，规范问题的范畴并不相同．例如，对于初学定积分的人，只有基本积分公式提供的积分问题属于规范问题，而对继续学习重积分、曲线积分和曲面积分的人来说，求解定积分则可以作为规范问题．事实上，人们也总是把各种积分化归为定积分来解决，因此，规范问题具有相对性．随着数学的发展，各种数学理论在不断创新，规范问题的范围也在不断扩充，因此，规范问题又具有发展性．综上所述，所谓化归就是实现问题的规范化．由于人们已经掌握了研究规范问题的策略、方法和程序，因而运用适当的技术实现了问题的规范化时，该问题便会迎刃而解，这就是化归方法的原理．

唯物辩证法指出，客观事物是发展变化的，不同事物间有着种种联系，各种矛盾无不在一定的条件下互相转化．化归方法正是人们对这种联系和转化的一种能动的反映．

古往今来，人们广泛地应用化归方法来处理各种问题．众所周知，笛卡儿通过建立坐标系把几何问题化归为代数问题，开创了用代数方法研究几何问题的新天地．不仅由此创立的解析几何是数学发展史上的里程碑，而且他的研究也是应用化归方法的光辉范例．现在，化归方法已成为一种普遍的研究方法，不仅在数学家的研究工作中，而且在学生学习过程中也经常应用它解决许多具体问题．

化归包含着三个基本要素，即化归的对象、目标和方法．化归的对象就是待解问题中需要变更的成分，化归的目标是指所要达到的规范问题，化归的方法就是规范化的手段、措施和技术，其中化归方法是实现化归的关键．

为了实施有效的化归，既可以变更问题的条件，也可以变更问题的结论；既可以变换问题的内部结构，又可以变换问题的外部形式，这反映出化归的多向性．

例 3　一个农夫有若干只鸡和兔子，它们共有 50 个头和 140 只脚，问鸡、兔各有多少只？（见《数学的发现》第一卷第 140 页．）

波利亚指出，我们可以假想出现了这样一种奇特的现象，每只鸡都仅用一只脚站在地上，而兔子则举起了前腿，这时问题就不难解决了．因为，在这种情况下：(1) 脚的总数减少了一半，即只剩下 70 只脚（变更问题的已知条件）；(2) 鸡头的数量与脚的数量是相等的，而如果有一只兔子，脚的总数就要比头的总数大 1．因此，现在的脚的数量 70 与头的数量 50 的差就是兔子的数目，即有（70－50＝）20 只兔子，进而鸡的数目就是（50－20＝）30 只．

例 4　如图 2-26 所示，已知$\triangle ABC$的三条中线，求作这个三角形．

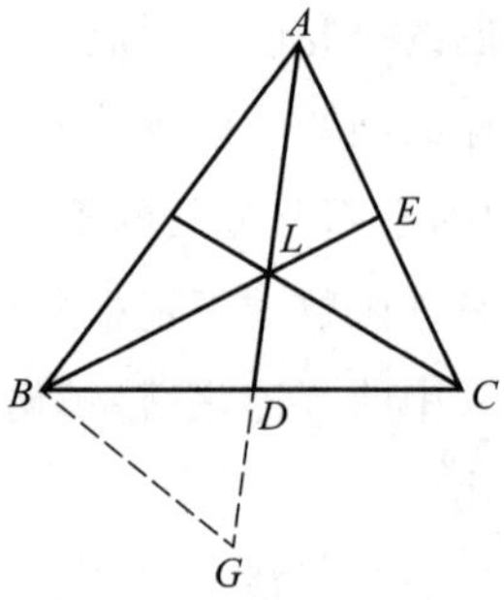

图 2-26

分析　根据中线定理，我们知道 $DL=\frac{1}{3}m$，$EL=\frac{1}{3}n$，$CL=\frac{2}{3}p$（其中 m，n，p 分别设为 BC，AC，AB 边上中线的长）．因此，若延长 LD 到点 G，使 $DG=LD$，就有 $LG=\frac{2}{3}m$，

$BL=\frac{2}{3}n$，$BG=\frac{2}{3}p$(因为$\triangle BDG\cong\triangle CDL$). 这样，原来的问题就化归成了已知三边求作三角形($\triangle BLG$)的问题，而这就不难了，具体作法略.

总之，在解决问题的过程中，我们应该既善于对未知结论或已知条件进行变形，又善于对整个问题进行变形. 一言以蔽之，就是应当用变化的观点，而不要用静止的眼光来看待问题.

另外，熟悉化、简单化和直观化是一切化归方法应遵循的基本原则. 而化归的方向，应该是由未知向已知、由难到易、化繁为简、从抽象到具体、化一般为特殊，同时又需要由特殊到一般.

(三) 化归方法的分类

在化归原则中，实施化归的方法是多种多样的. 按照解决问题的性质来划分，有计算中的化归方法、论证中的化归方法和建立新学科体系中的化归方法等. 按照化归方法应用的范围和广度来分，既有较高层次的化归，又有较低层次的化归等. 由于化归原则的多向性，至今化归的分类问题仍然是一个值得研究的问题. 下面，我们给出化归方法的一种分类(见《数学通报》，1990(7)，李玉琪，化归原则及其分类).

1. 多维化归方法

这是指跨越多种数学分支，适用于各学科系统的化归方法. 它们应用广泛，属于第一层次的化归. 例如变量代换法，通过换元常常可以改变问题的外部形式和内部结构，把代数问题化为几何或三角问题，把几何问题化为代数或三角问题等，因而适合于数学各个分支. 又如映射法，它是把两类数学对象间的一一对应作为映射化归的手段. 由于这种映射可以赋予十分广泛的含义，比如运算、变换、对应等，因而映射法广泛用于数学各个分支. 此外，分解与组合、求变法(坐标变换，参数变换等)、反证法、待定系数法等都属于这个层次的化归方法.

例 5　设 $a,b,A,B\in\mathbf{R}$，若对任意的 $x\in\mathbf{R}$，都有

$$f(x)=1-a\cos x-b\sin x-A\cos 2x-B\sin 2x\geqslant 0,$$

求证：$a^2+b^2\leqslant 2$(第 19 届国际数学奥林匹克竞赛题).

证　假设 $a^2+b^2>2$，引入辅助角 θ 及 φ 得

$$f(x)=1-\sqrt{a^2+b^2}\sin(x+\theta)-\sqrt{A^2+B^2}\sin 2(x+\varphi).$$

取

$$x_1=\frac{\pi}{4}-\theta,\quad x_2=\frac{\pi}{2}+x_1=\frac{3}{4}\pi-\theta,$$

则

$$\begin{aligned}f(x_1)&<1-\sqrt{2}\sin\frac{\pi}{4}-\sqrt{A^2+B^2}\sin 2(x_1+\varphi)\\&=-\sqrt{A^2+B^2}\sin 2(x_1+\varphi),\end{aligned}$$

$$f(x_2)<-\sqrt{A^2+B^2}\sin 2(x_2+\varphi)$$
$$=\sqrt{A^2+B^2}\sin 2(x_1+\varphi).$$

若 $\sin 2(x_1+\varphi)\geqslant 0$，则 $f(x_1)<0$，与已知矛盾.

若 $\sin 2(x_1+\varphi)<0$，则 $f(x_2)<0$，与已知矛盾.

所以 $a^2+b^2\leqslant 2$.

上面应用了反证法，反证法的原理是 $A\to B\Leftrightarrow A\wedge B'\to P\wedge P'$，这里的 P' 是 P 的不相容命题. 由于反证法是通过否定原命题而实现命题 $A\to B$ 到 $A\wedge B'\to P\wedge P'$ 的转换，从而改变了原命题的内容，实现了问题的规范化，因此，反证法隶属于化归原则. 由于反证法在数学各个分支中有广泛的应用，所以它属于多维化归方法.

2. 二维化归方法

这是指能沟通两个不同数学分支的化归方法，属于第二层次. 例如解析法，它通过引入坐标系把几何问题转化为代数问题；图像法及向量法等可以把代数问题转化为几何问题；而三角函数代换法，则把代数或几何问题转化为三角问题等.

3. 单维化归方法

这是适合于某一学科的化归方法，是本系统内的化归，属于第三层次. 诸如欧拉代换、拉普拉斯变换、坐标变换、几何变形及母函数法等，都是单维化归方法.

4. 广义化归方法

这是指超出了数学范围的化归方法. 例如，数学模型方法，它从各种学科的实际问题中利用抽象化的方法形成数学模型，再利用数学理论导出结果，最后具体化为实际问题的解答. 其中从实际问题向数学模型的转化就是一种规范化的化归过程，所用抽象化方法就是化归的具体手段. 又如分析法和综合法，实质上都是一种化归程序，已超出了数学方法的范畴，是更高层次上广义的化归方法.

二、特殊与一般

（一）特殊与一般的关系

从特殊到一般，由一般到特殊，是人类认识客观世界的一个普遍规律. 人类的认识运动，就是从个别到一般，又从一般到个别，这样往复不断的演化过程.

一方面，由于事物的特殊性中包含着普遍性，共性存在于个性之中，即所谓“无个不成群”. 相对于“一般”而言，特殊的个别的事物，往往显得简单、直观和具体，并为人们所熟知. 因此，我们观察与处理问题时，从事物的特殊性出发，进而去分析考虑有没有把待解决的问题化归为某个特殊问题的思考方式.

另一方面，由于“一般”概括了“特殊”，“普遍”比“特殊”更能反映事物的本质，因此，当我们处理问题时，应注意置待解决问题于更为普遍的情形之中，进而通过对一般情形的研究而去处理特殊问题的这种思考方式.

化归通常需要从这两个方面去考虑，即特殊与一般的互化. 就命题的真假性而言，特殊与一般存在着如下关系：

若命题 P 在一般条件下为真，则在特殊条件下，P 也真.

我们把这种关系叫做关系 A. 为方便计，我们把关系 A 的逆否条件陈述如下，并称之为关系 B：

若命题 P 在特殊条件下为假，则在一般条件下，P 亦为假.

关系 A 和 B 对化归原则来说都有着不可低估的作用. 例如，利用“反例”去否定一个命题或猜想，是数学中常用的方法，这种方法就是凭借关系 B，我们就可以利用“特殊”而否定“一般”，从而实现化归. 特别当一个猜想长期得不到证明时，人们就会利用关系 B 去寻找反例. 但若多次试图否定而否定不了时，则又会激励人们去探索新的证明途径，从而推动了数学的发展，我们在§1 中提到的哥德巴赫猜想便是一例.

关系 B 的作用还可以帮我们在求解“选择题”时迅速地找到正确的答案.

例 6　当 $x\in[-1,0]$时，在下面关系中正确的是（　　）.

(A) $\pi-\arccos(-x)=\arcsin\sqrt{1-x^2}$

(B) $\pi-\arcsin(-x)=\arccos\sqrt{1-x^2}$

(C) $\pi-\arccos x=\arcsin\sqrt{1-x^2}$

(D) $\pi-\arcsin x=\arccos\sqrt{1-x^2}$

解　我们取特殊值 $x=-1$，很快发现(A)，(D)两个结论不正确；再取 $x=0$，易知等式(B)不成立. 那么剩下(C)就是正确的了.

关系 B 的否定作用还可在反证法中体现出来.

例 7　证明：$\sin\sqrt{x}$ 不是周期函数.

证　反设 $\sin\sqrt{x}$ 是周期函数. 若 $f(x)=\sin\sqrt{x}$ 有零点（特殊值），则该零点必然也周期性地出现. 而 $f(x)=\sin\sqrt{x}$ 确实有零点 $x=k^2\pi^2(k\in\mathbf{Z})$，但它并不周期性地出现，因为随着 $|k|$ 的增大，k^2 分布越来越稀疏，这就导致了矛盾.

例 8　证明：素数的个数无限多.

证　反设只有 n 个素数 $P_1,P_2,\cdots,P_n$. 若能在 n 个素数之外又找出一个新的素数（即寻找一个特例），这就否定了“只有 n 个素数”的假设.

考虑 $P=P_1P_2\cdots P_n+1$. 如果 P 是素数，那么 P 显然不在 $P_1,P_2,\cdots,P_n$ 之中，因为它比其中任何一个都大，此时问题已经获证.

如果 P 是合数，则 P 必有一个素因数，设为 r，这个 r 也一定不在 $P_1,P_2,\cdots,P_n$ 之中. 因为若设 $r=P_i(i=1,2,\cdots,n)$，则 $r\mid P_1P_2\cdots P_n$，又 $r\mid P$，于是 $r\mid 1$，这与 r 是素因数矛盾.

从而不论何种情况，在所设的 $P_1,P_2,\cdots,P_n$ 之外还存在新的素数，所以素数有无限多个.

如果我们可以“确定”某个命题在一般条件下成立，而且这个命题的结论是“唯一”

的，那么在特殊条件这个命题也必成立，并且进一步得知这个特殊条件下结论就是一般条件下的唯一结论. 此时，我们就可以用“特殊”去代替“一般”，把一般问题化归为特殊问题，不过应该注意“确定”和“唯一”这个前提.

例 9　已知方程

$$x^2+y^2+2(2-\cos^2\theta)x-2(1+\sin^2\theta)y-4\cos^2\theta+2\sin^2\theta+5=0,$$

求证：不论 θ 取任何实数值，方程的曲线总经过两个定点 P_1, P_2，并求 P_1, P_2 两点的坐标.

证　根据题意，两个定点 P_1, P_2 是存在的，而且是唯一的，我们只要把这两个定点先找到即可.

给定 $\theta=0, \frac{\pi}{2}$ 两值，从而得到方程组

$$\begin{cases} x^2+y^2+2x-2y+1=0, \\ x^2+y^2+4x-4y+7=0, \end{cases}$$

解此方程组得

$$\begin{cases} x=-1, \\ y=2 \end{cases} \quad \text{或} \quad \begin{cases} x=-2, \\ y=1. \end{cases}$$

把 $(-1,2)$ 与 $(-2,1)$ 两点的坐标代入原方程检验知，这两个点都在该曲线上，于是命题得证，并且确知点 P_1, P_2 就是点 $(-1,2)$ 和 $(-2,1)$.

例 10　求函数 $f(x)=|\sin x|+|\cos x|$ 的最小正周期.

解　设 $f(x)$ 的正周期为 T，则对于定义域内的一切 x，总有

$$|\sin(x+T)|+|\cos(x+T)|=|\sin x|+|\cos x|.$$

故当 $x=0$ 时，上式也应成立，于是有 $|\sin T|+|\cos T|=1$，两边平方得

$$\sin^2 T+\cos^2 T+2|\sin T||\cos T|=1,$$

即 $|\sin 2T|=0$，所以 $T=\frac{1}{2}k\pi(k\in\mathbf{Z}^+)$. 因此，$T$ 的最小值为 $\frac{\pi}{2}$，经检验知 $\frac{\pi}{2}$ 是 $f(x)$ 的最小正周期.

另外，取特殊值的方法在待定系数法之中也有着广泛的应用. 既然我们“确认”了两个多项式恒等，那么在多项式中的变数取特殊值时，这两个多项式也是相等的，这样，待定的系数也就可以确定了.

（二）特殊化、简单化

如前指出，化归的方向通常是由未知到已知、由难到易、化繁为简、从抽象到具体、化一般为特殊. 由于简单的形式和特殊的形式往往比较容易解决，因此特殊化与简单化是我们常用的化归途径.

例 11　一元二次方程的求根公式就是沿着特殊化的途径推导出来的：特殊形式的一元二次方程 $x^2=m\ (m\geqslant 0)$ 会解了，那么一般形式的一元二次方程

$$ax^2+bx+c=0\quad(a\neq 0, b^2-4ac\geqslant 0)$$

就可转化为特殊形式$\left(x+\frac{b}{2a}\right)^2=\frac{b^2-4ac}{4a^2}$来求解，即

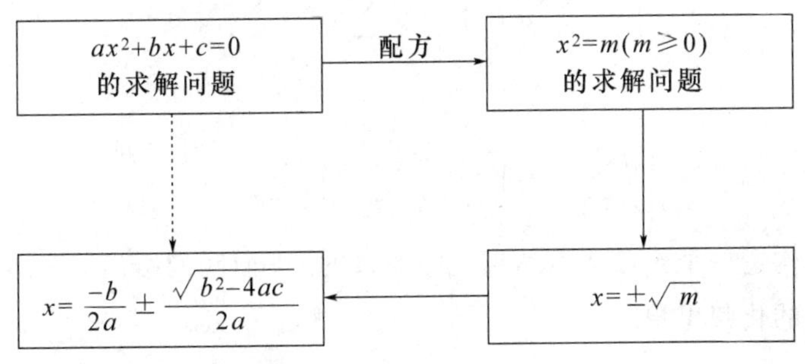

例 12　解方程 $x^4+x^3+x^2+x+1=0$.

解　方程两边除以 $x^2(x\neq 0)$，得

$$x^2+x+1+\frac{1}{x}+\frac{1}{x^2}=0,$$

配方得

$$\left(x+\frac{1}{x}\right)^2+\left(x+\frac{1}{x}\right)-1=0,$$

令 $y=x+\frac{1}{x}$，这样原方程就被转化为二次方程

$$y^2+y-1=0.$$

这个思路是从方程的次数上去实现简单化，即把四次转化为二次. 另一方面，我们还可以着眼于方程的项数简单化，即设法使之转化为二项方程. 两边乘 $x-1$ 得 $x^5-1=0$，解这个二项方程可得到 5 个根. 从中去掉 $x=1$，剩下的四个根便是原方程的根.

例 13　已知 z 是复数，$|z|=1$，求证：

$$\left|\frac{\overline{z}-z_0}{1-zz_0}\right|=1.$$

证　因为结论的成立是建立在$|z|=1$ 的基础上的，所以这个“1”是一个特殊因素. 我们抓住“1”而把条件逆向运用，即 $1=|z|=|z|^2=z\cdot\overline{z}$，运用到待证等式中，由此而得

$$\left|\frac{\overline{z}-z_0}{1-zz_0}\right|=\left|\frac{\overline{z}-z_0}{z\overline{z}-zz_0}\right|=\left|\frac{\overline{z}-z_0}{z(\overline{z}-z_0)}\right|=\left|\frac{1}{z}\right|=1.$$

例 14　证明柯西不等式

$$\left(\sum_{i=1}^{n}a_ib_i\right)^2\leqslant\left(\sum_{i=1}^{n}a_i^2\right)\cdot\left(\sum_{i=1}^{n}b_i^2\right),$$

其中 $a_i,b_i(i=1,2,\cdots,n)$为实数.

关于柯西不等式的证明，已有多种证法，其中最简单且最巧妙的方法，莫过于构造一个永远非负的二次函数，由其判别式不大于零获证：设

$$f(t)=\sum_{i=1}^{n}(a_it-b_i)^2=t^2\sum_{i=1}^{n}a_i^2-2t\sum_{i=1}^{n}a_ib_i+\sum_{i=1}^{n}b_i^2,$$

因为 $f(t)>0$,所以判别式

$$\Delta=\left(-2\sum_{i=1}^{n}a_ib_i\right)^2-4\sum_{i=1}^{n}a_i^2\cdot\sum_{i=1}^{n}b_i^2\leqslant 0,$$

即

$$\left(\sum_{i=1}^{n}a_ib_i\right)^2\leqslant\left(\sum_{i=1}^{n}a_i^2\right)\left(\sum_{i=1}^{n}b_i^2\right).$$

这是通过构造一个函数从而达到化归的目的. 下面我们给出另一种证法,它来源于一般到特殊的化归思想.

证　先设 $\sum_{i=1}^{n}a_i^2=1$, $\sum_{i=1}^{n}b_i^2=1$,此时,柯西不等式为(特殊情况)

$$\left(\sum_{i=1}^{n}a_ib_i\right)^2\leqslant 1 \quad 或 \quad \left|\sum_{i=1}^{n}a_ib_i\right|\leqslant 1.$$

由基本不等式 $|a_ib_i|\leqslant\frac{1}{2}(a_i^2+b_i^2)$ 得

$$\left|\sum_{i=1}^{n}a_ib_i\right|\leqslant\sum_{i=1}^{n}|a_ib_i|\leqslant\frac{1}{2}\sum_{i=1}^{n}(a_i^2+b_i^2)=1.$$

下面考虑一般情况,对任意 a_i,b_i,令

$$a_i'=\frac{a_i}{\sqrt{a_1^2+a_2^2+\cdots+a_n^2}},\quad b_i'=\frac{b_i}{\sqrt{b_1^2+b_2^2+\cdots+b_n^2}},$$

显然 $\sum_{i=1}^{n}a_i'^2=1$, $\sum_{i=1}^{n}b_i'^2=1$,所以 $\left(\sum_{i=1}^{n}a_i'b_i'\right)^2\leqslant 1$,即

$$\left(\frac{\sum_{i=1}^{n}a_ib_i}{\sqrt{\sum_{i=1}^{n}a_i^2}\cdot\sqrt{\sum_{i=1}^{n}b_i^2}}\right)^2\leqslant 1,$$

因此

$$\left(\sum_{i=1}^{n}a_ib_i\right)^2\leqslant\left(\sum_{i=1}^{n}a_i^2\right)\left(\sum_{i=1}^{n}b_i^2\right).$$

通过上面的证法可以看出,先把一般情况化归为特殊情况求解,然后再通过“变换”发展还原为一般情况,从而得证. 这里既体现了“由一般到特殊”“由特殊到一般”的认识规律,又反映了事物相互联系、发展、运动的观点.

(三)一般化

相对于一般事物而言,特殊事物易于认识,然而并不尽然,有些情况下一般问题反而容易解决. 原因是这时容易揭示出问题的内在规律,而特殊问题中,这种规律常被特殊的性质所掩盖,不易被我们发现. 这时需要实现从特殊向一般化归.

例如,证明 2 023 可以表示为两个平方数的差. 很多学生在做练习时是通过解二

元不定方程

$$x^2-y^2=2\ 023$$

来做的. 如果考虑它的一般情况：任一奇数 $2n+1$ 能否表示为平方差？答案是显然的，因为

$$2n+1=(n+1)^2-n^2.$$

又如，下述问题Ⅰ和问题Ⅱ：

问题Ⅰ：设 $0<b\leqslant 1$，求证：

$$\left(1+\frac{b}{4\ 044}\right)^{2\ 022}<\left(1+\frac{b}{4\ 046}\right)^{2\ 023}.$$

问题Ⅱ：设 $0<a\leqslant 1$，n 为正整数，求证：

$$\left(1+\frac{a}{n}\right)^{n}<\left(1+\frac{a}{n+1}\right)^{n+1}.$$

显然，我们对问题Ⅰ的形式和证明方法就没有对问题Ⅱ那么熟悉，然而前者却是后者的特例，后者是前者的一般形式. 事实上，我们只需令问题Ⅱ中的 $n=2\ 022$，$a=\frac{1}{2}b$，该问题就变为问题Ⅰ.

上述特殊与一般在认识上的差异必然会使得化归途径不同. 这就是说，若我们对特殊形式比较熟悉，应沿着特殊化的途径去实现化归；但若我们对一般情形比较熟悉，那么就应反过来沿着一般化的途径去实现化归，这两条途径是相辅相成的. 两者和谐地统一，使化归方法更为完美. 同时，一般化也总是与特殊化结合在一起去实现化归的，就其过程来说，有以下模式：

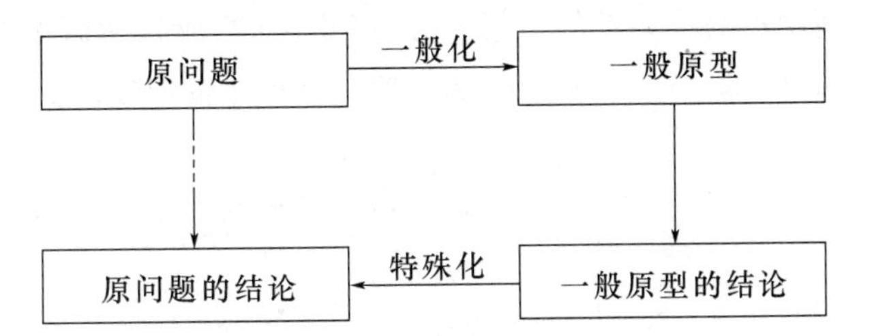

如方程、不等式与函数相比较，前者是特殊形式，后者是一般形式. 方程、不等式的解可理解为对应函数处在某特定状态时的自变量的值，其个数、大小、范围都与函数有密切的联系. 因此，当我们研究方程、不等式时，一方面可以把它们化为特殊形式去解决，另一方面，又可用一般化方法，将它们置身于函数之中，使我们能在更一般、更广阔的领域中，在变化之中去寻求化归的途径.

例 15　当 k 为何值时，关于 x 的方程 $7x^2-(k+13)x+k^2-k-2=0$ 的两个根分别在 $(0,1)$ 与 $(1,2)$ 内？

解　若设 $0<x_1<1$，$1<x_2<2$，然后根据韦达定理来求 k 之值，显然是不充分的. 现在，我们把方程置于函数之中去考虑.

设 $f(x)=7x^2-(k+13)x+k^2-k-2$，如图 2-27 所示，该函数的图像只有在区间 $(0,1)$ 内穿过 x 轴一次，又在区间 $(1,2)$ 内穿过 x 轴一次，才能满足题意要求，并且又在区间 $(1,2)$ 内变号，其充要条件是

$$\begin{cases} f(0)>0, \\ f(1)<0, \\ f(2)>0. \end{cases}$$

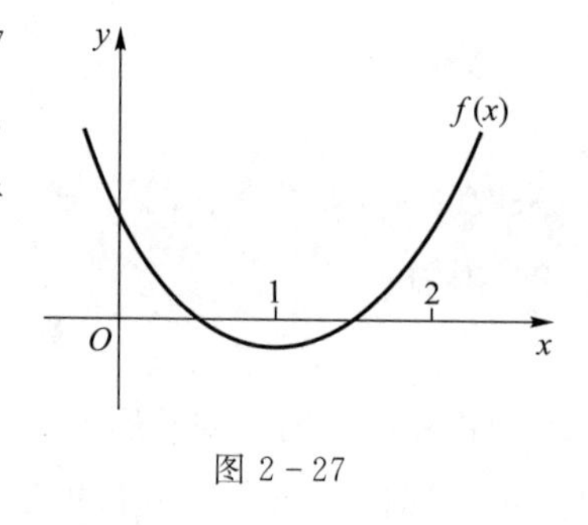

图 2-27

解此不等式组可得本例的答案应该是 $-2<k<-1$ 或 $3<k<4$.

在采用数学归纳法证题时，也常常运用一般化的思想，先将结论强化或一般化，然后再使用数学归纳法. 这样命题加强了，归纳假设也强化了，有利于完成从 k 到 $k+1$ 的过渡. 有时，这种加强在用数学归纳法时甚至是不可缺少的.

例 16　用数学归纳法证明：

$$\frac{1}{1^2}+\frac{1}{2^2}+\frac{1}{3^2}+\cdots+\frac{1}{n^2}<2.$$

如果直接用数学归纳法证明这个不等式就会遇到障碍. 而加强结论，改为证明

$$\frac{1}{1^2}+\frac{1}{2^2}+\cdots+\frac{1}{n^2}<2-\frac{1}{n}$$

却非常容易.

三、分解与组合

(一) 叠加法

叠加法是把问题本身或问题的未知成分（结论）分割成较为简单的几部分的线性组合，以实现由一般向特殊化归的方法，其思路过程可用框图表示如下：

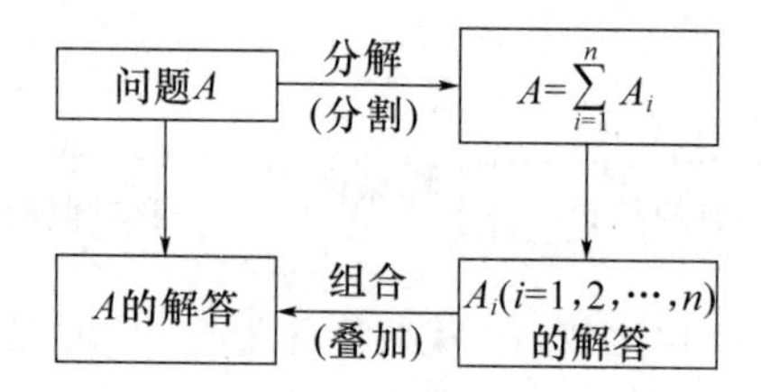

例 17　证明：同弧所对的圆周角是圆心角的一半.

证　对于特殊情况(1)，如图 2-28(a)所示，圆心位于圆周角的一边上，问题很容易证明. 这时，

$$\angle AOB=\angle ACB+\angle OBC=2\angle ACB.$$

对于圆心并不位于圆周角一边上的一般情况，即如图 2-28(b)和(c)所示的情况(2)和(3)来说，只需进行适当的分解与相应的线性组合（叠加），即可化归为上述的特殊情况，分别有

$$\angle ACB=\angle DCB+\angle ACD,$$

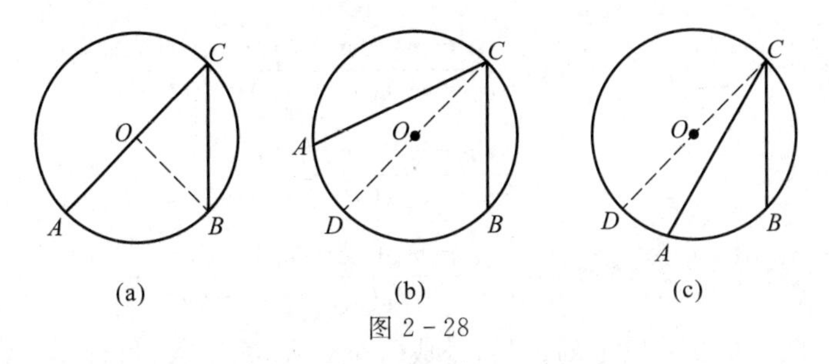

图 2-28

$$\angle ACB=\angle DCB-\angle ACD.$$

然后,再通过问题(1)—(3)的组合,从而使原问题获证,其证明思路如下:

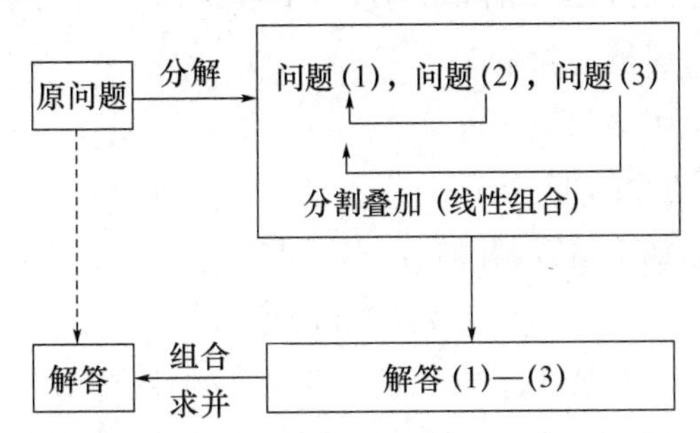

对上述问题,通过问题(1)—(3)的解答,然后再把这三个小问题进行组合(求并),从而使原问题获证. 这种方法实际上是"类分法",我们还将在后面讨论. 这里,由问题(2),(3)化归为问题(1)的过程中使用的才是叠加法.

例 18　插值问题:给定 n 个不同的数 $x_1,x_2,\cdots,x_n$,及另外 n 个数 $y_1,y_2,\cdots,y_n$,求一个阶数最低的多项式 $f(x)$,使其满足条件:$f(x_i)=y_i(i=1,2,\cdots,n)$.

解　首先把上述问题分解成 n 个特殊情况,并考虑每一个特殊情况,即对给定的 n 个不同的数 $x_1,x_2,\cdots,x_n$ 及另外 n 个相同的数 y_k,分别求一个阶数最低的多项式 $f_k(x)(k=1,2,\cdots,n)$满足条件:

(1) $f_k(x_i)=0\ (i=1,2,\cdots,k-1,k+1,\cdots,n)$;

(2) $f_k(x_k)=y_k$.

由(1),因为 $x_1,x_2,\cdots,x_{k-1},x_{k+1},\cdots,x_n$ 是 $f_k(x)$的根,则 $f_k(x)$至少是 $n-1$ 阶多项式,设

$$f_k(x)=c(x-x_1)(x-x_2)\cdots(x-x_{k-1})(x-x_{k+1})\cdots(x-x_n),$$

其中 c 为常数.

由(2)可确定

$$c=\frac{y_k}{(x_k-x_1)(x_k-x_2)\cdots(x_k-x_{k-1})(x_k-x_{k+1})\cdots(x_k-x_n)},$$

所以

$$f_k(x)=y_k\frac{(x-x_1)\cdots(x-x_{k-1})(x-x_{k+1})\cdots(x-x_n)}{(x_k-x_1)\cdots(x_k-x_{k-1})(x_k-x_{k+1})\cdots(x_k-x_n)}.$$

其次通过线性组合,可求得原问题的解,即拉格朗日插值公式

$$f(x)=\sum_{k=1}^{n} f_k(x)=y_1\frac{(x-x_2)(x-x_3)\cdots(x-x_n)}{(x_1-x_2)(x_1-x_3)\cdots(x_1-x_n)}+$$

$$y_2\frac{(x-x_1)(x-x_3)\cdots(x-x_n)}{(x_2-x_1)(x_2-x_3)\cdots(x_2-x_n)}+\cdots+$$

$$y_n\frac{(x-x_1)(x-x_2)\cdots(x-x_{n-1})}{(x_n-x_1)(x_n-x_2)\cdots(x_n-x_{n-1})}.$$

例 19　一队 1 000 人以上的士兵，排成每行 3 人，余 2 人；每行 5 人，余 3 人；每行 7 人，余 2 人. 问这队士兵至少有多少人？

解　我们用叠加法的思路求解，先构造三个数 m,n,p，使：

m 能被 5，7 整除，但被 3 除余 1；

n 能被 3，7 整除，但被 5 除余 1；

p 能被 3，5 整除，但被 7 除余 1.

再把 m,n,p 依题意作如下组合(叠加)：

$$y=2m+3n+2p,$$

于是，y 便具有被 3 除余 2、被 5 除余 3、被 7 除余 2 的性质. 我们下面求 m,n,p.

(1) $5\times7=35$ 能被 5，7 整除，且被 3 除余 2，所以 $m=2\times35=70$ 能被 5，7 整除且被 3 除余 1.

(2) $n=3\times7=21$ 能被 3，7 整除，且被 5 除余 1.

(3) $p=3\times5=15$ 能被 3，5 整除，且被 7 除余 1.

因此，

$$y=2m+3n+2p=2\times70+3\times21+2\times15=233.$$

依题意，我们要求的士兵数为

$$f(k)=233+105k>1\ 000.$$

取 $k=8$，即得所求士兵数为 1 073 人.

例 20　如图 2－29 所示，在三棱锥 $P-ABC$ 中，棱长 $AC=6$，其余各棱长均为 5，求该三棱锥的体积.

解　用分解法，把原三棱锥分解成两个易求体积的小三棱锥，然后再相加得原三棱锥的体积.

设 AC 的中点为 D，连接 BD，PD，则易证 $AC\perp$ 平面 PBD，于是

$$V_{P\text{-}ABC}=V_{A\text{-}PBD}+V_{C\text{-}PBD}$$
$$=\frac{1}{3}AD\cdot S_{\triangle PBD}+\frac{1}{3}CD\cdot S_{\triangle PBD}$$
$$=\frac{1}{3}(AD+CD)S_{\triangle PBD}$$
$$=\frac{1}{3}\cdot6\cdot S_{\triangle PBD}.$$

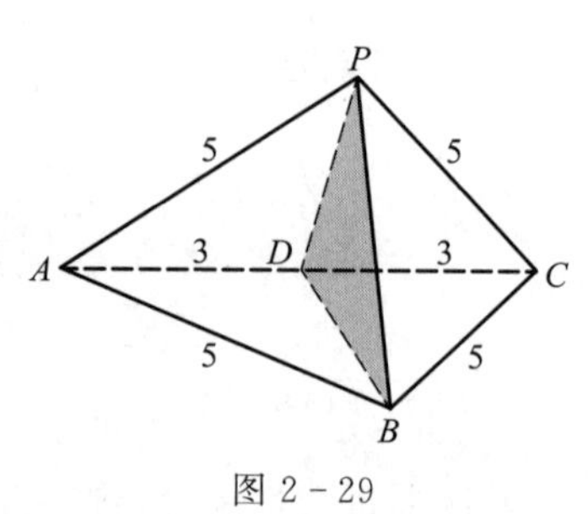

图 2－29

在$\triangle PBD$中，$PB=5$，$BD=PD=4$，可以计算得

$$S_{\triangle PBD}=\frac{5\sqrt{39}}{4}.$$

因此

$$V_{P-ABC}=\frac{1}{3}\times 6\times\frac{5\sqrt{39}}{4}=\frac{5\sqrt{39}}{2}.$$

（二）交集法

交集法是把一个问题（对象）S所满足的条件A分解为$A_i(i=1,2,\cdots,n)$，设M_i是满足条件A_i的解集，则这个问题S的一般解是$M=\bigcap_{i=1}^{n}M_i$. 这种化归法通常称为交集法.

例 21　试作出$\triangle ABC$外接圆的圆心.

解　求作的点O为满足条件$OA=OB=OC$的点，该条件可分解为两个条件：$OA=OB$；$OB=OC$.

因此，只要作出满足上述两个条件的图形的交集，即先作线段AB，BC的中垂线，其交点就是$\triangle ABC$外接圆的圆心.

例 22　设a，b是两个实数，

$$A=\{(x,y)\mid x=n,y=na+b,n\in\mathbf{Z}\},$$
$$B=\{(x,y)\mid x=m,y=3m^2+15,m\in\mathbf{Z}\},$$
$$C=\{(x,y)\mid x^2+y^2\leqslant 144\}$$

是平面xOy内的点的集合，讨论是否存在a和b使得$A\cap B\neq\varnothing$（空集）和$(a,b)\in C$同时成立.

解　本题的条件可改述（分解）为

$$\begin{cases}y=ax+b, & (1)\\ y=3x^2+15, & (2)\end{cases}$$

及

$$\begin{cases}a^2+b^2\leqslant 144, & (3)\\ a,b\in\mathbf{R}, & (4)\\ x\in\mathbf{Z}. & (5)\end{cases}$$

现在的问题变成，方程(1)，(2)是否存在同时满足条件(3)—(5)的解？

由(2)－(1)得

$$3x^2-ax-b+15=0, \tag{6}$$

如果存在满足条件(4)和(5)的解，那么实系数一元二次方程(6)必有实根，因此，

$$\Delta=a^2+12b-180\geqslant 0. \tag{7}$$

但由条件(3)知道

$$a^2+b^2\leqslant 144, \tag{8}$$

所以

$$\begin{aligned}0\leqslant\Delta&\leqslant(144-b^2)+12b-180\\&=-(b-6)^2\leqslant 0,\end{aligned}$$

即 $b=6$. 这表明二次方程(6)有等根，且

$$x^2=x_1x_2=\frac{15-b}{3}=\frac{15-6}{3}=3,$$

这与条件(5)矛盾.

因此，不存在使题设两个条件同时成立的数 a 和 b.

本题求解的核心部分是不等式组

$$\begin{cases}a^2+b^2\leqslant 144,\\ b\geqslant -\dfrac{1}{12}a^2+15,\end{cases}$$

其结构是图 2 - 30 中的两个区域，它们有且只有两个公共点，即

$$(6\sqrt{3},6),\quad(-6\sqrt{3},6).$$

本题背景是利用不等式研究平面区域.

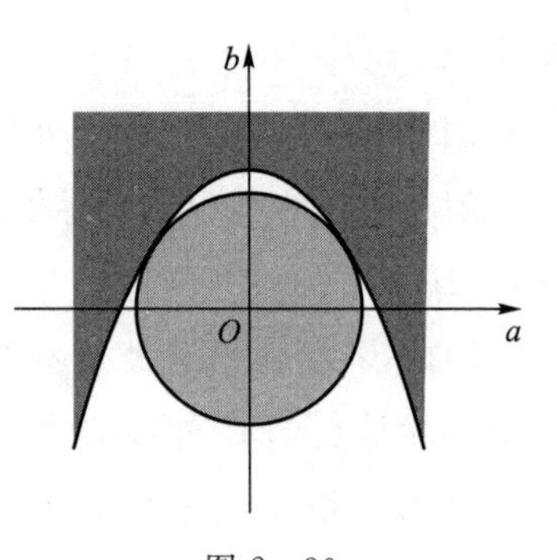

图 2 - 30

(三) 类分法

类分法是根据数学中的分类与逻辑划分，把问题按可能出现的情况分类讨论，从而找到使问题(全称判断)获解的方法.

所谓分类，可定义如下：令

$$\pi(S)=\{A_i(i=1,2,\cdots,n)\mid A_i\subset S,A_i\neq\varnothing,\cup A_i=S;A_i\cap A_j=\varnothing(i\neq j)\},$$

则称 $\pi(S)$ 为 S 的一个分类，其中 $A_i(i=1,2,\cdots,n)$ 为该分类下的各类.

类分法的特点是对问题的外延进行分解，从而达到化归的目的.

例 23　已知 $a>b>c>0$，α 是方程 $ax^2+bx+c=0$ 的根，求证：$|\alpha|<1$.

证　分 α 是实数根与 α 是虚数根两种情况去证明.

(1) 若 $b^2-4ac\geqslant 0$，则 $\alpha=\dfrac{-b\pm\sqrt{b^2-4ac}}{2a}$，所以，

$$\begin{aligned}|\alpha|&=\left|\frac{-b\pm\sqrt{b^2-4ac}}{2a}\right|\\&\leqslant\left|-\frac{b}{2a}\right|+\left|\frac{\pm\sqrt{b^2-4ac}}{2a}\right|\\&\leqslant\frac{1}{2}\left|\frac{b}{a}\right|+\frac{1}{2}\left|\frac{\sqrt{b^2}}{a}\right|=\left|\frac{b}{a}\right|<1.\end{aligned}$$

(2) 若 $b^2-4ac<0$，则 $\alpha=\dfrac{-b\pm\sqrt{4ac-b^2}\ \mathrm{i}}{2a}$，所以

$$|\alpha|=\left|\frac{-b\pm\sqrt{4ac-b^2}\ \mathrm{i}}{2a}\right|$$

$$=\sqrt{\left(-\frac{b}{2a}\right)^2+\frac{4ac-b^2}{4a^2}}=\sqrt{\frac{c}{a}}<1.$$

例 24　在单位正方形的边界上任意两点之间连接一条曲线，把这个正方形分成面积相等的两部分，试证明这条曲线的长度不小于 1.

证　设单位正方形边界上任意两点为 P，Q，根据类分法，点 P，Q 的位置分布可分为下面三种情况：

(1) 点 P，Q 在相对两边上；

(2) 点 P，Q 在相邻两边上；

(3) 点 P，Q 在同一条边上.

记 P，Q 两点之间的曲线为 l，$|l|$表示它的长度.

(1) 如图 2-31(a)所示，点 P，Q 在相对两边上，命题显然成立，事实上

$$|l|\geqslant PQ>QS=1.$$

(2) 如图 2-31(b)所示，点 P，Q 在相邻两边 AB，AD 上，连接 BD，则 l 必与 BD 相交于某点 R. 否则曲边三角形 APQ 完全位于$\triangle ABD$ 内，其面积小于正方形 $ABCD$ 面积的一半，与题不符. 今以 BD 为轴，将曲线$\overset{\frown}{RQ}$翻转到$\overset{\frown}{RQ'}$，则点 Q'落在 AB 对边 DC 上，至此问题(2)转化为问题(1).

(3) 如图 2-31(c)所示，点 P，Q 在同一边 AB 上，设 E，F 分别为 AD，BC 的中点，则 l 必与 EF 有交点(理由同前). 以 EF 为轴同样作对称变换，则点 Q'落在 CD 上，同样问题(3)化归为问题(1).

综上所述，命题获证.

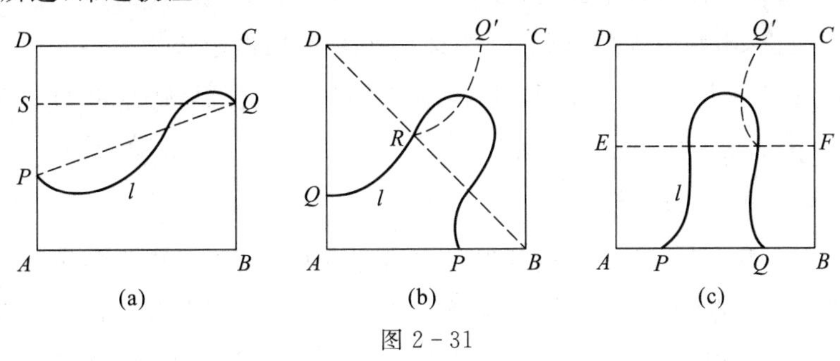

图 2-31

(四) 爬坡法

把一个问题分解成几个步骤，每一步有一个小目标，一步一个台阶、逐步升级，最终实现总的目标，从而使问题获解的方法，我们称之为“爬坡法”. 爬坡法的特点是对实现问题目标的过程进行分解.

例如，我们在实数域中研究幂的意义和性质时，最后才研究实数指数的情形. 这种对指数概念由低级向高级逐步推进的研究方法，就是把实数概念的形成过程分解为

多个阶段、逐步升级的爬坡式方法.

例 25　用任意方式给平面内任一点染上黑色和白色，求证：必存在一个边长为 1 或$\sqrt{3}$的正三角形，它的三个顶点的颜色相同.

证　根据题意，所论证的问题可以理解为，如果平面内不存在边长为 1 且三个顶点颜色相同的正三角形，则必存在边长为$\sqrt{3}$的正三角形，其三个顶点颜色相同；反过来也是如此. 照这样理解，我们容易估计到这两个正三角形的位置必然有某种联系. 再注意到$\sqrt{3}$这个数值，它恰是边长为 1 的正三角形高的 2 倍. 因此，我们能想到边长为 1 与$\sqrt{3}$的正三角形叠加，如图 2－32(a)所示，进行试验. 不难发现，应把实现目标的过程分解成两个台阶.

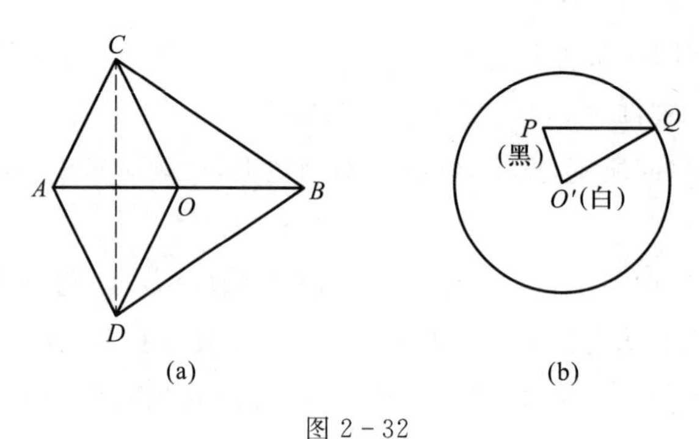

图 2－32

第一台阶：证明若平面内有两个距离为 2 的异色点，则必存在符合题意的三角形.

第二台阶：证明平面上确实存在两个这样的异色点.

第一台阶的证明如下：

如图 2－32(a)所示，设平面内$|AB|=2$，点 A 为白色，点 B 为黑色，那么 AB 的中点 O 或白或黑，不妨设为白，以 AO 为边($|AO|=1$)作边长为 1 的正三角形 AOC 和 AOD. 若点 C 和 D 中有一白，则问题解决；若点 C，D 皆黑，则$\triangle BCD$ 即为所求，图中$\triangle BCD$ 之边长为$\sqrt{3}$.

第二台阶证明可这样进行：

如图 2－32(b)所示，在平面内任取一个白色点 O'(若平面内无白色点，则原题之结论显然成立)，以点 O'为圆心、2 为半径作一个圆. 若圆 O'及其内部各点皆白，则圆内存在边长为 1 的正三角形，其各顶点同为白色，此时原问题获证. 若圆 O'及其内部至少有一点黑色，我们设这个黑色点为 P，则$|O'P|\leqslant 2$. 这样我们就能以 2 为腰作一个等腰三角形 PQO'，不论点 Q 是白还是黑，它总能与点 P，O'中的一点异色.

由两个台阶的证明，我们确知原问题结论成立.

例 26　设 $f(x)$满足函数方程

$$f(x+y)=f(x)+f(y),$$

且适合下列条件之一：

(1) $f(x)$在某一充分小的区间(a,b)内有界；

(2) $f(x)$在某一充分小的区间(a,b)内单调；

(3) 对区间$[0,\delta]$上的每个x都有$f(x)\geqslant 0$或者都有$f(x)\leqslant 0$，其中δ是充分小的正数，

则$f(x)=\lambda x$，其中λ是任意常数.

解　显然，当x为自然数时，问题不难解决，因为它可以用数学归纳法证明. 但若x是零或负整数呢？又若x为分数呢？问题就复杂了. 不过，我们可以按照先易后难的原则一步一步地去证明. 根据这样的思考方法，我们把实现目标的过程分解为以下几个台阶：

台阶一：x是自然数；

台阶二：x是零或负整数；

台阶三：x是非零整数之倒数；

台阶四：x是任意分数，即有理数；

台阶五：x是实数.

先进行台阶一：设$x=n\in\mathbf{Z}^{+}$，我们用数学归纳法证之.

当$n=1$时，$f(1)=\lambda\cdot 1$，取$\lambda=f(1)$，等式显然成立.

设$n=k$时，有$f(k)=\lambda k=f(1)k$，则

$$f(k+1)=f(k)+f(1)=f(1)k+f(1)=(k+1)f(1),$$

故当$n=k+1$时等式也成立. 所以，等式对一切自然数成立.

台阶二：先考虑$x=0$的情形. 由于

$$f(0+0)=f(0)+f(0),$$

所以$f(0)=\lambda\cdot 0$.

再考虑负整数的情形. 设$n\in\mathbf{Z}^{+}$，由于

$$0=f(0)=f(n-n)=f(n)+f(-n),$$

所以

$$f(-n)=-f(n)=-\lambda\cdot n=\lambda(-n),$$

故等式也成立.

进行台阶三时，我们仍分正整数的倒数与负整数的倒数两种情形处理之.

对正整数n的倒数，因为

$$\begin{aligned}f(1)&=f\,(\underbrace{\frac{1}{n}+\frac{1}{n}+\cdots+\frac{1}{n}}_{n\text{个}})\\&=f\left(\frac{1}{n}\right)+f\left(\frac{1}{n}\right)+\cdots+f\left(\frac{1}{n}\right)\\&=n\cdot f\left(\frac{1}{n}\right),\end{aligned}$$

所以

$$f\left(\frac{1}{n}\right)=\frac{1}{n}f(1)=\lambda\cdot\frac{1}{n}.$$

对负整数 $-n$ 的倒数,因为

$$0=f(0)=f\left(\frac{1}{n}-\frac{1}{n}\right)=f\left(\frac{1}{n}\right)+f\left(-\frac{1}{n}\right),$$

所以

$$f\left(-\frac{1}{n}\right)=-f\left(\frac{1}{n}\right)=-\lambda\cdot\frac{1}{n}=\lambda\left(-\frac{1}{n}\right),$$

即等式对非零整数的倒数都成立.

台阶四:设 m 是非负整数,n 是非零整数,则$\frac{m}{n}$便表示任意有理数,由于

$$\begin{aligned}f\left(\frac{m}{n}\right)&=f\left(\underbrace{\frac{1}{n}+\frac{1}{n}+\cdots+\frac{1}{n}}_{m\text{个}}\right)\\&=f\left(\frac{1}{n}\right)+f\left(\frac{1}{n}\right)+\cdots+f\left(\frac{1}{n}\right)\\&=m\cdot f\left(\frac{1}{n}\right)=m\cdot\lambda\cdot\frac{1}{n}=\lambda\cdot\frac{n}{m},\end{aligned}$$

故等式 $f(x)=\lambda x$ 对一切有理数成立.

最后,我们向台阶五大目标前进.

(1) 设 $g(x)=f(x)-\lambda x$,则对有理数 r,有 $g(r)=0$,又

$$\begin{aligned}g(x+y)&=f(x+y)-\lambda(x+y)\\&=[f(x)-\lambda x]+[f(y)-\lambda y]\\&=g(x)+g(y),\end{aligned}$$

故函数 $g(x)$也满足方程 $g(x+y)=g(x)+g(y)$.

对每一实数 x,在区间$(x-b,x-a)$内任取一个有理数 r,即 $x-b<r<x-a$,设 $x_1=x-r$,则 x_1必属于区间(a,b)且

$$g(x)=g(x_1+r)=g(x_1)+g(r)=g(x_1).$$

因为 $f(x)$在(a,b)内有界,故 $g(x)$在整个实数域上有界.

假若存在一个无理数 x_0,使 $g(x_0)=d\neq 0$,则有

$$g(nx_0)=ng(x_0)=nd.$$

当 n 的值任意增大时,$|g(nx_0)|$的值也随着无限增大,这与$g(x)$有界性矛盾. 因此对一切实数 x 都有 $g(x)=0$,从而 $f(x)=\lambda x$.

(2) 若 $f(x)$在(a,b)内单调,在(a,b)内取两个数 a_1,b_1 使 $a<a_1<b_1<b$,则 $f(x)$在(a_1,b_1)内的值不超过$|f(a_1)|+|f(b_1)|$,因而 $f(x)$有界. 根据(1)的讨论,得 $f(x)=\lambda x$,λ 是任意常数.

(3) 取区间$[0,\delta]$上任两点 x,y,使 $x\leqslant y$,则 $0\leqslant y-x\leqslant\delta$,并且

$$f(y)=f(x+y-x)=f(x)+f(y-x)\geqslant f(x)\quad (f(x)\geqslant 0),$$

$$f(y)=f(x+y-x)=f(x)+f(y-x)\leqslant f(x)\quad (f(x)\leqslant 0),$$

从而 $f(x)$在区间$[0,\delta]$上是单调的. 由(2)的讨论,得 $f(x)=\lambda x$,λ 是任意常数.

四、关系映射反演方法

(一) 关系映射反演方法的意义

1. 什么是关系映射反演方法?

关系(Relationship)映射(Mapping)反演(Inversion)方法是一种具有普遍意义的处理问题的思想方法,简称 RMI 方法,又称 RMI 原则. 这种方法是把比较困难的问题,转化为较容易处理的问题的一种化归的思想方法,其应用范围之大已超出了数学领域. RMI 原则包含对所要研究、处理的问题中的关系结构,主要采取映射和反演两个步骤去解决问题.

徐利治教授在《数学方法论选讲》中曾经举过一个现实生活中的例子:“一个人对着镜子刮胡子,镜子里照出他面颊的映像,从胡子到映像的关系叫做映射,所以映射就是联系着原像和映像的一种对应关系,他用剃刀修剪胡子时,作为原像的胡子和剃刀两者的关系叫做原像关系. 这种原像关系在镜子里的表现为映像关系. 他从镜子里看到这种映像关系后,便能调整剃刀的映像和胡子的映像关系,于是,他就真正修剪了胡子. 这里显然用到了反演原则,因为他已经根据镜子里的映像能对应地反演为原像这一原理,使剃刀准确地修剪了真实的胡子(原像).”

如果把上面的内容换成数学对象与数学关系等,就构成了数学方法中的 RMI 原则,框图模式如下.

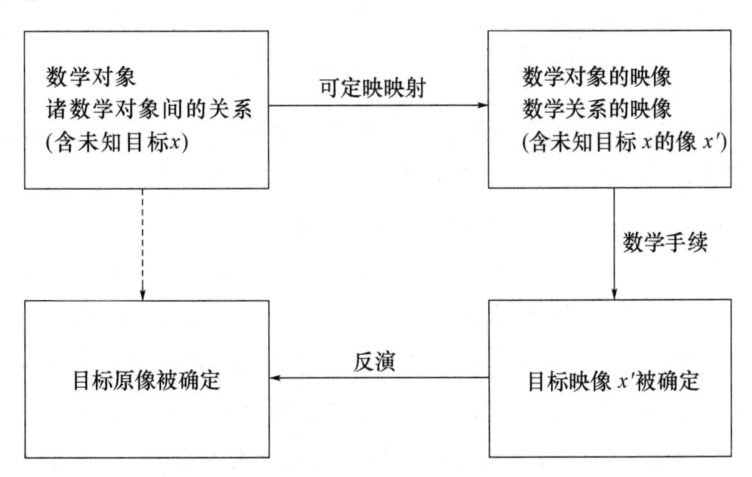

例 27　纳皮尔(Napier)对数法.

我们知道,纳皮尔对数法的出现,把大量繁复的数字计算变成了查表和简单计算,这实际上揭示了指数运算与对数运算的对应法则(映射与反演的关系),它体现的正是

关系映射反演方法. 例如,用对数计算 $p=\dfrac{a^3b^{\frac{1}{5}}}{c^{\frac{1}{7}}}$ 的过程可表示为如下框图：

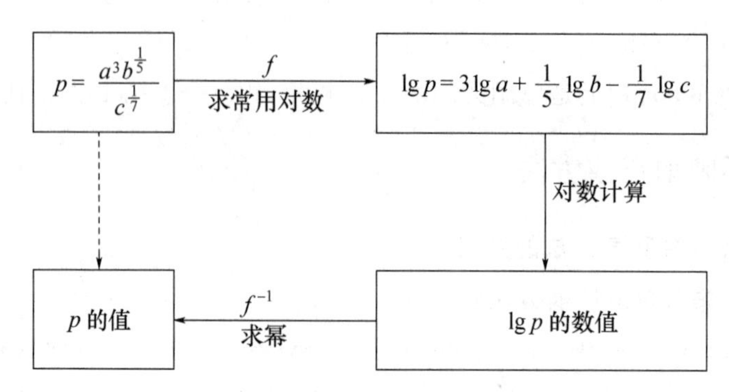

例 28　求和函数

$$S(x)=1\cdot 2+2\cdot 3x+3\cdot 4x^2+\cdots \quad (|x|<1).$$

解　这是一个求幂级数的和函数问题,就是要求和函数 $S(x)$ 的初等表达式,问题的关键在于处理幂级数每一项的系数. 因为幂级数在其收敛区域内可以逐项积分和逐项求导,显然,经两次积分变换可消掉其系数,变为等比级数,于是引入映射

$$f:S(x)\longrightarrow \int_0^x\int_0^v S(u)\mathrm{d}u\mathrm{d}v,$$

则

$$f[S(x)]=\int_0^x\int_0^v S(u)\mathrm{d}u\mathrm{d}v=x^2+x^3+\cdots=\frac{x^2}{1-x},$$

$$f^{-1}:g(x)\longrightarrow \frac{\mathrm{d}^2}{\mathrm{d}x^2}g(x),$$

所以

$$S(x)=\frac{\mathrm{d}^2}{\mathrm{d}x^2}\left(\frac{x^2}{1-x}\right)=\frac{2}{(1-x)^3} \quad (|x|<1).$$

数学问题都是由一些已知的数学对象与关系和未知的(待定的)数学对象与关系组成的,我们把由这些对象与关系组成的集合称为关系结构系统.

如果 S 是一个关系结构,f 能将 S 映满 S',则 S' 为映像关系结构.

如果关系结构 S 中包含一个未知性状的对象 x,它是我们问题中需要确定其性状的目标,则称 x 为目标原像,在 f 的作用下,$x'=f(x)$ 称为目标映像.

如果目标映像 x' 能通过一定的数学手续从映像关系结构系统 S' 中确定出来,则称映射 f 为可定映映射. 所谓“定映”,就是要从映像关系结构系统 S' 中确定出目标映像 x'. 为了能“定映”,则引入的映射必须是可定映映射,该映射 f 应具有三个特点：(1) 映射 f 是从 S 到 S' 上的一一映射;(2) 映射 f 必须是可定映的;(3) 逆映射 f^{-1} 具有可行性.

反演通常是指逆映射 f^{-1},对广义的 RMI 方法来说,反演也可以是其他对应关系，但必须满足“x 可以被 x' 确定”这个条件.

现在可将 RMI 方法表述如下：

对于含有某种目标原像 x 的关系结构系统 S，先设法寻找一个可定映映射 f，将 S 映入或映满 S'，通过一定的数学方法求出目标映像 $x'=f(x)$. 同时考虑到 f 的逆映射 f^{-1} 具有合乎问题需要的可行性，于是通过“关系—映射—定映—反演”诸步骤便可把目标原像 x 确定下来. 这个一般性方法原则就称为数学上的 RMI 原则. 这个过程可用框图表示如下：

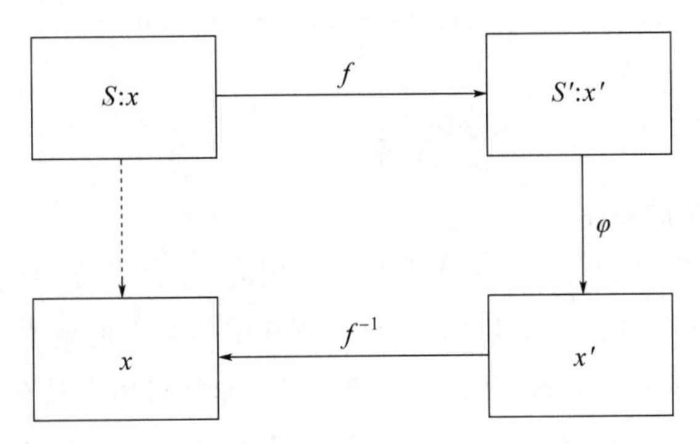

且可以看成一个程序三部曲：

$$(S:x)\xrightarrow{f}(S':x')\xrightarrow{\varphi}x'\xrightarrow{f^{-1}}x.$$

在这个“程序三部曲”中，关键在于“定映”，全过程包括的步骤为关系—映射—定映—反演—获解.

2. 多步映射

在利用 RMI 原则解决数学问题时，经常需要通过多次映射与反演才能在原像关系结构系统中确定原像目标 x. 这种通过多次映射与反演使问题获解的方法，称为多步关系映射反演原则，简称多步映射.

例 29　求级数的和

$$S=1-\frac{1}{4}+\frac{1}{7}-\frac{1}{10}+\cdots+(-1)^{n+1}\frac{1}{3n-2}+\cdots.$$

解　先选择映射

$$f_1:S\longrightarrow x-\frac{1}{4}x^4+\frac{1}{7}x^7-\frac{1}{10}x^{10}+\cdots=\varphi(x)\ (|x|<1),$$

再取微分算子 $D\equiv\frac{d}{dx}$ 作映射

$$f_2=D:\varphi(x)\longrightarrow\varphi'(x)=1-x^3+x^6-x^9+\cdots=\frac{1}{1+x^3},$$

经两次反演可得

(1) $f_2^{-1}=D^{-1}\equiv\int$（积分算子），有

$$\varphi(x)=\varphi(0)+\int_0^x \frac{dt}{1+t^3}=\int_0^x \frac{dt}{1+t^3}$$

$$=\frac{1}{3}\ln(1+x)-\frac{1}{6}\ln(1-x+x^2)+$$

$$\frac{1}{\sqrt{3}}\left(\arctan\frac{2x-1}{\sqrt{3}}+\arctan\frac{1}{\sqrt{3}}\right).$$

(2) f_1^{-1}:用 $x=1$ 代入,由阿贝尔(Abel)定理,

$$S=\lim_{x\to 1^-}\varphi(x)=\frac{1}{3}\ln 2+\frac{2}{\sqrt{3}}\arctan\frac{1}{\sqrt{3}}$$

$$=\frac{1}{3}\ln 2+\frac{\pi}{3\sqrt{3}}.$$

(二) RMI 原则的应用

“数学上的 RMI 原则对数学工作者是很有用的. 小而言之,可利用该原则解决个别的数学问题. 大而言之,甚至可以利用该原则作出数学上的重要贡献. 一般说来,如果谁能对一些十分重要的关系结构 S,巧妙地引进非常有用且具有可行性反演 φ^{-1} 的可定映映射 φ,谁就能作出较重要的贡献”(徐利治的《数学方法论选讲》第 47 页). RMI 原则的应用范围很大,大致说来有四个方面:

1. 探求证明数学命题的途径

RMI 原则实际上是方法上的转化与作用上的逆转的辩证分析,因此,它是解决数学问题的一种普遍方法.

例 30　已知 $a,b\in\mathbf{R}^+$,且 $e<a<b$ ($e=2.718\cdots$),求证:$a^b>b^a$.

直接证明这个不等式是有困难的,我们采用 RMI 原则处理.

第一次映射 f:两边取自然对数,于是有

$$A: a^b>b^a>0 \xrightarrow{f} A': b\ln a>a\ln b,\text{即}\frac{\ln a}{a}>\frac{\ln b}{b}.$$

我们用构造函数的方法进行第二次映射 f':

$$A'\xrightarrow{f'}A'': f(x)=\frac{\ln x}{x}\ (x>e),$$

其中,A''的映像目标为证明 $f(x)$是减函数. 在 A''中,我们施行如下数学运算:

$$f'(x)=\left(\frac{\ln x}{x}\right)'=\frac{1-\ln x}{x^2}<0$$

(因为 $x>e$,故 $\ln x>1$).

这样,就在 A''中确定了映像目标:$f(x)$是减函数,又 $f(x)$是减函数$\xrightarrow{\varphi'}\frac{\ln a}{a}>\frac{\ln b}{b}$,则 $a<b\xrightarrow{\varphi}a^b>b^a$.

2. 引导进行数学发现的一种方法

数学史表明，一个新的数学分支的出现，往往与方法上的突破或向新方法上的转化密切相关. 所以，利用 RMI 方法可以促进新理论的产生，为数学作出更大的贡献.

在人类的数学发展史上，具有首创性或开拓性的三大发明是解析几何、微积分、群论，其基本方法无一不与 RMI 原则有关. 例如，用解析几何方法处理平面几何问题的思想方法可用框图表示如下：

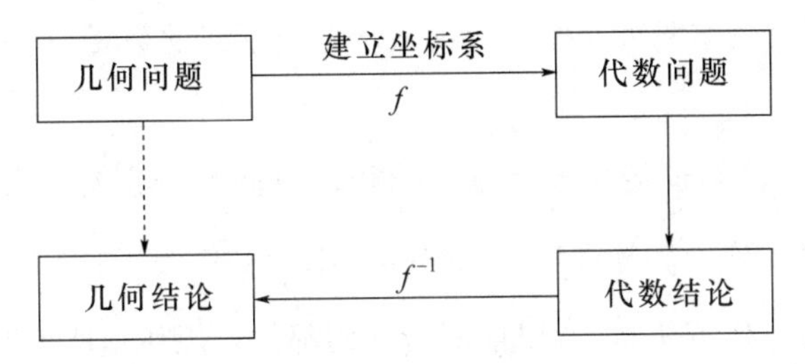

又如，确定型关系结构的方法向随机型关系结构的方法的转化，促成了概率论与数理统计的诞生；明晰集合方法向模糊集合方法的转化，开辟了模糊数学这一广阔的研究领域. 没有方法上的不断转化、不断突破，就没有今天纷纭众多的数学分支.

3. 可以解决理论的整体性结构的数学问题

在应用范围上来说，RMI 方法不仅能用来解决可分解结构的具体的数学问题，还可以用来解决涉及理论的整体性结构的数学问题. 例如，解析几何的方法（坐标法）与复数变换法可以处理大面积的数学问题，幂级数变换（母函数方法）及拉普拉斯变换可以解决一类线性回归数列通项公式及一类常系数微分方程的求解问题，等等. 解决这些问题的思想方法实质上都是 RMI 方法的应用.

4. 分析论证数学上某些不可能性问题

例如，尺规作图三大几何难题的解决，其不可能性的证明就符合 RMI 原则. 这三个几何难题是

(1) 圆化成方问题：要求作一个正方形，使其面积等于已知圆的面积；

(2) 倍立方体问题：要求作一个立方体，使其体积等于原立方体体积的 2 倍；

(3) 三等分角问题：要求把任意角三等分.

为了解决这三个问题，人们作了长期的努力，一直到了 19 世纪，随着解析几何与代数学的发展，圆规和直尺在作图中的作用才被彻底搞清，从而“尺规作图三大几何难题”最终被证明是不可能的. 这种不可能性的证明主要建立在 RMI 方法的基础之上.

所谓“尺规作图”，是指如何仅仅利用直线与直线相交、直线与圆相交、圆与圆相交这样三种基本方法去确立某些点的位置. 按照数形对应的解析几何观点，点的位置是由其坐标决定的，因此，几何作图就可归结为求作定长线段.

我们知道，直线与圆的方程是

$$ax+by=c,$$

$$(x-d)^2+(y-e)^2=f^2,$$

其中 a,b,c,d,e,f 为有理数经过有限次加、减、乘、除及开平方五种运算得出的数.

我们把所有能用圆规和直尺作出的线段称为“可作几何量”，而把其相应数量称为“可作解析量”. 按数形对应的观点，直线与圆之间三种基本方式下截取的交点，相应地是由联立两个一次方程、联立一次与二次方程、联立两个二次方程的代数解来确定. 因此，所得出的数量都是由有理数经过有限次加、减、乘、除及开平方运算表示的数，这即是可作解析量. 尺规作图可能作出的仅限于这类形式的数量，这是尺规作图的一条准则.

后来，数学家已经知道倍立方问题与圆化成方问题分别对应着要求作数量$\sqrt[3]{2}$和$\sqrt{\pi}$. 可是根据伽罗瓦理论和林德曼(Lindemann)1882 年关于 π 和$\sqrt{\pi}$都是超越数的证明，$\sqrt[3]{2}$和$\sqrt{\pi}$都不是可作解析量，所以前两个问题都是尺规作图所不能解决的.

关于“三等分角问题”的不可能性，只需以 60°角为例进行分析即可. 为了把 60°角三等分，必须用尺规作出数量 $\cos 20°$或$\sin 20°$.

在三角恒等式 $\cos 3x=4\cos^3 x-3\cos x$ 中，如令 $x=20°$，则

$$\cos 60°=4\cos^3 20°-3\cos 20°=\frac{1}{2},$$

即

$$4\cos^3 20°-3\cos 20°-\frac{1}{2}=0,$$

因此 $\cos 20°$就是三次方程

$$4x^3-3x-\frac{1}{2}=0$$

的根. 我们知道，这个三次方程有一个正实根、两个负实根. 它们都必须用有理数的三次方根来表示，因此 $\cos 20°$不是可作解析量. 同样可以证明 $\sin 20°$也不是可作解析量.

综上所述，尺规作图三大几何难题的不可能性的思路可用框图表示如下：

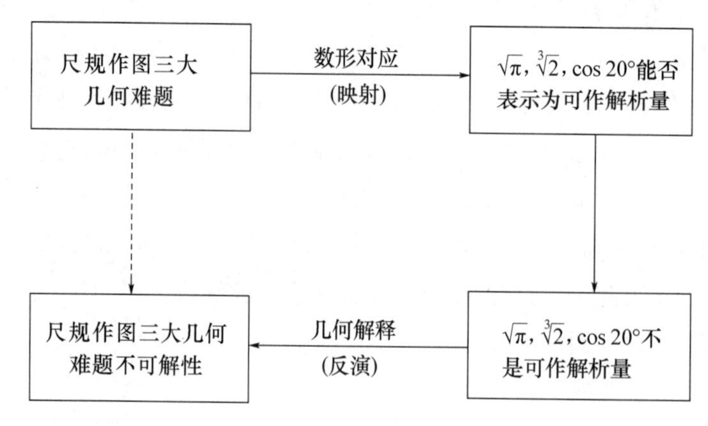

§9　几何变换

利用几何变换的思想和方法解几何问题，为我们克服解几何问题作辅助线的困难提供了一条有效途径. 几何变换的思想和方法，就是用运动和变化的观点去观察和研究几何对象及其相互关系，探讨图形运动过程中哪些量和关系不变化、哪些量和关系变化，从中找出其规律性.

利用几何变换解题时，一般并不需要对整个图形进行变换，而只需要对图形中有关部分进行变换，将其余部分保持不变，从而使整个图形改组，化不规则图形为规则图形，化一般为特殊，化隐蔽关系为明显关系，通过变换将不利条件转化为有利条件，让有用条件保持不变，这就是利用几何变换解题的基本途径.

下面我们将研究怎样将各种几何变换的性质和方法具体用于解题.

一、利用反射变换解题

将平面上的点作一一变换，如果连接每对对应点的线段都被一条给定的直线 l 所垂直平分，则称这种变换为关于直线 l 的轴反射变换或轴对称变换(图 2 - 33)，直线 l 叫反射轴(或对称轴)，点 A'，B'，C' 分别叫做点 A，B，C 关于轴 l 的反射点(或对称点)，$\triangle A'B'C'$ 叫做 $\triangle ABC$ 关于轴 l 的轴反射图形.

根据问题的条件特征和类型，应用轴反射变换解题的基本途径可以大致概括为如下三个类型：

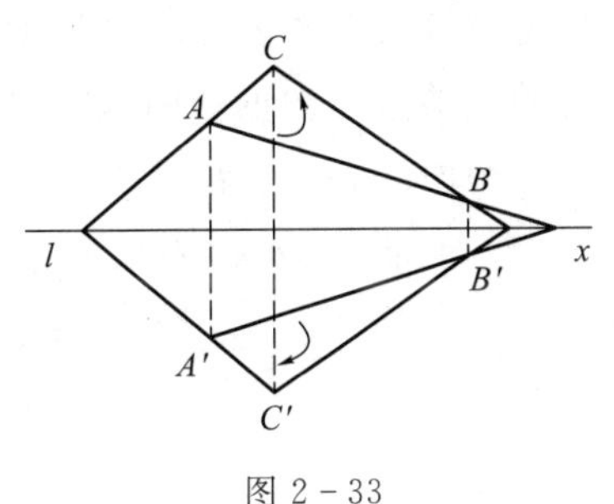

图 2 - 33

(1) 如果问题所给图形是轴对称图形，则可添作对称轴，以便充分利用轴反射变换性质去解题. 如对等腰三角形常作顶角平分线，对菱形、正方形常连对角线，对圆中关于弦的问题常作弦心距，对两圆问题常作连心线，等等.

例 1　在 $\triangle ABC$ 中，$\angle ACB=90°$，$AC=BC$，AD 是中线，$CF\perp AD$ 于点 E，交 AB 于点 F，求证：$\angle ADC=\angle FDB$.

分析 1　若能注意到等腰直角三角形是轴对称图形，便可作斜边上的高 CH 交 AD 于点 G，则 $\triangle ACH$ 与 $\triangle BCH$ 均为等腰直角三角形，H 为 AB 的中点. 连接 DH，则 DH 是等腰直角 $\triangle BCH$ 的对称轴，如图 2 - 34 所示. 根据对称性，易得如下证明思路：首先证得点 A，H，E，C 共圆，随后证明 $\mathrm{Rt}\triangle AHG\cong\mathrm{Rt}\triangle CHF$，然后证明 $\triangle GHD\cong\triangle FHD$，最后可得 $\angle ADC=\angle FDB$.

分析 2　仍用上述对称性分析可知：斜边 AB 上的高 CH 是等腰直角 $\triangle ABC$ 的对称轴，两个中点的连线 DH 是等腰 $\triangle BCH$ 的对称轴，如图 2 - 35 所示.

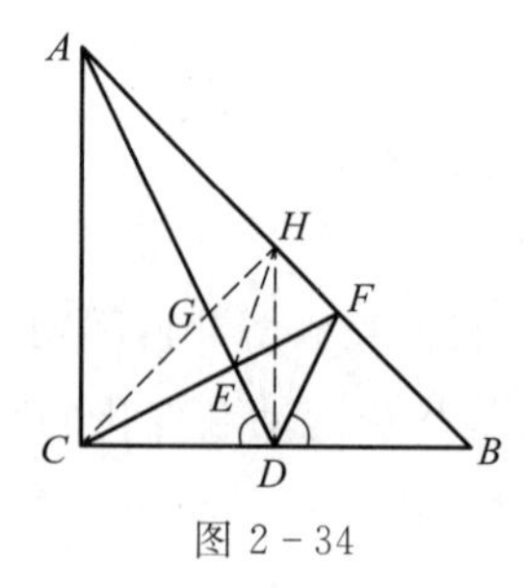

图 2－34

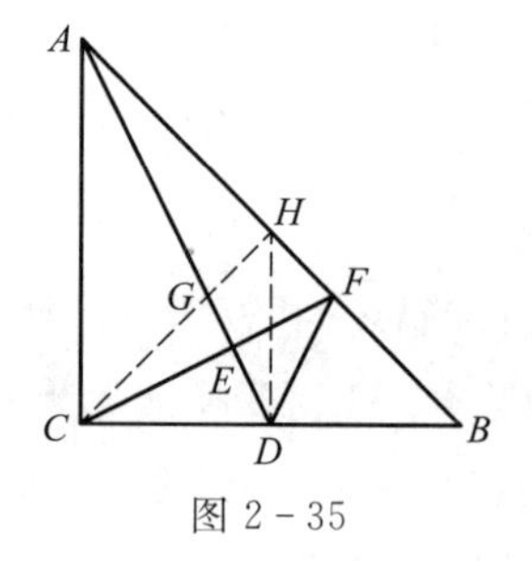

图 2－35

若结论成立，即$\angle ADC=\angle FDB$，则$\triangle BDF$关于DH的轴对称图形是$\triangle CDG$，其中G是CH与AD的交点. 但这里题目结论$\angle ADC=\angle FDB$，显然不能作条件去用，不过由这种对称性分析却可以启发出作辅助线构造全等三角形并得等角的新途径. 首先证明$\triangle ACG\cong\triangle CBF$，然后证明$\triangle BDF\cong\triangle CDG$，最后不难证得$\angle FDB=\angle ADC$.

分析 3　若注意到等腰直角三角形可以视为正方形的一半，以斜边AB为反射轴作出$\mathrm{Rt}\triangle ACB$的轴对称图形$\mathrm{Rt}\triangle AC'B$，则$ACBC'$为正方形，且$BC$中点$D$的反射点$D'$是$BC'$的中点(图 2－36)，$CD'$与$C'D$相交于对称轴上一点$F$. 考虑正方形两个顶点$A$，$C'$与对边中点$D$的连线，显然有$\angle ADC=\angle C'DB$，即$\angle ADC=\angle FDB$.

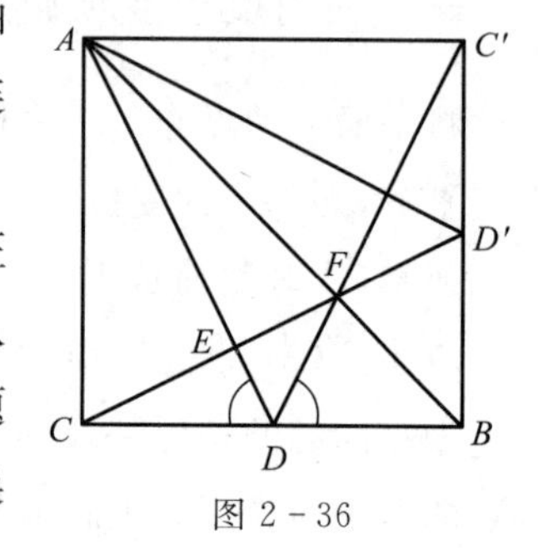

图 2－36

本例是轴反射变换的典型应用. 分析 3 所揭示的证法之所以简捷，是因为利用了轴反射变换使图形完善，从而原图形各条件的内在联系能明朗化. 完善图形是证题过程中思考添加辅助线时通常的出发点，而轴反射变换则是完善图形的一个有力手段.

(2) 若问题中图形的某一部分关于一条直线l对称，或是具有造成轴对称性的因素，则可尝试对这一部分作关于l的轴反射变换. 这时变换的目的或者是为了将分散的条件适当集中，或者是为了将有关条件迁移到适当的位置，从而最终达到显现条件与结论之间联系的目的.

例 2　在$\triangle ABC$中$AB>AC$，自BC中点M作直线垂直于$\angle A$平分线AD，交AB于点E，交AC延长线于点F，如图 2－37 所示. 求证：

$$BE=CF=\frac{1}{2}(AB-AC),$$

$$\angle BME=\angle CMF=\frac{1}{2}(\angle ACD-\angle B).$$

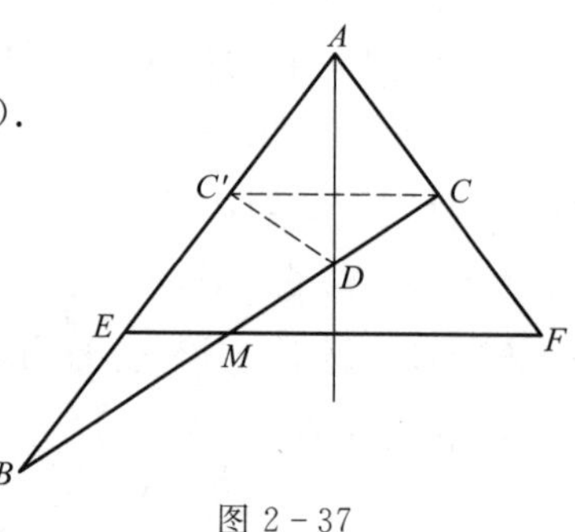

图 2－37

分析　这里图形中的直线AD是$\angle BAC$的对称轴，为了作出位于此角两边上的二线段之差$AB-AC$，作点C关于AD的轴反射点C'，则点C'必然落在AB上，且$AC'=AC$，于是

$$BC'=AB-AC'=AB-AC,\quad EC'=CF.$$

要证$BE=CF=\frac{1}{2}(AB-AC)$，只需证 $BE=EC'$即可. 事实上，由轴对称性和 $BM=CM$ 知 $CC'\parallel FE$，所以 $BE=EC'$得证.

上述对称变换也同时造成了

$$\angle BDC'=\angle AC'D-\angle B=\angle ACD-\angle B,$$

于是

$$\begin{aligned}\angle BME&=\angle CMF=\angle MCC'=\angle C'CD\\&=\frac{1}{2}\angle BDC'=\frac{1}{2}(\angle AC'D-\angle B)\\&=\frac{1}{2}(\angle ACD-\angle B).\end{aligned}$$

例 3(蝴蝶定理)　过圆 O 中任一弦 AB 的中点 P 任意作两弦 CD 和 EF，连接 DE，CF 分别交 AB 于点 M，N，求证：P 是 MN 的中点.

分析　从图 2-38 中的已知实线难于发现证明 $PM=PN$的直接线索，但过圆心 O 和弦 AB 的中点 P 作直线OP，即成⊙O 的一条对称轴. 虽由 CD 和EF 的任意性，它们一般并不关于 OP 对称，但从对称性出发去考虑，作点 F 关于 OP 的对称点 F'，且连接 PF' 和 MF'. 于是可由对称性分析得到通过全等三角形证明线段相等的方法：首先证明 P，M，D，F'四点共圆，然后证明$\triangle PFN\cong\triangle PF'M$，从而证得 $PM=PN$.

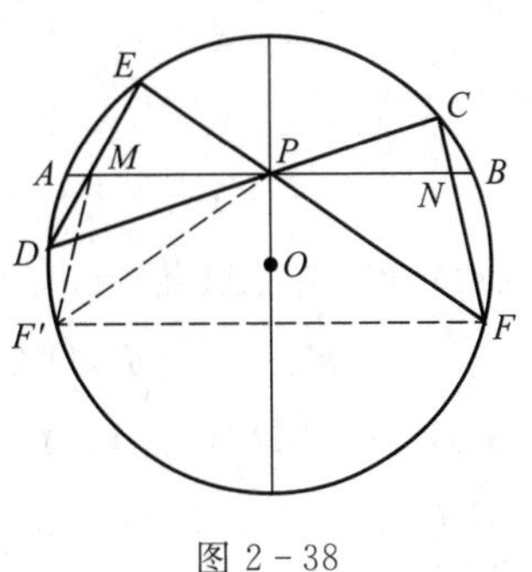

图 2-38

(3) 若问题中的图形不是轴对称图形，但由问题的性质决定需要作出有关线段或角的二倍(如例 4)，或需要将有关条件或量转移到适当位置，或需要将折线化直(如例 5)，这时可尝试选某一恰当直线作反射轴，将原图形增补为轴对称图形，或将轴一侧图形反射变换到另一侧，以满足上述需要，从而实现将问题向熟知类型转化求解.

例 4　在等腰$\triangle ABC$ 中顶角$\angle C=80°$，分别过点 A，B 引直线在三角形内交于一点 O. 如果$\angle OAB=10°$，$\angle ABO=20°$，求证：$\angle ACO=60°$(图 2-39).

分析　由条件易知

$$AC=BC,\ \angle C=80°,$$
$$\angle CAB=\angle CBA=50°,$$
$$\angle CAO=40°,\angle CBO=30°.$$

要证$\angle ACO=60°$，可考虑设法证它与某一个 60°的角相等，但图中无 60°的角，故可尝试由 30°角反射构造一个 60°的角. 于是作点 O 关于 BC 的对称点 M，并连接 MC，MB，则$\triangle OBM$ 为正三角形，且

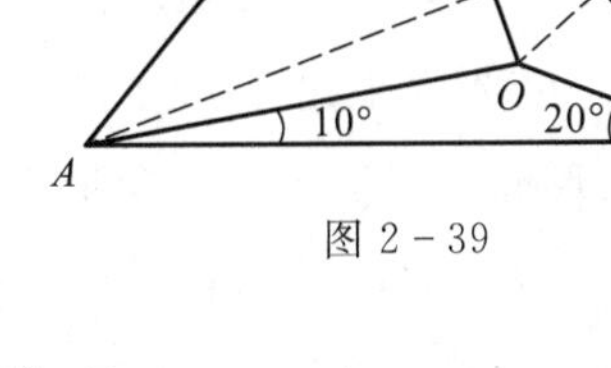

图 2-39

$$\triangle AOM\cong\triangle AOB\quad(AO\text{ 公共},OB=OM,\angle AOB=150°=\angle AOM),$$

所以$\angle AMO=\angle ABO=20°$. 因此，

$$\angle AMB=60°+20°=80°=\angle ACB,$$

从而得知 A,C,M,B 四点共圆. 这时$\angle BCM=\angle MAB=20°$，于是

$$\angle ACO=\angle ACB-\angle OCB=80°-\angle BCM=80°-20°=60°,$$

获证.

例 5　试证：在一切同底且周长相等的三角形中，以等腰三角形面积最大.

分析　若$\triangle ABC$ 是底 AB 为定值的任一等腰三角形，任作一与它同底且等周长的$\triangle ABD$，即

$$AD+BD=AC+BC.$$

一般可设 C,D 二点位于 AB 同侧(图 2-40)，过点 C 作直线 $l\parallel AB$，再作点 B 关于 l 的轴反射点 B_1，并连接B_1C,B_1D 和 B_1B. 因为

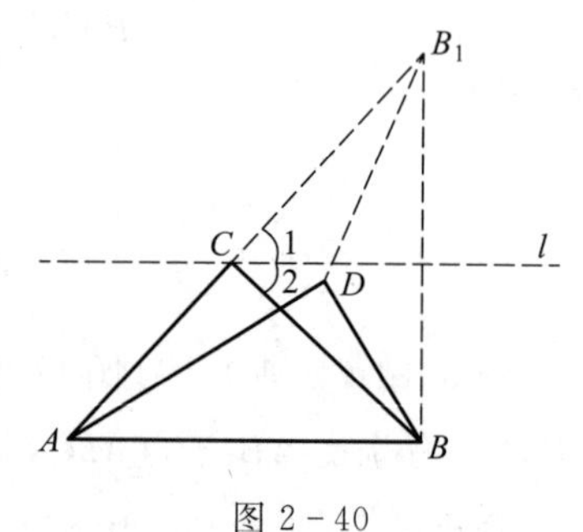

图 2-40

$$\angle 2=\angle ABC=\angle CAB,$$

所以

$$\angle 1+\angle 2+\angle ACB=\angle ABC+\angle CAB+\angle ACB=180°,$$

从而 A,C,B_1 三点共线. 由 $B_1C=BC=AC$ 和

$$B_1D+DA>AB_1=AC+BC=AD+BD,$$

可知 $B_1D>BD$，由此可知：点 D 和点 B 在 l 的同侧，即点 D 位于 l 与 AB 之间，故$\triangle ABD$ 的面积$<\triangle ABC$ 的面积.

本例通过轴反射变化折线 ACB 为直线段 ACB_1，这种思考方法是解某些几何极值问题的一种有效办法.

二、利用平移变换解题

将平面上点作一一变换，如果连接每对对应点的线段都平行且相等，则称这种变换为平移变换，如图 2-41 所示.

平移变换可把线段在保持平行且相等的条件下移动位置，也可以把角在保持大小不变且角两边方向不变的条件下移动位置. 利用平移变换解题的基本途径可以大致概括为以下三个类型：

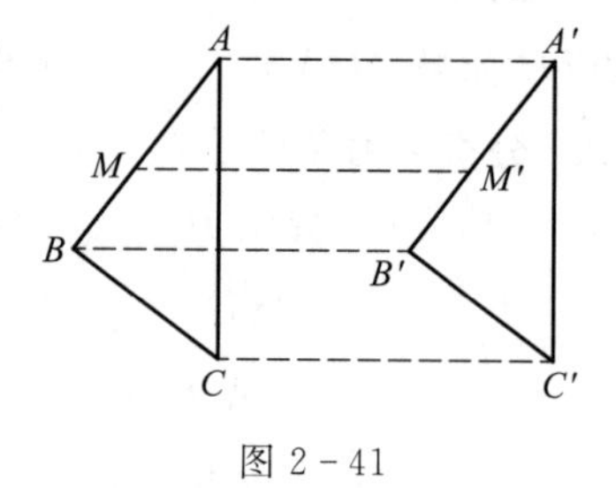

图 2-41

(1) 当图形中线段或角的位置分散，解题时需要适当集中时，可考虑采用平移变换将有关线段或角移至一个三角形或一对恰当的三角形中.

例 6　在▱$ABCD$ 中，有一点 P，使$\angle PAD=\angle PCD$，求证：$\angle PBC=\angle PDC$(图 2-42).

分析　作平移变换 $T(\overrightarrow{AD})(\triangle ABP)$，即将$\triangle ABP$ 沿$\overrightarrow{AD}$平移至$\triangle DCP'$，则 PP' $\underline{\parallel}$ AD $\underline{\parallel}$ BC，故 $APP'D$ 和 $BPP'C$ 均为平行四边形. 于是

$$\angle PP'D=\angle PAD=\angle PCD,$$

从而得 P,C,P',D 四点共圆，所以

$$\angle PDC=\angle PP'C=\angle PBC.$$

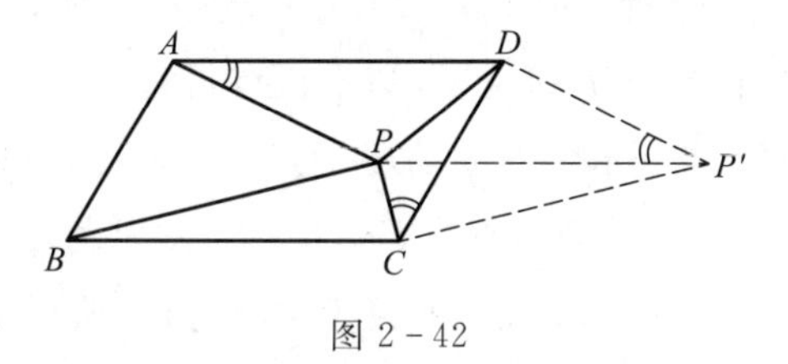

图 2-42

本题通过平移变换把一对已知等角移至一对共底三角形中构成四点共圆，从而证得结论中另一对角相等. 按同样思想，作平移变换：$T(\overrightarrow{DA})(\triangle PCD)$ 或 $T(\overrightarrow{AB})(\triangle PCD)$ 或 $T(\overrightarrow{BA})(\triangle PBC)$，可得本题另外三种不同证法. 运用这种几何变换法，使辅助线的添作变得明显，同时论证表述也得以简化.

(2) 当问题中已知条件的线段或角的位置交叉重叠，则可尝试用平移变换将它们移至需要位置，从而打通联系条件与结论的途径.

例 7　有两条角平分线相等的三角形是等腰三角形，试证明之(图 2-43).

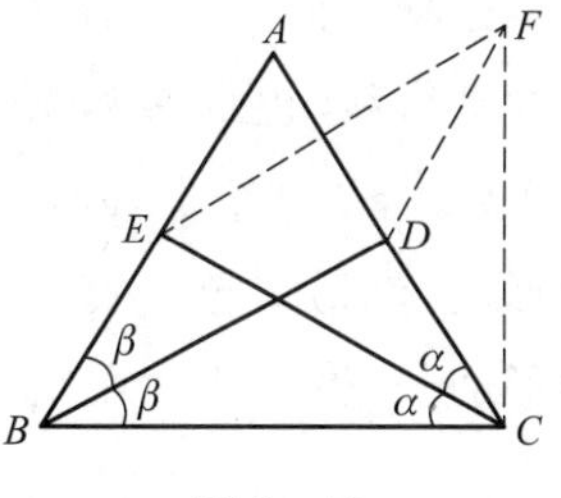

图 2-43

分析　$\angle ABC,\angle ACB$ 的平分线 BD 和 CE 相等，但位置交叉，设想将交叉线段 BD 与 CE 分开，移位至同一三角形中. 这里没有现成平行线，所以选择平移方向就显得十分重要. 如果沿 BC 方向移 EC，因为不知 ED 是否平行 BC，所以无法确定点 E 是否落在点 D 的位置；如沿 ED 方向平移，又无法确定点 C 平移后是否落在 BC 延长线上，故尝试将 BD 沿 BE 方向平移至 EF，即作 $EF \mathrel{\underline{\mathrel{/\!/}}} BD$，并连接 CF,DF. 设 $\angle ABC=2\beta,\angle ACB=2\alpha$，则按下列途径用反证法可推得 $2\beta=2\alpha$.

若 $\beta>\alpha$，在 $\triangle BCE$ 与 $\triangle BDC$ 中，$BC=BC,CE=BD$，所以

$$CD>BE=DF. \tag{1}$$

又在 $\triangle ECF$ 中，由 $EF=BD=EC$，得 $\angle EFC=\angle ECF$. 又

$$\angle EFD=\angle EBD=\beta>\alpha=\angle ACE,$$

于是

$$\angle DFC=\angle EFC-\beta<\angle ECF-\alpha,$$

即 $\angle DFC<\angle DCF$. 所以

$$CD<DF. \tag{2}$$

(1)式与(2)式矛盾，故 $\beta>\alpha$ 不可能. 同理可证 $\beta<\alpha$ 也不可能，从而必有 $\beta=\alpha$，即

$$2\beta=2\alpha\Rightarrow AB=AC.$$

(3) 当问题中有一组平行线，或一组定向直线，通过平移变换，常可达到应用平行线等分线段定理或应用平行四边形性质解决问题的目的.

例 8　已知 $\triangle ABC$ 中，$\angle A=90^\circ$，$\angle B$ 的平分线 BD 与 BC 边上的高 AE 交于点 F，过 F 作 $FG/\!/BC$ 交 AC 于点 G. 求证：$AD=GC$.

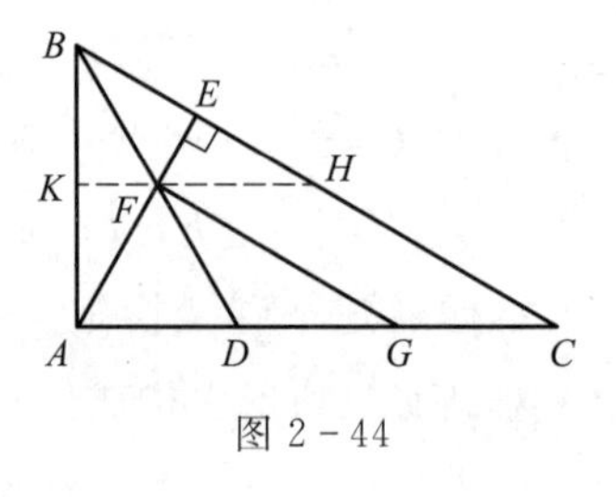

图 2－44

分析　由 $FG /\!/ BC$（图 2－44），如将定向线段 GC 平移至 FH 的位置，则不仅可得 $FH=GC$，而且可推知 HF 的延长线垂直 AB 于点 K. 又点 F 在 $\angle ABC$ 的平分线上，因而两直线 FE 和 FK 关于直线 BF 对称，由此又可推知点 A 和 H 关于 BF 对称，所以 $FA=FH$. 于是只需证明 $FA=AD$，原结论就成立，最后这一步可由

$$\angle ADF=90^\circ-\angle ABD=90^\circ-\angle DBC=\angle BFE=\angle AFD$$

获证.

例 9　过 $\triangle ABC$ 的重心 G 任作一直线，把它分成两部分，求证：这两部分面积之差不大于整个三角形面积的 $\frac{1}{9}$（图 2－45）.

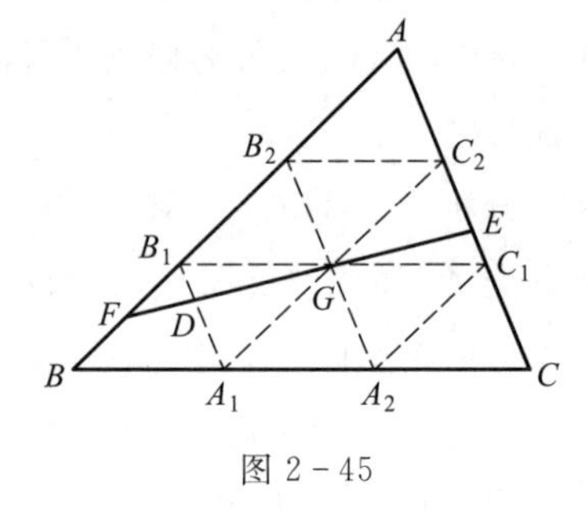

图 2－45

分析　将三角形各边三等分，并过分点作另外两边的平行线，也同数等分其他两边. 三组平行线把 $\triangle ABC$ 分成 9 个全等小三角形，这种变换利于对三角形进行剖分. 至于究竟需将各边几等分从而把三角形剖分，往往蕴含在结论数据之中. 就本题而言，结论数据“面积的 $\frac{1}{9}$”就决定了只需将各边三等分并进行剖分.

若过重心 G 的直线 EF 平行于 BC，这时两部分面积之差正好是一个小三角形面积即 $\frac{1}{9}S_{\triangle ABC}$，结论成立.

若过重心 G 的直线 EF 不平行于 BC，不失一般性，设它分别交 AB，AC 于点 F，E，交 A_1B_1 于点 D. 显然有 $\triangle B_1DG \cong \triangle C_1EG$，当我们把本来在 EF 下方的 $\triangle C_1GE$ 从 EF 上方补回 $\triangle B_1DG$ 以后，上下两部分面积差正好是

$$|S_{\triangle B_1FD}-S_{\text{四边形}BA_1DF}| \leqslant S_{\triangle BB_1A_1}=\frac{1}{9}S_{\triangle ABC}.$$

将三角形适当剖分，连同相应割补的方法，常用来解决与面积或周长有关的几何问题. 顺次连接三角形各边中点，据中位线的平行折半性，还可导出三角形的不少有用的性质，对此我们将在讨论利用相似变换解题时再举例说明.

三、利用旋转变换解题

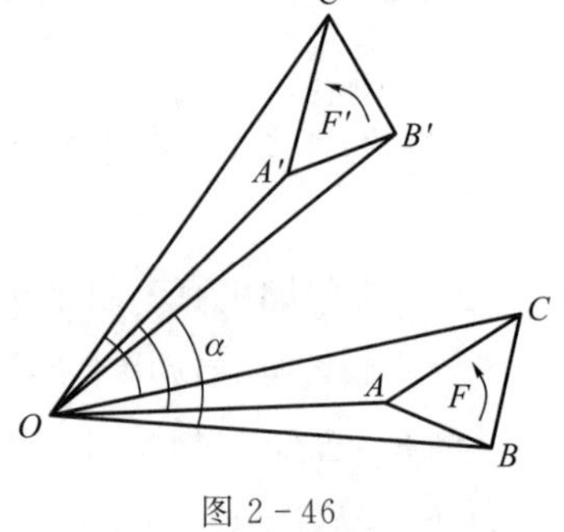

图 2－46

将平面上的点作一一变换，如果任一对对应点 A，A' 都与平面上一个定点 O 的距离相等（图 2－46），并且 $\angle AOA'$ 等于定角 α，则称这种变换为关于点 O 的旋

转，称点 O 为旋转中心，角 α 为旋转角. 显然在这种变换下图形 F（如$\triangle ABC$）将绕定点 O 转动角 α，变成图形 F'（如$\triangle A'B'C'$）.

根据题目的条件和特征，运用旋转变换解题的基本途径，可以大致概括为如下类型：

(1) 若图形中有两条相等线段或两个相等角，可考虑采用旋转变换将题中分散的条件适当集中，把已知和未知的关系转移到一个符合需要的位置上，设法用旋转后产生的新关系解题. 如对等腰三角形通常选顶点为中心，顶角作旋转角；对等边三角形通常选顶点为中心，$60°$作旋转角.

例 10　在$\triangle ABC$ 中，$AB=AC$，三角形内有一点 P，使$\angle APB>\angle APC$（图 2-47），求证：$PC>PB$.

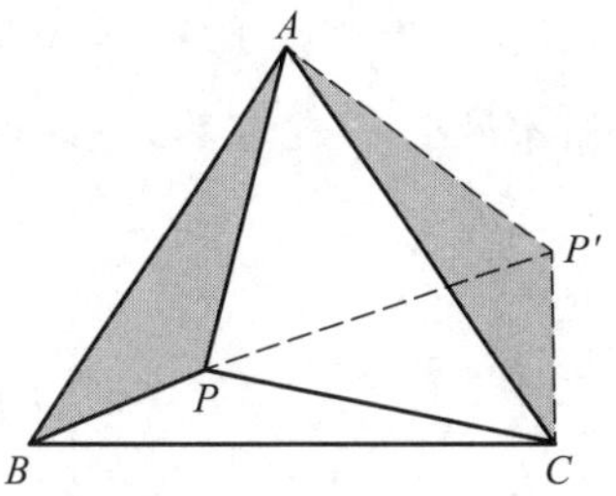

图 2-47

分析　有大小关系的两个角分散在两个三角形中，且无法运用已有定理. 若以点 A 为中心，顶角为旋转角，将$\triangle ABP$ 旋转至$\triangle ACP'$的位置，不仅可进行等量转移：

$$P'C=PB,\quad \angle AP'C=\angle APB,$$

而且得到了新等腰$\triangle APP'$和新关系：

$$\begin{aligned}\angle PP'C&=\angle AP'C-\angle AP'P=\angle APB-\angle AP'P\\&>\angle APC-\angle APP'=\angle P'PC,\end{aligned}$$

从而 $PC>P'C=PB$.

例 11　$\triangle ABC$ 为正三角形，P 为任意点，求证：$PA\leqslant PB+PC$，当且仅当点 P 在$\triangle ABC$ 的外接圆的劣弧 $\overset{\frown}{BC}$ 上时等号成立.

分析　如图 2-48 所示，若将$\triangle BPC$ 绕点 B 旋转 $60°$ 至$\triangle BQA$ 的位置，则 $AQ=PC$，$BQ=BP$，$\angle PBQ=60°$. 因而$\triangle BPQ$ 为一正三角形，$PQ=PB$. 但 $PA\leqslant PQ+QA$，所以 $PA\leqslant PB+PC$，当且仅当点 Q 在线段 AP 上时等号成立. 等号成立时$\angle BPA=60°=\angle BCA$，则 A，B，P，C 四点共圆，且点 P 与 C 在 BA 同侧，故点 P 在$\triangle ABC$ 的外接圆的劣弧$\overset{\frown}{BC}$上.

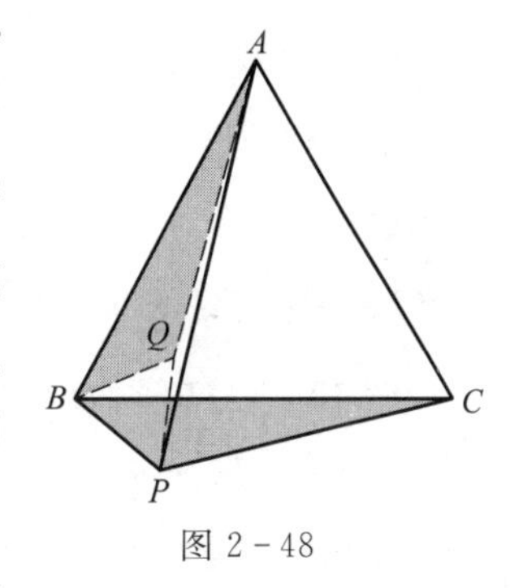

图 2-48

将一条线段绕端点旋转 $60°$，能构造出一个正三角形（如图 2-48 中的$\triangle BPQ$），往往给解题带来很大方便. 利用这一旋转规律，无论选择哪一个顶点为中心，作 $60°$的旋转变换都可得到这一问题的多种证法，从中也能发现多种“截长补短”的添作辅助线的方式. 由此说明了几何变换也是探索有关线段和、差、倍、分一类问题的证明途径的重要方法.

例 12　在已知$\triangle ABC$ 所在平面上求一点 P，使 $PA+PB+PC$ 最小.

满足上述条件的点 P 称为$\triangle ABC$ 的费马点，问题的结论是：如果$\triangle ABC$ 的最大角小于 120°，则点 P 在此三角形内，且对各边的张角都是 120°；如果$\triangle ABC$ 内有一个内角不小于 120°，则该顶点就是所求的费马点 P. 下面仅对前一情形进行分析.

分析　这里的困难在于 PA,PB,PC 集结于一点不便作和. 为使三线段依次相连，可将$\triangle ABP$ 绕点 B 旋转 60°至$\triangle C'BP'$的位置，这时显然成立结论(图 2 - 49)：$\triangle ABP\cong\triangle C'BP'$，所以 $PA=P'C'$；$\triangle BP'P$ 为正三角形，所以 $PP'=PB$；$\triangle ABC'$ 为正三角形($AB=BC'$，$\angle ABC'=60°$)，所以 C'为定点. 于是

$$PA+PB+PC=P'C'+P'P+PC.$$

这样便将从点 P 出发的三线段之和转化为两定点 C 和 C'之间依次相连的三线段之和. 显然只有当点 P 和 P'位于点 C 与 C'的连线上，即三线位于一条直线上时，三线段之和才最小，反之亦然. 这时(图 2 - 50)，

$$\angle BP'P=60°=\angle BPP',$$

所以

$$\angle APB=\angle BP'C'=180°-60°=120°,$$

$$\angle BPC=180°-60°=120°,$$

即当点 P 对三边张角均为 120°时才为所求.

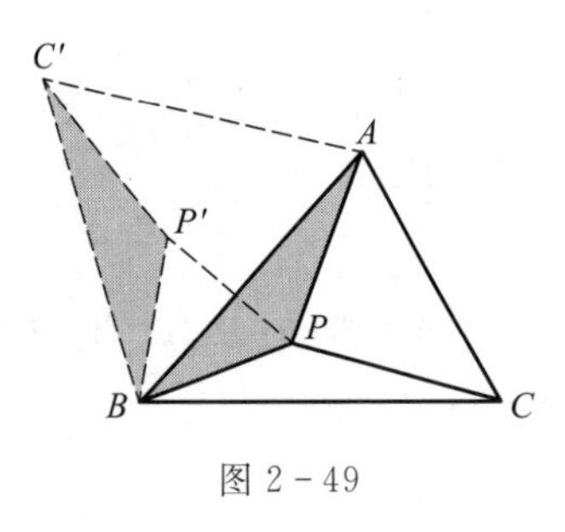

图 2 - 49

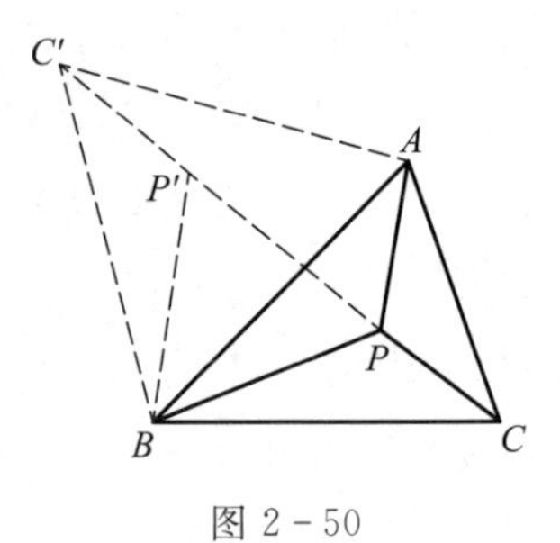

图 2 - 50

(2) 当问题中涉及正方形或有垂直关系时，常选正方形顶点、中心或垂足作旋转中心，90°(或 45°)作旋转角施行旋转变换，以达到集中条件或按需要改组图形关系从而解决问题的目的.

例 13　已知 P 为正方形 $ABCD$ 内一点，$PA=1$，$PB=2$，$PD=\sqrt{6}$，求正方形 $ABCD$ 的面积.

分析　这里求解困难在于集中于点 P 的三线段之间的夹角或位置关系未定. 若将$\triangle APD$ 绕顶点 A 按顺时针方向旋转 90°至$\triangle AP'B$ 位置(图 2 - 51)，这种旋转可构造等腰直角$\triangle APP'$，从而可求得 $PP'=\sqrt{2}$，且使原来分散的 $PB=2$，$PD=\sqrt{6}$，移位后集中于一个三边已知的$\triangle PBP'$中. 于是，由 $PB^2+PP'^2=P'B^2$ 得

$$\angle BPP'=90°,\quad \angle APB=90°+45°=135°,$$

所以

$$AB^2=1^2+2^2-2\cdot 1\cdot 2\cos 135°=5+2\sqrt{2},$$

此即正方形 $ABCD$ 的面积.

特别地,我们把旋转角为 $180°$ 的旋转变换(如图 2-52 所示),也叫做平面上的点反射(或中心对称),这时的旋转中心叫做反射中心(或对称中心),点 A',B',C' 分别叫做 A,B,C 关于 O 的中心对称点,$\triangle A'B'C'$ 叫做 $\triangle ABC$ 关于 O 的中心对称图形.

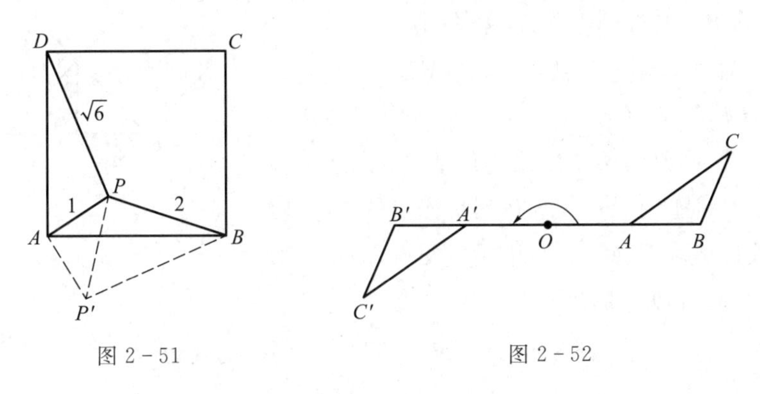

图 2-51　　　　图 2-52

利用旋转变换解题时,若问题涉及线段中点(如三角形中线,梯形一腰中点)或涉及一个以点 O 为中心的中心对称图形,可试作关于中点或点 O 的中心对称变换,以求达到完善图形结构,或转化解题思路的目的.

例 14　如图 2-53 所示,已知在 $\triangle ABC$ 中,底边 BC 上的两点 E,F 把 BC 三等分,BM 是 AC 上的中线,AE,AF 分 BM 为 x,y,z 三部分($x>y>z$),求 $x:y:z$.

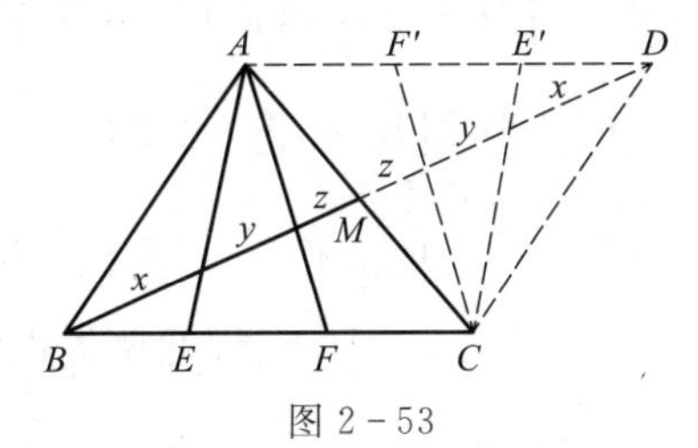

图 2-53

分析　这里 BM 是 AC 边上的中线,以点 M 为中心作 $\triangle ABC$ 的中心对称图形,则构成三个平行四边形,完善了图形结构,为平行线截得比例线段定理的运用创造了条件.

由 $AE /\!/ CE'$ 得

$$\frac{x}{2y+2z}=\frac{1}{2}\Rightarrow x-y=z, \tag{1}$$

由 $AF /\!/ CF'$ 得

$$\frac{x+y}{2z}=\frac{2}{1}\Rightarrow x+y=4z. \tag{2}$$

(1)+(2)得

$$2x=5z\Rightarrow x=\frac{5}{2}z,$$

(2)-(1)得

$$2y=3z\Rightarrow y=\frac{3}{2}z,$$

所以 $x:y:z=\frac{5}{2}z:\frac{3}{2}z:z=5:3:2$.

例 15　如图 2-54 所示，在$\triangle ABC$ 的边上向形外作正方形 $ABMN$ 和正方形 $ACPQ$，又 AD 是 BC 边上的中线，则 $NQ=2AD$，并且 $NQ\perp AD$.

分析　若以点 D 为中心将$\triangle ADC$ 作中心对称变换，得它的中心对称图形为$\triangle EDB$，则

$$AE=2AD,\quad BE=AC=AQ.$$

若能将$\triangle ABE$ 以某点为中心，旋转 90°至$\triangle NAQ$ 的位置与它重合，则原题两个结论均能成立. 在这个旋转变换下点 A 对应于点 N，点 B 对应于点 A，故旋转中心可选线段 AN 和 AB 各自中垂线交点，即正方形 $ABMN$ 的中心点 O. 因为

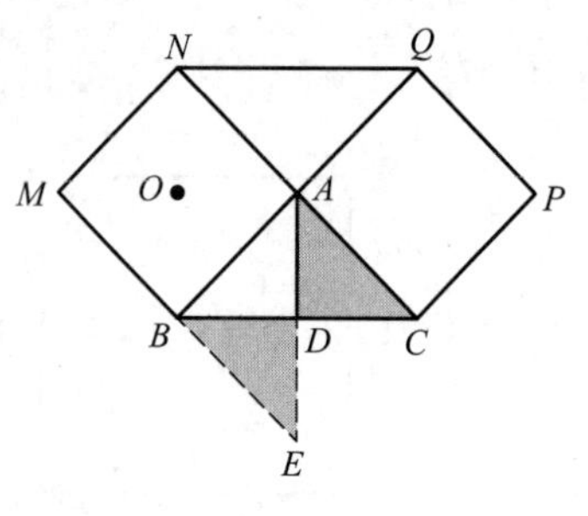

图 2-54

$$\angle ABE=\angle QAN\quad(\text{同为}\angle BAC\text{的补角}),$$
$$AB=AN,\ BE=AC=AQ,$$

于是将$\triangle ABE$ 绕点 O 逆时针旋转 90°必与$\triangle NAQ$ 重合，所以

$$2AD=AE=NQ,$$

且 AD 与 NQ 的交角等于旋转角 90°，即 $AD\perp NQ$.

四、利用相似变换解题

将平面上的点作一一变换，如果对应线段 $A'B'$ 与 AB 的比是一个常数 k，即 $A'B':AB=k$，则称这种变换为相似变换. 显然在这种变换下，图形将放大(或缩小)为 k 倍.

如果在相似变换下每一对对应点 A，A'的连线都通过同一定点 O，如图 2-55 和图 2-56 所示，则称这种相似变换为位似变换，此时相似比 k 也叫做位似比.

应用相似变换解题的基本途径，可概括为以下类型：

(1) 当问题涉及线段的乘积式、比例式，或线段的平行、共线关系时，可试将这些线段分别变换到某两个相似形或位似形的对应位置上，从而使已知和未知数量关系明朗化.

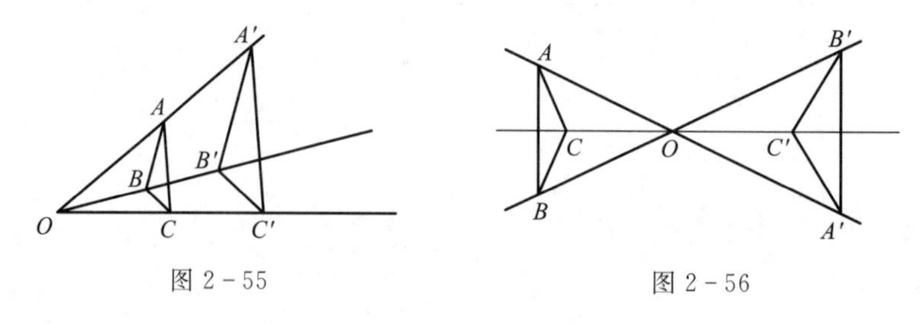

图 2-55　　图 2-56

例 16　如图 2-57 所示，在$\triangle ABC$ 中，$\angle B=2\angle C$，求证：$b^2=c^2+ac$.

分析　要证 $b^2=c^2+ac$，需证 $\dfrac{b}{c}=\dfrac{a+c}{b}$，即只需让 b，c 和 $a+c$，b 分别为一对相似三角形的对应边，这对三角形需满足：① 以 b 为公共边；② 其中有一个三角形有一边为 $a+c$. 为此，延长 AB 至 D，使 $BD=a$，这时 $AD=a+c$，连接 CD，只需证明 $\triangle ABC \backsim \triangle ACD$ 即可. 而这一点是可以办到的，因为 $\angle D=\angle BCD=\dfrac{1}{2}\angle ABC=\angle ACB$，又 $\angle A$ 是公共角，所以

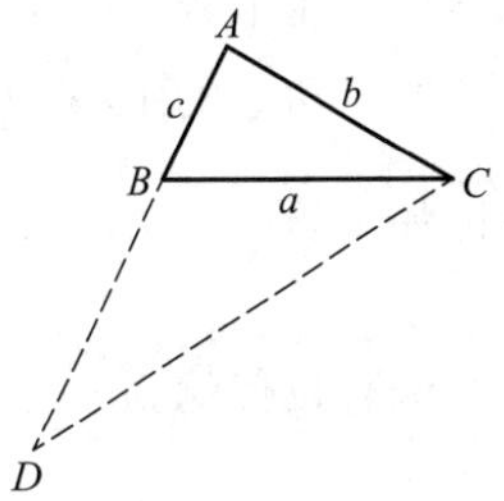

图 2-57

$$\triangle ABC \backsim \triangle ACD,$$

从而原题得证.

用两条平行线截一族线束构成比例线段(图 2-58)，是构造位似变换的一种基本途径，这里都有关系 $\dfrac{a}{a'}=\dfrac{b}{b'}=\dfrac{c}{c'}$. 解题时，过分点或某些特殊点作平行线(如作三角形中位线)则是为了构造相似形或位似形以便运用基本图形中的线段比，或者构造“等比”转移的一种基本方法.

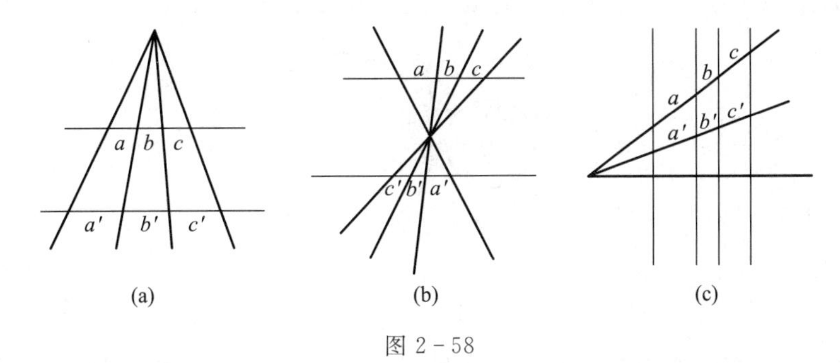

图 2-58

例 17　如图 2-59 所示，顺次连接 $\triangle ABC$ 各边中点所构成的 $\triangle A'B'C'$，称为原三角形的中位线三角形，应用相似变换，可以导出和证明下述一系列有用的性质：

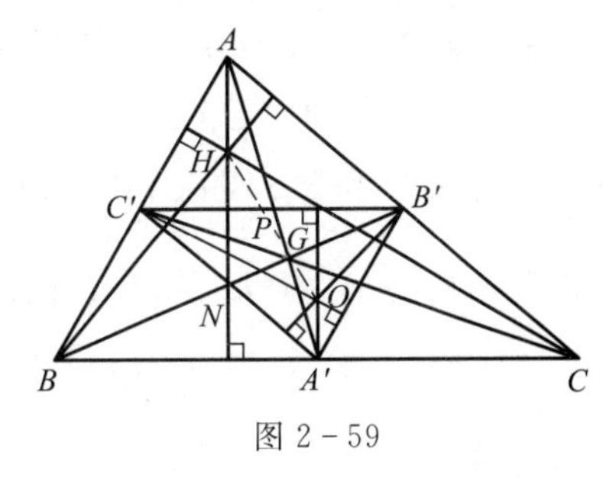

图 2-59

三条中位线将原三角形剖分成四个全等的小三角形，它们均与原三角形相似，相似比为 $1:2$.

三条中位线与原三角形构成了三个平行四边形 $AB'A'C'$，$A'CB'C'$ 和 $A'B'C'B$，据它们的对角线互相平分性易推定：原三角形的重心和中位线三角形的重心重合($B'C'$ 的中点 P 也是 AA' 的中点，因而 $\triangle ABC$ 的中线 AA' 与 $\triangle A'B'C'$ 的中线 $A'P$ 重合，同理中线 BB' 与 $\triangle A'B'C'$ 的中线 $B'N$ 重合，所以 $A'P$ 与 $B'N$ 的交点同 AA' 与 BB' 的交点重合)，并记为点 G.

中位线 $\triangle A'B'C'$ 的垂心与原 $\triangle ABC$ 的外心 O 重合，这是因为 $\triangle A'B'C'$ 各边的高

就是原三角形各边的中垂线.

原三角形的垂心 H、重心 G、外心 O 三点共线,线段 HO 叫欧拉线. 这一结论可简证如下:对$\triangle ABC$ 施行位似变换 $H\left(G,-\frac{1}{2}\right)$,即以点 G 为位似中心、对应点在点 G 两侧且位似比为$\frac{1}{2}$,则其像为$\triangle A'B'C'$,H 是$\triangle ABC$ 的垂心,O 是$\triangle ABC$ 的外心,也是$\triangle A'B'C'$的垂心. 所以 H,O 是位似变换 $H\left(G,-\frac{1}{2}\right)$的对应点,其连线 OH 必过位似中心G,且对应线段之比 $OA':HA=\left|-\frac{1}{2}\right|=\frac{1}{2}$,即$\triangle ABC$ 的垂心与顶点的距离是它的外心到对边距离的二倍.

(2) 若问题涉及过一个定点的若干射线,直接讨论某一有关图形的形状、大小和位置关系有困难,可尝试以这一定点作位似中心,将有关图形作位似变换,从而将它们转移到便于研究的位置上.

例 18　如图 2 - 60 所示,已知通过点 O 的三条射线 a,b,c,求作一个圆使它和直线 a 相切,圆心在直线 b 上,并且在直线 c 上截取已知长 l 的弦.

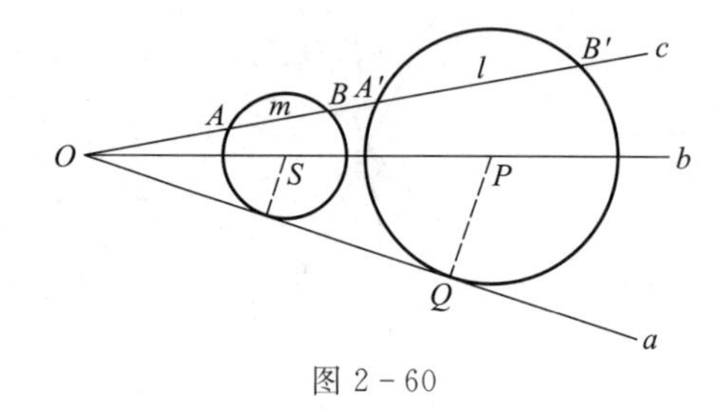

图 2 - 60

分析　困难在于所作的圆要同时满足三个条件. 先暂时放松一个条件,在直线 b 上任取一点 S 作圆心,作一个圆与 a 相切. 此$\odot S$ 在直线 c 上截得的弦 AB 一般不等于 l,但却是定长,可设 $AB=m$. 若满足条件的$\odot P$ 已经作出,截 c 所得弦长 $A'B'=l$,这样 a 是$\odot P$ 和$\odot S$ 的公切线. 已知过点 P,S 的直线 b 和直线 a 相交于点 O,所以$\odot S$ 和$\odot P$ 关于中心 O 位似,且位似比 $k=\frac{l}{m}$. 于是可得如下作图方法:

① 在 b 上任取一点 S 为圆心,作$\odot S$ 与直线 a 相切,与直线 c 相交,设$\odot S$ 在 c 上截得弦 $AB=m$;

② 以点 O 为中心,$k=\frac{l}{m}$为位似比作点 S 的位似变换对应点 P;

③ 以点 P 为圆心、P 到直线 a 的距离 PQ 为半径作圆,此图即为所求.

例 19　如图 2 - 61 所示,设有$\triangle ABC$,一个以点 O 为圆心的圆,分别经过顶点 A 和 C,又和线段 AB 及线段 BC 分别交于点 K 及 N,且 K 与 N 不同,$\triangle ABC$ 的外接圆与$\triangle KBN$ 的外接圆相交于点 B 和另一点 M. 求证:$\angle OMB$ 为直角.

分析　$\odot O$ 经过顶点 A, C，交 AB 于点 K，交 BC 于点 N，$\triangle ABC$ 的外接圆 O_2 与 $\triangle KBN$ 的外接圆 O_1 相交于点 B, M，要证 $\angle OMB$ 为直角（它位于自点 B 出发的几条射线之间）. 根据相交圆的对称性容易看出：连心线 $O_2O \perp AC$. 连接 O_2O_1 并延长交 BM 于点 M'，则 O_2M' 垂直平分 BM，因此，若能证明 BO_1OO_2 为平行四边形（未作出），则其对角线 BO 与 O_1O_2 互相平分于点 P. 这时 $\triangle BMO$ 和 $\triangle BM'P$ 是以点 B 为中心，$k=\dfrac{2}{1}$ 为位似比的位似图形，根据位似变换的不变性，便可由 $\angle BM'P=90^\circ$ 推知 $\angle BMO=90^\circ$. 余下只需证明 BO_1OO_2 为平行四边形即可.

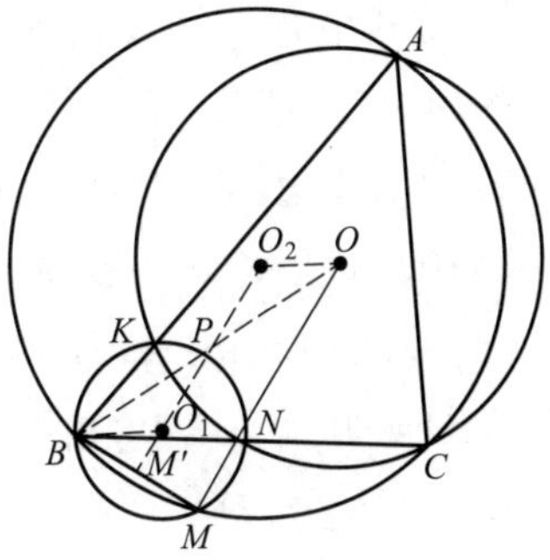

图 2-61

连接 BO_1，在 $\odot O_1$ 中有

$$\angle O_1BK=\frac{1}{2}(\pi-\angle BO_1K)=\frac{\pi}{2}-\angle BNK,$$

考虑 $\odot O$，有 $\angle BNK=\angle BAC$，所以

$$\angle O_1BK=\frac{\pi}{2}-\angle BAC.$$

因此 $\angle O_1BK$ 与 $\angle BAC$ 互余，延长 BO_1 与 AC 相交必构成直角，即 $BO_1 \perp AC$. 又 $O_2O \perp AC$，故 $BO_1 /\!/ O_2O$. 同理可证 $BO_2 /\!/ O_1O$，于是 BO_1OO_2 为平行四边形. 由前述分析可知原结论成立.

五、几种几何变换的综合应用

例 20　如图 2-62 所示，设 E, F 各是正方形 $ABCD$ 的边 BC, CD 上的点，且 $\angle EAF=45^\circ$，过点 A 作 $AG \perp EF$ 于点 G，求证：$AG=AB$.

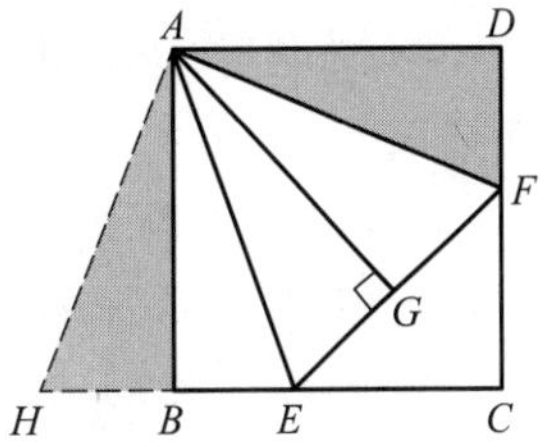

图 2-62

分析　若将 $\triangle ADF$ 绕点 A 顺时针旋转 90°，则 D 旋转至 B，DF 旋转至 HB，即

$$\angle ABH=\angle D=90^\circ.$$

又

$$\begin{aligned}\angle HAE&=\angle HAB+\angle BAE=\angle DAF+\angle BAE\\&=90^\circ-\angle EAF=45^\circ,\end{aligned}$$

且 $AH=AF$，故以 AE 为轴将 $\triangle AHE$ 反射至 AE 另一侧必与 $\triangle AFE$ 重合，其对边上的高 AB 与 AG 也必重合，即 $AB=AG$.

例 21（托勒密定理）　如图 2-63 所示，设 $ABCD$ 为圆内接四边形，求证：

$$AB \cdot CD+AD \cdot BC=AC \cdot BD.$$

分析　一般书上是直接作辅助线 AE，然后通过相似三角形来证明. 下面用几何

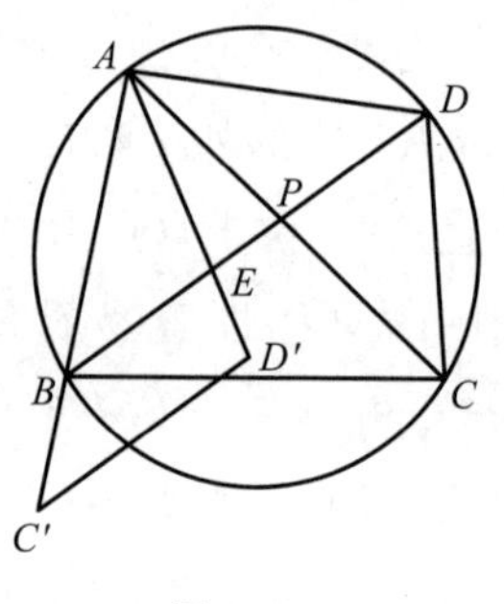

图 2-63

变换的观点分析辅助线的发现过程，如图 2-63 所示.

求证式中有一项 $AB \cdot CD$，一般应考虑分别含 AB 和 CD 的两个三角形是否相似. 虽有$\triangle ABP \backsim \triangle DCP$，但 AB 和 CD 是对应边，故得不出它们的乘积式，它们所在的另一对$\triangle ABD$ 和$\triangle ACD$ 一般并不相似，但有$\angle ABD=\angle ACD$. 若以点 A 为中心将$\triangle ACD$ 旋转至$\triangle AC'D'$的位置，使 AC 落在 AB 或其延长线上，角的另一边与 BD 交于点 E，这样$\angle AC'D'=\angle ACD=\angle ABD$，于是 $BE /\!/ D'C'$，$\triangle AC'D'$与$\triangle ABE$ 是位似形. 这就是说，连续利用一个旋转变换和位似变换，能使$\triangle ACD$ 变为$\triangle ABE$，即$\triangle ABE \backsim \triangle ACD$，所以

$$\frac{AB}{BE}=\frac{AC}{CD}, \quad \text{即} \quad AB \cdot CD=AC \cdot BE.$$

按同样的分析，连续施行旋转变换和位似变换可将$\triangle ABC$ 变为$\triangle AED$，即$\triangle ABC \backsim \triangle AED$，所以

$$\frac{AD}{ED}=\frac{AC}{BC}, \quad \text{即} \quad AD \cdot BC=AC \cdot ED,$$

两式相加便使结论获证.

显然，这样利用几何变换的观点和方法，来研究图形之间的关系，可使辅助线的添加显得十分自然，而且解题思路也可看成将图形按规律运动而诱导出的结果.

习　题　二

1. 数学发现的方法都有哪些？分别从心理学、信息论、认识论、方法论等方面谈谈对“观察”方法的认识.

2. 简要阐述“观察”在科学发现中的作用.

3. 举例说明“实验”在数学发现中的作用.

4. 举例说明什么是归纳推理，简述归纳推理的一般模式.

5. 什么是不完全归纳法？举例说明不完全归纳法在数学发现中的作用.

6. 什么是完全归纳法？用完全归纳法解答下列问题：

(1) 证明：$1+2+3+4+\cdots+n$ 的末位数字不能是 2，4，7，9；

(2) 证明圆周角定理.

7. 举例说明什么是类比推理及类比在数学研究中的意义，并解答下列问题：

(1) 设 a,b,c 都是正数，求证：

$$\sqrt{a^2+b^2}+\sqrt{b^2+c^2}+\sqrt{c^2+a^2} \geqslant \sqrt{2}(a+b+c);$$

(2) 在实数范围内解方程组

$$\begin{cases} x+y+z=3, \\ x^2+y^2+z^2=3. \end{cases}$$

8. 证明：如果一个四面体的两条相对棱的长分别是 a，b，它们的距离是 d，所成的角为 θ，那么它的体积是 $V=\frac{1}{6}abd\sin\theta$.

9. 证明：如果四面体的各面都是边长分别为 a，b，c 的全等三角形，且记 $s^2=\frac{1}{2}(a^2+b^2+c^2)$，那么该四面体的体积

$$V=\frac{1}{3}\sqrt{(s^2-a^2)(s^2-b^2)(s^2-c^2)}.$$

10. 若 $a>0$，$b>0$，且 $a+b=1$，则

$$\left(a+\frac{1}{a}\right)^2+\left(b+\frac{1}{b}\right)^2\geqslant\frac{25}{2}.$$

研究此条件不等式，可以对其推广得到以下结论：

(1) 若 $a>0$，$b>0$，且 $a+b=1$，则

$$\left(a+\frac{1}{a}\right)^n+\left(b+\frac{1}{b}\right)^n\geqslant\frac{(2^2+1)^n}{2^{n-1}}\quad(n\in\mathbf{N});$$

(2) 若 $a_i>0(i=1,2,\cdots,m)$ 且 $\sum_{i=1}^{m}a_i=1$，则

$$\sum_{i=1}^{m}\left(a_i+\frac{1}{a_i}\right)^n\geqslant\frac{(m^2+1)^n}{m^{n-1}}\quad(n\in\mathbf{N});$$

(3) 若 $a>0$，$b>0$，且 $a+b=p$，则

$$\left(a+\frac{1}{a}\right)^n+\left(b+\frac{1}{b}\right)^n\geqslant\frac{(2^2+p^2)^n}{2^{n-1}p^n}\quad(n\in\mathbf{N});$$

(4) 若 $a_i>0(i=1,2,\cdots,m)$ 且 $\sum_{i=1}^{m}a_i=p$，则

$$\sum_{i=1}^{m}\left(a_i+\frac{1}{a_i}\right)^n\geqslant\frac{(m^2+p^2)^n}{m^{n-1}p^n}\quad(n\in\mathbf{N});$$

(5) 若 $a>0$，$b>0$，且 $a+b=p$，q，r 为大于零的常数，则

$$\left(qa+\frac{r}{a}\right)^n+\left(qb+\frac{r}{b}\right)^n\geqslant\frac{(qp^2+4r)^n}{2^{n-1}p^n}\quad(n\in\mathbf{N});$$

(6) 若 $a_i>0(i=1,2,\cdots,m)$ 且 $\sum_{i=1}^{m}a_i=p$，q，r 为大于零的常数，$n\in\mathbf{N}$，则

$$\sum_{i=1}^{m}\left(qa_i+\frac{r}{a_i}\right)^n\geqslant\frac{(qp^2+m^2r)^n}{m^{n-1}p^n}.$$

试证明以上结论.

11. 公元3世纪古希腊数学家帕普斯(Pappus)将毕达哥拉斯(Pythagoras)定理(勾股定理)作出如下推广(图2-64)：

设△ABC 为任意三角形，$ABDE$，$ACFG$ 为 AB 和 AC 上向外所作的任意平行四边形，设 DE 和 FG 相交于点 H，再作 BL，CM 平行且等于 HA，试证明：

▱$BCML$ 的面积＝▱$ABDE$ 的面积＋▱$ACFG$ 的面积.

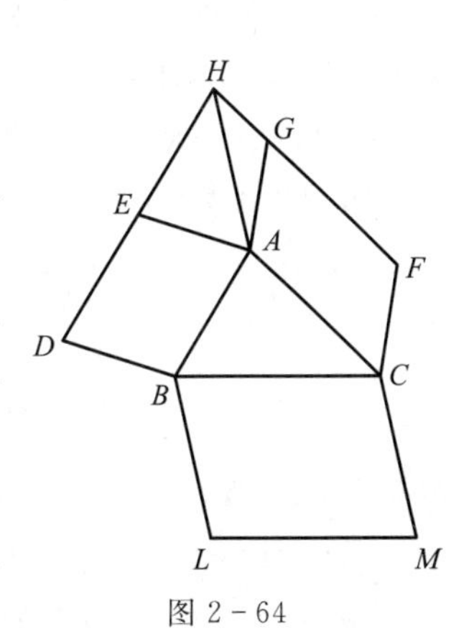

图2-64

12. 试将第11题中的结论推广到三维空间.(提示：以四面体代替三角形，以在四面体面上的三棱柱代替三角形边上的平行四

边形.)

13. 试将平面几何中的蝴蝶定理(§9 例 3)加以推广.

14. 研究并用多种方法证明:$1^2+2^2+3^2+\cdots+n^2=\dfrac{1}{6}n(n+1)(2n+1)$.

15. 类比向量模的结构形式解答下列问题:

(1) 解方程 $2\sqrt{x^2+1}+\sqrt{x^2-2x+2}=\sqrt{x^2+2x+10}$;

(2) 求函数 $y=\sqrt{x^2-2x+5}+\sqrt{x^2+1}$ 的最小值以及 y 取最小值时的 x 值.

16. 不用任何额外的数学符号,3 个 1 组成的最大数是 111,3 个 2 组成的最大数是 2^{22},3 个 4 组成的最大数是 4^{44},那么,4 个 3 呢? 7 个 1 呢?

17. 以图 2-65 中各小正方形顶点为顶点的等腰直角三角形有多少个?

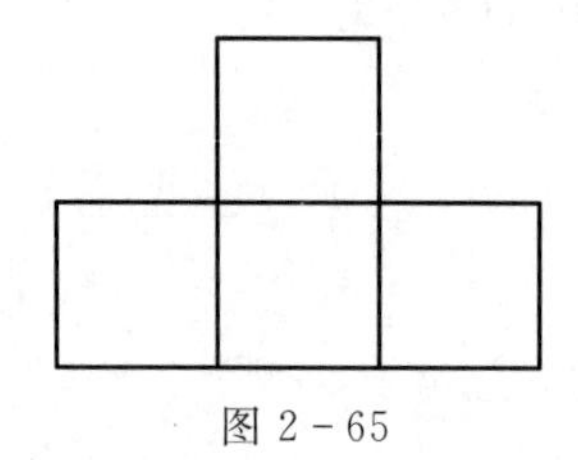

图 2-65

18. 平面内 4 个点两两相连共可得 6 条线段,若限定这 6 条线段的长度只取两个值,则共可画出多少个满足条件的不同形状的图形?

19. 设一个正方形能被若干条线段分割成 n 个小正方形(除可能有公共边外,互不重叠),试回答以下问题:

(1) n 最小是多少?

(2) 试分别画出 $n=6,8$ 的情形;

(3) 试证明:若 k 满足条件,则 $k+3$ 必满足条件;

(4) 试写出 n 应满足的条件.

20. 设三角形内有 n 个点,在连同顶点在内的 $n+3$ 个点中,以每个点为顶点作两两没有公共区域的三角形,则这样的小三角形共有多少个?

21. 一个四面体各棱长不全相等,但均为 1 或 2,试求其可能的体积.

22. 类比直角三角形的性质,写出直角四面体(某一顶点处的三条棱互相垂直)的若干性质(不少于 3 条),并加以证明.

23. 用一个平面去截正方体,截面图形可能是几边形? 画出各种可能的情形.

24. 斐波那契数列 $\{F_n\}$ 满足 $F_1=F_2=1$,$F_{n+2}=F_{n+1}+F_n$,其通项公式可用如下方法求得:

令 $F_n=x_n+y_n$,其中 $\{x_n\}$,$\{y_n\}$ 均为等比数列,分比分别为 p,q,且 $x_{n+2}=x_{n+1}+x_n$……试完成后续解答.

25. 正整数 a 与 b 使 $ab+1$ 整除 a^2+b^2,求证:$\dfrac{a^2+b^2}{ab+1}$ 是某个正整数的平方(第 29 届国际奥林匹克数学竞赛题).

26. 如图 2-66 所示,$\triangle ABC$ 中,AE 平分 $\angle BAC$ 的外角,D 为 AE 上一点,若 $AB=c$,$AC=b$,$DB=m$,$DC=n$,则 $m+n$ 与 $b+c$ 的大小关系如何? 试证明之.

27. 已知$\triangle ABC$中，$AB=AC$，$\angle A=100^{\circ}$，BD平分$\angle ABC$，求证：$BC=BD+AD$.

28. 利用数学作图软件（如 Geogebra）探究函数$y=a^{x}$与$y=\log_{a}x$的图像交点个数，并回答交点个数随a的变化而有怎样的变化.

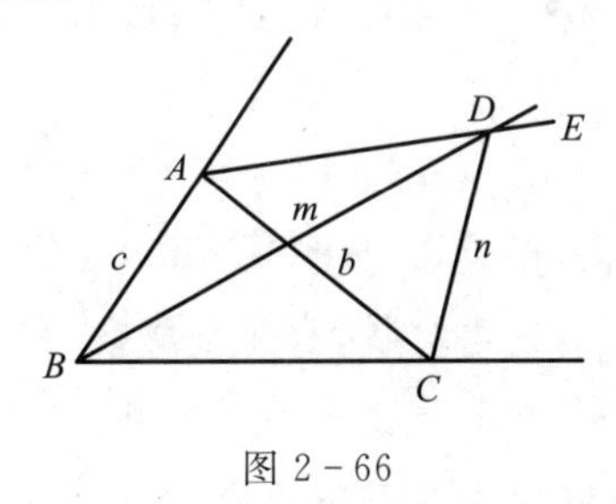

图 2-66

第二章典型习题

解答或提示

第三章 数学的论证方法

观察、联想、尝试、实验、归纳、类比、模拟等方法，它们都是将具有一定数量和质量的经验材料进行加工处理，成为数学材料，从而形成数学猜想．显而易见，这样得到的命题是否正确以及可靠的程度，都具有很大的或然性．因此，对所得到的命题，还必须有一个判断和论证的过程，来确定命题是否正确，以确保所得命题的严密性和科学性．这个过程就称为数学的论证方法．

数学的发现方法和论证方法有所不同．数学的发现方法侧重于发现和创新，它的根本目的在于形成数学猜想，建立数学命题．而数学的论证方法则侧重表达、整理及运用数学知识进行论证，其目的在于对命题的真假作出判断和证明．从某种意义上来说，数学的论证方法是对数学的发现方法的一种延续、补充和进一步的证实．

本章论述的分析法、综合法、演绎法及公理化方法等，就是在表达、整理及运用数学知识进行论证方面常用的几种思想方法．

§1 分析法与综合法

分析法与综合法既是抽象思维的基本方法，也是在数学中两种常用的逻辑推证方法．

一、分析法

（一）分析法的含义

分析法是将整体分解为若干部分的思维方法．具体来说，先把研究的对象分解成若干个组成部分，然后通过对各个组成部分的研究，以期认识事物的基础或本质．

分析法在数学方法中还特指由结果追溯到产生这一结果的原因的思维方法，即所谓“执果索因”的方法．在数学证明中，它表现为：从数学题的特征结论或需求问题出发，一步步地进行探索到题设的已知条件．

分析法的逻辑模式为：若要……，只需……，即要证明什么，为此只需证明什么．如果要证明的命题是 $p\to q$，则分析法的思维过程可表示成如下框图：

例 1 如图 3－1 所示，在等腰$\triangle ABC$ 的两腰 AB 及 AC 上，分别取两点 D 及 E，使 $AD=AE$，F 为 BE 与 CD 的交点，证明：$FB=FC$．

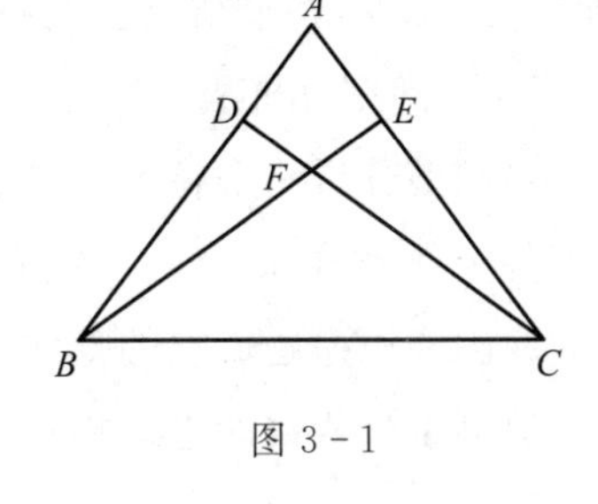

图 3-1

证明　本题要证 $FB=FC$. 欲使 $FB=FC$,只需 $\angle FBC=\angle FCB$,继而只需 $\angle ABE=\angle ACD$,因此只需 $\triangle ABE\cong\triangle ACD$. 而 $\triangle ABE\cong\triangle ACD$ 是不难证明的,于是命题得证.

例 2　利用导数证明:当 $x>0$ 时,$\cos x>1-\frac{x^2}{2}$.

证　要证当 $x>0$ 时,恒有

$$\cos x>1-\frac{x^2}{2},$$

只需证,当 $x>0$ 时,$\cos x-1+\frac{x^2}{2}>0$.

设 $f(x)=\cos x-1+\frac{x^2}{2}$,只需证当 $x>0$ 时,$f(x)>0$. 因为 $f(0)=0$,所以只需证当 $x>0$ 时,$f(x)>f(0)$,即只需证 $x>0$ 时 $f(x)$ 单调增加,于是只需证 $f'(x)>0$. 因为 $f'(x)=x-\sin x$,所以当 $x>0$ 时,显然有 $f'(x)>0$(因为当 $x>0$ 时,$x>\sin x$). 因而命题得证.

由以上例题可以看出,在分析过程中,思路是十分重要的. 只要有了正确明晰的分析思路,就可以按照分析法的推理模式,逐步将分析过程写出来,同时也就完成了分析证明.

(二) 分析法的种类

1. 元抽象分析法

元抽象分析法是从对事物部分(即“元”)的研究,直接揭示整体规律的思维方法. 例如,对某个物理过程(或几何形体),从中取出任何一个小部分,并对这个小部分进行深入细致的分析研究,找出局部的关系及变化规律,从而建立整个物理过程(或几何形体)的数量关系,再加以综合计算,最终得出整体的量值.

元抽象分析法的思维模式为

具有整体规律的小部分 —直接获得→ 整体

例 3　计算曲边梯形的面积.

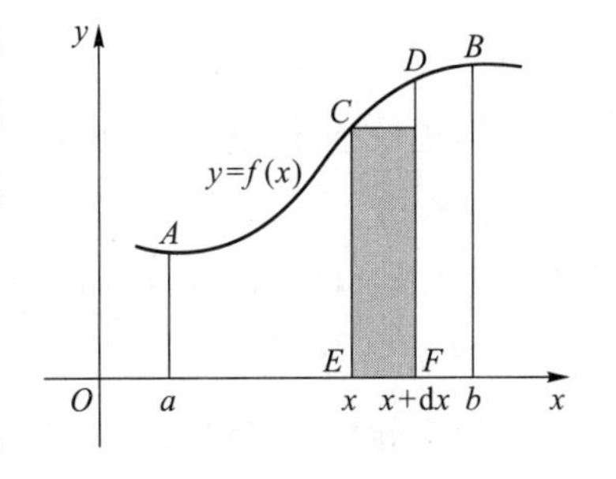

图 3-2

微积分中的“元素法”如图 3-2 所示,在曲边梯形 $AabB$ 中,任取一个小曲边梯形 $CEFD$(即“元”),它的面积 $S_{CEFD}\approx \mathrm{d}S=f(x)\mathrm{d}x$,由此求出整个曲边梯形 $AabB$ 的面积

$$S_{AabB}=\int_a^b f(x)\mathrm{d}x.$$

在元抽象分析法中,选取的这个“元”(小部分)应是从整体中任意抽取的,应具有“代表性”. 这个

"元"一经找到，整个结果也就迎刃而解了.

2. 追溯型分析法

追溯型分析法是将研究对象看成一个整体，假设它存在或成立的情况下，将它分解为各个部分，再研究各个组成部分存在的原因或成立的条件，从而得出整体事物存在的原因或原命题成立的条件.

追溯型分析法的思维模式为

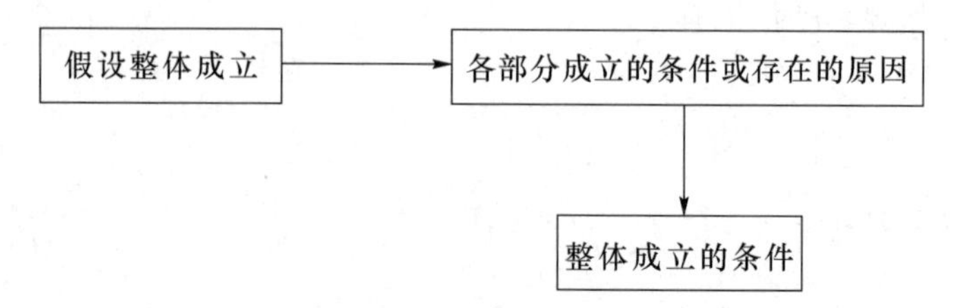

例 4　设 x,y,z 为互不相等的正数，求证：

$$\frac{x+y}{z}+\frac{y+z}{x}+\frac{z+x}{y}>6.$$

证　先将要证明的不等式

$$\frac{x+y}{z}+\frac{y+z}{x}+\frac{z+x}{y}>6$$

看成一个整体，并且假设它成立，然后通过变形，将它分解成一些适当的部分

$$\frac{x}{z}+\frac{y}{z}+\frac{y}{x}+\frac{z}{x}+\frac{z}{y}+\frac{x}{y}>6.$$

再通过适当地组合，将不等式左端的各个部分进行结合而组成新的部分

$$\left(\frac{x}{z}+\frac{z}{x}\right)+\left(\frac{y}{z}+\frac{z}{y}\right)+\left(\frac{y}{x}+\frac{x}{y}\right)>6.$$

再分析三个新的部分 $\frac{x}{z}+\frac{z}{x},\frac{y}{z}+\frac{z}{y},\frac{y}{x}+\frac{x}{y}$，考虑证明

$$\frac{x}{z}+\frac{z}{x}=\frac{x^2+z^2}{xz}>2,$$

$$\frac{y}{z}+\frac{z}{y}=\frac{y^2+z^2}{yz}>2,$$

$$\frac{y}{x}+\frac{x}{y}=\frac{x^2+y^2}{xy}>2.$$

因为根据题设条件，这三个部分显然成立，所以原不等式成立.

追溯型分析法的关键是如何恰当地将整体分解为各个组成部分，并寻求出各部分成立的条件，这两个问题一旦解决，整体成立的条件就不难得到了.

3. 构造型分析法

构造型分析法是将研究对象中不明确的部分看成成立的(因而整个事物也被看成成立的，此即为"构造")，并结合成立的部分一起来进行分析研究的，由此找出不明确

部分成立的条件，从而得出整体事物成立的条件.

构造型分析法的思维模式为

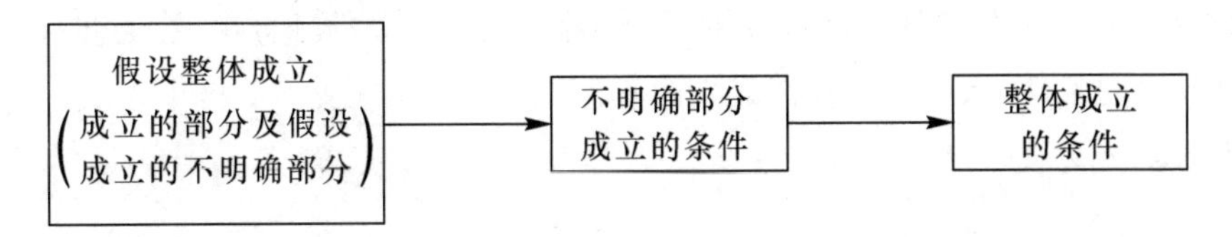

例 5　已知 A,B 为锐角$\triangle ABC$ 的两个内角，求证：$\tan A\tan B>1$.

证　$\triangle ABC$ 是研究的整体，它的边角以及有关线段、比值等都是它的组成部分，A,B,C 为锐角是整体中成立的部分，$\tan A\tan B>1$是整体中不明确的部分. 现在的问题变为：在假设

$$\tan A\tan B>1$$

成立的情况下，要找出不明确部分 $\tan A\tan B>1$ 成立的条件，从而得出整体事物成立的条件.

要使 $\tan A\tan B>1$，如图 3－3 所示，由于

$$\tan A\tan B=\frac{CD}{AD}\cdot\frac{CD}{BD}=\frac{CD^2}{AD\cdot BD},$$

只需

$$\frac{CD^2}{AD\cdot BD}>1,$$

即

$$CD^2>AD\cdot BD.$$

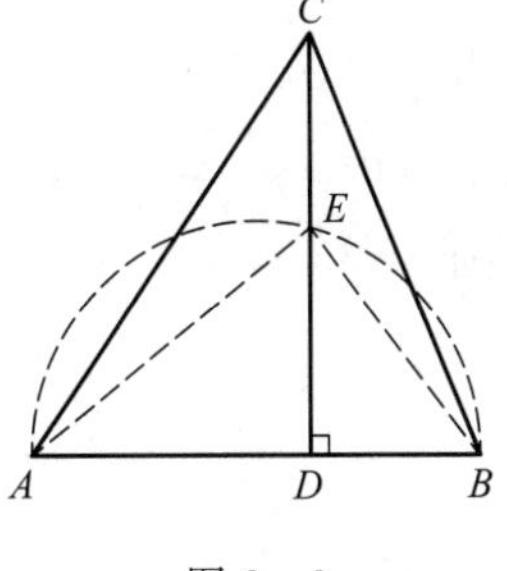

图 3－3

这样不明确部分变为找出使 $CD^2>AD\cdot BD$ 成立的条件.
假若能在 CD 所在的直线上找一点 E，使得 $ED^2=AD\cdot DB$，并且有 $CD>ED$（此时 $CD^2>ED^2=AD\cdot BD$），则不明确部分又变为 $ED^2=AD\cdot BD$，且 $CD>ED$.

由于我们假设不明确部分是成立的，在现在的情况下，就是有假设有 $ED^2=AD\cdot BD$，且 $CD>ED$. 根据这一假设，就不难在 CD 所在直线上找出点 E：以 AB 为直径的圆与线段 CD 的交点（由$\angle ACB$ 为锐角知，点 C 在该圆外），因而命题是成立的，即有

$$\tan A\tan B>1.$$

4. 前进型分析法

前进型分析法是从整体事物中成立的某一部分出发，逐步寻找扩及其他部分成立的条件，最终得出使原整体事物成立的条件.

前进型分析法的思维模式为

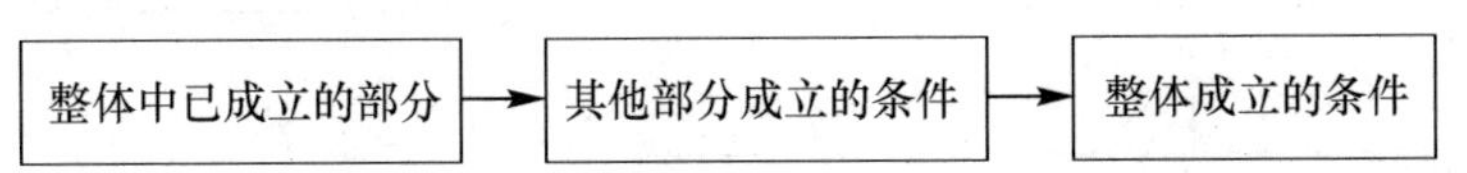

例 6　设在一个由实数组成的有限数列中，任意 7 个相继项的和都为负数，而任

意 11 个相继项的和都为正数，试问这样的数列最多能包含多少项？

解　显然，由实数组成的有限数列为整体，任意连续 7 项之和为负数及任意连续 11 项之和为正数都是整体中已成立的部分. 现从这已成立的部分出发，逐步寻找出其他部分成立的条件，从而得出整体成立的条件.

因为$a_1+a_2+\cdots+a_7<0$，

$$
\begin{aligned}
&a_1+a_2+\cdots+a_{11}\\
=&(a_1+a_2+\cdots+a_7)+(a_8+a_9+a_{10}+a_{11})>0,
\end{aligned}
$$

所以

$$a_8+a_9+a_{10}+a_{11}>0. \tag{1}$$

向前推进. 同理，

$$a_{11}+a_{12}+a_{13}+a_{14}>0, \tag{2}$$

(1)+(2)得

$$
\begin{aligned}
&(a_8+a_9+a_{10}+a_{11})+(a_{11}+a_{12}+a_{13}+a_{14})\\
=&a_8+a_9+a_{10}+2a_{11}+a_{12}+a_{13}+a_{14}>0.
\end{aligned}
$$

因为 $a_8+a_9+\cdots+a_{14}<0$，所以 $a_{11}>0$. 同理可得 $a_{12}>0$，$a_{13}>0$（在推得 $a_{14}>0$ 的过程中可得 $a_{14}+a_{15}+a_{16}+a_{17}>0$），于是 $a_{11}+a_{12}+a_{13}>0$. 但 $a_{11}+a_{12}+\cdots+a_{17}<0$，则

$$
\begin{aligned}
&a_{11}+a_{12}+\cdots+a_{17}\\
=&(a_{11}+a_{12}+a_{13})+(a_{14}+a_{15}+a_{16}+a_{17})<0,
\end{aligned}
$$

从而得

$$a_{14}+a_{15}+a_{16}+a_{17}<0.$$

这与 $a_{14}+a_{15}+a_{16}+a_{17}>0$ 相矛盾，最后得到整体成立的条件，即数列的项数应不超过 16.

考察数列

$$5,5,-13,5,5,5,-13,5,5,-13,5,5,5,-13,5,5$$

可知确有含 16 项的数列满足题意，所以满足题意的数列最多能包含 16 项.

5. 混合型分析法

混合型分析法是从命题的充分性出发，由前进型分析法进行至某一中间结果，再从命题的必要条件出发，用追溯型分析法追溯至同一中间结果，进而获得全过程的思维方法. 因此，混合型分析法也称为“中途点法”.

混合型分析法的思维模式为

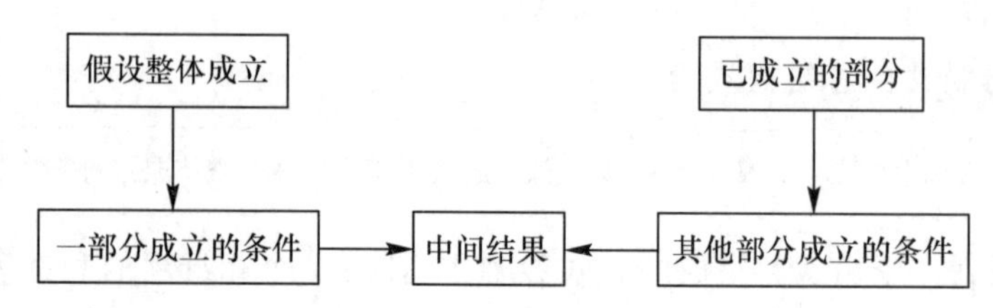

例7　已知$\triangle ABC$的三个内角$\angle A,\angle B,\angle C$成等差数列,求证:三边$a,b,c$满足

$$\frac{1}{a+b}+\frac{1}{b+c}=\frac{3}{a+b+c}.$$

证　从问题的已知条件:$\triangle ABC$三内角$\angle A,\angle B,\angle C$成等差数列出发,由前进型分析法可得$\angle B=60^\circ$,于是得到中间结果

$$b^2=a^2+c^2-2ac\cos B=a^2+c^2-ac.$$

再从问题的必要条件

$$\frac{1}{a+b}+\frac{1}{b+c}=\frac{3}{a+b+c}$$

出发利用追溯型分析法又可得

$$\frac{a+b+c}{a+b}+\frac{a+b+c}{b+c}=3,$$

从而$\frac{c}{a+b}+\frac{a}{b+c}=1$. 由此同样得到中间结果$b^2=a^2+c^2-ac$.

至此,我们可以得到分析法证明过程如下:

要使

$$\frac{1}{a+b}+\frac{1}{b+c}=\frac{3}{a+b+c},$$

只需

$$\frac{a+b+c}{a+b}+\frac{a+b+c}{b+c}=3,$$

只需

$$\frac{c}{a+b}+\frac{a}{b+c}=1,$$

只需

$$b^2=a^2+c^2-ac.$$

由$\angle A,\angle B,\angle C$成等差数列,可得$\angle B=60^\circ$,从而

$$b^2=c^2+a^2-2ac\cos B=a^2+c^2-ac,$$

所以原命题成立.

分析法利用辩证的方法分析事物的内在矛盾,分清矛盾的主要方面和次要方面,分析事物的个性与共性,分析矛盾在不同发展阶段、不同方面的特点,从中得出规律,指导人们找出解决矛盾的方法.

客观事物的各个组成部分或各个方面是互相依存、互相联系的. 为了研究这些部分或方面,就必须将它们暂时割裂开来,把被考察的因素从总体中抽取出来,让它们单独地起作用. 只有这样,才能深入事物的内部,对它们进行深入细致的分析研究,从总体上认识事物.

分析法对于探求数学解题思路是极为有效的，它是数学解题中一种常用的方法.

同时，分析法有利于锻炼、培养和提高学生的逻辑思维能力. 由于分析法侧重于探索和发现，在中学数学教学中，若能重视分析能力的培养，特别注意突出启发性，把数学知识或数学结果的学习与揭示知识本身发生、发展的思维过程结合起来，使学生的逻辑思维能力得到锻炼，养成辩证、严密思考的好习惯，那么，就能逐步培养和提高他们的分析问题和解决问题的能力.

二、综合法

（一）综合法的含义

综合法是将研究对象的各个部分、方面、因素和层次联系起来加以综合研究，从而在整体上把握事物的本质及规律的一种思维方式. 也就是在从事物的各个部分、方面、因素和层次的特点、属性出发，寻找它们之间的内在联系的基础上，进行概括与综合，认识整体事物的本质规律的一种方法.

数学中的综合法，就是由因导果的逻辑推证方法，也就是从已知条件和已证得的真实判断出发，经过一系列的中间判断，寻找它们之间的内在联系，最后概括得到证明结果的思考方法.

综合法的逻辑模式为

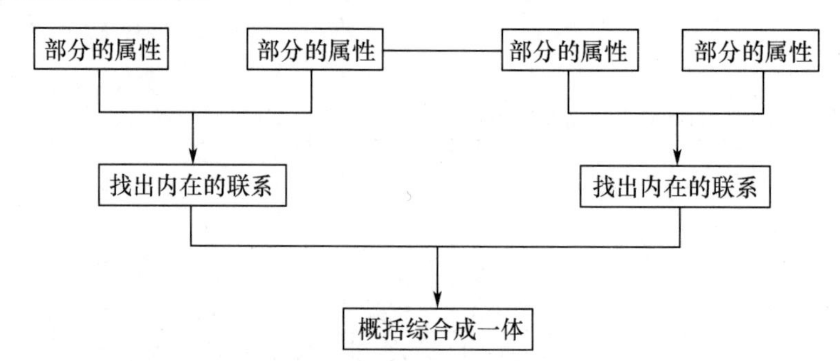

例 8　若 $\alpha+\beta+\gamma=\pi$，且 α,β,γ 均为正角. 求证：

$$\sin\frac{\alpha}{2}\sin\frac{\beta}{2}\sin\frac{\gamma}{2}\leqslant\frac{1}{8}.$$

证　在这里研究对象（即整体事物）是

$$\sin\frac{\alpha}{2}\sin\frac{\beta}{2}\sin\frac{\gamma}{2}\leqslant\frac{1}{8},$$

与它有关的各种因素（包括已知条件）均为它的组成部分，现考虑其中的有关组成部分：

题设部分. 因为 $\alpha+\beta+\gamma=\pi$，所以$\dfrac{\alpha+\beta+\gamma}{2}=\dfrac{\pi}{2}$.

结论的一部分. 令 $y=\sin\dfrac{\alpha}{2}\sin\dfrac{\beta}{2}\sin\dfrac{\gamma}{2}$.

由这两部分可得

$$y=-\frac{1}{2}\left(\cos\frac{\alpha+\beta}{2}-\cos\frac{\alpha-\beta}{2}\right)\sin\frac{\gamma}{2}.$$

因为

$$\sin\frac{\gamma}{2}=\sin\left(\frac{\pi}{2}-\frac{\alpha+\beta}{2}\right)=\cos\frac{\alpha+\beta}{2},$$

所以

$$\begin{aligned}y&=-\frac{1}{2}\left(\cos\frac{\alpha+\beta}{2}-\cos\frac{\alpha-\beta}{2}\right)\cos\frac{\alpha+\beta}{2}\\&=-\frac{1}{2}\cos^2\frac{\alpha+\beta}{2}+\frac{1}{2}\cos\frac{\alpha-\beta}{2}\cos\frac{\alpha+\beta}{2},\end{aligned}$$

这是一个关于 $\cos\frac{\alpha+\beta}{2}$ 的二次函数.

其次进行概括与上升. 在二次函数

$$\begin{aligned}y&=-\frac{1}{2}\cos^2\frac{\alpha+\beta}{2}+\frac{1}{2}\cos\frac{\alpha+\beta}{2}\cos\frac{\alpha-\beta}{2}\\&=-\frac{1}{2}\left(\cos\frac{\alpha+\beta}{2}-\frac{1}{2}\cos\frac{\alpha-\beta}{2}\right)^2+\frac{1}{8}\cos^2\frac{\alpha-\beta}{2}\end{aligned}$$

中,因为 $\cos^2\frac{\alpha+\beta}{2}$ 项的系数 $-\frac{1}{2}<0$,所以 y 有最大值 $y_{\max}=\frac{1}{8}\cos^2\frac{\alpha-\beta}{2}$,于是最后得

$$\sin\frac{\alpha}{2}\sin\frac{\beta}{2}\sin\frac{\gamma}{2}\leqslant\frac{1}{8}\cos^2\frac{\alpha-\beta}{2}\leqslant\frac{1}{8}.$$

例 9　双曲线过 $P(-3,2\sqrt{3})$,且与双曲线 $16x^2-9y^2=144$ 有共同的渐近线,求此双曲线的方程.

解　首先,考虑题设部分. 因为已知双曲线 $16x^2-9y^2=144$,即

$$\frac{x^2}{9}-\frac{y^2}{16}=1,$$

所以渐近线为

$$y=\pm\frac{4}{3}x.$$

所求双曲线过点 $P(-3,2\sqrt{3})$,将 $x=-3$ 代入 $y=-\frac{4}{3}x$ 中得 $y=4>2\sqrt{3}$. 由此知点 $P(-3,2\sqrt{3})$ 在渐近线

$$y=-\frac{4}{3}x$$

的下方,于是所求双曲线实轴应在 x 轴上,即它与已知双曲线的实轴和虚轴分别共线.

其次,概括上升. 根据上面的推导,我们可以假设所求的双曲线方程为

$$\frac{x^2}{a^2}-\frac{y^2}{b^2}=1,$$

从而它的渐近线应为

$$y=\pm\frac{b}{a}x.$$

由于两双曲线渐近线相同，所以有

$$\pm\frac{b}{a}x=\pm\frac{4}{3}x,$$

由此可得

$$\frac{b}{a}=\frac{4}{3}, \tag{1}$$

所求双曲线又过点 $P(-3,2\sqrt{3})$，于是又有

$$\frac{(-3)^2}{a^2}-\frac{(2\sqrt{3})^2}{b^2}=1. \tag{2}$$

由(1)式和(2)式得

$$a^2=\frac{9}{4},\quad b^2=4.$$

因此，所求双曲线方程为

$$\frac{4x^2}{9}-\frac{y^2}{4}=1.$$

（二）综合法的作用

1. 综合法是认识事物的一种方法

综合法不是主观地、随意地把研究对象的各部分凑合在一起，更不是把各部分机械地相加或把各种因素简单地堆砌在一起，而是根据对象各部分之间的有机联系，抓住事物在总体上相互联系的特殊性质，研究事物在运动过程中所展现出的总体特征.

2. 综合法是进行科学研究的一种方法

当代自然科学，一方面高度分化，另一方面又高度综合，但其根本特点还在于综合. 科学的综合可分为两类：一类是多种学科的综合产生一种综合性的交叉学科，例如，由数学、教育学、心理学、哲学、逻辑学的互相渗透，结果产生了一门交叉学科——数学教育学；另一类是在学科内的综合，例如，美国的“统一数学”，它既包含了代数、几何、三角等初等数学的内容，又包含了微积分、集合论、计算数学等高等数学中的有关内容.

科学的新概念、新范畴，都是综合认识的成果. 因此，随着自然科学的发展，综合法在科学发展中的作用越来越重要.

3. 综合法在数学教学中有着重要的作用

无论是在初等数学还是在高等数学中，论证的过程都显示了综合法的重要性，特

别是在平面几何中，应用更为广泛，因此，平面几何也称为“综合几何”.

综合法是从问题的已知条件或真实判断出发，循着事物内在的联系和规律性，运用逻辑推理，一步步地逼近结论，最终得出所要的结果. 在每一步的推理中，都应有凭有据、逐步深入. 综合法的全过程，既是一个顺理成章的过程，又是一个极为严密的推理过程. 它对于锻炼和培养学生的逻辑推理能力和综合分析能力是非常有效的.

4. 综合法克服了分析法的局限性

综合法把握了事物本来的联系，能揭示出事物在其分割状态下未曾或不可能显示的特征. 因而它能克服分析法的局限性.

三、分析法与综合法的关系

在数学中，分析与综合，相互依存、相互渗透、相互转化、相辅相成，以致形成对立的统一，构成统一的“分析—综合法”.

分析与综合的辩证统一，首先表现在分析与综合的相互依存、相互渗透中. 分析一般是从局部、个别去研究事物，而综合则是从全局、整体去把握事物. 如果没有分析，则认识就无法深入，因而对总体的认识也只能是空洞抽象的表面认识；如果只有分析而无综合，则认识就只能局限于枝节，而不能统观全局，因此，综合必须以分析为基础，分析必须以综合为指导. 可见，分析中有综合，综合中也有分析.

其次表现在分析与综合的相互转化上. 人们的认识是一个由现象到本质、由低级到高级的不断深化的过程. 在这个认识过程中，分析不断转化为综合，综合不断发展后又转化为更高一级、更深一层的分析，分析与综合不断地互相交替转化，层层相套，认识也就随之不断上升.

例 10 设 $a,b\in\mathbf{R}^+$，且 $a\neq b$，求证：$a^3+b^3>a^2b+ab^2$.

证 (1) 分析法. 要使

$$a^3+b^3>a^2b+ab^2,$$

只需

$$(a+b)(a^2-ab+b^2)>ab(a+b),$$

即只需

$$a^2-ab+b^2>ab \quad (因为\ a,b\in\mathbf{R}^+,a+b>0),$$

所以只需

$$a^2-2ab+b^2>0, \quad 即 \quad (a-b)^2>0.$$

由 $a\neq b$ 知 $a-b\neq0$，从而可得 $(a-b)^2>0$，所以原不等式成立.

(2) 综合法. 因为 $a\neq b$，所以 $a-b\neq0$. 从而

$$(a-b)^2>0, \quad 即 \quad a^2-2ab+b^2>0,$$

亦即 $a^2-ab+b^2>ab$. 又因为 $a,b\in\mathbf{R}^+$，所以 $a+b>0$，于是

$$(a+b)(a^2-ab+b^2)>ab(a+b),$$

此即 $a^3+b^3>a^2b+ab^2$. 所以原不等式成立.

例 11　已知关于 x 的实系数二次方程 $x^2+2ax+b=0$ 的两根分别为直角三角形两个锐角的余弦值,问 a,b 应满足什么条件?

解　设直角三角形两个锐角分别为 A,B,则

$$A+B=\frac{\pi}{2}, \tag{1}$$

$$\cos A>0,\ \cos B>0. \tag{2}$$

根据韦达定理,有

$$\cos A+\cos B=-2a, \tag{3}$$

$$\cos A\cos B=b. \tag{4}$$

由于所给方程两根是正的实数根,所以方程的判别式

$$\Delta=4a^2-4b\geqslant 0. \tag{5}$$

由(1)式可知 $B=\frac{\pi}{2}-A$,代入(3)式和(4)式得

$$\cos A+\sin A=-2a, \tag{6}$$

$$\cos A\sin A=b. \tag{7}$$

由(6),(7)两式得

$$4a^2-2b=1, \tag{8}$$

由(2)—(4)式可知

$$a<0,\quad b>0. \tag{9}$$

再由(5),(8),(9)式有

$$0<b<\frac{1}{2}, \tag{10}$$

由(8)—(10)式得 a,b 应满足的条件为

$$a=-\frac{1}{2}\sqrt{1+2b},\quad 0<b<\frac{1}{2}.$$

解答本题常见的错误是:认为 a,b 只要满足(1),(3),(4)式,从而把 a,b 应满足的条件认为是(8)式,即

$$4a^2-2b=1.$$

由此可以看出,在解题时,应充分挖掘其隐含条件,并注意利用它,避免错误.

例 12　设函数 $f(x)$ 在 $x=0$ 处无意义,但对所有的非零实数 x,有 $f(x)+2f\left(\frac{1}{x}\right)=3x$,求 $f(x)=f(-x)$ 的实根.

解　本题的关键是寻求 $f(x)$ 的表达式.

由方程 $f(x)+2f\left(\frac{1}{x}\right)=3x$ 的特征可看出,函数 $f(x)$ 和 $f\left(\frac{1}{x}\right)$ 的变量 x 和 $\frac{1}{x}$ 互

为倒数，若以$\frac{1}{x}$替换 x 则可得方程的另一个条件

$$f\left(\frac{1}{x}\right)+2f(x)=\frac{3}{x}.$$

将它与方程 $f(x)+2f\left(\frac{1}{x}\right)=3x$ 结合，从中消去 $f\left(\frac{1}{x}\right)$，可得

$$f(x)=\frac{2-x^2}{x}.$$

由此，又有

$$f(-x)=\frac{2-(-x)^2}{(-x)}=\frac{2-x^2}{-x}.$$

再由 $f(x)=f(-x)$得

$$\frac{2-x^2}{x}=-\frac{2-x^2}{x},$$

即 $x=\pm\sqrt{2}$.

由以上例题可以看出，在解答数学题时，究竟是用分析法还是用综合法，视具体问题而定. 从总体上来说应将分析法和综合法结合起来用.

§2　演　绎　法

演绎法又称演绎推理，它是一种逻辑证明的工具，欧几里得几何就是一个严密演绎推理的典范.

一、演绎法的含义

演绎法是指从一般性原理推导出特殊性结论的思维方法，也就是从一般到特殊的推理方法. 由于演绎推理的特殊性结论包含在一般性原理之中，因而它的前提和结论之间存在着必然联系. 因此，在推理形式合乎思维逻辑的条件下，从真实的前提一定能导出真实的结论. 由此可知，演绎法是一种必然性推理. 正因为如此，演绎法就被作为一种严格证明的工具，在数学中经常用到.

演绎法概念包含三个基本意思：

(1) 它是一种推理方法. 利用演绎法可以从一个全称判断和一个特称判断得出一个新的、较小的全称判断或特称判断.

(2) 它是一种研究方法. 为了得到关于某一对象的新知识，先找出与该对象最近的对象类(即最近的类概念)，再将该对象类的性质(类的属性)应用于那个对象，即是由一般到特殊的思想方法.

(3) 它是一种叙述内容的特殊形式，也可作为一种数学方法. 借助这种方法，从一

般的法则原理可以推出特殊的法则和原理.

二、演绎法的类型

在演绎推理中,根据前提(已知的判断是否唯一或是否有联系)可分为直接推理与间接推理. 如根据前提与结论之间的结构关系,则具体地可分为:三段论、假言推理、传递推理、否定肯定式、演绎推理、证逆否命题法等,下面简要地分别加以说明.

(一) 三段论

所谓三段论,就是由两个判断(其中至少一个是全称判断)得出第三个判断的一种推理方法. 例如

所有的有理数都是实数(第一判断——第一前提)

分数是有理数(第二个判断——第二个前提)

则分数是实数(第三个判断——结论)

在第三个判断(即结论)中,出现了两个名词:分数和实数,它们分别为主词和宾词. 由于宾词的外延总是包含了主词的外延,故称宾词为“大词”,主词为“小词”. 大词和小词都统称为“端词”.

可以看到,大词和小词分别出现在前两个前提(即前两个判断)中,而且含大词的前提总是关于一般情况的判断(即为全称判断或全称命题),故称为大前提;含小词的前提则为关于特殊情况的判断(即为特称判断或特称命题),故称为小前提. 在两个前提中都出现但在结论中却消失的名词(如有理数)称为中词.

任何一个三段论,都由三个判断组成,而且三个判断包含了三个不同的概念,假若大词,中词和小词分别记为 B(big),M(middle)和 S(small),则三段论的基本模式为

大前提:所有 M 都是 B;

小前提:S 是 M;

结论:S 是 B,

简化为

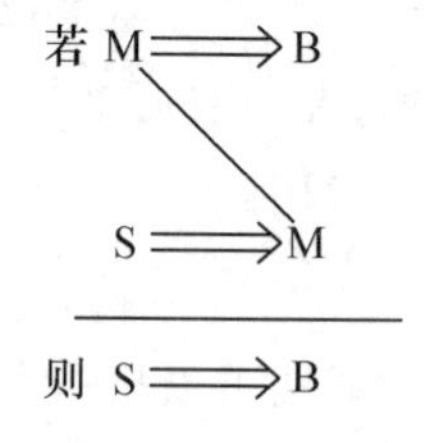

三段论是数学中最为基本、应用也较多的一种演绎推理. 它被广泛地应用于定理和性质的证明中.

例 1　试证直角三角形中两锐角互余.

已知:在$\triangle ABC$中,$\angle C=90^\circ$. 求证:$\angle A+\angle B=90^\circ$.

证　因为

三角形内角和为180°，（大前提）

而

$\angle A, \angle B, \angle C$ 是 $\triangle ABC$ 三内角，（小前提）

所以

$\angle A+\angle B+\angle C=180^\circ$.（结论）

因为

等量减等量，其差相等，（大前提）

而

$\angle A+\angle B+\angle C=180^\circ$, $\angle C=90^\circ$,（小前提）

所以

$\angle A+\angle B=(\angle A+\angle B+\angle C)-\angle C=180^\circ-90^\circ=90^\circ$.（结论）

从该例的证明过程可以看到，它由两个三段论结合而成. 当熟悉了三段论的论证格式以后，证明过程中可以适当略掉某些前提，如本例可以简单地写成

在 $\triangle ABC$ 中（小前提）

$\angle A+\angle B+\angle C=180^\circ$.（结论）

因为

$\angle C=90^\circ$,（小前提）

所以

$\angle A+\angle B=90^\circ$.（结论）

(二) 假言推理

假言推理是根据假言判断的逻辑性质进行推演的推理，即判定某一事物情况的存在是另一事物情况的存在条件. 假言判断有三个陈述，其推理的逻辑结构如下（其中的 p, q 均为陈述）：

若 p 为真实，且 p 蕴涵 q，则 q 为真实.

倘若用符号表示，假言推理可表示为

$$\frac{p, p\rightarrow q}{q}.$$

例如，两个函数 $y=x+4$ 和 $y=2x-1$ 的图像相交. 此时，

p：这两条直线的斜率分别为1和2，是两个不同的数；

$p\rightarrow q$：若两个线性函数的图像有不同的斜率，则它们的图像相交；

q：所以这两个函数的图像相交.

(三) 传递推理

传递推理是根据传递关系进行的推理，其传递性的逻辑结构如下（其中 p, q, r 均为陈述）：

若 p 蕴涵 q，且 q 又蕴涵 r，则 p 蕴涵 r.

用符号表示，传递推理可表示为

$$\frac{p \to q, q \to r}{p \to r}.$$

例如，$p \to q$：在$\triangle ABC$和$\triangle A'B'C'$中，若$\angle A=\angle A'$，$\angle B=\angle B'(p)$，则$\angle C=\angle C'(q)$；

$q \to r$：在$\triangle ABC$和$\triangle A'B'C'$中，若$\angle A=\angle A'$，$\angle B=\angle B'$，$\angle C=\angle C'(q)$，则$\triangle ABC \backsim \triangle A'B'C'(r)$；

$p \to r$：在$\triangle ABC$和$\triangle A'B'C'$中，若$\angle A=\angle A'$，$\angle B=\angle B'(p)$，则$\triangle ABC \backsim \triangle A'B'C'(r)$.

(四) 否定肯定式

否定肯定式是将肯定判断中所蕴含的部分加以否定而进行推理，其推理形式为

若$p \to q$为真，且q的否定为真，则p的否定亦为真.

否定肯定式可用符号表示为

$$\frac{p \to q, \overline{q}}{\overline{p}}.$$

例如，$p \to q$：若n为一个偶自然数，则n^2也为一个偶自然数(真)；

$\overline{q}$：已证明某数k^2不是一个偶自然数(真)；

$\overline{p}$：所以k不是一个偶自然数(真).

关于$\sqrt{2}$是无理数的证明，就是运用关于偶数的这种推理.

(五) 演绎推理(演绎定理)

演绎定理：若从一个假设p及一组真实的陈述$q_1, q_2, \cdots, q_n$可以推断出r，则可以从$q_1, q_2, \cdots, q_n$推断出p蕴涵r.

用符号表示演绎推理即为

$$\frac{(p, q_1, q_2, \cdots, q_n) \to r}{(q_1, q_2, \cdots, q_n) \to (p \to r)}.$$

例如，如图3-4所示，如果一个直角三角形的两条直角边和另一个直角三角形的两条直角边对应相等(p)，那么这两个直角三角形全等(r).

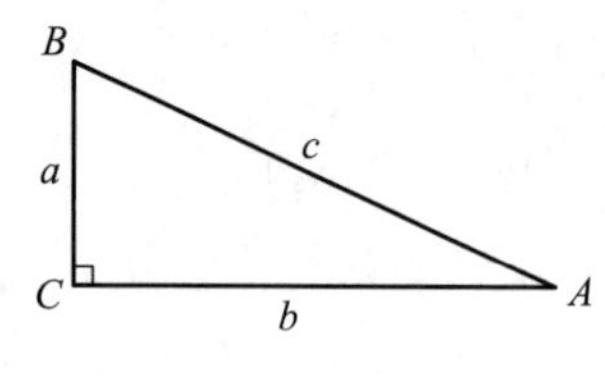

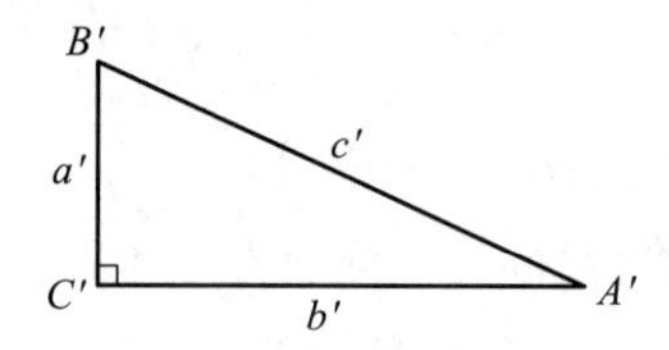

图3-4

要证明这个命题，就需要证明$p \to r$(简化式).

p：$a=a'$，$b=b'$(真)；

q_1：$\angle C=\angle C'$(真)；

$(p, q_1) \to r$：$\triangle ABC \cong \triangle A'B'C'$(真).

这里$(p,q_1)\to r$的含义是：如果两个三角形的两边及它们的夹角对应相等，则这两个三角形全等. 由于

$$\angle C=\angle C'=90^\circ,$$

根据演绎定理，可由$(p,q_1)\to r$得出$q_1\to(p\to r)$，即得：若两个直角三角形的两条直角边对应相等，则这两个直角三角形全等.

从证明可以看出：$(p,q_1)\to r$是证实p和q_1一起蕴涵r，而不是p或q_1单独蕴涵r；$q_1\to(p\to r)$是证实p的确蕴涵r.

（六）证逆否命题

证逆否命题是一种有效的直接演绎推理形式，而不是间接证明. 它的推理形式如下：

若q的否定蕴涵p的否定，则p蕴涵q.

用符号表示为

$$\frac{\overline{q}\to\overline{p}}{p\to q}.$$

例如：如果两条直线和一条截线构成相等的内错角(p)，那么，这两条直线平行(q). 这个问题的逆否命题是：如果两条直线不平行$(\overline{q})$，那么它们与一条截线不构成相等的内错角$(\overline{p})$.

为了证明原命题，我们可证其逆否命题. 只要应用演绎推理，这个逆否命题就可以得到证明.

如图3－5所示，

$\overline{q}$：l与l'不平行，

r_1：l与l'必相交，

r_2：l,l'与y构成$\triangle ABC$，

r_3：$\angle 1$为$\triangle ABC$的外角，

　　$\angle 2$为$\triangle ABC$的内角，

r_4：$\angle 1>\angle 2$，

r_5：$\angle 1$与$\angle 2$为内错角，

$\overline{p}$：内错角不相等.

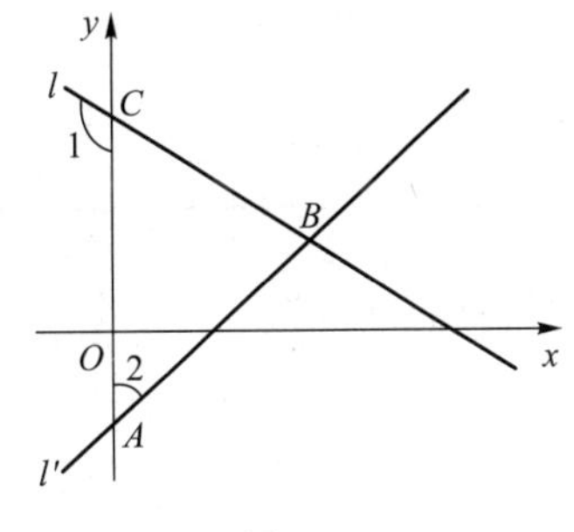

图3－5

因此，$(\overline{q},r_1,r_2,r_3,r_4,r_5)\to\overline{p}$，从而$(r_1,r_2,r_3,r_4,r_5)\to(\overline{q}\to\overline{p})$这就证明了逆否命题，于是也就证明了原命题.

（七）对各种情况的证明

若从n个假定中的每个假定都得出相同的真实结论，则从所有这些假设的析取，也得到相同的结论. 用符号可表示为

$$\frac{p_1\to q,p_2\to q,\cdots,p_n\to q}{(p_1\vee p_2\vee\cdots\vee p_n)\to q},$$

其中“$\vee$”表示“或者”.

例如，对一切实数 x，$|x|$ 是由各种不同情况（$x>0$，$x<0$，$x=0$）定义的，所以，绝对值性质的证明就涉及各种不同情况的演绎推理（如证明性质 $|xy|=|x|\cdot|y|$，$xy\leqslant|xy|$ 及 $|x|-|y|\leqslant|x|+|y|$ 等）. 又如在平面几何中证明“同弧所对圆周角的度数，等于它所对圆心角度数的一半”这个定理时，就是分下述三种情况证明的：圆心在圆周角内，圆心在圆周角外及圆心在圆周角的一边上.

（八）数学归纳法

在数学归纳法中蕴涵的推理形式实质是一种演绎形式，数学归纳法的推理形式可表示为

$$\frac{p(1)\text{；对于每个 } k\in\mathbf{N}, p(k)\to p(k+1)}{\text{对于每个 } n\in\mathbf{N} \text{ 有 } p(n)}.$$

（九）反例证明

假设一个特定的集合 S 的所有元素有某种性质 p，但是又发现属于 S 的元素 x 不具有性质 p，所以，结论为不是 S 的所有元素都具有性质 p，与假设矛盾，因此，假设是错的. 从某种意义上说，反例证明是一种直接的演绎推理形式.

反例证明的推理形式用符号表示为

假设：$\forall x\in S, p(x)$；

反证：$\exists a\in S$，且 $\overline{p(a)}$；

结论：$\forall x\in S, \overline{p(x)}$.

例如，对形如 $N=2^n-1$ 的数，通过计算，可得一组数如下：

n	1	2	3	4	5	6	7	8	9	10	…
$N=2^n-1$	1	3	7	15	31	63	127	255	511	1 023	…

我们不难看出，当 n 为素数 2，3，5，7 时，N 为素数. 于是

假设：当 n 为素数时，$N=2^n-1$ 均为素数；

反证：11 为素数，有 $N=2^{11}-1=2\ 047=23\times 89$ 不是素数而是合数；

结论：当 n 为素数时，$N=2^n-1$ 不均为素数.

三、演绎法的作用

（一）演绎法是进行逻辑证明的工具

由于演绎法推理是一种必然性推理，因而在推理形式合乎逻辑的前提下，推理的结论直接取决于前提. 所以我们可以选取确定可靠的命题作为前提，经过推理来证明某个命题. 基于这一点，演绎法已成为中学数学证明过程中经常使用的严格推理方法.

例 2 已知 a, b, c, d 为复数，且

$$\frac{a}{b}=\frac{b}{c}=\frac{c}{d}=\frac{d}{a},$$

求$\dfrac{a+b+c+d}{a+b+c-d}$的值.

解　设$\dfrac{a}{b}=\dfrac{b}{c}=\dfrac{c}{d}=\dfrac{d}{a}=k$,可得

$$a=ak^4,\ b=bk^4,\ c=ck^4,\ d=dk^4,$$

由此又得

$$k^4=1,\quad \text{即}\quad k=1,-1,\mathrm{i},-\mathrm{i}.$$

当$k=1$时,有$a=b=c=d$,于是

$$\frac{a+b+c+d}{a+b+c-d}=\frac{4}{2}=2.$$

当$k=-1,\mathrm{i},-\mathrm{i}$时,均得

$$\frac{a+b+c+d}{a+b+c-d}=0.$$

(二) 演绎法是由一般推出个别或特殊的一种方法

例 3　如图 3-6 所示,研究拟柱体体积公式(辛普森(Simpson)公式):

$$V_{\text{拟柱体}}=\frac{1}{6}h(S_1+4S_0+S_2)$$

是否适用于棱柱、棱锥和棱台.

(1) 当$S_1=S_2=S_0$时,

$$V=\frac{1}{6}h(S_2+4S_2+S_2)=S_2h.$$

拟柱体变为棱柱体.

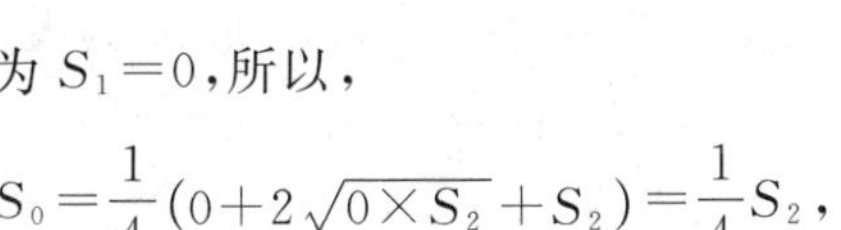

图 3-6

(2) 当$S_1=0$时,因为$S_1=0$,所以,

$$S_0=\frac{1}{4}(0+2\sqrt{0\times S_2}+S_2)=\frac{1}{4}S_2,$$

故

$$V=\frac{1}{6}h(S_2+S_2)=\frac{1}{3}S_2h.$$

拟柱体变为棱锥体.

(3) 当两个底面为相似多边形时,由$4S_0=S_1+2\sqrt{S_1S_2}+S_2$,可得

$$\begin{aligned}V&=\frac{1}{6}h(S_1+S_1+2\sqrt{S_1S_2}+S_2+S_2)\\&=\frac{1}{3}h(S_1+\sqrt{S_1S_2}+S_2).\end{aligned}$$

拟柱体变为棱台体.

同样,可验证圆柱、圆锥、圆台,甚至球体的体积均可用其中截面写成辛普森公式.

(三) 演绎法是发展假说和理论的一个必要环节

科学假说和科学理论都要经受实践的检验,并在实践中不断地得到发展. 但用什么实验去检验它,怎样去检验它,这就需要从理论和假说中推算出一个可以实验对比的具体结论,用以指导实验、设计实验,这个实验过程就是演绎推理.

所以,假若没有演绎法,科学研究就无法进行,而数学本身就是一种演绎科学,离开了演绎法,数学也就无法想象了.

(四) 演绎法与归纳法的关系

演绎法与归纳法,虽然两者思维方向恰好相反,但是这两种推理方法有着密切的联系.

第一,归纳法与演绎法都是逻辑推理方法,这两种推理方法是互相联系、互为补充的. 归纳是演绎的基础,演绎是归纳的前导和补充,归纳为演绎准备条件,演绎又为归纳提供理论依据. 在具体问题中,归纳法与演绎法总是结合使用的.

例如,研究形如 $N=2^x-1$ 的数,当 x 取何值时,N 为合数.

(1) 试验—归纳—猜想. 先试验,令 $x=1,2,\cdots,9,10$,依次得到 $N=1,3,7,15,31,63,127,255,511,1\,023$. 可以看出,当 x 为素数 2,3,5,7 时,N 为素数;当 x 为合数 4,6,8,9,10 时,N 为合数. 从而初步猜想:当 x 为素数时,N 为素数;当 x 为合数时,N 为合数.

但若继续实验,就会发现 $x=11$ 时,$N=2\,047=23\times89$ 为合数,所以应放弃"x 为素数时,N 为素数"的猜想;当 $x=12,14$ 时,N 仍为合数. 于是进一步猜想:当 x 为合数时,N 为合数.

(2) 用演绎法证明. 设 x 为合数,令 $x=mn$ (m,n 为大于 1 的自然数),则

$$\begin{aligned}N&=2^x-1=2^{mn}-1=(2^m)^n-1\\&=(2^m-1)[(2^m)^{n-1}+(2^m)^{n-2}+\cdots+1].\end{aligned}$$

这表明 $N=2^{mn}-1$ 可被 2^m-1 整除,且因 $m>1,n>1$,故有 $1<2^m-1<2^{mn}-1$.

由此,可以断定:当 x 为合数时,2^x-1 是合数.

第二,数学归纳法的实质是"归纳—演绎"法. 归纳法和演绎法在认识过程中的相互渗透,在数学归纳法中体现得更为明显.

这个证明过程,既有归纳法,又有演绎法,故实际上是"归纳—演绎"法. 命题 A 对于 $n=1$ 成立是一个特殊的命题,它是推理过程的出发点和基本依据,所以这个推理有归纳法的性质. 证明的关键步骤是:以 $n=k$ 时命题成立,推导当 $n=k+1$ 时命题也必然成立这个判断作为大前提,再根据任何一个自然数 m 总可表示为 $k+1+1+1+\cdots+1$ 的形式作为小前提,就可以推出命题 A 对于所有的自然数都成立. 显然这个步骤就是一个演绎推理.

在用数学归纳法证明的过程中,是先用归纳法,后用演绎法,但有时也可以先用演绎法证明,在获得结论之后,再分类归纳.

§3 公理化方法

数学公理化方法，是数学发展到一定阶段的产物，它在近代数学发展中曾起过巨大的作用，而且对于现代数学的发展也有着极其深刻的影响.

一、公理化方法的含义

公理化方法就是选取尽可能少的一组原始概念和不加证明的一组公理，以此为出发点，应用逻辑推理规则，把一门科学建立成为一门演绎系统的一种方法.

按照亚里士多德（Aristotle）的观点，演绎证明的科学，是关于某一确定领域的全部真命题. 这些命题可以分为两类：一类是基本命题（即公理），另一类是从基本命题引申出来的命题，即运用逻辑推理演绎出来的定理. 与此同时，在命题中使用的全部概念也分为两类：一类是基本概念，另一类是从基本概念派生出来的概念，即用逻辑方法由基本概念直接或间接加以定义的概念.

基本概念是一些不需要定义的或隐约地受到公理制约的原始概念，它们必须是可以直接理解而无须加以定义的，无法用更原始、更简单的概念去定义的概念.

基本命题即公理是无条件承认的、相互制约的规定，是对各个基本概念的相互关系和基本性质的阐述和规定，它必须是明显无误且无须加以证明的，也就是说，公理是一些不证自明的命题. 可见，公理不是可以随意选定的，一个良好的公理系统，所设置的公理应当满足下列三项基本要求：

（一）相容性

公理的相容性也称为无矛盾性或和谐性，是指同一公理系统中的公理，不能自相矛盾；由这些公理推出的一切结果，也不能有丝毫矛盾，即不允许既能证明某定理成立，又能证明它的反面也成立的情况存在.

（二）独立性

公理的独立性，是指一个公理系统中的所有公理，不能互相推出. 这就要求该系统中公理的数目减少到最低限度，不允许公理集合中出现多余的公理，这也是对数学"简单美"的一种追求.

（三）完备性

公理的完备性，是要求对一个公理系统中所有基本概念的性质，都作出明确的规定，使得这个系统中的全部命题都能毫无例外地在本系统中被证明，而在推理证明过程中，无须再用到直觉. 因此，必要的公理不能省略，否则有某些真实命题将得不到理论证明或证明过程中理由不充分.

在上述三项基本要求中，最主要的是相容性，因为一个公理系统如果违反了相容性的要求，那么以这个系统中的公理作为逻辑推理的大前提所推出的结果必然矛盾百出，造成逻辑上的混乱，因而这样的公理系统难以帮助人们认识现实世界的空间形式和数量关系，是毫无实际价值的．独立性和完备性是第二位的要求，对于一个严谨的公理系统，这两个要求也应得到满足，但是许多比较复杂的数学分支，要它的公理系统都能满足上述三项基本要求，则往往比较困难．

公理化方法的意义和作用与其自身的不断发展密切相关．

二、公理化方法的产生和发展

纵观公理化方法的发展历史，大致可以分为三个阶段：

（一）产生阶段——由亚里士多德的完全三段论到欧几里得《原本》的问世

公元前 3 世纪，古希腊哲学家和逻辑学家亚里士多德在《工具论》一书中总结了古代积累起来的逻辑知识，以数学及其他演绎的学科为实例，把完全三段论作为公理，由此推出其他的三段论．因此，亚里士多德是历史上第一个正式给出公理系统的人．

欧几里得在泰勒斯（Thales）、毕达哥拉斯、柏拉图（Plato）等学派工作的基础上，运用亚里士多德提供的逻辑方法，写出了数学史上的重要著作《原本》，这是古代数学公理化方法的一个光辉成就．

《原本》的问世，标志着公理化方法的诞生．《原本》的贡献不在于发现了几条新定理，而主要在于它把原先零乱的、互不相关的几何知识，按公理系统的方式统一起来，使得反映几何事实的公理和定理都能与论证联系起来，组成一个严密的有机整体．

（二）完整阶段——由罗巴切夫斯基的非欧几里得几何到希尔伯特《几何基础》的问世

欧几里得几何公理系统促使人们对数学进行严密化思考，特别是第五公设问题．当时大多数人认为它很像一条定理，企图用《原本》中其余的公设和公理加以证明，但在证明中所用的论据要么是不知不觉地利用了直观明显性，要么是利用了一个与第五公设等价的命题，因此，所有这些证明实质上是无效的．

直到 19 世纪，俄国数学家罗巴切夫斯基（Lobachevsky）吸取了前人两千多年来在证明第五公设中的失败教训，认识到第五公设与其他几何公理是相互独立的，除去第五公设成立的欧几里得几何外，还可以有第五公设不成立的新几何系统存在．于是，他在剔除第五公设而保留欧几里得几何其余公理的前提下，引进了一个与第五公设不同的定理："过平面上已知直线外一点至少可引两条直线与该已知直线平行"，由此构成一个新的几何系统与欧几里得几何系统相并列．

非欧几里得几何的创立，大大提高了公理化方法的信誉，接着便有许多数学家致力于公理化方法的研究，如德国数学家康托尔（Cantor）与戴德金（Dedekind）不约而同地提出了连续性公理，德国数学家帕施（Pasch）提出了顺序公理．在此基础上，希尔伯特（Hillbert）于 1899 年发表了《几何基础》一书，改造了欧几里得几何系统，完善了几何学的公理化方法．

(三) 形式化阶段——集合悖论出现后,希尔伯特在其形式化研究方法,特别是元数学中,将公理化方法推向一个新阶段

在《原本》的公理系统中,概念直接反映着数学实体的性质,而且那些概念、定义、公理的表述以及定理的论证往往受到直觉的束缚.因而,欧几里得公理系统的公理化可称为"实体公理化".

然而在希尔伯特《几何基础》中,不仅在公理的表述或定理的论证上已摆脱了空间观念的直觉成分,而且还为几何对象及其关系进行更高一级的抽象提供了基础.

于是,只要满足公理系统中各公理的要求,那么所涉及的对象就可以是任何事物,并且在公理中表述事物或对象间的关系时,其具体意义也可以是任意的.所以,在《几何基础》问世以后,公理化方法不仅进入了数学的其他各个分支,而且它本身也被推向了形式化阶段.后来希尔伯特将某种数学理论作为一个整体加以研究,提出了希尔伯特规则:证明古典数学的每个分支都可以公理化,证明每个这样的系统都是完备的,证明每个这样的系统都是相容的,证明每个这样的系统所对应的模型都是同构的,寻找一种可以在有限步骤内判定任一命题的可证明性的方法.希尔伯特为具体实施这个规划而创立了证明论即元数学论.

希尔伯特对元数学的研究,使公理化方法进一步精确化,把数学理论中的定理及数学中使用的逻辑规则排成演绎的体系,并使用数学符号和逻辑符号把数学命题变成了公式.这样,全部数学命题便变成了公式的集合,公理化的数学理论变成了演绎的形式系统.元数学思想的提出,标志着数学的研究达到了新的、更高的水平,数学的研究对象已不是具体的特殊的对象,而是抽象的数学结构,从而,公理化方法被推向一个新阶段即纯形式化阶段.

三、公理化方法的作用

数学公理化方法在整理数学知识、促使新理论建立,以及对整个科学理论的表述方面都有着重要的作用.

(一) 公理化方法是整理、分析、加工、系统化数学经验材料,建立科学理论体系的工具

利用公理化方法,可以把零散的数学知识,用逻辑的链条串联起来,使之形成完整的有机整体.这样,不但易于掌握、便于应用,更为重要的是,它被作为形式化系统的严格依据.

(二) 公理化方法有利于比较数学各个分支的实质性差异,促进数学的探索与基础研究,推动数学新理论的产生

例如,非欧几里得几何就是在研究和使用公理化方法的过程中产生的.

(三) 数学公理化方法在科学方法上,对各门科学起着示范作用

数学公理化方法在表述数学理论的简洁性、条理性和结构的和谐性方面,为其他科学理论的表述起到了示范作用，于是其他科学纷纷效仿数学公理化的模式，出现了各种理论的公理化系统，如理论力学公理化、相对论公理化及伦理学公理化等.

诚然公理化方法具有重大作用，但也不能将它绝对化，必须辩证地看到它的不足之处. 公理化方法如果不与实验方法相结合，则可能陷入错误；如果不与认识论的科学方法相结合，则也不会很好地发现问题；公理系统的相容性、独立性和完备性的要求，不仅在理论上难以全部满足，而且对于一些新兴的数学分支或与实际生产有密切关系的科学的发展，反而是一种障碍. 此外，用公理化建立起来的理论体系，最终还要受实践的检验，以判定其真伪.

四、欧几里得几何公理系统和希尔伯特几何公理系统

(一) 欧几里得几何公理系统

欧几里得的《原本》是公理化方法的雏形，其主要内容有：

1. 23 条定义

(1) 点是没有部分的.

(2) 线是有长度而没有宽度的.

(3) 线的界(端)是点.

(4) 直线是这样的线，对于它的任何点来说，都是同样的放置着的.

(5) 面是只有长度和宽度的.

(6) 面的界是线.

(7) 平面是这样的面，对于它的任何直线来说，都是同样放置着的.

接着 15 条是关于角、平角、直角和垂线、钝角、锐角、圆、圆周和中心、直径、半圆、直线形、三角形、四边形、多边形、等边三角形、等腰三角形、不等边三角形、直角三角形、钝角三角形、锐角三角形、正方形、菱形、梯形的定义.

(23) 平行线是在同一平面上而且向两侧延长总不相交的直线.

2. 5 条公设

(1) 从一点到另一点必可引直线.

(2) 任一直线均可无限延长.

(3) 以任一点为中心，均可以任意长为半径画圆.

(4) 所有的直角都是相等的.

(5) 若一条直线与二直线相截，如果截出的某一侧的两个内角的和小于两个直角时，则把这两条直线向该侧充分地延长后一定相交.

3. 9 条公理

(1) 分别与同一个量相等的量必相等.

(2) 等量加等量其和相等.

(3) 等量减等量其差相等.

(4) 不等量加上等量其和仍不相等.

(5) 等量的两倍仍为等量.

(6) 等量的一半仍为等量.

(7) 能互相重合的量一定是相等的量.

(8) 整体大于部分.

(9) 过任何两点只能引一条直线.

4. 465 条定理

欧几里得从上述公设和公理出发,运用演绎方法,将当时所知的知识全部推导出来,共有 465 条几何命题.

欧几里得几何体系是不够完善的. 比如:

(1) 有些定义是不自足的. 在给某些概念下定义时,使用了一些未加定义的概念.

(2) 有些定义是多余的. 缺少它们,并不影响后面的论证.

(3) 有些定理的证明是不严格的. 在证明过程中,常常依赖图形的直观. 例如《原本》中下列命题的证明:

命题　三角形的外角大于任一不相邻的内角.

证　如图 3-7 所示,需证明$\angle ACC'>\angle A$,$\angle ACC'>\angle B$. 设 AC 中点为 O,连接 BO 并延长至 B',使 $OB'=BO$,$\angle AOB$ 与$\angle COB'$为对顶角,有$\angle AOB=\angle COB'$,于是

$$\triangle AOB\cong\triangle COB',$$

从而$\angle A=\angle ACB'$. 因为$\angle ACB'$是$\angle ACC'$的一部分,所以$\angle ACC'>\angle A$.

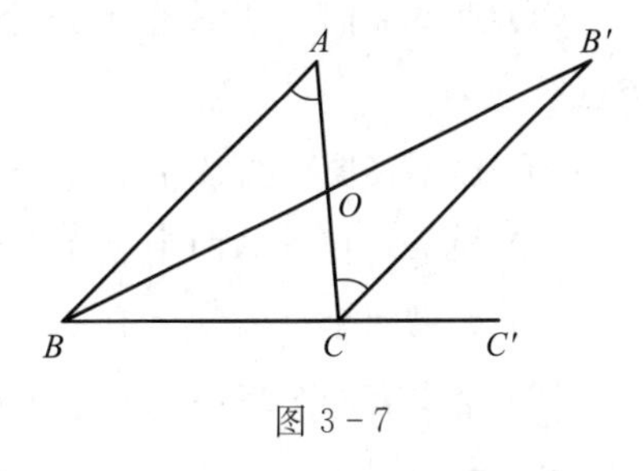

图 3-7

在这个证明中,"$\angle ACB'$是$\angle ACC'$的一部分"这一断语,就依赖了图的直观性. 因为在《原本》中,没有定义"中间""里面"等概念,也没有定义过"移动"的概念. 所以,严格地说,"三角形全等"也是没有根据的.

(二) 希尔伯特几何公理系统

1899 年,希尔伯特吸取前人的优秀成果,摆脱空间观念的直觉成分,写出《几何基础》一书. 他不仅给出了欧几里得几何的一个形式公理系统,而且解决了公理化方法的一些逻辑理论问题.

希尔伯特在《几何基础》中,将公理系统结构的基本特征,概括为基本概念的列举、定义的叙述、公理的叙述、定理的叙述、定理的证明五个方面. 引进基本元素和基本关系作为基本概念,是不加定义的,这就奠定了对一系列几何对象及其关系进行更高一级抽象的可能性. 也就是说,人们可以在高度抽象的意义下给出公理系统,只要能满足系统中诸公理的要求,就可以使该公理系统所设计的对象是任何事物,并且在公理中表述事物或对象之间的关系时,也可以有具体意义的任何性.

1. 3个基本元素:点、直线和平面.

2. 3个基本关系:

Ⅰ. 结合关系

(1) 点在直线上.

(2) 点在平面内.

Ⅱ. 顺序关系

(3) 一点位于两点之间.

Ⅲ. 合同关系

(4) 两条线段合同.

(5) 两个角合同.

3. 20条基本公理

Ⅰ. 结合公理

(1) 过 A 和 B 两点有一条直线 a.

(2) 过 A 和 B 两点至多有一条直线 a.

(3) 直线上至少有两个点,至少有三个点不在同一直线上.

(4) 过不在同一直线上的三个点 A,B,C 必有平面 α,在每一平面上至少有三个点.

(5) 过不在同一直线上的三个点 A,B,C 至多有一个平面.

(6) 如果一直线的两个点在平面 α 上,则该直线的每点都在 α 上.

(7) 如果两个平面 α,β 有一个公共点 A,则它们至少还有另一个公共点 B.

(8) 至少有四个点不在同一平面上.

Ⅱ. 顺序公理

(9) 如果一点 B 位于点 A 和点 C 之间,则 A,B 和 C 为同一直线上的三个点,且 B 也位于 C 与 A 之间.

(10) 至少有一点 B 位于任两点 A 与 C 作成的直线 AC 上,且 C 位于 A 与 B 之间.

(11) 直线上的任意三点中,至多有一点位于其他两点之间.

(12) 帕施定理:设 A,B 和 C 三点不在同一直线上,直线 a 位于 A,B,C 三点所在的平面上,且不通过 A,B 或 C. 如果 a 穿过 AB 截段中的一个点,则 a 必穿过截段 AC 或 BC 中的一个点.

其中"截段"的定义是:设 A,B 为直线 a 上两点,则点偶 AB 或 BA 就称为截段,所有 A,B 之间的点称为截段内的点,A 与 B 称为截段的端点. 直线 a 上所有其他的点称为截段外的点.

Ⅲ. 合同公理

(13) 如果 A,B 为同一直线 a 上的两点,A'为直线 a 上或另一直线 a'上的一个点,则在 A'的给定一侧必可在 a 或 a'上找到一点 B',使得截段 $A'B'$合同于AB,可用

符号记为 $AB \equiv A'B'$.

(14) 如果 $A'B'$ 和 $A''B''$ 都与 AB 合同，则

$$A'B' \equiv A''B''.$$

(15) 设 AB 与 BC 为直线 a 上无公共点的两个截段，$A'B'$ 与 $B'C'$ 为直线 a 或另一直线 a' 上无公共内点的两截段，如果 $AB \equiv A'B'$，且 $BC \equiv B'C'$，则必有 $AC \equiv A'C'$.

(16) 设 $\angle(h,k)$ 为平面 α 上两条直线（射线）构成的一个角，a' 是位于平面 α' 上的一条直线，且给定 a' 在 α' 的一侧，又设 h' 为 α' 上的由点 O' 出发的一条射线，则在 α' 上恰有一条射线 k'，使得 $\angle(h,k)$ 合同于 $\angle(h',k')$，且 $\angle(h',k')$ 的所有内点都位于 a' 的给定一侧. 各个角均与自己合同.

(17) 设 A,B,C 是不在同一直线上的三个点，A',B',C' 也是不在同一直线上的三个点. 如果 $AB \equiv A'B'$，$AC \equiv A'C'$ 且 $\angle BAC \equiv \angle B'A'C'$，则 $\angle ABC \equiv \angle A'B'C'$，$\angle ACB \equiv \angle A'C'B'$.

Ⅳ. 平行公理

(18) 设 a 为一条已知直线，点 A 不在 a 上，则在 a 与 A 的平面上至多有一条直线通过 A 而与 a 不相交.

Ⅴ. 连续公理

(19) 阿基米德公理：如果 AB 与 CD 为任意两个截段，则在直线 AB 上存在一组点 $A_1,A_2,\cdots,A_n$，使得 $AA_1,A_1A_2,\cdots,A_{n-1}A_n$ 都合同于 CD 而使点 B 位于 A 和 A_n 之间.

(20) 康托尔公理（线性完备性公理）：凡满足公理(1)，(2)，(9)—(17)及(19)的直线上的一切点构成的点集不可能再扩大.

纵观现行中学数学教材，可以看出，它在总体上体现了公理化方法的基本思想. 但就整个公理系统来说，是不够严格的. 例如中学几何教材的逻辑结构，大体上沿用了欧几里得不完善的公理系统，因为它以点、直线、平面作为基本元素，以一批关系作为基本概念，在此基础上推导出一系列定理，把有关的几何知识贯穿起来，其中的几何公理是相容的，但所选取的公理既有过剩，又有不足，因而是不独立和不完备的.

虽然中学数学教材的处理方法，与公理的独立性和完备性要求尚有差距，但从教学角度来说，却是有利于学生接受的，并能减少初学者的难度，因此，还是具有积极意义的.

由上面的分析可知，我们既要肯定公理化方法对中学数学的指导意义，要运用公理化方法的基本思想去把握中学数学的结构体系，同时也应看到，公理体系的严格性不是绝对的，教学原则也不是一成不变的，应该从学生的认识规律和接受能力等方面全面地考察公理化方法的具体应用. 同时，也只有这样，才能使公理化方法在学习、研究中学数学的过程中发挥其应有的作用.

§4　数学思维概述

思维是人脑对客观事物的本质相互关系及其内在规律的概括与间接反映，也可以

看成对外界传输的信息，通过人脑内部的语言进行分析、综合、选择、加工、储存和提取的一种内部整合过程. 它既是人脑的高级神经生理活动，也是一系列复杂的心理操作. 其操作对象不是物质客体，而是客体在头脑中的映像，这种操作系统具有观念性、内潜性与简缩性三大特点.

例 1　海滩上有一堆苹果，按下述办法分给五只猴子：先分成五堆一样多的苹果还剩一个，把这一个扔到海里，第一只猴子拿走其中一堆离去；再把余下的苹果也均分成五堆，仍多一个并扔进海里，第二只猴子拿走其中的一堆离去. 以后的情况也是如此. 问原来至少有多少苹果？最后至少还剩多少？

为了解决这个问题，要开展一系列的思维活动. 例如，首先对问题感知：5 只猴子分苹果——苹果数是 5 的倍数加 1(经验材料的数学化，分析得出)，每次所剩的数都是 5 的倍数加 1(综合得出). 于是，可设苹果总数和依次所余苹果数为

$$5n+1,\ 5n_1+1,\ \cdots,\ 5n_4+1,$$

且 $(5n+1)-(5n_1+1)=n+1$ 等(数学材料的逻辑化，通过分析、综合、具体化为方程组)，然后求解(数学应用).

由此可以看出，数学思维是人脑对数学对象的思维，它具有如下特点：

(1) 数学思维具有高度的概括性. 和数学知识的高度抽象性特点一样，数学思维的概括性表现为从经验概括到理论概括的多级发展水平.

(2) 数学思维的问题性. 数学问题是数学思维的载体，重视问题的提出、分析变换、化归求解、推广引申，是数学思维问题性的精髓.

(3) 数学思维的相似性. 通过分析、对比、归纳与概括，努力寻求数学关系与形式的共同点，概括出共同的思维模式，并用这种模式去处理类似的问题，就是数学思维的相似性，是提炼数学思想方法的基础.

数学思维具有如图 3 - 8 所示的三维立体模型.

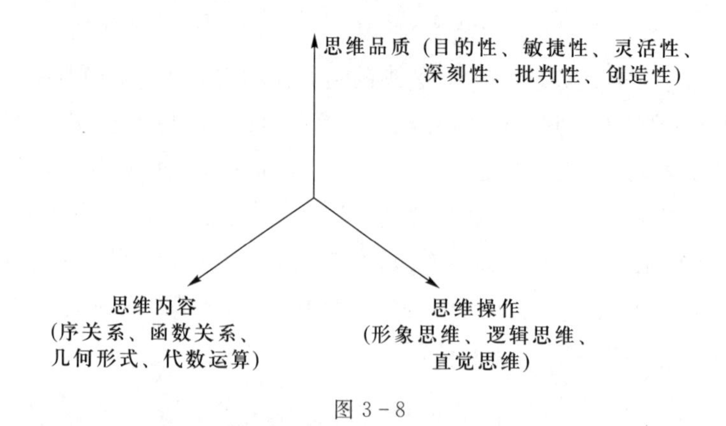

图 3 - 8

一个完整的数学思维活动都要经历如下三个阶段：(1) 经验材料的数学化——借助观察、尝试、归纳、概括积累感性经验材料，并从中抽象出数学对象、性质和关

系等数学材料，然后借助归纳、类比、一般化和抽象化、整理与概括，进一步实现数学组织化.（2）数学材料的逻辑组织化——以概念、判断、推理为基本形式，借助分析、综合、归纳、演绎等逻辑方法以及观察、尝试、联想、想象等发现方式，把分散的数学材料进行逻辑建构，综合成一个逻辑系统.（3）数学理论、方法、模式的应用，解决眼前的问题，并从中获得经验，充实和完善认知结构或展开引申、推广，开始新的思维进程.

从数学思维的总体规律考察，数学思维的方式可分为数学形象思维、数学逻辑思维和数学直觉思维三种基本类型.

一、数学形象思维

情景（形象）信息→数学表象→数学直感→数学想象.

数学表象是人们对事物数学特征的形象化理解，是经验材料经过感知内化，在头脑里形成的一种数学化的形象. 数学表象有两种基本类型，即图形表象和图式表象，很多时候呈现两种类型的混合型状态（数形结合形象）. 例如，对前述“猴子分苹果”问题，可用线段图表示出一系列数量关系.

数学直感是在形成数学表象的基础上，对它所表示的数学模式形象特征的判断. 这种判断是通过一般数学情景与具体情景相比较而得出的非严格逻辑的直观判断. 主要形式有：模式识别直感（认识眼前的表象属于何种模式），补模直感（把眼前的表象恰当补形或添加，转化为已掌握的模式形象），联模直感（把形象相似或相关的模式联系起来进行联想、类比和猜想），模式转换直感等. 例如，“猴子分苹果”问题，通过数学表象形成如图 3-9 所示的线段图.

图 3-9

对这种形式进行直观判断，是倍数模型，但不完整（5 倍还多 1 个），于是想到，增添 4 个苹果可以补成完整的倍数模型. 于是这个倍数可用$N+4$表示，其中 N 是苹果总数，而 $N+4$ 是 5 的倍数. 第一只猴子拿走的与扔到海里的之和恰是 $N+4$ 的$\frac{1}{5}$，于是还剩$\frac{4}{5}(N+4)$（包含增添的 4 个）. 这种从模式感知到补模直感的形成，奠定了直观解决问题的方向.

数学想象是在形成数学表象和数学直感的基础上，在头脑里进行的有机联系与组合而产生的一种更完善的、新的形象构想. 它是在形象识别与形象特征判断基础上进行的形象特征推理，因此，它离不开逻辑思维的参与，但又不为逻辑思维所局限. “想象力是科学研究中的实在因素”，是“知识进化的源泉”（爱因斯坦语）.

数学想象主要形式有图形想象与图式想象、联想与猜想.

图形想象过程：图形构想→图形表达→图形识别→图形推理；

图式想象过程：图式构想→图式表达→图式识别→图式推理；

联想：接近性联想，因果性联想，相似性联想，对比性联想，相反性联想；

猜想：归纳性猜想，类比性猜想，仿造性猜想，分析性猜想，审美性猜想.

例如，对前述猴子分苹果问题，由图形想象(线段图 3－9)，得到第一次分配后剩下$\frac{4}{5}(N+4)$. 由图式想象，以后的情景是一样的，于是第二次分配后，应剩余$\frac{4}{5}\left(\frac{4}{5}(N+4)\right)$，即$\frac{4^2}{5^2}(N+4)$. 依次类推，第五次分配后应剩余$\frac{4^5}{5^5}(N+4)$. 这样，再使用逻辑思维得苹果总数 N 至少满足 $5^5=N+4$，$N=3\ 121$，最后至少剩 $4^5-4=1\ 020$ 个.

例 2　甲、乙两个布袋中各有 12 个大小一样的小球，且都是红、白、蓝各 4 个. 从甲袋中拿出尽可能少且至少两个颜色一样的球放入乙袋，再从乙袋中拿出尽可能少的球放入甲袋，使甲袋中每种颜色的球不少于 3 个，这时两袋中各有多少个球(拿时不能看颜色)?

图形想象如图 3－10 所示.

与极端化原则进行对比性联想，从甲袋中至少摸 4 个球才能保证至少有两个同色的球. 从考虑对下次操作的最不利情况出发，其第一次操作后应出现如图 3－11 所示图形想象.

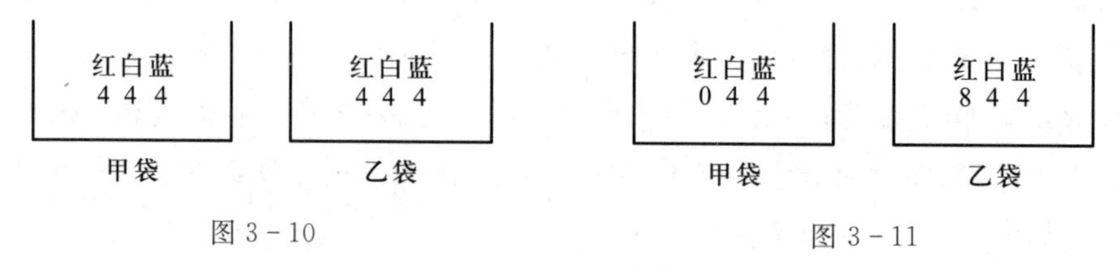

图 3－10　　　　图 3－11

这时再按极端化原则，从乙袋中至少摸 11 个球才能保证达到每种球不少于 3 个的要求. 于是最后甲袋中有 $12-4+11=19$ 个球，乙袋有 $12+4-11=5$ 个球.

例 3　已知函数 $y=f(x)$的图像是自原点出发的一条折线. 当 $n\leqslant y\leqslant n+1(n=0,1,2,\cdots)$时，该图像是斜率为 b^n 的线段(其中正常数 $b\neq 1$). 设数列$\{x_n\}$由 $f(x_n)=n(n=1,2,\cdots)$定义.

(1) 求 x_1，x_2 和 x_n 的表达式；

(2) 求 $f(x)$的表达式，并写出其定义域；

(3) 证明：$y=f(x)$的图像与 $y=x$ 的图像没有横坐标大于 1 的交点.

这是 1999 年高考(理科)第 23 题. 学生面对此题，在形成表象与直感的基础上，首先是进行图形想象，如图 3－12 所示. 由此，可以获得一系列想象：

(1) 由 $f(x_1)=1$ 得 $x_1=1$，x_2 可由$(x_2,2)$与$(x_1,1)$两点连线的斜率为 b^2 求出. 由此，依相似性联想，x_n 可由(x_n,n)与$(x_{n-1},n-1)$两点连线的斜率为 b^n 求出.

(2) $f(x)$的表达式可由两点式直线方程得出，其定义域显然有两种情况：当 $b<1$ 时，定义域为$(0,+\infty)$；当 $b>1$ 时，似乎有“竖直渐近线”，故定义域应为$[0,c)$.

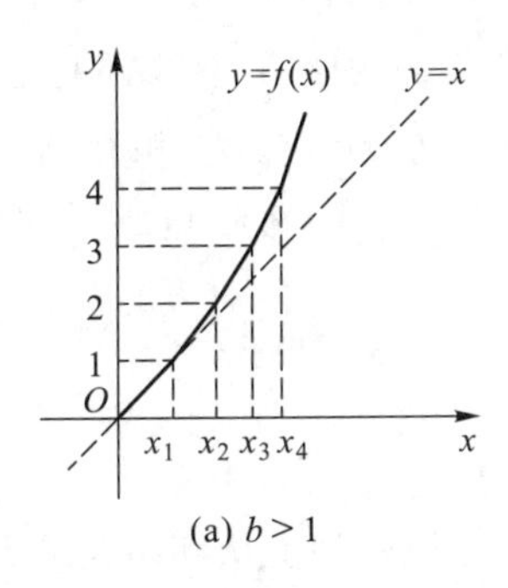

(a) $b>1$

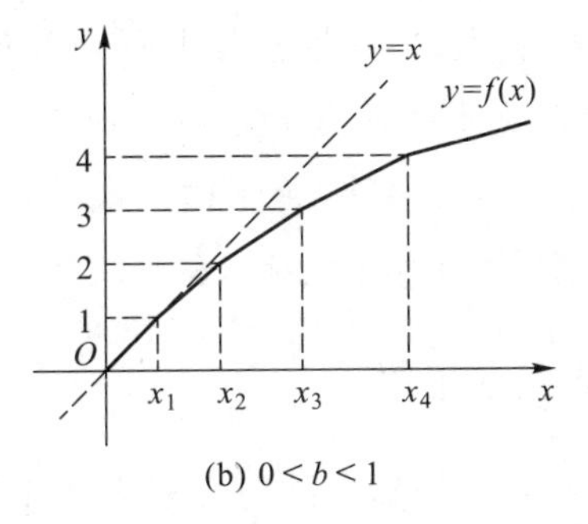

(b) $0<b<1$

图 3-12

（3）根据图形，结论是显然的. 若进行图式想象，则应证明：在 $x>1$ 的情形下，当 $b>1$ 时，$f(x)>x$；当 $b<1$ 时，$f(x)<x$.

综上所述，数学形象思维三形态主要体现为形象材料的表征、判断与推理，其过程带有整体思维、模糊判断与合情推理.

二、数学逻辑思维

数学逻辑思维的基本形式为概念、判断和推理，主要方法为分析、综合、抽象、概括；归纳（不完全归纳、完全归纳）、类比、演绎，主要规律有同一律、矛盾律、排中律、充足理由律.

数学中形式逻辑的特征是，表示概念、判断的语句多采用形式化的数学语言来表述，且表现为数学命题；把命题及其演算形式化，形成数理逻辑.

中学数学中还包含更高水平的辩证逻辑. 所谓辩证逻辑是指形式与内容统一的动态逻辑，集中体现在对比与变量的思维原则之中，即抓住事物矛盾的各方面的联系、渗透和转化，从数量、形式和结构的内在矛盾分析中，掌握辩证关系与灵活应用的规律，主动自觉地总结和形成辩证思维策略. 例如，化生为熟，化繁为简，进退互用，分合相辅，数形结合，正难则反，倒顺相通，动静转换，引参求变，以美启真等.

例 4　已知复数 $z=3\cos\theta+\mathrm{i}\,2\sin\theta$，$0<\theta<\dfrac{\pi}{2}$，求函数 $y=\theta-\arg z$ 的最大值及对应的 θ 值.

通过概念思维，判断 y 是 θ 函数，目标是求最大值.

通过化生为熟、化繁为简，发现 $\theta-\arg z$ 不过是两个角度之差. 于是通过联想，至少有两条思路：

（1）求两角差的最大值，可转化为求两角差的某一个三角函数的最值. 联系到辐角主值及条件等概念，这种思路是可行的.

（2）通过数形结合、动静转换，发现 z 是椭圆 $\begin{cases}x=3\cos\theta\\ y=2\sin\theta\end{cases}$ 上的点，且 $0<\theta<\dfrac{\pi}{2}$，即

椭圆在第一象限弧上的点. 通过复平面与解析几何的沟通,这种思路也是可行的.

在具体的思维过程中,逻辑思维与形象思维总是相互渗透、相互结合与交替使用的. 形象思维主要取综合法,善于横向穿插,富有灵活性;逻辑思维主要取演绎法,力求探明纵向联系,富有程序性和严密性.

三、数学直觉思维

数学形象思维与逻辑思维的有机结合与辩证发展,加上认知结构的整体建构所获得的数学经验与意识,可以形成一种立体的思维方式——直觉思维. 其外表特征表现为:对问题的迅速识别,敏锐而深入的洞察,综合性整体判断,丰富的假设与想象,迅速作出试验性结论与猜想等. 这种思维形式是普遍存在的,它孕育着对数学问题的创造性发现.

法国数学家庞加莱(Poincaré)曾经说过:“逻辑是证明的工具,直觉是发明的工具. 逻辑可以告诉我们走这条路或那条路保证不遇见任何障碍,但是它不能告诉我们哪条道路能引导我们到达目的地. 为此必须从远处瞭望目标,而教导我们瞭望本领的是直觉.”

也正如希尔伯特所说的一样,“数学知识终究要依赖于某种类型的直觉洞察力.”

例 5　圆内接四边形的边长依次是 25,39,52 和 60. 这个圆的直径是(　　).

(A) 62　　(B) 63　　(C) 65　　(D) 60　　(E) 69

思维中闪过圆内接四边形的图形形象后,通过对条件与结论的敏锐观察,可迅速作出判断,应选(C). 这个猜想可能来自 25,60,65 都是 5 的倍数(意味着可能是一组勾股数).

例 6　如图 3-13 所示,在多面体 $AB-CDEF$ 中,已知面 $ABCD$ 是边长为 3 的正方形,$EF // AB$,$EF=\frac{3}{2}$,EF 与面 AC 的距离为 2,则该多面体的体积是(　　).

(A) $\frac{9}{2}$　　(B) 5　　(C) 6　　(D) $\frac{15}{2}$

该问题可以凭借形象开始思索,敏锐地进行分解识别、补形转换,并与相关的知识组块联结,进行大步推理,整合而形成综合判断.

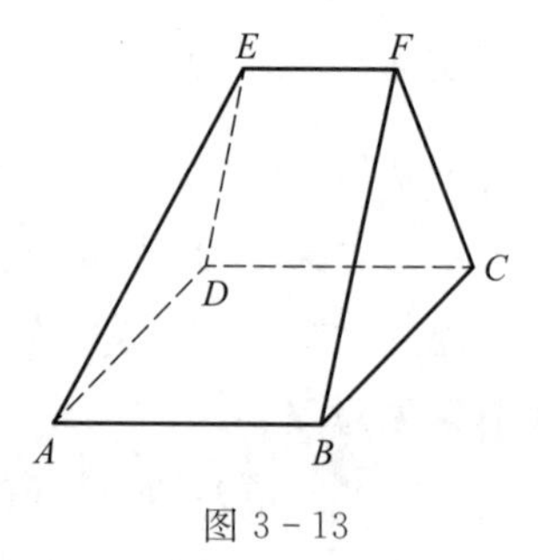

图 3-13

在具体数学思维过程中,三种思维方式总是相互渗透、相互补充的:形象思维常为先导,逻辑思维是解决问题的基本方法,直觉思维指引方向,调整思路,导出数学发现. 在数学学习中,自觉地学习数学思维,不断提高思维水平,加强思维的目的性、深刻性、灵活性与敏捷性,不断发展思维的独创性与批判性,是数学教学中提高学生素质的集中表现.

§5　数学悖论及公理集合论简介

悖论的起源已久，至今仍是一个涉及自然科学与社会科学中许多学科的论题. 数学也正是在不断消除悖论、解决矛盾中向前发展的，这体现了矛盾是事物发展的基本动力这一原理.

一、悖论的定义和常见的悖论

所谓悖论，从字面上讲就是荒谬的理论. 但悖论与诡辩式谬论的含义不同，诡辩或谬论不仅能从公认的理论中明显看出它的错误，而且一般地还可以运用已有的理论、逻辑论述其错误的原因；而悖论就与此不同了，它是从它所在的理论体系中导出不能自圆其说的结论，是一种导致逻辑矛盾的命题.

我们采用徐利治教授主张的弗伦克尔(Fraenkel)与巴希勒尔(Bar-Hillel)的说法，“如果某一理论的公理和推理原则看上去是合理的，但在这个理论中却推出了两个互相矛盾的命题，或是证明了这样一个复合命题，它表现为两个互相矛盾的命题的等价式，那么，我们就说这个理论包含了一个悖论.”

这个定义首先表明了任何一个悖论总是相对于某一理论系统而言的，比如说，著名的罗素悖论是一个被包含在古典集合论系统中的悖论；其次又指出一个悖论可以表现为某一理论系统中两个互相矛盾的命题的形式.

不过从悖论的起源以及历史上一些著名的悖论来说，悖论不一定都符合这个定义. 它们有的是由于新概念的引入而违背了具有历史局限性的传统观念，例如希帕索斯(Hippasus)对无理数的发现；有的是推理过程看上去是合理的，但推理的结果却又违背客观实际，例如芝诺(Zeno)悖论.

也有人给悖论“进行式”的定义(文兰，数学通报，2011(12))：悖论就是导致矛盾但原因不明的推理.

根据这一定义，一旦矛盾的原因找到了，悖论也就不再是悖论了. 另外，矛盾的原因应该比较难以觉察.

下面介绍几种常见的悖论.

(1) 理发师悖论

某村有一个理发师，恰给本村那些不给自己理发的人理发，请问他给不给自己理发？

若他给自己理发，则他是一个给自己理发的人，按他的原则，他应该不给自己理发. 矛盾.

若他不给自己理发，则他是一个不给自己理发的人，按照他的原则，他应该给自己理发. 也矛盾.

这是一段有名的、非常有趣的推理. 由于找不出矛盾的原因，就被称为“理发师悖论”. 下面我们看理发师悖论的解决.

让我们把理发师悖论再叙述一遍：某村存在一位理发师，恰给本村那些不给自己理发的人理发，请问他给不给自己理发？

请注意，这次陈述把第一次陈述里的“有”字换成了“存在”，其他没动. 这样一来，就比较容易看出，矛盾的原因是假设了这样一个理发师的存在. 因此，这一矛盾无非说明，具有这种性质的理发师在本村不存在罢了.

矛盾的原因找到了，悖论也就不成为悖论了.

(2) 罗素悖论（集合论悖论）

集合可分为两大类，一类是集合 S 是它本身的元素，即 $S\in S$（本身分子集）. 例如：“一切概念所组成的集合”，因为它本身也是一个概念，所以它也属于这个集合；又如“一切集合所组成的集合”也是一个本身分子集. 另一类是非本身分子集. 例如“自然数集合”显然是非本身分子集. 这样，对于任给的一个集合 S，它要么是本身分子集，要么是非本身分子集，绝无例外.

“一切非本身分子集合所组成的集合 M”，问 M 是属于哪一类集合？如果$M\in M$（M 为本身分子集合），则由 M 的定义可知，M 应是非本身分子集合，即$M\notin M$；如果 $M\notin M$（M 为非本身分子集合），那么根据 M 的定义可知，M 应在 M 之中，即 $M\in M$（M 为非本身分子集合）.

从而矛盾是不可避免的，这就是罗素在 1903 年提出的“罗素悖论”.

(3) 说谎者悖论

“我在说这句话时正在说谎”，试问这句话是真话，还是假话？

若设它是真话，则因这句话（它是真话）也是出自“我”之口，故按此话（我在说这句话时正在说谎）的论断，可知这句话（它是真话）也是说谎，从而这句话是假话；若设它是假话，则因这句话（它是假话）也是出自“我”之口，故按此话的论断，可知这句话（它是假话）也是说谎，从而这句话又是真话. 故由它的真假总能导出矛盾，这就是悖论.

1947 年设计出了世界上第一台用于解决逻辑问题的计算机，当用它来判断这个“说谎者悖论”，即判断语句：“我在说这句话时正在说谎”是真、是假时，只见“计算机发狂”了似地反复打印出：对、错、对、错……

(4) 芝诺悖论

公元前 496—前 430 年间埃利亚（意大利南部的一个城市）学派中心人物芝诺(Zeno)，他反对毕达哥拉斯学派企图用“单子说”来解决“线段不可通约”的问题（毕达哥拉斯对不可通约的线段用一种非常小的度量单位来度量，它本身是不可度量的，即长度为 0，称为单子，也就是以无穷小线段去度量正方形的边和对角线）. 芝诺提出：“单子本身是否有长度”的问题，并认为无穷小若有长度，则无限个相连接成为无限大；若无穷小无长度，则无限个相连仍没有长度.

芝诺悖论通常指下面四个问题：

① 阿喀琉斯(Archilles)追不上乌龟

阿喀琉斯是荷马(公元前 1000 年)的史诗《伊里亚特》中一位善跑的英雄. 设阿喀琉斯的速度是乌龟的 10 倍，而乌龟在阿喀琉斯前面 100 m，当阿喀琉斯追到 100 m 时，乌龟前进了 10 m；阿喀琉斯又追上 10 m，乌龟又前进 1 m；阿喀琉斯又追上 1 m，乌龟又前进 0. 1 m，如此下去，阿喀琉斯永远追不上乌龟.

这个问题的实质是反对空间和时间是无限可分的. 在芝诺看来，在有限的时间内，不能通过无限个空间分段. 从数学来说，这是由于当时人们无法直觉地解释一个无穷级数之和，无法想象级数部分和的极限，事实上，这个无穷级数的和是

$$100+10+1+\frac{1}{10}+\frac{1}{100}+\frac{1}{1\,000}+\cdots=111+\frac{\frac{1}{10}}{1-\frac{1}{10}}=\frac{1\,000}{9}.$$

② 飞矢不动

飞矢在每一个瞬间都占有一个特定的位置，它在这一瞬间是不动的. 每个瞬间都不动，无限个不动的瞬间的总和还是不动的，所以飞矢不动. 这是反对空间和时间由不可分的间隔组成，同样是针对“单子说”的.（单子说认为时间是无限个没有长短的瞬间总和，像直线是有长度的点之总和一样. 芝诺认为这一点在逻辑上有弊病.）

③ 二分法

由于“运动中的物体在到达目的地前必须到达半路上的点”，即欲从甲地到乙地，先必到达其$\frac{1}{2}$处，又必先到达其$\frac{1}{4}$处，等等，又由于线段是无限可分的，所以根本就不能开始运动，即运动不存在.

④ 运动场问题

三条平行线段 a，b，c，其中 c 不动，a 向左移动，b 向右移动，a 对于 c 移动一个小段用的时间与 a 对于 b 移动两段用的时间相等，即一段时间与它的一半相等.

以上介绍的只是几种较为典型的悖论例子. 历史上人们曾提出了许多各种各样的悖论问题，并且悖论的起源很早，其历史几乎可以看成与哲学史、科学史并行，例如古希腊的芝诺悖论和我国先秦哲学中的有关论述，均反映了远古时期人类思维的深度和智慧.

二、数学的三次危机

1. 第一次数学危机

公元前 5 世纪左右为古希腊毕达哥拉斯学派的兴盛时期，他们认为“万物皆数”，因为“宇宙间一切事物和现象都能归结为整数或整数之比”.

约公元前 400 年，毕达哥拉斯学派成员希帕索斯发现了“等腰直角三角形的直角

边与斜边不可通约”．例如两边长为 1 的直角三角形，第三边长设为$\frac{m}{n}$，约去 m,n 的公因数，则 m,n 中至少有一个是奇数．由毕达哥拉斯定理得

$$1^2+1^2=2=\left(\frac{m}{n}\right)^2,$$

$m^2=2n^2$ 为偶数，从而 m 必为偶数，因此 n 是奇数；设 $m=2p$，则 $4p^2=m^2$，$n^2=2p^2$，从而 n 为偶数，这就导致了矛盾．故这个边长不能用整数之比来表示，也就是这个直角边与斜边是不可通约的．

这个发现，在当时成为荒谬且违背常识的事，不仅触犯了毕达哥拉斯学派的信条，而且也冲击了当时古希腊人的普遍见解．因此，在当时要求人们接受这种“荒谬”、违背常识的事实是多么困难的事啊！于是也看成一种悖论，这个事件以及芝诺疑难就成为数学史上的第一次危机．

第一次数学危机也称为“不可通约悖论”．正方形的对角线与边长之比不能表示为整数或整数之比．这一事实虽然是逻辑推演的必然结果，却与已有的数的概念和数学观念相悖，又无法从数学中排除掉．为了消除这一悖论，毕达哥拉斯学派曾试图把单子概念引入数学，单子是一种本身不可度量的单位．那么，单子究竟是零还是非零？如果是零，则无穷多个单子相加还是零；如果不是零，则由无穷多个单子组成的有限线段应当具有无限的长度．无论怎么解释都不行，这就引起了数学史上的“第一次危机”．“不可通约悖论深刻地揭露了整数概念和连续量的矛盾，提出了数的概念的扩张问题”，这个问题最终以承认无理数的存在和实数理论的建立而得到圆满解决．

希帕索斯的这个发现是伟大的，应该得到很高的奖赏，可是他获得了什么奖赏呢？据说当时他正与同伴们坐在一条行驶在大海中的船上，当他把自己的发现讲出之后，他的同伴就把他抛入大海处以“淹死”的惩罚，他因发现真理而献出了宝贵的生命．但是真理是淹不死的，希帕索斯的发现，迫使人们包括古希腊人去认识和理解：第一，数（自然数）及其比（有理数）不能包括一切几何量，但数（自然数与有理数）却可以用几何量来表示．第二，直觉和经验，乃至实验不一定靠得住，而推理证明才是可靠的．从此以后，古希腊人由重计算转为重推理，并由“自明的”公理出发，经过演绎推理，从而建立几何体系．正如数理逻辑学家莫绍揆所指出的：无理数的发现（数学的第一次危机）使数学的发展方向有了一个很大的改变．从此以后，希腊人便不重计算而重推理，不重算术而重几何了．

当代大数学家柯朗（Courant）在《数学是什么》中也指出：无理数，这个发现是科学上极其重要的事件，这很可能标志着数学上严格推理的起源．

无理数出现之后，经过一段思想混乱时期，柏拉图、亚里士多德等人的努力为几何学建立了公理系统，由欧几里得编成《原本》并构建了一个标准化的演绎体系．《原本》是流

传至今且大家公认的数学公理化典范，从某种意义上说，它是第一次数学危机的产物.

2. 第二次数学危机

在古希腊的后期，除了研究直线、折线的长度，直线形的面积外，还讨论过曲线的长度和曲线形的面积问题. 经过中世纪和文艺复兴时期，直到 17、18 世纪，人们发现有下列问题需要处理：

(1) 已知路程函数 $s(t)$，求速度 $v(t)$ 及它的逆问题；

(2) 求一条曲线的切线；

(3) 求一个函数的极值.

在研究上述问题的过程中逐步产生了微积分，特别是牛顿和莱布尼茨的功绩，使得微积分理论和应用得以飞速发展. 但是另一方面，微积分理论却建立在当时还是含糊不清的无穷小概念上. 比如用牛顿的流数(流数是指流量生成的速度——变化率)法来求 $f(x)=x^3$ 的流数，设 x 的增量 Δx 为 o，先由

$$\Delta y=(x+o)^3-x^3=3x^2\cdot o+3x\cdot o^2+o^3,$$

再(既不在 o 变成 0 之前，又不在变成 0 之后，恰在变成 0 之时)除以 o，可得 $3x^2+3o\cdot x+o^2$，最后去掉含 o 的项，从而得到 x^3 的流数 $3x^2$. 牛顿认为它是 y 和 x 的增量比，即 $\mathrm{d}y$ 与 $\mathrm{d}x$ 之比.

在牛顿的流数法的整个过程中，人们到底把 Δx 看成零还是不看成零？如果看成零，怎么能用它去做除法运算呢？如果它不是零，又怎么能把包含它的项去掉呢？所以在牛顿的这个推导过程中存在着逻辑上的自相矛盾. 另外，由于 18 世纪时的数学家对无穷级数的收敛概念和性质不清，出现下列等式：

$$1-1+1-1+\cdots=1,0,\frac{1}{2},$$

莱布尼茨还说 $1-1+1-1+\cdots=\frac{1}{2}$ 是有道理的. 这样由于微积分当时缺乏牢固的理论基础，英国大主教贝克莱(Berkeley)便对微积分大肆攻击：导数 $\frac{\mathrm{d}y}{\mathrm{d}x}$“既不是有限量，也不是无穷小，但又不是无”“是消失了的量的鬼魂”. 贝克莱的言论是出于当时自然科学的发展对宗教信仰所造成威胁的恐惧. 由于当时的微积分理论缺乏牢固基础，微积分遭到攻击和非难在所难免. 历史上，人们就把微积分自诞生以来数学界所出现的混乱情形叫做第二次数学危机，也把贝克莱的攻击称为贝克莱悖论.

(1) 柯西的极限论

1821 年柯西在他的《分析教程》中，详细且系统地发展了极限理论，抓住了极限概念，并指出，无穷小和无穷大都不是固定的量而是变量. 他明确地用“以零为极限的变量”来定义无穷小；又用极限方法定义导数和积分，在作比 $\frac{\Delta y}{\Delta x}$ 时 $\Delta x\neq 0$，所以不是“$\frac{0}{0}$”，这样使得前面关于 $\frac{\Delta y}{\Delta x}$ 的算法无懈可击.

(2) 极限理论的基础

戴德金用“分割”理论定义无理数，魏尔斯特拉斯(Weierstrass)用递增有界有理数列定义无理数，康托尔用基本有理序列等价类来定义无理数，他们各自独立地建立了实数理论，又在实数理论的基础上建立起极限理论的基本定理，从而使微积分建立在实数理论的严格基础上，解决了数学的第二次危机.

第二次数学危机也称为“无穷小悖论”，它显然是由微积分概念含混不清引起的. 牛顿和莱布尼茨为了说明微分是什么，提出了无穷小概念. 可是这一概念一提出就是十分模糊的. 牛顿和莱布尼茨在推演过程中，把无穷小时而当成零，时而又当成非零，但无论怎样处理，都会出现逻辑矛盾. 由此提出了微积分理论的严密化问题，这个问题最终以柯西极限理论、康托尔集合论和戴德金实数理论的建立而得以解决.

3. 第三次数学危机

我们知道，实数理论是微积分的理论基础，而实数理论又是建立在集合论的基础上的. 戴德金、魏尔斯特拉斯和康托尔等人的实数理论，实质上是把实数表示为有理数的某种无穷集合. 有理数显然可以用自然数来表示，因此，实数理论的不矛盾性可归结为自然数理论和无穷集合的不矛盾性. 另外，自然数(基数理论)又是用集合来定义的，这样一来，实数理论的不矛盾性就归结为集合论的不矛盾性.

集合论悖论的出现表明，集合论本身包含着深刻的矛盾，没有相容性. 由于集合论的相容性是整个数学相容性的支柱，因此集合论悖论的出现是对数学基础的一次有力冲击，并由此引发数学史上的“第三次数学危机”.

以泛函分析、抽象代数和拓扑学为主体的现代数学如果脱离了无穷集合就寸步难行了. 一般认为集合论是现代数学的理论基础，它属于逻辑，而逻辑的理论又似乎应该是没有矛盾的. 人们对 19 世纪末德国数学家康托尔提出的集合论深信不疑. 在 1900 年于巴黎召开的国际数学家大会上，法国数学家庞加莱宣布:“现在，我们能够说数学完全严格性达到了”. 可时隔 3 年，却传出了惊人的消息:集合论有矛盾！1903 年英国数学家、哲学家罗素发表了著名的悖论. 当时，许多数学家被惊呆了，罗素悖论使数学陷入了危机. 据说，大数学家戴德金原来打算把《连续性无理数》第三版付印，这时把稿件抽回来并收回正欲出版的名著《什么是数和数应是什么》. 他们觉得由于罗素悖论的出现，整个数学的基础都靠不住了.

三、集合论悖论的解决方案

既然集合论包含着矛盾，那么如何改造古典集合论，使得它不再出现矛盾，又可以作为数学的基础呢? 改造方案主要有两个:一是罗素的类型论，二是策梅洛(Zermelo)的公理集合论.

1. 罗素方案

通过对悖论成因的分析，几乎所有的悖论都与所谓“非直谓定义”有关，即被定义的对象被包括在借以定义它的各个对象之中，也就是说，就是借助于一个总体来定义一个概念，而这个概念本身又属于这一总体.

例如，李家庄村的理发师 H，他专给那些不给自己理发的人理发. 这里对 H 下定义时，就得借助于“李家庄村所有的人组成的总体 G”，而 H 这个概念又属于总体 G.

又如，一切集合 A 所组成的集合 S. 对 S 下的定义，是借助“一切集合组成的集合”这个总体，而 S 本身是一个集合，自然又属于总体.

因此，罗素认为所有这些悖论，都有一个关键性的对象，它借助于一个整体来刻画，而这一对象又包含在这一整体之中. 这样便出现了循环，这种循环导致了悖论的出现.

罗素首先提出恶性循环原则(没有一个整体能包含一个只能借助于这个整体定义的元素)来消除恶性循环. 从集合论的观点来看待这个原则，就是下面的思想规定：

(克服)类型混淆原则：任何一个集合绝不是它自身的一个元素.

根据这个原则，罗素又提出他的分支类型论(简称类型论). 所谓的罗素类型论，简言之，就是把所考虑的对象分成类型和等级，只有当满足某一给定条件的所有对象都归属于同一类型和等级时，我们才能谈它们的全体. 比如在前例中，若把李家庄村每一个人看成第 n 级的性质，那么 H 就是第 $n+1$ 级的性质了. 因为 H 要借助于第 n 级的性质的所有性质来定义，即 H 是第 n 级的性质了. 根据恶性循环原则，按分支类型论的规定，第 $n+1$ 级的性质不能包含在第 n 级的性质中，即 H 不能属于 G. 同样在第二个例子中，S 不能被包含在“一切集合”之中，从而消除了集合论悖论.

2. 策梅洛方案

1908 年策梅洛提出用集合论的公理化方法来消除罗素悖论. 他把集合论变成一个完全抽象的公理化理论. 策梅洛首先构造一组公理系统，在这个系统中，只承认按系统里的公理所允许的限度构造出来的集合才是集合，凡是超出系统里公理所允许的限度而构造出来的对象不承认其为集合. 也就是说，他认为不是任何一些对象的全体都能构成集合.

策梅洛引进 7 条公理，其中有一条划分公理：设 L 为任一集合，$R(\theta)$是与 L 的变元有关的一句话，则 L 中一切能使 $R(\theta)$成真话的元素可组成一集合，记为 $L_{R(\theta)}$.

显然 $L_{R(\theta)}\subseteq L$.

根据划分公理，可得下述定理：

定理 1　任一集合 L 必有一个子集不是 L 的元素(证明见徐利治的《数学方法论选讲》的第 132－133 页).

根据这个定理，就能证明罗素悖论中“一切非本身分子集所组成的集合 M”不是一个集合.

事实上，假设 M 为一个集合，则由上述定理可得，M 必有一个子集 M_0 不是 M 的

元素，即有

$$M_0 \subseteq M \quad 且 \quad M_0 \notin M. \tag{1}$$

M_0 是 M 的子集，当然是一个集合. 现问 M_0 究竟是本身分子集还是非本身分子集？设 M_0 为本身分子集，则 $M_0 \in M_0$，但 $M_0 \subseteq M$，故 $M_0 \in M$，这与(1)式相矛盾；再设 M_0 为非本身分子集，则由于 M 是一切非本身分子集所组成的集合，因此，$M_0 \in M$，这又与(1)式矛盾. 既然无论哪种说法都不通，就证明了 M 为一个集合的假定是错误的，即 M 不是集合.

还有一点值得说明一下，在古典集合论中，康托尔对一个集合的确定只有概括原则(任给性质 p_0，使所有具有且只具有性质 p_0 的对象汇集在一起构成集合). 作为一个集合而言，它涉及的不仅是构成它的元素(满足性质 p_0 的对象)而且还涉及使这些元素构成一个整体的“汇集作用”. 另外，人们常常只注意决定一个集合的“任给性质 p_0”，而忽视“具有且只具有”是否可能合理. 正由于康托尔构造集合的任意性带来了悖论，例如“一切集合的集合”. 于是在策梅洛的公理系统中，对构造集合的任意性加以限制，仅保留了概括原则中的合理因素，形成了一个包括划分公理在内的集合论的公理体系. 由于策梅洛构造集合的七条公理还不够完善，后经弗伦克尔和斯科伦(Skolem)的改进，形成了当今被大多数数学家所接受的所谓 *EF* 公理(*EF* 公理详见胡作弦著《第三次数学危机》一书第 100 页). 在这个公理系统中，自然排除了罗素悖论. 直到今天，总算将羊用栏围了起来，把已知的狼隔在了外面，至于栏内是否还有披着羊皮的狼，目前还不知道.

以上数学历史事实告诉我们，科学不是先验的，它是人类实践和智慧的结晶. 每个新概念、新理论的出现和被接受，往往要经过艰难、曲折的过程，需要付出艰辛的劳动甚至生命.

3. 哥德尔的不完备定理

定理 2　如果形式算术系统 S 中是无矛盾的，则在 S 中存在这样一个命题 A，使得在 S 中命题 A 和它的否命题都不能被证明，亦即 S 是不完备的.

这个哥德尔(Gödel)不完备定理是数理逻辑发展史上重大的研究成果，是科学与逻辑发展史上的一个里程碑. 这一重大成果的获得是与悖论研究存在着密切联系的. 哥德尔本人说过，他获得这个定理是直接来自对罗素悖论的分析. 由此可见，从方法论的角度来研究悖论问题确实有重大意义，是数学发展的强大动力.

习　题　三

1. 分析和综合的一般意义是什么？
2. 简述分析与综合的关系.
3. 举例说明什么是演绎法.

4. 用“分析—综合法”写出下题的解题思路：某车间 8 h 加工了 360 个零件，技术革新后 6 h 就完成了任务，现在要加工 7 560 个零件，将比以前节省多少时间？

5. 1879 年意大利数学家佩亚诺(Peano)提出了自然数算术公理系统. 请按此公理系统证明下列结论：设 a,b,c 为自然数，则

$$(a+b)+c=a+(b+c)\quad(\text{加法结合律}),$$

$$a\cdot(b+c)=a\cdot b+a\cdot c\quad(\text{乘法分配律}).$$

6. 求圆柱面 $x^2+y^2=a^2$ 被圆柱面 $x^2+z^2=a^2$ 所包围的部分的面积$(a>0)$.

7. 已知 $0<\alpha<\pi$，求证：$\sin\frac{\alpha}{2}+2\sin 2\alpha\leqslant 1+\cot\frac{\alpha}{2}$.

8. 设有边长均为整数值的三角形，若它的边长之和等于面积的 2 倍，试判定三角形的形状.

9. 若$\triangle ABC$ 的三边 a,b,c 成等比数列，求证：$\cos(A-C)=1-\cos B-\cos 2B$.

10. 设 $n\in\mathbf{N}$，求证：

$$1+\frac{1}{2^2}+\frac{1}{3^2}+\cdots+\frac{1}{n^2}\geqslant\frac{3n}{2n+1}.$$

11. 计算曲线积分

$$\int_{(1,\pi)}^{(2,\pi)}\left(1-\frac{y^2}{x^2}\cos\frac{y}{x}\right)\mathrm{d}x+\left(\sin\frac{y}{x}+\frac{y}{x}\cos\frac{y}{x}\right)\mathrm{d}y.$$

12. 若 $a,b\in\mathbf{R}^+$，求证：$\frac{a+b}{2}\geqslant(a^b b^a)^{\frac{1}{a+b}}$.

13. 设 $n\in\mathbf{N},a>1$，求证：

$$n(a^{\frac{1}{n}}-a^{\frac{1}{n+1}})>a^{\frac{1}{n+1}}-1.$$

14. 不定方程 $x_1+x_2+\cdots+x_n=m(m\in\mathbf{N}$，且 $m>n)$的自然数解的个数是多少？

15. 求证：球面上任意两点之间在球面上的所有连线中，经过这两个点的大圆的劣弧长最短.

16. 设 $a\geqslant 0$，在复数集 $\mathbf{C}$ 中解方程 $z^2+2|z|=a$.

17. 证明康托尔定理：对任何集 X，不存在从 X 到 $P(X)$(X 的所有子集)的满射.

18. 简述康托尔定理与理发师悖论之间有什么关系.

19. 谈谈公理化方法的意义.

第三章典型习题

解答或提示

第四章　数学与物理方法

物理学是对世界客观物质的存在性及其运动规律的研究，必然要借助数学模型，数学也就自然而然成为物理学的语言、工具和方法. 而数学问题往往是从客观事物中抽象出来的，即使纯粹的数学模型，也有极其广泛的实际背景和深刻的物理渊源及普遍联系. 所以，数学与物理学有着不解之缘. 物理学中常用数学方法，如矢量(张量)分析、矩阵、群论、数列与复变函数、各种特殊函数、微分方程、傅里叶(Fourier)分析与积分变换、非线性方法、变分法和概率论等.

反之，用物理方法解决数学问题，目前也许不太为人们所重视. 早在2 000多年前，古希腊学者阿基米德就曾用物体的平衡定律解一些几何问题. 著名数学家庞加莱说过，物理学不仅给数学工作者一个解题的机会，而且也帮助我们发现解题的方法. 事实上，有许多数学问题用物理方法求解，会显得方便、简洁、自然，而且更加巧妙、新颖和独特.

§1　数学问题中的物理方法

数学是一门工具性较强的学科，它是物理、化学、计算机、生物、经济等学科的基础. 我们常常可以看到把数学思想嫁接到其他学科后结出的丰硕果实，比如：把博弈论运用于经济学，把矩阵运用于量子力学，等等. 但反过来呢？其实有的数学问题，用纯数学理论的方法不便于解答，或不容易得出结果，而用物理或其他学科的知识却能简捷地得出答案. 本节介绍几种用物理知识解决数学问题的方法.

让我们先看看重积分计算法则的物理方法论证. 在非数学专业的高等数学教材中，二重积分计算法则以几何方法解释，三重积分计算法则沿用度量几何体的几何方法，可是限于几何体之形，只能给出公式结果. 如果考虑物体质量辅以几何方法，就能作如下证明：

定理1(二重积分计算法则)　设 $f(x,y)$ 在 $D=\{(x,y)\mid a\leqslant x\leqslant b, y_1(x)\leqslant y\leqslant y_2(x)\}$ 上连续且 $g(x)=\int_{y_1(x)}^{y_2(x)} f(x,y)\mathrm{d}y$ 在 $[a,b]$ 上可积，则

$$\iint\limits_D f(x,y)\mathrm{d}x\,\mathrm{d}y=\int_a^b \mathrm{d}x\int_{y_1(x)}^{y_2(x)} f(x,y)\mathrm{d}y. \tag{1}$$

此处 $\int_a^b\left(\int_{y_1(x)}^{y_2(x)} f(x,y)\mathrm{d}y\right)\mathrm{d}x=\int_a^b \mathrm{d}x\int_{y_1(x)}^{y_2(x)} f(x,y)\mathrm{d}y$ 称为 $f(x,y)$ 先对 y 后对 x 的累次积分.

证　首先考虑 $f(x,y)$ 在 D 上是非负函数的情况. 由二重积分的物理意义知

$$\iint_D f(x,y)\mathrm{d}x\mathrm{d}y=M \tag{2}$$

表示占有平面闭区域 D 的平面薄片(图 4-1),且在其上点 (x,y) 处以 $f(x,y)$ 为密度. 又由定积分知 $\int_{y_1(x)}^{y_2(x)} f(x,y)\mathrm{d}y$ 表示 D 上对应 $x\in[a,b]$ 的铅直线段 AB 的质量,此处 $A(x,y_1(x))$,$B(x,y_2(x))$,进而质量 M 具有质量元素

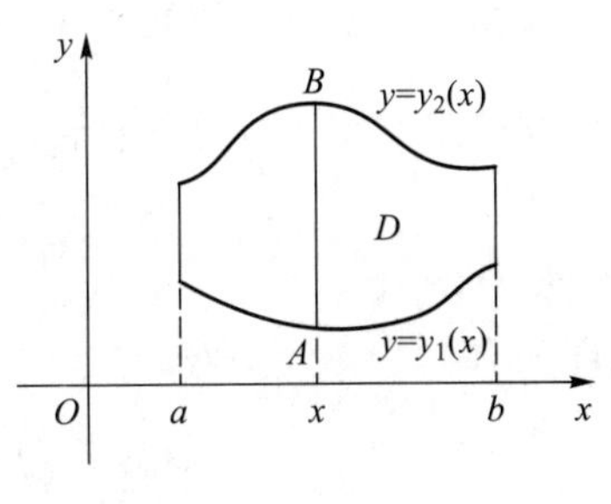

图 4-1

$$\mathrm{d}M=\left(\int_{y_1(x)}^{y_2(x)} f(x,y)\mathrm{d}y\right)\mathrm{d}x,$$

也即又有

$$M=\int_a^b \mathrm{d}M=\int_a^b\left(\int_{y_1(x)}^{y_2(x)} f(x,y)\mathrm{d}y\right)\mathrm{d}x. \tag{3}$$

故由(2)式和(3)式可说明(1)式在 $f(x,y)$ 是非负函数情况成立. 对于一般情况的 $f(x,y)$,由于其连续性知 $f(x,y)$ 在 D 上有下界 m 使 $f(x,y)-m\geqslant 0$,所以,结合已证和二重积分运算性质便得

$$\begin{aligned}\iint_D f(x,y)\mathrm{d}x\mathrm{d}y&=\iint_D(f(x,y)-m)\mathrm{d}x\mathrm{d}y+m\iint_D\mathrm{d}x\mathrm{d}y\\&=\int_a^b\mathrm{d}x\int_{y_1(x)}^{y_2(x)}(f(x,y)-m)\mathrm{d}y+m\iint_D\mathrm{d}x\mathrm{d}y\\&=\int_a^b\mathrm{d}x\int_{y_1(x)}^{y_2(x)} f(x,y)\mathrm{d}y-m\left(\int_a^b\mathrm{d}x\int_{y_1(x)}^{y_2(x)}\mathrm{d}y-\iint_D\mathrm{d}x\mathrm{d}y\right)\\&=\int_a^b\mathrm{d}x\int_{y_1(x)}^{y_2(x)}(f(x,y)\mathrm{d}y,\end{aligned}$$

即定理 1 得证.

定理 2(三重积分计算法则)　设 $f(x,y,z)$ 在 $B=\{(x,y,z)|a\leqslant x\leqslant b,(y,z)\in D_x\}$ 上连续且 $g(x)=\iint_{D_x} f(x,y,z)\mathrm{d}y\mathrm{d}z$ 在 $[a,b]$ 上可积,则

$$\iiint_D f(x,y,z)\mathrm{d}x\mathrm{d}y\mathrm{d}z=\int_a^b\mathrm{d}x\iint_{D_x} f(x,y,z)\mathrm{d}y\mathrm{d}z. \tag{1}$$

此处 $\int_a^b\mathrm{d}x\iint_{D_x} f(x,y,z)\mathrm{d}y\mathrm{d}z=\int_a^b\left(\iint_{D_x} f(x,y,z)\mathrm{d}y\mathrm{d}z\right)\mathrm{d}x$ 称为 $f(x,y,z)$ 先对 y,z,后对 x 的累次积分.

证　如图 4-2 所示,下面只考虑 $f(x,y,z)$ 在区域 B 上是非负函数的情况,对于一般情况的 $f(x,y,z)$ 的证明与定理 1 对应情况类似. 由三重积分的物理意义知

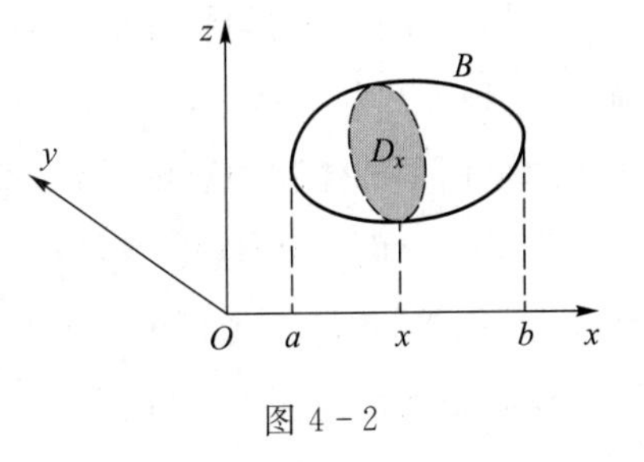

图 4-2

$$\iiint_B f(x,y,z)\mathrm{d}x\mathrm{d}y\mathrm{d}z=M \tag{2}$$

表示占有闭区域 B 的立体质量，且在其上点 (x,y,z) 处以 $f(x,y,z)$ 为密度.

又由二重积分的物理意义知 $\iint\limits_{D_x} f(x,y,z)\mathrm{d}y\mathrm{d}z$ 表示 B 对应 $x\in[a,b]$ 的占有平面闭区域 D_x 的平面薄片的质量，进而质量 M 具有质量元素

$$\mathrm{d}M=\left(\iint\limits_{D_x} f(x,y,z)\mathrm{d}y\mathrm{d}z\right)\mathrm{d}x,$$

也即又有

$$M=\int_a^b \mathrm{d}M=\int_a^b\left(\iint\limits_{D_x} f(x,y,z)\mathrm{d}y\mathrm{d}z\right)\mathrm{d}x. \tag{3}$$

故由(2)式和(3)式说明(1)式成立，即定理 2 得证.

一、德摩根定理的直观图解法

德摩根(De Morgan)定理是集合论里一个非常重要的定理，特别是在随机事件的概率计算中，它可以起到“事半功倍”的作用. 在学习该定理时，若能构思两个直流电路图，则可使该定理直观又浅显易懂.

1. $\overline{A\cap B}=\overline{A}\cup\overline{B}$

如图 4－3 所示，用 A 既表示用电器 A 正常工作，也表示随机事件 A 发生，用 B 表示用电器 B 正常工作，也表示随机事件 B 发生，则 $A\cap B$ 表示串联电路通电，$\overline{A\cap B}$ 表示串联电路断电，它等价于 A 断电或 B 断电，即 $\overline{A}\cup\overline{B}$ 发生.

2. $\overline{A\cup B}=\overline{A}\cap\overline{B}$

同理，如图 4－4 所示，$A\cup B$ 表示并联电路通电，$\overline{A\cup B}$ 表示并联电路断电，它等价于 A 断电且同时 B 断电，即 $\overline{A}\cap\overline{B}$ 发生.

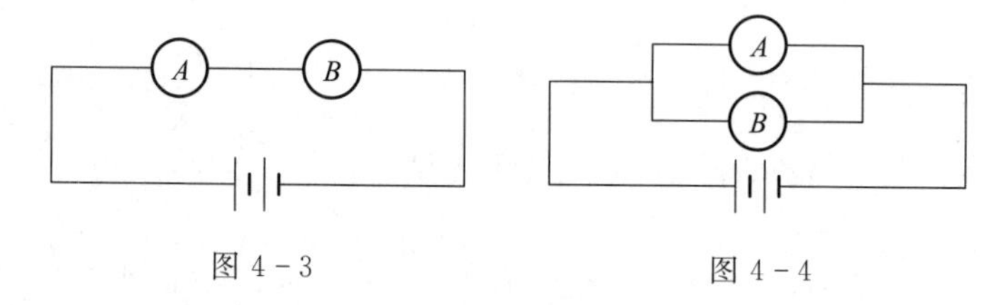

图 4－3　　　图 4－4

二、杠杆原理的应用

用杠杆原理解题，一般是把面积的大小、体积的大小转化为质量的大小，把面积或体积的加和转化为均匀物体的总质量. 由于形状规则、质地均匀物体的重心比较容易确定，这种方法往往能将面积和体积的表达式大大地简化，取得出人意料的效果，其中经典的范例是球体积的求解(第二章 §7 例 7).

除了在求面积和体积上运用外，只要精心构思，杠杆原理在其他问题求解上也大有可为. 例如，化简 $1^2+2^2+3^2+\cdots+n^2$.

我们先来构造如下点阵：

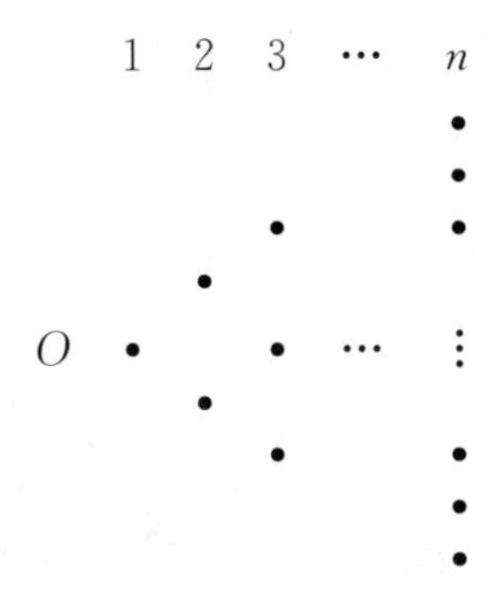

在距原点 O 水平方向长度为 1 处放置 1 个单位质量的质点，水平方向长度为 2 处放置 2 个单位质量的质点……水平方向长度为 n 处放置 n 个单位质量的质点，则该点阵相对于原点的重力矩(略去重力加速度大小)为

$$M=1^2+2^2+3^2+\cdots+n^2.$$

又因为三角形的重心在底边所对应的中线上，且到顶点的距离为中线长度的 $\frac{2}{3}$，所以，该三角形点阵的重心距原点的水平距离为

$$l=\frac{2(n-1)}{3}+1=\frac{2n+1}{3},$$

而点阵的总质量为 $G=\frac{n(n+1)}{2}$，所以

$$M=G\cdot l=\frac{n(n+1)(2n+1)}{6},$$

$$1^2+2^2+3^2+\cdots+n^2=\frac{n(n+1)(2n+1)}{6}.$$

可见，用杠杆原理解题的精髓在于：用体系总重量与体系重心所对应力臂长度的乘积代替体系各部分重力矩的加和，化零为整.

三角形的三条中线交于一点，这一点称为三角形的重心. 这个结论用几何方法不太好证明，若用杠杆原理解答，则简洁明快，令人耳目一新.

如图 4－5 所示，在 A，B，C 三点各放单位质量的物体，利用杠杆原理知，B，C 二点的重心在点 D，即 BC 的中点，它的质量应视为 2，用 $D(2)$表示；$A(1)$和 $D(2)$的重心点 G 也是$\triangle ABC$ 的重心，在线段 AD 上，且$GD=\frac{1}{3}AD$，$GA=\frac{2}{3}AD$.

同理可说明 $B(1)$，$E(2)$的重心和 $C(1)$，$F(2)$的重心也是$\triangle ABC$ 的重心. 由于重心唯一，故三角形 ABC 的三条中线交于重心点 G.

问题的推广：用这种方法不但可以求多边形的重心. 也可以求空间立体的重心. 如图4－6 所示，三棱锥 $A-BCD$ 的重心，应在每个顶点和它所对对面三角形的重心的连线上，这四条线共点(重心唯一)，这一点到顶点的距离与到对面重心的距离之比为 3∶1.

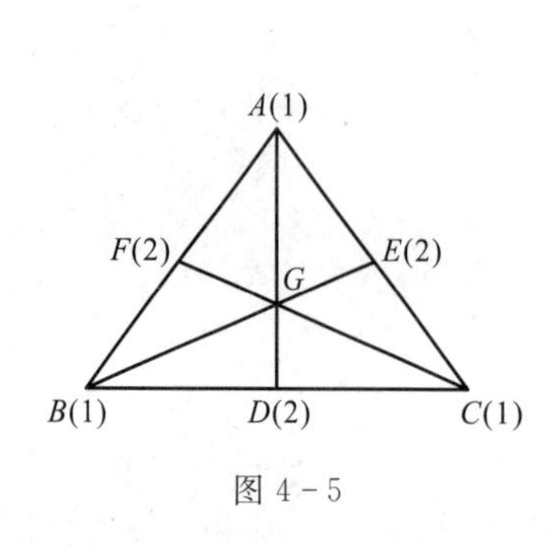

图 4－5

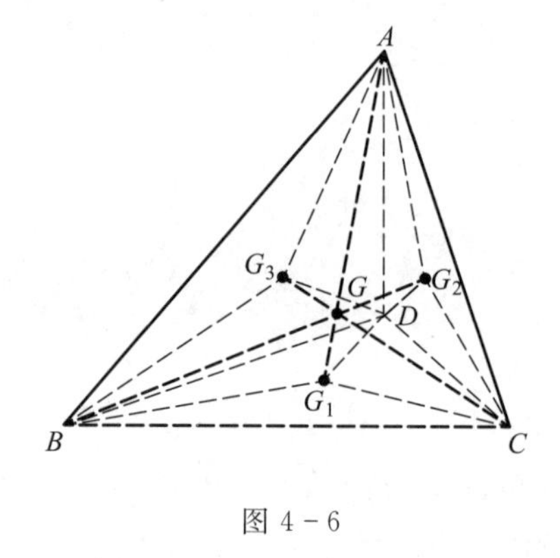

图 4－6

三、光学原理的应用

施瓦茨(Schwarz)问题:求作锐角三角形的内接三角形中周长最小者.

用纯数学方法很难猜测出这样的三角形是否存在,但若用“光路最短原理”可知,这样的三角形是存在的,且正好是它的垂足三角形.

如图 4－7 所示,若在 BC 边(平面镜)上放一光源 D,经平面镜 AC,AB 反射若能回到点 D,则可以证明 D,E,F 三点正好是$\triangle ABC$ 的三条高线的垂足,这时可证$\angle 1=\angle 2$,$\angle 3=\angle 4$,$\angle 5=\angle 6$(入射角等于反射角,高线各为法线). 光的速度虽然快,但它也走捷路,故$\triangle DEF$ 为周长最小的内接三角形(光路三角形). 当然这也可以用数学方法加以证明.

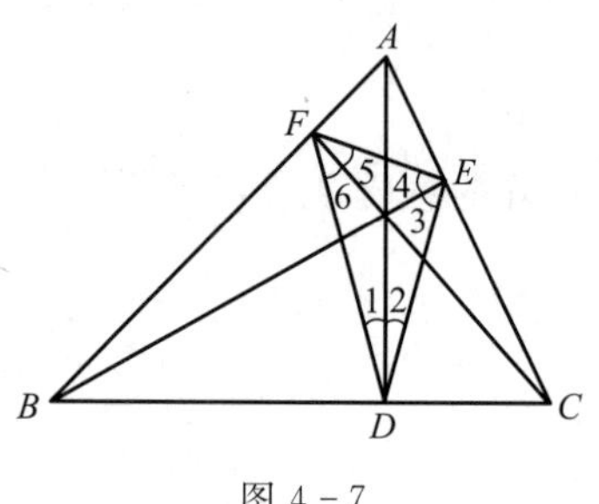

图 4－7

设 U 是$\triangle ABC$ 边 BC 上的一点,它分别以 AB,AC 为镜面成像于点 U'',U',如图 4－8所示. 易知$\triangle ABC$ 的任意内接$\triangle UVW$ 的周长为 $UV+VW+WU$,即折线 $U'VWU''$的长.

若 U 固定,则 U',U''也固定,这时改变$\triangle UVW$ 的另外两个顶点 V 和 W,总可使$\triangle UVW$ 的周长最小. 这样,以 $U'U''$连线与 AB,AC 的交点 M,N 和点 U 为顶点的$\triangle UNM$ 为所求.

下面再讨论如何确定点 U,使线段 $U'U''$最短.

注意,$\triangle AU'U''$为等腰三角形(因为 $AU'=AU=AU''$),又其顶角$\angle U'AU''$的大小与点 U 的位置无关,这是由于$\angle U'AU''=2\angle BAC$,这样,只需使$\triangle AU'U''$的底尽可能小. 因其顶角大小固定,故有最短底者必有最短的腰,但腰 AU',AU''都等于 AU,故只需 AU 最短,它显然是自点 A 向 BC 所作的高线.

这样,自点 A 向底 BC 作高线 AE,点 E 以 AC,AB 为镜面成像于 E',E'',则 $E'E''$连线与 AB,AC 的交点 G,F 便是最小内接三角形的其他两个顶点(图 4－9).

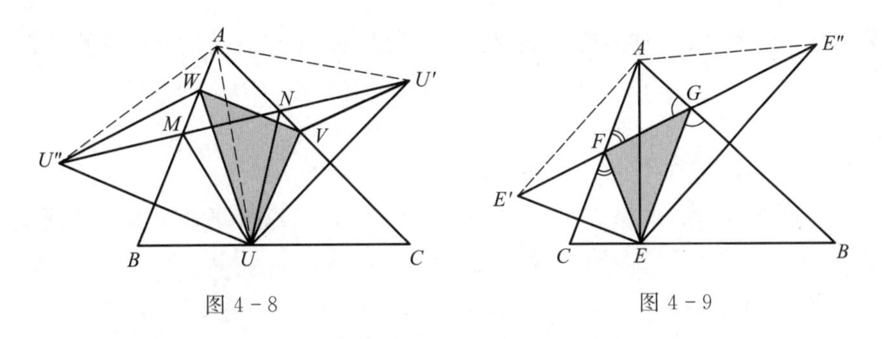

图 4-8　　　　图 4-9

四、势能最小原理(平衡态公理)的应用

独立体系最终总是趋于一个能量尽可能低的稳定状态(平衡态),而永远不能自动地离开它;该平衡态是唯一的. 这即是势能最小原理的表述,也称为平衡态公理. 我们关心的是下面两层意思:能量最低,即存在最小值;平衡包括力学平衡、热学平衡等,也就是存在一系列等式. 平衡存在,不一定对应能量最低;能量最低,则必然存在平衡,这是我们把该原理引入数学解题的依据. 请看下面的问题.

波兰数学家施坦豪斯(Steinhaus)在他的名著《数学万花筒》中提到一个问题:三个乡村要办一个公共小学校,它们分别有 50,70,90 个小孩子,如何选定学校的位置,使得所有孩子的到校路程的总和最小?

这是一个极值问题. 若把题意变为:有三个居民点,要在它们中间建一个货运站来运送物资,使所有的费用最低,这便是运筹学中的"最优化问题",意义重大. 用纯数学的方法找到满足题意的点确非易事,看来只有另辟蹊径了.

如图 4-10 所示,在$\triangle ABC$ 所在水平平面的 A,B,C 三点处各钻一个孔,然后将三条绳子系在一起,设结点为 P. 绳子分别穿过三孔,绳下系所受重力大小分别为 q_1,q_2,q_3 的物体各一件. 当它们平衡时,它们离地面的高度分别为 h_1,h_2,h_3,则整个系统的重力势能,即三个重物的重力势能之和为

$$E=q_1h_1+q_2h_2+q_3h_3. \tag{1}$$

又设结点 P 到 A,B,C 三点的距离为 r_1,r_2,r_3 且系三个重物的绳长分别为 l_1,l_2,l_3,若木板离水平地面高为 h,则有

$$r_i+(h-h_i)=l_i,\ 即\ h_i=r_i+h-l_i\quad (i=1,2,3).$$

故(1)式可写为

$$E=q_1r_1+q_2r_2+q_3r_3+c,$$

其中 $c=(q_1+q_2+q_3)h-(q_1l_1+q_2l_2+q_3l_3)$为常量. 显然当系统处于平衡状态时势能 E 最小,即

$$q_1r_1+q_2r_2+q_3r_3=E-c \tag{2}$$

最小.

而平衡态公理又告诉我们:当该体系达到平衡状态时,必然存在力学平衡,即绳结

P 所受的合外力为零. 根据力的合成,我们便可得到这个点所满足的数量关系为

$$\frac{\sin\angle BPC}{q_1}=\frac{\sin\angle CPA}{q_2}=\frac{\sin\angle APB}{q_3}. \tag{3}$$

下面略证满足(3)式的点 P 即为所求点.

若点 P 满足(3)式,如图 4－11 所示,过 A,B,C 三点分别作 PA,PB,PC 的垂线,垂线构成的三角形为$\triangle DEF$. 考虑角的互补,显然有

$$\sin\angle BDC=\sin\angle BPC,\quad \sin\angle CEA=\sin\angle CPA,$$
$$\sin\angle AFB=\sin\angle APB.$$

又在$\triangle DEF$ 中,用正弦定理,有

$$\frac{EF}{\sin\angle BDC}=\frac{FD}{\sin\angle CEA}=\frac{DE}{\sin\angle AFB}=2R,$$

其中 $2R$ 为$\triangle DEF$ 外接圆的直径,则

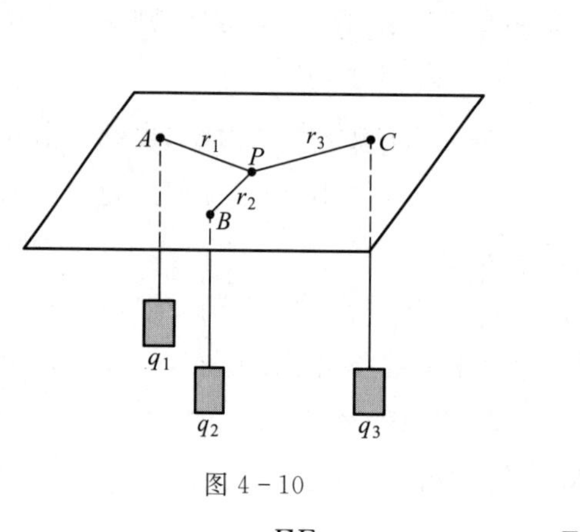

图 4－10

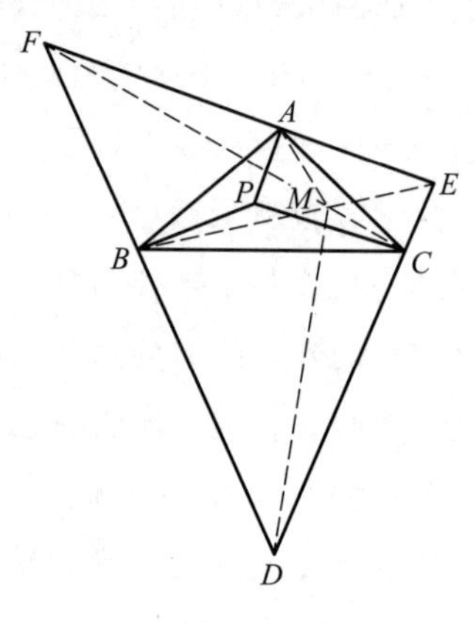

图 4－11

$$\sin\angle BPC=\frac{EF}{2R},\quad \sin\angle CPA=\frac{FD}{2R},\quad \sin\angle APB=\frac{DE}{2R},$$

代入(3)式得

$$\frac{EF}{q_1}=\frac{FD}{q_2}=\frac{DE}{q_3}=k \quad (\text{常数}),$$

且

$$\begin{aligned}S_{\triangle DEF}&=S_{\triangle EPF}+S_{\triangle FPD}+S_{\triangle DPE}\\&=\frac{1}{2}(EF\cdot PA+FD\cdot PB+DE\cdot PC)\\&=\frac{k}{2}(q_1PA+q_2PB+q_3PC).\end{aligned}$$

又若 M 为$\triangle ABC$ 内异于点 P 的另外一点,显然有

$$\begin{aligned}&\frac{k}{2}(q_1MA+q_2MB+q_3MC)\\&=\frac{1}{2}(EF\cdot MA+FD\cdot MB+DE\cdot MC)\end{aligned}$$

$$\geqslant S_{\triangle MEF}+S_{\triangle MDF}+S_{\triangle MDE}=S_{\triangle DEF},$$

所以

$$\frac{k}{2}(q_1PA+q_2PB+q_3PC)\leqslant\frac{k}{2}(q_1MA+q_2MB+q_3MC),$$

即

$$\begin{aligned}q_1PA+q_2PB+q_3PC&=q_1r_1+q_2r_2+q_3r_3\\&\leqslant q_1MA+q_2MB+q_3MC.\end{aligned}$$

当 $q_1=q_2=q_3$ 时，此即为费马问题的解.

例如，设平面 Oxy 上有三点 $O(0,0)$，$P(12,0)$，$Q(8,6)$，求

$$W=5|RO|+4|RP|+3|RQ|$$

取最小值时 R 的坐标. 若用数学方法，可设点 R 的坐标为 (x,y)，于是

$$W=5\sqrt{x^2+y^2}+4\sqrt{(x-12)^2+y^2}+3\sqrt{(x-8)^2+(y-6)^2}.$$

现在可以通过对 W 求关于 x，y 的偏导数进而寻找极值点：

$$\frac{\partial W}{\partial x}=\cdots,\quad\frac{\partial W}{\partial y}=\cdots.$$

到这里很难再做下去了，不是方法错误，而是计算太繁.

如果用上述物理方法，可令 $q_1=5\mathrm{N}$，$q_2=4\mathrm{N}$，$q_3=3\mathrm{N}$，绳结记为点 R'，则体系的势能与 $W'=5|R'O|+4|R'P|+3|R'Q|$ 相差常数. 据平衡态公理，R' 所受的合外力为零，由力的合成得 $\angle PR'Q=90^\circ$，$\angle OR'P=\arccos(-0.8)$，$\angle OR'Q=\arccos(-0.6)$. 然后，过点 Q，R'，P 作圆，圆心为 $S(10,3)$；过点 O，R'，P 作圆，圆心设为点 T. 因为 $\angle OR'P=\arccos(-0.8)$，所以劣弧 $\overset{\frown}{OP}$ 所对的圆心角为 $2\arcsin 0.6$，则 $\frac{1}{2}\angle OTP=\arcsin 0.6$，从而点 T 的坐标为 $(6,-8)$. 由此可得，点 R' 在圆

$$(x-10)^2+(y-3)^2=13,$$

$$(x-6)^2+(y+8)^2=100$$

上，解得点 R' 的坐标为 $\left(\frac{896}{137},\frac{272}{137}\right)$. 所以，当点 R 的坐标为 $\left(\frac{896}{137},\frac{272}{137}\right)$ 时，

$$W=5|RO|+4|RP|+3|RQ|$$

有最小值.

上面的关键是通过力学平衡求出了当 W 取最小值时 RO，RP，RQ 的夹角，这是光靠解析几何很难得出的.

五、圆锥曲线的声学、光学性质

如图 4-12 所示，设 L 是一个平面镜，光线沿直线 BM 入射到 L 上的点 M 时，将沿 MA 反射出去. 按照光的反射定律可知 $\angle\beta_1=\angle\beta_2$（$MK$ 为过点 M 的法线），则 $\angle\alpha_1=\angle\alpha_2$.

光线的这个性质也可推广如下：

把一根橡皮绳(或有弹性的细绳)两端固定在 A,B 两点,中间套上一个可以自由滑动的细圆环. 然后把细圆环套在一根细棒 L 上并张紧绳子,这时圆环会滑到点 M 处时停下来,且系统 A,B,M,L 及绳子处于平衡状态,弹性势能最小,如图 4－13 所示.

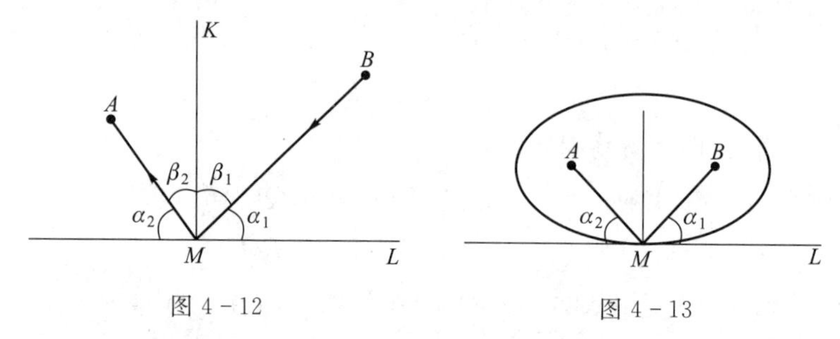

图 4－12　　图 4－13

当取 $MA+MB$ 为定长时,点 M 在椭圆上,且该椭圆以点 A,B 为焦点. 由此可得出椭圆的一个有趣的声学和光学性质：

当声或光沿椭圆的一个焦点出发时,经椭圆反射后必聚在另一个焦点上.

同理可得出抛物线的声学、光学性质:从抛物线的焦点发出的光线(或声波)经抛物线反射后沿着垂直于抛物线准线的直线射出,即成一束平行光线或声波.

汽车的前灯和手电筒的灯泡都安装在抛物面(反射镜面)的焦点上,这样射出的光线是平行光线,可以照得更远.

双曲线上从一个焦点发出的光线,经镜面反射后发散,反射线的反向延长线会聚在另一个焦点上. 探照灯的设计就是这样,所以探照灯的光线可以照得面积更大.

圆锥曲线的声学、光学性质,转换成数学定理为：

(1) 经过椭圆上一点的切线的法线平分这点的两个焦点半径的夹角；

(2) 经过抛物线一点的切线平分这点的焦点半径与这点到准线的垂线所夹的角；

(3) 经过双曲线上一点的切线平分这点的两个焦点半径的夹角.

也许前人也就是在实践中发现了圆锥曲线这些物理性质,然后才用数学语言表达并给予了证明. 证明不难,请读者用解析几何知识自证.

§2　爱因斯坦狭义相对论简介

数学和物理的联系十分密切,物理学的原理必须用数学关系式表达,而数学的结论有时又来源于物理模型. 在数学方法论中,我们不能不提及爱因斯坦的相对论以及由此所创建的宇宙模型,因为它在思想方法上大大影响了数学的思想方法.

在 20 世纪初诞生的相对论力学,是自然科学的一次大突破,它更新了我们对物质世界的认识,改变了人们对时间、空间的观念. 爱因斯坦在 1905 年发表了他的著名论文,提出了狭义相对论,1916 年,他又提出了广义相对论. 狭义相对论是建立在大量实验事实的基础上的,已经得到了实际的应用,它的公式已成为某些工程计算的手段.广义相对论较复杂,数学表达式也困难得多,至今仍只为极少数几个天文事实所证实,尚未达到直接应用的阶段.

本节只介绍狭义相对论的最基本的思想和结论.

一、伽利略的相对性原理

任何物体的运动都是在时间和空间中进行的,描述一个物体的运动离不开空间坐标及时间变量.

自古以来,人们根据日常生活中的亲身体验,觉得时间和空间跟我们的运动状态没有关系.在所有的参照系里,都使用着一个共同的、绝对的时间变量."同时"的概念是绝对的,事件发生的时间先后顺序也是绝对的,跟任何物质的运动无关,也跟观测者的运动状态无关,这叫做时间的绝对性.同样,对于空间,人们也认为是绝对的.例如,测量某一物体的长度,无论在地面上测量,还是在飞机上测量,一般都认为测量结果是相等的,这就是空间的绝对性.对于时间和空间的这种看法,叫做绝对时空观.

对同一现象的描述,两个惯性系的时空坐标之间存在确定的变换关系,时间和空间的性质正是通过这种变换而显示出来.力学相对性原理表明,任何一个力学规律在各惯性系中皆有相同的表示式,这是通过下面的伽利略变换来实现的.

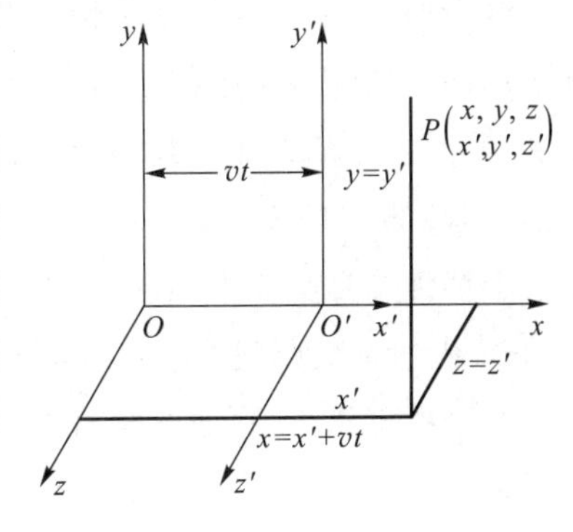

图 4-14

设有两个参照系 S 和 S',它们对应的坐标轴互相平行,彼此相对做匀速运动.S'系相对 S 系的运动速度为 v,方向沿 x 轴正方向.当这两个参照系的原点 O 和 O'重合时,此时当做计算时间的起点.现在我们来研究同一事件 P 在 S 系和 S'系中的坐标变换公式.

如图 4-14 所示,设点 P 在 S 系中的空间坐标为(x,y,z),在 S'系里空间坐标为(x',y',z'),根据经典力学的时空观,事件在 S'系出现的时刻 t',应该和它在 S 系中出现的时刻 t 相等,即 $t'=t$,所以有

$$\begin{cases} x'=x-vt, \\ y'=y, \\ z'=z, \\ t'=t. \end{cases}$$

两个坐标系的这些关系叫做伽利略坐标变换,也可以将它们反过来写成

$$\begin{cases} x=x'-(-vt), \\ y=y', \\ z=z', \\ t=t'. \end{cases}$$

由伽利略的坐标变换式可以得到经典力学的速度变换公式：

$$\begin{cases} u_x=u'_x+v, \\ u_y=u'_y, \\ u_z=u'_z, \end{cases}$$

写成向量形式为

$$\boldsymbol{u}=\boldsymbol{u}'+(v,0,0).$$

伽利略变换是经典时空观(即绝对时空观)的体现.

二、爱因斯坦的相对性原理

1905 年,26 岁的爱因斯坦以新的时空观指出绝对时空观的局限性,创立了狭义相对论. 它建立在相对性原理和光速不变原理两个基本假设基础之上.

1. 相对性原理

这个原理认为,在一切惯性参照系中,物理学定律都是等价的. 也就是说,所有物理规律在一切惯性系中都具有各自的同一表达形式. 这说明运动的描述只有相对的意义,绝对静止的参照系是不存在的. 在任一惯性参照系中所做的任何实验(不仅是力学实验)都不能确定这一系统本身的“绝对”运动,在所有的惯性系中,我们无法确定哪一个惯性系是与众不同的. 可以看出,这一原理是伽利略原理的推广.

2. 光速不变原理

这个原理指出,在彼此相对做匀速运动的任一惯性参照系中,真空中的光速具有相同量值 c(可取为 3×10^8 m/s),也就是说,真空中的光速是一个恒量,它与参照系的运动速度的大小和运动方向无关,与光源相对于观察者的运动也无关. 简言之,即:在真空中,对任何惯性系而言,光在各方向的速度都是 c,与光源的运动无关.

3. 洛伦兹坐标变换公式

根据爱因斯坦的两条基本假设,可以推导出新的狭义相对论的坐标变换公式,即洛伦兹(Lorentz)坐标变换式.

一个物理事件,必有发生的地点(x,y,z)和时间 t,如此,我们有一个表示物理事件的四维时空坐标(t,x,y,z). 从一个惯性系 K,我们测量到一个事件的坐标为(t,x,y,z),在另一个惯性系 K'中测量到同一事件的坐标为(t',x',y',z').

如果一个质点在惯性系 K 中以匀速 v 做直线运动,则在惯性系 K'中也做匀速直线运动,即有

$$x-x_0=v_x(t-t_0),\quad y-y_0=v_y(t-t_0),\quad z-z_0=v_z(t-t_0),$$

$$x'-x'_0=v'_x(t'-t'_0),\quad y'-y'_0=v'_y(t'-t'_0),\quad z'-z'_0=v'_z(t'-t'_0).$$

设在 K 系中的时间 t_0，地点 (x_0,y_0,z_0) 处发出一条光线，于时间 t_1 到达地点 (x_1,y_1,z_1)，则在 K 中，测出光速为

$$c=\frac{\sqrt{(x_1-x_0)^2+(y_1-y_0)^2+(z_1-z_0)^2}}{t-t_0}$$

或

$$(x_1-x_0)^2+(y_1-y_0)^2+(z_1-z_0)^2-c^2(t-t_0)^2=0.$$

在 K' 系中，测得的光速亦为 c，所以

$$(x'_1-x'_0)^2+(y'_1-y'_0)^2+(z'_1-z'_0)^2-c^2(t'_1-t'_0)^2=0.$$

下面来导出特殊情形下的洛伦兹变换公式.

设 K' 系以匀速沿着 K 系的 x 轴方向平移，可以认为当 $t=0$ 时，坐标架 $O'x'y'z'$ 与 $Oxyz$ 重合，且 K' 系的时间 $t'=0$. 又设在 $t=0$ 时，有一条光线自 K 系原点 O 发出，则根据光速不变条件有

$$x^2+y^2+z^2-c^2t^2=0, \tag{1}$$

$$x'^2+y'^2+z'^2-c^2t'^2=0. \tag{2}$$

再设适合(1)式和(2)式的线性变换为

$$\begin{cases}x'=Ax+Bt,\\ y'=y,\\ z'=z,\\ t'=Cx+Dt.\end{cases} \tag{3}$$

根据下列已知事实，可以确定变换中常数 A,B,C,D.

(1) 点 O' 在 K' 系中的坐标为 $x'=0$，代入(3)式得到点 O' 在 K' 系的坐标为 $x=-\frac{B}{A}t$. 又已知点 O' 相对于 K 系的速度为 v，所以

$$v=\frac{\mathrm{d}x}{\mathrm{d}t}=-\frac{B}{A}.$$

同理，点 O 在 K' 系中的坐标为 $x'=Bt$，相应地，$t'=Dt$. 又已知点 O 相对于 K' 系的速度为 v，所以

$$-v=\frac{\mathrm{d}x'}{\mathrm{d}t'}=\frac{\mathrm{d}x'}{\mathrm{d}t}\cdot\frac{\mathrm{d}t}{\mathrm{d}t'}=\frac{B}{D},$$

于是有 $A=D$.

(2) 以(3)式代入(2)式得

$$A^2x^2+2ABxt+B^2t^2+y^2+z^2=c^2(C^2x^2+2CAxt+A^2t^2),$$

即

$$(A^2-c^2C^2)x^2+y^2+z^2+(2ABt-2c^2CAt)x+B^2t^2-c^2A^2t^2=0.$$

上式与方程(1)比较得

$$\begin{cases}2ABt-2c^2CAt=0,\\A^2-c^2C^2=1,\\B^2t^2-c^2A^2t^2=-c^2t^2\end{cases}\Rightarrow\begin{cases}B=c^2C,\\A^2-c^2C^2=1,\\c^2A^2-B^2=c^2,\end{cases}$$

解之得

$$A=\frac{1}{\pm\sqrt{1-v^2/c^2}},\quad B=\frac{-v}{\pm\sqrt{1-v^2/c^2}},$$

$$C=\frac{-v/c^2}{\pm\sqrt{1-v^2/c^2}},\quad D=\frac{1}{\pm\sqrt{1-v^2/c^2}}.$$

(3) 因为当 $v=0$ 时,变换应有

$$x'=x,\quad y'=y,\quad z'=z,\quad t'=t,$$

所以上面几个式子的前面应取正号,且根号内的数值应保持正号,最后得到 K' 相对 K 沿着 x 轴以匀速 v 平动时的特殊洛伦兹变换为

$$\begin{cases}x'=\dfrac{x-vt}{\sqrt{1-v^2/c^2}},\\y'=y,\\z'=z,\\t'=\dfrac{t-(v/c^2)x}{\sqrt{1-v^2/c^2}}.\end{cases}$$

由洛伦兹变换可以看到,在物体的运动速度远小于光速的情况下,即当 $v\ll c$ 时,

$$\frac{v}{c}\to 0,\quad 1-\left(\frac{v}{c}\right)^2\approx 1,$$

洛伦兹变换退化为伽利略变换.

从洛伦兹坐标变换式可以得到相对论中的速度变换式为

$$u'_x=\frac{u_x-v}{1-\dfrac{v}{c^2}u_x},\quad u'_y=\frac{\sqrt{1-\left(\dfrac{v}{c}\right)^2}\,u_y}{1-\dfrac{v}{c^2}u_x},\quad u'_z=\frac{\sqrt{1-\left(\dfrac{v}{c}\right)^2}\,u_z}{1-\dfrac{v}{c^2}u_x}.$$

三、长度的缩短与时间的膨胀

1. 长度的缩短——洛伦兹收缩

洛伦兹变换为

$$\begin{cases}x'=\dfrac{x-vt}{\sqrt{1-v^2/c^2}},\\y'=y,\\z'=z,\\t'=\dfrac{t-xv/c^2}{\sqrt{1-v^2/c^2}}.\end{cases}\tag{1}$$

设 $L=x_2-x_1, T=t_2-t_1, L'=x_2'-x_1', T'=t_2'-t_1'$，于是

$$L'=\frac{L-vT}{\sqrt{1-v^2/c^2}},\quad T'=\frac{T-vL/c^2}{\sqrt{1-v^2/c^2}}.\tag{2}$$

若在 K' 系的 x 轴上放一根直杆，其端点坐标为 x_1' 和 x_2'，则其两端距离为

$$L'=x_2'-x_1'.$$

因为杆相对于 K' 系静止，所以自然可以称 L' 是杆的长度. 我们称之为原长，即

$$L'=L_0'.$$

现在在 K 系中测量这根杆的长度. 若我们想从(2)式解出 L 与 L' 的关系，则已知数据不够，需要明确杆在 K 系的长度是什么意思. 按照平常用尺测量一个物体长度的规则，需要尺的两端同时接触被测的物体，因此在得出杆在 K 系的长度时，需要在 K 系中同时定出 x_2, x_1 的数值，即要求 $T=0$. 将此条件代入(2)式得

$$L'=\frac{L-vT}{\sqrt{1-v^2/c^2}}=\frac{L}{\sqrt{1-v^2/c^2}},\tag{3}$$

或

$$L=L'\sqrt{1-v^2/c^2}=L_0'\sqrt{1-v^2/c^2}.\tag{4}$$

所以这条杆在 K 系测得的长度 L 比原长 L_0' 短，这种现象称为洛伦兹收缩.

反之，若在 K 系中的 x 轴上放一根杆，则杆的原长为 $L_0=L$，在 K' 系中测量得到的长度是在 $T'=0$ 下的 L'，此时由(2)式得

$$T'=\frac{T-vL/c^2}{\sqrt{1-v^2/c^2}}=0,$$

所以 $T=vL/c^2$，且

$$\begin{aligned}L'&=\frac{L-vT}{\sqrt{1-v^2/c^2}}=\frac{L-v\cdot vL/c^2}{\sqrt{1-v^2/c^2}}\\&=L\,\frac{1-v^2/c^2}{\sqrt{1-v^2/c^2}}=L_0\sqrt{1-v^2/c^2},\end{aligned}$$

仍然得到杆的长度缩短了.

2. 时间的膨胀

由于

$$T'=\frac{T-vL/c^2}{\sqrt{1-v^2/c^2}},\quad L'=\frac{L-vT}{\sqrt{1-v^2/c^2}},$$

设有一个钟静止置于 K' 系中的 $x_2'=x_1'$ 的地方，这时

$$L'=x_2'-x_1'=0,$$

则有

$$T'=T\sqrt{1-v^2/c^2},\quad 或\quad T=\frac{T'}{\sqrt{1-v^2/c^2}}.$$

因为 T' 是钟静止于 K' 系所指示的时间间隔，特称为 K' 系的原时间隔，记为 T_0'，所以

在 K 系中测得的时间间隔 T 比原时 T_0' 要大,这就叫时间膨胀.

3. 相对质量和质能关系

根据洛伦兹变换,还可推出物体的质量公式

$$m=\frac{m_0}{\sqrt{1-v^2/c^2}},$$

其中 m_0 是 $v=0$ 时在质点相对静止时惯性系中所测得的质量. 又质量为 m 的物体的能量为

$$E=m\cdot c^2,$$

其中 c 为光速,这个质能公式是一个揭示宇宙形式的伟大公式.

§3　数学与大自然及宇宙的和谐

一、毕达哥拉斯的豪言“万物皆数”

生活在公元前500多年古希腊时代的毕达哥拉斯,提出“万物皆数”. 这四个字,绝不是一时的口头语,或是戏言,而是反映了毕达哥拉斯学派的“世界观”.

毕达哥拉斯的“万物皆数”不无道理. 我们生存的大自然的一切都是可数的,都是可以用数来衡量的,世界可以用“数”这种科学的语言来描写. 我们生存的社会的一切现象不也是可以用数来衡量的吗? 我们每天都在计算.

开普勒奋斗了18年所发现的行星运动第三定律:$T^2=kD^3$,其中 k 为常数,T 表示行星公转周期,D 表示它到太阳的距离,被科学家称赞为2和3的音乐. 这足以说明,大自然及宇宙的和谐最终表现出数学的和谐. 科技发展到了今天,数学更是无处不在、无时不在. 我们确信:数学是大自然的语言!

二、“勾股定理”——人类期望和外星人对话的第一语言

自从人造卫星、宇宙飞船上天以后,人类要到达别的星球就不再是可望而不可及的事了. 近几十年来,关于“火星上有没有人?”的问题,有许多天文学家从事推测,展开了热烈的争论,得到了一些成绩. 在这里,又发生了一个新的问题,就是怎样利用“无线信号”来和这类想象中的高等生物进行通信呢? 法国巴黎某学院曾为这个问题设立了一笔十万法郎的奖金,以奖励第一个和其他天体上的居民通信的人.

有人曾经提出建议,把勾股定理的图形,作成光线信号,可以传送给火星上或其他天体上的高等生物. 这个办法从表面上看来,似乎有点开玩笑,然而相当有道理,因为真理总该有它不可磨灭的统一性. 只要看看我们所居住的地球,勾股定理所表达的数学内容,不论古今中外,几乎是不谋而合的.

人类和其他星球的“高等生物”无其他的共同语言,那么“勾股定理”作为交流对话

的一种语言是有可能揭开宇宙奥秘的，这也是数学和宇宙的和谐.

三、相对论力学所描述的和谐宇宙

根据爱因斯坦的狭义相对论原理，在宇宙中，长度、时间、质量、动量等均可以表示为

$$l=l_0\sqrt{1-\frac{v^2}{c^2}}\text{（长度）},\qquad t=t_0\frac{1}{\sqrt{1-\frac{v^2}{c^2}}}\text{（时间）},$$

$$m=\frac{m_0}{\sqrt{1-\frac{v^2}{c^2}}}\text{（质量）},\qquad \rho=\frac{m_0 v}{\sqrt{1-\frac{v^2}{c^2}}}\text{（动量）}.$$

这些公式更新了我们对长度、时间、质量、动量的观念，让人耳目一新.

相对论力学的另一项重要成果，是导出了质量与能量之间的简单关系. 运用洛伦兹变换研究物体的动能，发现动能 $E_k=mc^2-m_0c^2$，m 是物体速度为 v 时的质量，m_0 是物体速度为零时的质量，动能恰好是 $(m-m_0)c^2$. 由此，爱因斯坦认识到，物体的惯性大小，即质量大小，是与能量有关的，它们是以同样的姿态出现的，差别只是一个常量因子 c^2，于是爱因斯坦给出了著名的质能公式

$$E=mc^2.$$

爱因斯坦的这个公式可以说就是描述宇宙的一个伟大的公式，它说明：

(1) 宇宙是能量型的，能量是宇宙生存的强大动力；

(2) 物质的质量和能量是等价的；

(3) 物质中存在着巨大的能量，$E=mc^2$ 向我们指出，宇宙中存在着巨大的能量——原子能，它一旦释放，就犹如一个“太阳”；

(4) 宇宙是无穷大的象征，光的速度是速度的极限.

四、数学的人文力量

数学对人的整体文化修养构成产生重要影响的同时，还有深层次的人文力量. 蕴含在数学知识中的观点、信念和态度等，能真正做到关怀人文精神、人格品质和人生观、价值观教育. 尽管它和其他一些人们熟悉的人文课程有所不同，但数学同样具有人文课程的某些特点，从而发挥一定的人文教育作用. 数学的思想方法、数学意识、数学精神，包含着浓厚的人文精神，对培养学生的人文素质有其独特的作用. 作为人类智慧宝库的璀璨明珠，数学思维也是一种理性的艺术，它对人文素养的影响乃至更普遍的方法论意义，是任何一个其他具体学科（包括人文学科）所无法比拟的.

数学不仅予人智慧，而且一定程度上能锤炼好人品. 善良、正直、厚道、诚实、守信、谦虚、宽容、好学等这些好的人品特征，往往在数学家身上可以普遍看到. 我们不

能断言数学与好人品之间有必然的联系，也不能说学数学就一定能培养出好人品，但是，数学与好人品之间一定是正相关的，并且这种正相关、正能量会明显优于其他一些学科. 在数学教育过程中，无论老师还是学生，面对数学时最直接、最基本的感受是“求真”“求实”“崇尚真理”，一是一，二是二，不能有丝毫虚假和错误，说话有据、言之有理，讲究逻辑，只讲真理，没有权威，在真理面前一切理性之外的物质和意识都不能改变. 在数学活动中，人们不断地修正和改错，也就愈加接近自然真理，从而发觉自己的无知，也就学会懂得宽容和谦虚，也使人变得更为虔诚和纯正. 这种亲身经历和灵魂深处的体验，对形成好的人品之教育效果比空洞的说教要好多少倍. 事实证明，数学品质的潜移默化可以使受教育者形成一系列具有道德色彩的品质，正直、诚实、不轻率盲从、尊重真理、遵纪守法、严谨认真、顽强自信等美德是数学精神的产物.

对数学而言，其真的一面是毋容置疑的，也是显而易见的. 求真本身就代表一种善意，而真的事物，才会具有善和美的光华. 数学既具有纯粹理性又有严谨完美的形式，在人类社会生活的方方面面和各门学科中被广泛运用，起着巨大的推动作用，也能显著改善人类的物质生活. 因此，数学于善就不难理解. 同时，数学蕴涵着促使美德生成的正能量和使人道德化的神圣力量. 数学的思想方法、态度和观念通过学习和研究数学过程的潜移默化就内化影响到人格，便可形成善的道德观. 古希腊哲学家柏拉图说得好，学了几何就更易于认识善这个观念，几何会把灵魂引向真理. 毕达哥拉斯学派也认为“数学和音乐能够净化人的灵魂”.

美是人类本质力量的对象化. 数学作为人类认识世界的一种典型产物，是呈现自然规律的自由形式，具有科学美的一切特性. 同时，数学以自身独有的方式描述自然，会把自然界的美展现转化成数学美，同样具有艺术美的某些特性. 简单、对称、和谐、统一，数学中随处可见. 希腊格言“美是真理的光辉”被无数数学家和数学发现的故事所印证.

作为人类智慧的最高成就之一，数学彰显出真善美的高度统一，数学活动就是对真善美的崇高追求. 数学文化不仅是求真、求善、求美的结果，而且是沟通和融合人的内部精神世界和外部世界的桥梁与中介，因而不可忽视通过对数学真善美的体悟来深层次认识数学文化. 此外，蕴含在数学中的真善美，不可能是虚无缥缈的，需要依靠于诸如语言文字、图形、符号等其他的文化形式来表达，能够融科学与文化于一体.（参见：张雄，数学教育应融科学与人文于一体，《光明日报》2018 年 12 月 6 日第 16 版.）

习　题　四

1. 固定两点 P，Q 和曲线 L 在同一平面上，动点 R 在 L 上运动. 找出点 R 的位置，使 $PR+QR$ 最短.

2. 已知锐角$\angle XOY$ 和其内一点 P，两点 Q，R 分别是 OX，OY 上的动点. 试确定点 Q，R 的位

置，使$\triangle PQR$的周长为最小.

3. 定点A和B分别在定直线l的两侧，$AC\perp l$，$BD\perp l$，C，D是垂足，M是CD的内点，p，q是已知的正数，试证：当$pAM+qBM$最小时，有

$$p\sin\angle CAM=q\sin\angle DBM.$$

4. 有一个货栈在点O，距运河的直线距离$|AO|=60$ km，点A下游200 km处的点B有一个工厂. 现有一批货物要从货栈运往工厂，陆上运费为100元/km，水上运费为80元/km，且可在运河边任意一点装卸货物. 请设计一条最优化路线(假设AB间的河道笔直). (提示：用折射定律.)

5. 已知正n边形外接圆半径为r，其所在平面内任意一点P到圆心的距离为a，求证：点P到这个正n边形各顶点距离的平方和等于$n(r^2+a^2)$.

6. 如图4-15所示，$\triangle ABC$的面积为1，点D，E，F分别是BC，AC，AB上的三等分点，P，Q，R为AD，BE，CF两两交点，用物理方法求$\triangle PQS$的面积.

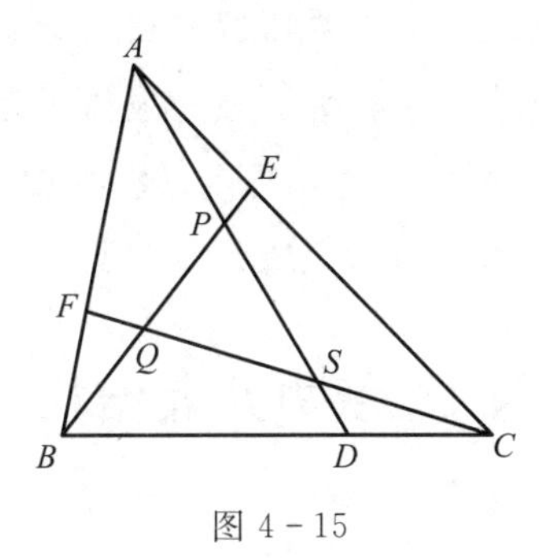

图4-15

7. 用杠杆原理求三角形内心、垂心.

8. 用杠杆原理求抛物线弓形面积.

9. 分别用力学模拟的方法和利用导数求解费马问题.

10. 用物理知识证明：$\cos\frac{\pi}{7}-\cos\frac{2\pi}{7}+\cos\frac{3\pi}{7}=\frac{1}{2}$.

第四章典型习题

解答或提示

第五章　数学智力的开发与创新意识的培养

创新性思维，即创造性思维或发现性思维，它是思维活动的高级过程，是个人在已有知识经验的基础上，发现新事物、创造新方法、解决新问题的思维过程.而这一过程源自创新意识.创新意识是引领发现新事物、创造新方法、解决新问题的第一动力.

数学实力往往影响着国家实力，世界强国往往也是数学强国.数学对于一个国家的发展至关重要，发达国家常常把保持数学领先地位作为他们的战略需求.而这不仅仅表现为数学在科学技术方面的硬实力，同时，数学在智力开发与培养创新意识方面的潜在意义，也是不可忽视的.

§1　智力及其结构

一、智力的含义

如何定义智力是心理学界长期争论的问题，心理学家从不同的侧面对智力——这种人脑的功能的界定不下百种.比较全面的看法是：智力是人类特有的现象，它是个体在孕育、成长实践过程中，在先天遗传因素的基础上，以环境信号为中介，形成的主体认识功能及其调节行为能力水平的一种表现.它是人类认识世界、改造世界的本质力量.

一个人的认识功能及其调节行为能力的水平，当客观上已经具备但尚未表现出来时，这种潜在的智能我们称为潜智力.人在认识世界和改造世界的活动中，利用语言或操作将这种头脑中潜在的智能表现出来时，在哲学上称为物化智力，也可称之为显智力.可以说人类创造的一切财富都是人的“智力的物化”.

二、智力的结构

智力结构问题是指智力的各个构成要素之间相互依存、相互制约的辩证关系及其构成形式.对这方面的研究将有助于对智力本质的深入了解.近100年以来，心理学家提出过智力的单因素理论、多因素理论、层次理论及结构理论.每一种理论都是关于智力模型的一种假说，都从某个侧面揭示了智力的特性，从认识智力为单因素到多因素，从智力的因素理论到智力的结构理论，其发展过程反映了人们对智力问题认识的深化.

智力也是有层次的. 自下而上,由低到高,智力大体可分为基础部分、主体部分与升华部分. 如下表所述:

层次结构	基础部分	主体部分	升华部分
基本构成要素	注意力、观察力、感知力、记忆力等各种接受能力	分析、综合、判断、推理、比较、概括、想象等	探究能力、应变能力、创造能力

可见,智力是人在认识方面的各种能力组成的有机整体,它不是基本要素的简单总和,而是个体以思维为核心组成的心理活动最一般的综合能力,具有整体性.

基于对智力结构的探索和教育科学研究的需要,我国系统论专家运用集合、"乘法"、数学思想及化学反应式的思想方法综合概括提出了如下智力模型:

智力＝(知识×心理能力)⇔分析问题与解决问题的能力

这表明智力是关于知识与心理能力的二元函数,其中知识包括直接知识与间接知识、理论知识与实用知识、自然知识与社会知识等;心理能力指观察力、注意力、记忆力、想象力、思维力等,其中思维力是心理能力的核心.

智力模型表明,构成智力的要素是知识和心理能力,它们之间的关系是"乘法关系". 换言之,若知识趋于零,而心理能力总有一个"上阈限",则智力必然趋于零. 如人工智能机,未储存知识时智力等于零. 若心理能力趋于零,智力也趋于零,这是不言而喻的. 若知识与心理能力的关系趋于零,则智力也是趋于零的. 比如一个昏睡的科学家,尽管他的知识量很大,虽然心理能力很强,但心理能力不能对知识发生作用,也就不能充分表现出他的智力来.

然而,仅仅"知识×心理能力"还只是潜在智力,需要通过与"分析问题与解决问题的能力"成动态平衡时,才能充分显示出其智力,即

知识×心理能力⇔潜智力(潜在智能),

分析问题解决问题的能力⇔显智力(物化智力),

"⇔"表示动态平衡.

"知识×心理能力⇔分析问题与解决问题的能力"之意义是"显智力"与"潜智力"的动态平衡,即二者相互转化、互相促进,协调同步发展. 这表明,提高知识量、培养心理能力这两个单项因素会有利于智力发展,而知识与心理能力关系的发展更有利于智力的发展与提高. 通过对知识的运用进行问题解决教学,促进模型中动态平衡水平的提高,对全面开发智力、提高智力水平是有益的. 这正是符合"读书是学习,使用也是学习,而且是更重要的学习"的道理,也表现出智力是具有发展性的.

我们认为,上述智力模型分析是通过教学来开发智力的一种可能的理论根据.

§2　能力及其培养

一、能力的概念

尽管我们在日常教学工作中经常说到“能力”，但究竟什么是能力？争论至今，没有统一的定义. 冯忠良先生认为，能力是“人类有机体为适应复杂的环境变化，而对活动过程及方式具有的一种特有的自我调节控制作用”“作为个体心理特性的能力实质，乃是类化了的个体经验”. 孟昭兰教授采用了这样的定义：“能力是人类完成某种活动所必备的个性心理特征，它在心理活动中表现出来，是影响活动效果的基本因素，是符合活动要求的个性心理特征的综合.”

二、能力与智力

为了进一步理解能力，我们再来讨论一下能力与智力的关系.

关于能力与智力的关系有三种观点：能力包含智力，智力包含能力，能力和智力是交叉关系.

1. 能力是智力的属概念

能力包含智力是苏联心理学家们的观点，他们把能力分为一般能力和特殊能力，智力就是一般能力. 一般能力(智力)是指在各种基本活动中表现出来的认识能力，或是一般智慧能力，如观察力、记忆力、概括力. 特殊能力是指在某些专业活动中表现出来的能力，如数学能力、教学能力、音乐能力、绘画能力等. 人们在进行某一活动时，既需一般能力，又需特殊能力的参与.

一般能力和特殊能力的关系是一种辩证统一的关系. 一方面，某种一般能力在某种特殊活动中得到发展，就成为该特殊能力的组成部分. 例如，概括是人们由认识个别事物或特殊事物扩大到认识一般事物，是认识的深化. 科学地概括能够抽出同类对象的本质属性，从而更全面深入地认识世界，因此，概括能力是一般能力. 在数学学习活动中，需要对以数字、字母等所表示的数量关系和空间形式作抽象概括. 因此，概括能力在数学学习活动中就成为数学概括能力——一种特殊能力. 另一方面，在特殊能力得到发展的同时，也发展了一般能力. 例如学生在数学学习活动中，逻辑思维得到发展，有可能迁移到其他活动中去，使一般能力得到了提高.

一般能力和特殊能力具有不平衡性，即有的学生一般能力强，特殊能力也较强，也有学生一般能力不高，而特殊能力较高. 不过一般能力太低的人，不会有太高的特殊能力.

数学教师正是通过课堂教学培养学生的数学能力，从而达到发展学生一般能力的目的.

2. 能力是智力的种概念

西方心理学家一般认为智力是由多种能力组成的,智力是能力的属概念,其中颇具代表性的有“二因素说”和“多因素说”.

智力“二因素说”是英国心理学家斯皮尔曼(Spearman)在1909年采用统计学方法推出的,他认为智力由特殊因素(Special Factor,又称S因素)组成,他发现特殊因素有五种类型:口语能力、教具能力、机械能力、注意力与想象力.

凯勒(Kelly)和瑟斯顿(Thurstone)分别于20世纪30年代和40年代提出了“多因素说”.他们认为智力由彼此不同、相互并列的原始能力因素组成.凯勒提出了5种因素:数、形、语言、记忆和推理,瑟斯顿则提出了7种因素:(1)词语意义的理解;(2)词的流畅;(3)数字计算;(4)推理;(5)空间知觉;(6)知觉速度;(7)记忆.可见,在他们的能力因素中,数学能力占了较大比重.

美国心理学家加德纳(Gardner)于1983年提出类似的“多维智力说”.他认为智力的前提应包括解决难题的技巧、创造有效的产品和找出难题的潜力.智力至少包括7种能力:(1)语文智力,指学习和使用文字的能力;(2)数理智力,指数学的运算及逻辑思维推理能力;(3)空间智力,指凭知觉辨识距离、判定方向的能力;(4)音乐智力,指对音律节奏之欣赏及表达能力;(5)体能智力,指支配肢体以完成精密作业的能力;(6)社交智力,指与人交往且和睦相处的能力;(7)自知智力,指认识自己并选择自己生活方向的能力.

加德纳预测,在今天,语文能力和数理能力虽然都很重要,但在不久的将来,随着计算机的普及,作为程序设计的数理能力和作为个体计划的自知能力(自我意识能力)会变得更重要.

加德纳的理论扩大了智力的概念,为素质教育提供了理论基础.

3. 能力与智力是交叉关系

与上述观点不同,我国著名心理学家林崇德教授认为智力与能力不是包含关系而是交叉关系.

首先,智力与能力同属个性的范畴,即它们都是成功地解决某种问题(或完成任务)所表现的良好适应性的个性心理特征.

其次,智力和能力有一定的区别.一般地说,智力偏于认识,它着重解决知与不知的问题,是保证有效地认识客观事物的稳固的心理特征的综合;能力偏于活动,它着重解决会与不会的问题,是保证顺利地进行实际活动的稳固的心理特征的综合.

再次,认识和活动总是统一的.认识离不开一定的活动基础,活动又必须有认识参与,所以智力与能力是一种互相制约、互为前提的交叉关系.这种交叉关系,既体现了苏联心理学家所说的从属关系,又体现了西方心理学所讲的包含关系.教学的实质就在于认识和活动的统一,在教学中发展智力和培养能力是分不开的.林教授认为,能力中有智力,智力中有能力,不管智力还是能力,其核心成分是思维,最基本的特征是概括.

智力与能力间的关系至今还没有定论，这有待于心理学家的努力，本教材并不打算严格区分能力与智力，有时将它们统称为“智能”. 然而，我们可以从心理学家们提出的各种理论中进一步理解能力概念，为探索培养数学能力的有效途径打下基础.

三、影响能力形成与发展的因素

研究影响能力形成与发展的因素，可以回答个体的智力与能力在多大程度上可以得到改变，改变的可能性有多大等问题. 这些问题的讨论有助于树立对中学生数学能力培养的正确观念.

一般说来，影响能力形成与发展的因素，不外乎遗传、环境与教育，它们对能力发展的作用究竟如何，心理学家们对此进行了长期而深入细致的研究，主要结论如下：

（一）遗传是能力产生、发展的生物前提

1. 遗传因素是影响智力发展的必要条件

最近的研究表明，人与人之间的血缘关系愈近，智力的相关程度愈高，尤其是同卵孪生子之间智力相关程度最高. 这说明遗传是决定智力高低的重要因素，是影响智力与能力发展的必要条件. 但遗传绝不是决定因素，具有良好遗传素质的人并不能确保其能力或智力得到充分的发展.

2. 遗传因素决定了智能发展可能达到的最大范围

阴国恩先生把遗传因素决定的智力发展可能达到的范围形象地比喻为“智力水杯”，有的儿童生来这个“智力水杯”大一些，有的儿童生来这个“智力水杯”小一些. “智力水杯”大，则有装入较多“水”的可能；“智力水杯”小，则只能装较少的“水”. “智力水杯”的大小，反映了它装“水”潜力的大小，即相当于智力潜力，它制约着儿童智力开发的最大限度，但实际上装了多少水，还取决于后天的生活经验与教育环境，即后天的教育环境及活动经验决定了智力或能力发展的实际水平.

3. 遗传对人的智能发展的影响是有年龄特征的

一般说来，遗传因素的影响随着年龄的增长而减弱，即随着年龄的增长，遗传因素的影响不如环境教育的影响那么明显、直接.

（二）环境与教育是智力或能力发展的决定因素

智力或能力的产生与发展，是由人们所处社会的文化、物质环境以及教育环境所决定的，其中教育起着主导作用.

如前所述，遗传因素为智力或能力的发展提供了生物前提与物质基础，确定了发展的最大上限，而丰富的文化、物质环境和良好的教育环境刺激则把这种可能性变为现实.

大量实验表明，在遗传因素相同的情况下，环境刺激越丰富，个体的智能越能得到充分的发展，测得的智商(IQ)就越高.

环境刺激对智力或能力发展所起的决定作用，主要体现于它能影响智能发展的速度、水平、类型、智力品质等方面，能决定智能开发的具体程度．了解这一点，对中学生能力的培养具有指导意义．一般情况下，绝大多数学生都具有发展的潜能，但能否得到充分的发展，则取决于学校、家庭等能否为他们提供良好的刺激环境．

在所有的刺激环境中，学校教育是一个特殊的刺激环境．它是有目的、有计划、有系统地培养中学生能力发展的社会实践，良好的教育对儿童的发展起促进作用．下面的例子可以证明这一点：据某文献记载，一对孪生姐妹在出生 18 个月以后分开，一个寄养在边远地区，只受了两年教育；另一个寄养在繁华的农庄里，受到了专门的教育．在她们 35 岁时进行测试，后者的智商比前者高 24 分，这是良好的教育环境对智商的影响的充分例证．

尽管教育环境是能力提高的决定因素，但一个人能否利用这些外部因素来充分开发自己的潜能，还必须取决于他的主观努力程度和意识能动水平等非智力因素．许许多多在逆境中努力奋发最后取得成功的人士证实了这一点．这说明，尽管智力、能力属于认识活动范畴，但能力的提高与培养不能忽视非智力因素的作用．

（三）智力水平的差异性与素质教育

华东师范大学钟启泉教授认为素质教育的核心是“个性发展”，素质教育强调个性概念，既承认人与人之间在基本素质上是相同或相近的，又承认人与人之间个体的不同心理特征之间存在着量与质的差异，每一位老师都应该正视这一点，并用来指导自己的教学实践．

首先，我们应当认识到，每一个发展正常、心理健康的学生都具有学好教学大纲所规定的知识内容的潜能，但最终能否达到教学大纲的要求，关键在于教师的主导作用的发挥，在于教师如何运用教学技巧去激发学生的兴趣和求知欲望，充分开发他的潜能，并在教学过程中注意促进能力的提高．

其次，教师要正确认识和处理学生智能方面存在的差异性．杨振宁教授认为，在中国，特别是在城市里，家长们都希望自己的孩子进重点中学、重点大学，能读硕士、博士，这对中国的经济发展和孩子们本身是不利的．如果一个学生念得相当苦，就不妨想一想，是不是做别的事对他本人和社会更好些．杨教授一针见血地指出了我国这种“千军万马过独木桥”的现象的弊端．但对于“望子成龙”“望女成凤”的家长们来说，希望自己的孩子攀登科学的高峰，本无可非议．然而，对于教师来说，如果不正视学生智能水平的差异性，对所有的学生施行同一进度、同一要求、同一标准的教学，那就必然出现多数人陪少数人读书的怪现象；如果不正视学生智能水平质的差异，对所有学生提出同一标准与要求，就好比用“方模板”去套西瓜田里的西瓜，结果长出来的全是方西瓜．显然，这些都违背了素质教育强调个性发展的基本精神．

我国的教育历来强调要因材施教，但由于种种原因，纸上谈兵者较多，落实到教学实践中者较少．在提倡素质教育的今天，再一次提出要正确认识学生智能的差异性，施行因材施教，无疑具有重大的现实意义.

§3　智力的开发

一般认为，智力包括观察力、注意力、想象力、思维力、记忆力等，其中思维力是智力的核心. 本节主要讨论思维的训练问题.

一、发散性思维

什么叫发散性思维？1957年，美国心理学家吉尔福特(Guilford)在斯坦福大学发表的一篇演讲《智慧的三个侧面》中，把思维过程分为集中性思维(或求同思维)和发散性思维(或求异思维)，将集中性思维与发散性思维作为智力结构的因素提出来，表明发散性思维具有创造性，在创造性的研究史上树起了一面旗帜.

集中性思维是将各种信息结合起来仅产生一个答案的思维，它是一种具有封闭性、收敛性的思维.

发散性思维是从所给的同一来源的信息产生各种各样为数众多的新信息，即从问题的多种可能方向扩散出去，探索问题的多种解法.

例如，“？＝1”经过发散式思维，获得了多种答案：

$$
\begin{cases}
1+0=1 & \text{(加法运算)} \\
100-99=1 & \text{(减法运算)} \\
1\times 1=1 & \text{(乘法运算)} \\
20\div 20=1 & \text{(除法运算)} \\
\dfrac{2}{3}+\dfrac{1}{3}=1 & \text{(从部分到整体)} \\
1^2=1 & \text{(想到了乘方)} \\
\dfrac{b}{a}\cdot\dfrac{a}{b}=1 & (ab\neq 0\text{,倒数关系)} \\
\sin^2\alpha+\cos^2\alpha=1,\tan\alpha\cot\alpha=1 & \\
\sin\alpha\csc\alpha=1,\cos\alpha\sec\alpha=1 & \\
\sec^2\alpha-\tan^2\alpha=1,\csc^2\alpha-\cot^2\alpha=1 & \text{(三角公式)} \\
\log_a a=1,\log_a b\log_b a=1 & \text{(对数运算)} \\
0!=1,1!=1 & \text{(阶乘定义)} \\
a^0=1 & (a\neq 0\text{,零指数定义)}
\end{cases}
$$

在数学中，一题多解、一题多变也是发散性思维的表现形式.

发散性思维需要揭示同一事物中不同现象间的差异，揭露已知与未知的关系；从不同方向来考虑解决问题的多种可能性，因而发散性思维富于联想，思路宽阔，善于分解组合、引申推导，灵活采用各种变通方法，总之，发散性思维的重要作用在于提高思维品质的灵活性. 它的特点是：① 多端：可使思维广阔；② 伸缩：对一个问题能根据客观情况的变化而变化，可使思维灵活；③ 新颖：可使思维具有独创性.

怎样培养学生的发散思维能力？

(1) 培养学生的联想能力

联想是由给定材料分化成多种因素，形成发散性中间环节. 运用联想时有定向联想、可逆联想、等价联想、接近联想、类似联想、对比联想等.

例 1　证明：

$$(1+\tan 1^\circ)(1+\tan 2^\circ)(1+\tan 3^\circ)\cdots(1+\tan 44^\circ)=2^{22}.$$

证　观察等式特点并灵活地运用逆向思维. 因为

$$(1+\tan 1^\circ)(1+\tan 44^\circ)=1+\tan 1^\circ+\tan 44^\circ+\tan 1^\circ\cdot\tan 44^\circ,$$

逆用和角正切公式

$$\tan\alpha+\tan\beta=\tan(\alpha+\beta)(1-\tan\alpha\tan\beta),$$

所以

$$\begin{aligned}&(1+\tan 1^\circ)(1+\tan 44^\circ)\\&=1+\tan(1^\circ+44^\circ)(1-\tan 1^\circ\tan 44^\circ)+\tan 1^\circ\tan 44^\circ=2.\end{aligned}$$

同理

$$(1+\tan 2^\circ)(1+\tan 43^\circ)=2,$$

$$\cdots,$$

$$(1+\tan 22^\circ)(1+\tan 23^\circ)=2,$$

所以，原式左端$=2^{22}$，等式成立.

例 2　求 $C_n^0+C_n^1\cos\varphi+C_n^2\cos 2\varphi+\cdots+C_n^n\cos n\varphi$ 的和.

当我们求解这个问题时，考察 C_n^k，联想到二项式$(1+\cos\varphi)^n$ 的展开式中各项的系数；考察 $\cos k\varphi$，联想到棣莫弗(De Moivre)公式

$$(\cos\varphi+\mathrm{i}\sin\varphi)^k=\cos k\varphi+\mathrm{i}\sin k\varphi.$$

虽然这两种联想都不能同时满足 $C_n^k\cos k\varphi$，但却能满足其中的一个条件 C_n^k 或 $\cos k\varphi$. 这是一种接近联想，而正是由于这种接近联想，使我们联想到若同时满足两个条件，则势必研究$(1+z)^n$ 的展开式，其中 $z=\cos\varphi+\mathrm{i}\sin\varphi$.

因为

$$\begin{aligned}(1+z)^n&=C_n^0+C_n^1z+C_n^2z^2+\cdots+C_n^nz^n\\&=C_n^0+C_n^1(\cos\varphi+\mathrm{i}\sin\varphi)+C_n^2(\cos\varphi+\mathrm{i}\sin\varphi)^2+\cdots+\\&\quad C_n^n(\cos\varphi+\mathrm{i}\sin\varphi)^n\\&=C_n^0+C_n^1(\cos\varphi+\mathrm{i}\sin\varphi)+C_n^2(\cos 2\varphi+\mathrm{i}\sin 2\varphi)+\cdots+\\&\quad C_n^n(\cos n\varphi+\mathrm{i}\sin n\varphi)\\&=(C_n^0+C_n^1\cos\varphi+C_n^2\cos 2\varphi+\cdots+C_n^n\cos n\varphi)+\end{aligned}$$

$$i(C_n^1 \sin\varphi + C_n^2 \sin 2\varphi + \cdots + C_n^n \sin n\varphi),$$

由此看出所求的和恰是这个复数的实部，而

$$\begin{aligned}(1+z)^n &= (1+\cos\varphi + i\sin\varphi)^n \\ &= \left(2\cos^2\frac{\varphi}{2} + i2\sin\frac{\varphi}{2}\cos\frac{\varphi}{2}\right)^n \\ &= 2^n\cos^n\frac{\varphi}{2}\left(\cos\frac{n\varphi}{2} + i\sin\frac{n\varphi}{2}\right) \\ &= 2^n\cos^n\frac{\varphi}{2}\cos\frac{n\varphi}{2} + i2^n\cos^n\frac{\varphi}{2}\sin\frac{n\varphi}{2},\end{aligned}$$

这样，问题就获得了解决.

这个问题的解决，是我们通过接近联想发现了用求$(1+z)^n$的实部而获得的，其中

$$z=\cos\varphi + i\sin\varphi.$$

例3　如图5-1所示，P为$\triangle ABC$内任意一点，直线AP，BP，CP分别交BC，CA，AB于点Q，R，S，求证：$\frac{AP}{PQ}$，$\frac{BP}{PR}$，$\frac{CP}{PS}$三者之中，至少有一个不大于2，也至少有一个不小于2.

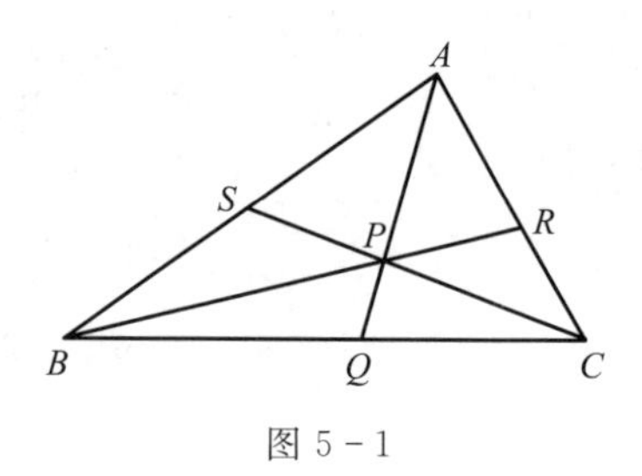

图5-1

先看一个熟悉的问题，即"P为$\triangle ABC$内任一点，连接AP，BP，CP，它们的延长线分别交BC，CA，AB于点Q，R，S，则$\frac{PQ}{AQ}+\frac{PR}{BR}+\frac{PS}{CS}=1$". 由于这两个命题的条件相同，结论却不同，那么，我们会自然地联想到它们的结论之间必然存在着某种联系，只是表现形式不同而已. 于是，我们决定从所熟悉的结论着手，去研究新问题的结论. 因为$\frac{PQ}{AQ}+\frac{PR}{BR}+\frac{PS}{CS}=1$，所以$\frac{PQ}{AQ}$，$\frac{PR}{BR}$，$\frac{PS}{CS}$中至少有一个不大于$\frac{1}{3}$. 不妨设$\frac{PQ}{AQ}\leqslant\frac{1}{3}$，那么$AQ\geqslant 3PQ$，$AP\geqslant 2PQ$，所以$\frac{AP}{PQ}\geqslant 2$，即$\frac{AP}{PQ}$不小于2. 由此看出，问题是可以得到解决的.

在这个问题的求解中，由于我们通过同中求异、异中求同的对比联想，发现了两个命题的条件相同，结论不同，其结果之间必然存在着某种联系，因而问题也就解决了.

(2) 进行发散性思维的训练

首先，创造使学生积极思考、引申发挥的情境. 例如，如果三角形的三个内角A，B，C成等差数列，可以推得哪些结果？

其次，让学生进行一些恒等变形和图形的变换. 例如，证明：在$\triangle ABC$中，

$$a=b=c \Leftrightarrow \sin\frac{A}{2}\sin\frac{B}{2}\sin\frac{C}{2}=\frac{1}{8}$$

$$\Leftrightarrow a^2+b^2+c^2=4\sqrt{3}S_{\triangle}$$

$$\Leftrightarrow h_a+h_b+h_c=9r,$$

其中 $S_{\triangle}$ 为三角形的面积，h_a，h_b，h_c 为三边上的高，r 为三角形内切圆半径.

(3) 对问题适当引申和推广

例 4　设 AD 是 $\triangle ABC$ 的一条中线(图 5-2(a))，求证：$4AD^2=2(b^2+c^2)-a^2$.

证　由余弦定理有

$$\begin{aligned}AD^2&=AC^2+DC^2-2AC\cdot DC\cos C\\&=b^2+\left(\frac{a}{2}\right)^2-2b\cdot\frac{a}{2}\cdot\frac{a^2+b^2-c^2}{2ab},\end{aligned}$$

整理后得

$$4AD^2=2(b^2+c^2)-a^2.$$

如果把例 4 中的 BC 的中点 D 一般化，可以得到以下结论：

(i) 设 D 是 BC 边上的一点，且 $BD:DC=m:n$，那么 AD 与三边 a，b，c 的关系又怎样呢(图 5-2(b))？

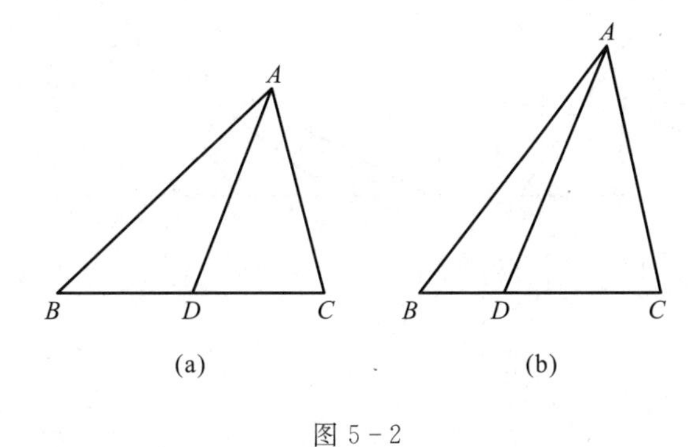

图 5-2

由于 $\dfrac{BD}{DC}=\dfrac{m}{n}$，则有 $BD=\dfrac{am}{m+n}$，根据余弦定理有

$$\begin{aligned}AD^2&=AB^2+BD^2-2AB\cdot BD\cos B\\&=c^2+\left(\frac{am}{m+n}\right)^2-2c\cdot\frac{am}{m+n}\cdot\frac{a^2+c^2-b^2}{2ac},\end{aligned}$$

立即有

$$(m+n)^2AD^2=(m+n)(mb^2+nc^2)-mna^2.$$

(ii) 若点 D 在 BC 的延长线上(图 5-3(a))且 $BD:DC=m:n$，类似地容易得到

$$(m-n)^2AD^2=(m-n)(mb^2-nc^2)+mna^2.$$

(iii) 若 D 在 CB 的延长线上(图 5-3(b))且 $BD:DC=m:n$，类似地也有

$$(m-n)^2AD^2=(m-n)(mb^2-nc^2)+mna^2.$$

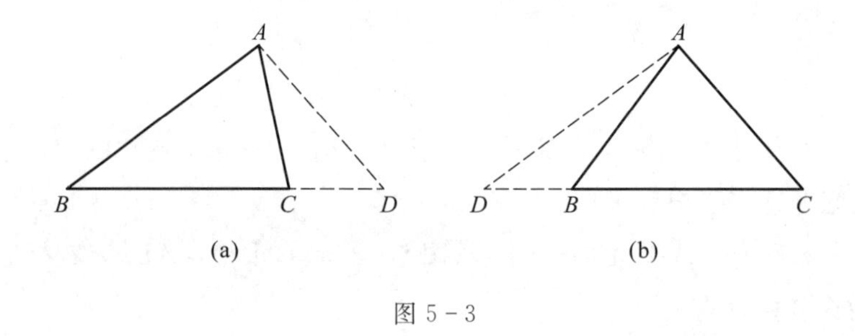

图 5－3

(iv) 若在 BC 边上有两个分点 D_1, D_2，并把 BC 分成三等份，那么 AD_1, AD_2 分别与三边关系如何(图 5－4(a))?

由于 $BD_1 : D_1C = 1 : 2, BD_2 : D_2C = 2 : 1$，利用(i)的结论有

$$9AD_1^2 = 3(b^2 + 2c^2) - 2a^2,$$

$$9AD_2^2 = 3(2b^2 + c^2) - 2a^2.$$

(v) 若在 BC 边上有 $n-1$ 个分点 $D_1, D_2, \cdots, D_{n-1}$，把 BC 分成 n 等份，那么 $AD_1, AD_2, \cdots, AD_n$ 与三边 a, b, c 是否也有类似的结论呢(图 5－4(b))?

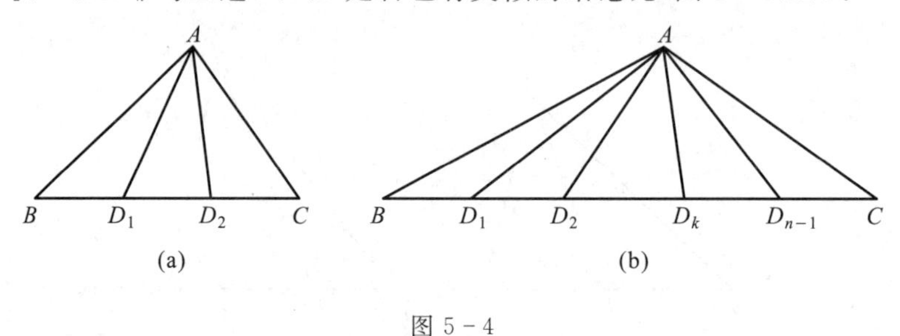

图 5－4

对于任意的 $AD_k (1 \leqslant k \leqslant n-1)$ 有 $BD_k : D_kC = k : (n-k)$，由(i)的结论立即可得

$$n^2 AD^2 = n[kb^2 + (n-k)c^2] - k(n-k)a^2 \quad (1 \leqslant k \leqslant n-1).$$

二、直觉思维

物理学家福克(Fock)曾经说过:“伟大的(以及不仅是伟大的)发现，都不是按逻辑的法则发现的，而都是由猜测得来的；换句话说，大都是凭创造性的直觉得来的”.

什么是直觉思维? 直觉思维是指对突然出现在人们面前的新事物、新现象的极为敏锐的深入洞察、合理的猜测或判断和本质的理解. 美国心理学家布鲁纳(Bruner)在所著《教育过程》中说:“直觉思维总是以牵涉到的熟悉的知识领域及其结构为根据，使思维实现可能的跃进、越级，并采取捷径，用比较、分析的方法——不论演绎法或归纳法——重新检验所作的结论.”

学生在学习过程中经常出现的直觉思维，有时表现为一种应急性的回答，有时表现为猜想，有时表现为设想解题的多种方法，有时表现为构思前的一种新奇想象，有时

表现为提出一些“怪”问题等. 爱因斯坦说过:“最可贵的是直觉”. 直觉既是发明创造的先导,也是百思不解之后突然诞生的硕果.

直觉思维有如下特点:① 从整体研究对象;② 直接接触问题的实质;③ 思维路线是跳跃式、试探性的.

直觉思维需要具备的条件:① 要有坚实广博的基础知识;② 要有丰富的生活经验;③ 要有敏锐的观察力.

在数学教学中如何培养学生的直觉思维?

① 先要对学生作抽象思维的训练,使学生扎实掌握学科的基本概念和基本规律;② 培养学生的观察能力;③ 启发学生用类比法解决问题;④ 鼓励学生猜想,在讲解定理、公式或解题时,教师有意图地只给条件不给结论,让学生猜想结论、思路和方法;⑤ 激发学生的数学美感.

例 5　求 $\cos\frac{\pi}{2^n}$的值.

略解　先把问题特殊化,然后再由观察、比较、归纳、猜想.

第一步,特殊化:当 $n=1,2,3,4$ 时,

$$\cos\frac{\pi}{2}=0,$$

$$\cos\frac{\pi}{4}=\frac{\sqrt{2}}{2},$$

$$\cos\frac{\pi}{8}=\frac{1}{2}\sqrt{2+\sqrt{2}},$$

$$\cos\frac{\pi}{16}=\frac{1}{2}\sqrt{2+\sqrt{2+\sqrt{2}}}.$$

第二步,猜想:

$$\cos\frac{\pi}{2^n}=\frac{1}{2}\sqrt{2+\sqrt{2+\sqrt{\cdots+\sqrt{2+\sqrt{2}}}}}\quad (n-1\text{ 层根号}).$$

第三步,证明:用数学归纳法证明(略).

例 6　在直角三角形中,任一内接三角形的周长之半大于斜边上的高.

已知:$\triangle ABC$ 为直角三角形,AD 为斜边 BC 上的高,$\triangle LMN$ 为$\triangle ABC$ 的内接三角形,如图 5-5所示.

求证:$AD<\frac{1}{2}(LM+MN+LN)$.

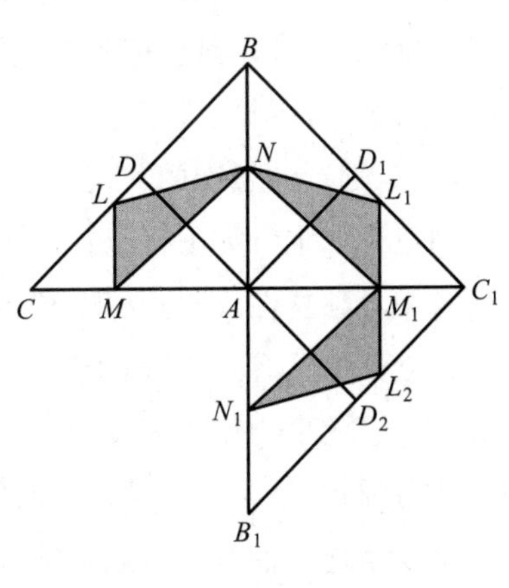

图 5-5

分析　欲证 $AD<\frac{1}{2}(LM+MN+NL)$,因

AD 与$\triangle LMN$ 之间的关系不明确,故需设法找出其联系.

以 AB 为轴,求得$\triangle ABC$ 的对称三角形为$\triangle ABC_1$,于是得 AD 的对称线段 AD_1,$\triangle LMN$ 的对称三角形$\triangle L_1M_1N$. 又以 AC_1 为轴求得$\triangle ABC_1$ 的对称三角形为$\triangle AB_1C_1$,AD_2 为 AD_1 的对称线段,$\triangle L_2M_1N_1$ 为$\triangle L_1M_1N$ 的对称三角形.

所以,$\angle BAD_1+\angle D_1AC_1=90°$,

$$\begin{aligned}\angle DAD_2&=\angle DAB+\angle BAD_1+\angle D_1AC_1+\angle C_1AD_2\\&=2\angle D_1AC_1+2\angle BAD_1=180°,\end{aligned}$$

DAD_2 为一条线段,且 $DD_2=2AD$. 又因为折线 LNM_1L_2 的长等于 $LN+MN+LM$,且折线 LNM_1L_2 的长大于 LL_2,所以,$LN+MN+LM>LL_2$. 而 $DD_2\perp B_1C_1$,$DD_2\perp BC$,所以 $B_1C_1 /\!/ BC$,DD_2 为 B_1C_1 与 BC 的公垂线,$LL_2\geqslant DD_2=2AD$. 所以

$$LN+MN+LM>2AD,$$

即 $AD<\frac{1}{2}(LM+MN+NL)$.

三、创造性思维

什么是创造性思维? 它是主动地、独创地发现新事物、提出新见解、解决新问题的思维形式,是一种综合性的思维活动.

创造性思维既包括逻辑思维,也包括非逻辑思维. 爱因斯坦关于科学创造原理的思想,可以简洁地表示为一个模式:经验—直觉—概念或假设—逻辑推理—理论,其中直觉在科学创造中起着选择、预见的作用. 通过直觉提出创造成果的概念和假设,经过实践检验确立以后,就成为建立科学理论的出发点. 此外,进行海阔天空的联想、异想天开的组合和转换,都需要具有发散性思维(求异思维)的能力. 正因为如此,爱因斯坦说:“严格说来,想象力是科学研究的实在因素”. 然而,直觉思维和发散思维等非逻辑思维是高度纯熟的逻辑思维的产物. 不仅创造过程的归纳阶段和演绎阶段需要逻辑思维,而且理想阶段即创立模型和提出假说的阶段,也离不开逻辑思维.

一般说来,逻辑思维是数学创造思维的基础,而非逻辑思维则是逻辑思维的飞跃和升华,是创造性思维的关键.

创造性思维有如下特点:

第一是独立性,即与众人、前人有所不同,独具卓识. 从因素分析学说角度研究,思维独立性中又有几个“因子”. 一个是“怀疑因子”,即敢于对人们“司空见惯”或认为“完满无缺”的事物提出怀疑;另一个是“抗压性因子”,即力破陈规、锐意进取、勇于向旧传统习惯挑战;第三个是“自变性因子”,即能够主动否定自己,打破“自我框框”.

第二是连动性,即“自此思彼”的思维能力. 它常以三种形式表现出来:一是“纵向连动”,即看到一种现象后,便联想到现象自身的特点及相关的事物;二是“横向连动”,

即看到一种现象后，便联想到与之相似的其他现象；三是“综合连动”，它是前两种形式的综合运用，既有自身的连动思考，又有横向的类比思考.

第三是多向性，就是善于从不同的角度想问题. 这种思维的产生并获得成功，主要是依赖于① “发散机智”，即在一个问题面前尽量提出多种设想、多种答案，以扩大选择余地；② “换元机智”，即灵活地变换影响事物质和量的诸多因素中的某一个，从而产生新的思路；③ “转向机智”，即用心寻找最优答案.

第四是跨越性. 从思维过程来说，它表现为常常省略思维步骤，加大思维的“前进跨度”；从思维条件的角度讲，它表现为不受思维对象是否直观的限制，迅速完成“虚体”与“实体”之间的转化，加大思维的“转换跨度”.

第五是综合性. 要成功地进行综合思维，又必须具备三种能力：一是综合运用知识的能力，即善于选取前人智慧宝库中的精华，通过巧妙结合，形成新的成果；二是思维统摄能力，即把大量概念、事实和观察材料结合在一起，加以概括整理，形成科学概念和系统；三是辨证分析能力，即对占有的材料进行深入分析，把握它们的个性特点，然后从这些特点中概括出事物的规律.

数学教学中怎样培养学生的创造性思维？

第一，激发好奇心、求知欲. 李政道说：“好奇心是很重要的，有了好奇心，才敢提出问题.”法国作家法朗士(France)说：“好奇心造就科学家和诗人”. 教师的责任在于把学生的好奇心成功地转移到探求科学知识上去，使这种好奇心升华为求知欲. 要鼓励学生发现问题，大胆提出质疑，因为思维是从问题开始的.

第二，发展学生的逻辑思维、发散思维和直觉思维. 鼓励学生一定程度上超越知识范围，尝试错误，积极进行猜想等直觉思维. 证明是数学的结果，猜想是数学的过程.

第三，引导学生掌握好“双基”. 一个人知识越丰富，思维的活动空间就越大. 没有知识的基础，不可能闪现发现思维的火花.

第四，引导学生善于捕捉某些偶然因素. 有些偶然发现，正因为它不在预料之中，正因为不属于旧的思想体系，正因为别树一帜，所以往往成为研究的新起点. 这些偶然因素瞬间即逝，捕捉不到也就等于失去了创新的机遇.

第五，引导学生善于发现并解决实际问题，指导学生利用创造性思维的技巧. 如识别不同点(进行组合)，识别共同点(加以联系)，识别交换点(加以排列)等；识别层次的变换，识别观点的变换.

例 7　分解因式$(x+1)(x+2)(x+3)(x+4)-120$.　　(1)

解　考察(1)式的特点，可以发现

$$\begin{aligned}(x+1)(x+4)&=x^2+5x+4,\\(x+2)(x+3)&=x^2+5x+6,\end{aligned}\qquad(2)$$

(2)式的右边都有(x^2+5x)，因此(1)式可化为

$$\begin{aligned}&(x^2+5x+4)(x^2+5x+6)-120\\=&(x^2+5x)^2+10(x^2+5x)-96\\=&(x^2+5x+16)(x^2+5x-6)\\=&(x^2+5x+16)(x-1)(x+6).\end{aligned}$$

在这个解中，(2)式的发现是关键一步. 这说明对已知条件中的部分进行恰当的重新排列，使它们产生同型的式子是很重要的.

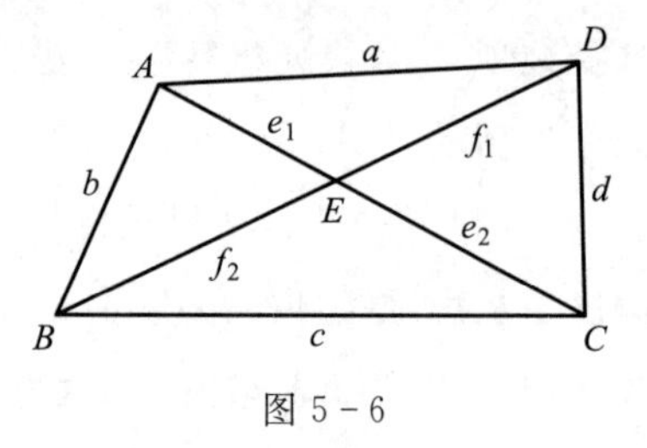

图 5-6

例 8　已知四边形 $ABCD$ 的各边 AB，BC，CD，DA 分别为 b，c，d，a，对角线 AC，BD 分别为 e，f，又 $ABCD$ 的面积为 S，如图 5-6 所示. 求证：

$$S=\frac{1}{4}\sqrt{4e^2f^2-(a^2-b^2+c^2-d^2)^2}. \tag{1}$$

这个公式叫做贝利契纳得(Bretschneider)公式. 题目条件虽不单一，但条件中的 a，b 等本身都是独立的，没有任何数量关系.

设 AC，BD 交于点 E，$\alpha=\angle AED$，则结论中的 S 可化为

$$\frac{1}{2}ef\sin\alpha.$$

但就(1)式而论，S 的因子与右边根号内各项也不易发生直接联系.

可以把题目看成证明(1)式的右边(复杂部分)等于左边(简单部分). 根号下的式子化为

$$\begin{aligned}&4e^2f^2-(a^2-b^2+c^2-d^2)^2\\=&(2ef-a^2+b^2-c^2+d^2)(2ef+a^2-b^2+c^2-d^2).\end{aligned} \tag{2}$$

为了使 e，f 与 a，b，c，d 发生联系，令 AE，CE，DE，BE 分别为 e_1，e_2，f_1，f_2，(2)式等号右边第二个括号内的代数和可化为

$$2e_1f_1+a^2+2f_1e_2-d^2+2e_2f_2+c^2+2e_1f_2-b^2. \tag{3}$$

为了便于对△AED，△DEC 等运用余弦定理，化(3)式为

$$\begin{aligned}&2e_1f_1-(e_1^2+f_1^2-a^2)+2e_2f_1+(f_1^2+e_2^2-d^2)+\\&2e_2f_2-(e_2^2+f_2^2-c^2)+2f_2e_1+(f_2^2+e_1^2-b^2)\\=&2e_1f_1(1-\cos\alpha)+2e_2f_1(1-\cos\alpha)+\\&2e_2f_2(1-\cos\alpha)+2f_2e_1(1-\cos\alpha)\qquad(4)\\&(\text{因为 } e_1^2+f_1^2-a^2=2e_1f_1\cos\alpha,\\&f_1^2+e_2^2-d^2=-2e_2f_1\cos\alpha,\cdots)\\=&2(e_1f_1+e_2f_1+e_2f_2+e_1f_2)(1-\cos\alpha)\\=&2ef(1-\cos\alpha).\end{aligned}$$

同理可证(2)式等号右边的第一个括号内的代数和为 $2ef(1+\cos\alpha)$. 因此

$$
\begin{aligned}
&4e^2f^2-(a^2-b^2+c^2-d^2)^2\\
=&4e^2f^2(1-\cos^2\alpha)=4e^2f^2\sin^2\alpha\\
=&4(ef\sin\alpha)^2=4(2S)^2=16S^2,
\end{aligned}
$$

可见结论正确.

这个求解过程中,(3)式化为(4)式是一个关键性的步骤,在(3)式里 $2e_1f_1$ 与 a^2, $2f_1e_2$ 与 $-d^2$……四对没有直接联系的项在(4)式里却被分化成有直接联系的 $2e_1f_1$ 与 $e_1^2+f_1^2-a^2$, $2e_2f_1$ 与 $f_1^2+e_2^2-d^2$……这说明把没有直接联系的项(或式),化为有直接联系的项(或式)对于实现连续化简是何等的重要.

§4　华罗庚数学教育思想及治学原则初探

华罗庚教授自学成才,他不但是享誉世界的数学家,而且也是著名的数学教育家.华罗庚的数学教育思想与治学原则,对发展具有中国特色的数学教育是极为宝贵的财富.

华罗庚 1910 年 11 月 12 日生于江苏省金坛县一个贫苦家庭,他正规上过 9 年学. 1924 年初中毕业后,他离开学校协助父亲料理一个很小的杂货铺,利用业余时间自学数学并取得了优异成绩. 1930 年他在《科学》杂志上发表文章《苏家驹之代数的五次方程式解法不能成立的理由》,受到熊庆来的赞赏,被邀请到清华大学工作. 由管理员、助教,再升为讲师,1934 年成为文化基金会研究员. 1936 年至 1938 年,他作为访问学者去英国剑桥大学工作两年.

随后,华罗庚回国,在 1938 年至 1946 年间受聘为昆明西南联合大学教授. 1946 年春,他应苏联科学院的邀请,到苏联访问三个月. 1946 年到 1947 年他应美国普林斯顿高等研究院邀请任研究员,并在普林斯顿大学执教. 1948 年到 1950 年,他在伊利诺(在乌尔巴那)大学任教.

中华人民共和国成立后,华罗庚于 1950 年率领全家回到北京,先后任清华大学教授,中国科学院数学研究所所长,中国数学会理事长,中国科学院数理化学部委员,学部副主任,中国科技大学数学系主任、副校长,中国科学院副院长、主席团委员等职,并于 1979 年加入中国共产党.

回国后,华罗庚除了搞研究之外,还亲自教学、撰写教材,经历了数学教育的每一个环节. 他指导科研、师资培训,筹建数学所、科大数学系并主持有关工作,倡导并创办了 20 世纪 50 年代北京市中学生数学竞赛,培养了一大批优秀的数学家. 他从 50 年代末开始从事了 20 多年的数学普及工作,影响了一大批普通大众. 在“文化大革命”前,华罗庚与关肇直共同开创我国数学教育学位点,招收傅学顺同志为我国第一位数学教育方向的研究生,主要课程是学习波利亚(Pólya)的数学原著. 华罗庚数学教育思想独具一格,影响极深. 正如他的学生龚昇教授所说:“只是由于先生的学术成就太令人瞩目,所以多数人只知道他是一个著名数学大师. 其实先生不仅是一个伟大的数学家,还是一个数学教育家."

一、华罗庚的数学教育与教学原则

华罗庚教育思想中最有价值的部分之一,就是他经过自学成才和在多年研究中所得到的数学教学与治学经验. 他培养了许多有才干的学生,像王元、陈景润、龚昇、越民义、万哲先、陆启铿等,这和华罗庚有一套独特的数学教育原则与治学方法是分不开的.

(一)"学而优该用""思而深该创"的学以致用原则

他以毕生的实践,深刻地体会到现代社会中重要的在于学以致用,学有所创. 他在 1984 年 12 月 22 日为中国矿业大学的题词就是:"学而优则用,学而优则创",应该说是在新的历史时期对数学教育目的的深刻概括.

他在《对青年们的希望》一文中说道:"学而优该用,通过应用使我们成为建设祖国的生产能手,如果学得不太优,也应该用,在不断地用中增长我们的技能和见识,思而深则该创,创造出类拔萃的为人类造福的新成果."他非常强调学习的最终目的是为了应用. 对数学而言,学习的知识首先是用于解题,具体地说是做练习,利用所学的数学定义、定理、公式、公理等知识解决书本上所遇到的数学问题. 他说:"学科学必须要掌握原则,这几乎是人所共知的重要法则. 但仅仅是了解了原则还是不够的,而必须要会灵活应用. 如何才能达到这样的目的? 唯有经常在实践中锻炼. 反复地锻炼,是达到目的的唯一途径. 数学是最有系统性的科学,是一种逐步提高的科学. 熟练了第一部分就很容易掌握第二部分. 例如,熟悉了平面几何对学习立体几何是有很大帮助的. 而熟不熟的关键,就是会不会用所学的知识,如用所学的定义、公理、公式解题. 做题本身就是一个分析问题、解决问题的过程,并在每做完一道题之后,由此联想到很多问题,通过思考使这些问题得到解决."

华罗庚常告诫青年:"假使学了算术,不会斤求两,两求斤;学了几何不会算面积,都是十分可虑的开端. 这种'割裂'的情况——不能把所学到的知识立刻运用,立刻联系实际的做法,是不应当让它存在的. 对学生说来,如果养成了这样坏的习惯,将是社会主义建设中的巨大损失."他认为教学的成功与否,不仅在于接受知识的多少,而更重要的是在于能把知识应用于实际,数学的重要性在于它的应用性. 如果把数学和它的实际应用割裂开来,就数学而谈数学,那就毫无意义. 因此,华罗庚讲课,除了知识本身的相关应用外,他也总是讲一些联系实际的应用. 王元教授回忆说:"华老在讲到用有理数列逼近实数时,当给了实数,如何构造有理数列? 他介绍了'连分数',连分数在天文学上的一系列应用也就顺带讲了. '数值积分'到底用到哪里去? 我们向地理学家与地质学家请教. 学会了不少实用的有效方法,他从理论上对这些方法加以总结提高,弄清了它们之间的关联与误差估计,这些成果总结于'关于在等高线图上计算矿藏储量与坡地面积的问题'之中."在华罗庚的书及文章中,这样的思想更是到处可见.例如《从祖冲之的圆周率谈起》中讲到连分数时,他把"连分数"用于解决"为什么四年一闰而百年又少一闰?",并把农历的月大月小,"闰年闰月""火星大冲""日月食"等实际问题给写进去了,同时告诫我们,客观的问题上面不会贴上标签表明这个需要用数论、那个要用到泛函,而且要自己脚踏实地地去做,去实践.

从20世纪50年代末开始,华罗庚把数学方法创造性地用于国民经济领域,筛选出了以改进工艺问题的数学方法为内容的"优选法"和处理生产组织与管理问题为内容的"统筹法". 在这期间,他千方百计探索数学为经济建设服务的途径. 他精辟地指出:"宇宙之大,粒子之微,火箭之速,化工之巧,地球之变,生物之谜,日月之繁,无处不用数学……从历史上数学发展的情况来看,社会愈进步,应用数学的范围就会越大,所应用的数学也就越精密,应用数学的人也就愈多……". 科学的不断进展,必须依靠独创精神. 他说:"人之所以可贵就在于会创造,在于善于吸收过去文献的精华,能够消化创造出前人所没有的东西."我们不仅要会照葫芦画瓢地模仿,即做习题和利用现成方法解决几个新问题,而且要有所创新,创造方法,开辟方向. 不然学生就变成了老师的一部分,顶多是老师的水平,这样就会越缩越小,教学上出现收敛的现象. 华罗庚说:"我接触过不少的大学生,他们从来也没有想到过要和书上有不同的看法,这样,我们实际上变成了一个简单的知识的传声筒."龚昇教授对此回忆说:"华老师教我们时,总是叫我们随时想一想为什么? 例如讲一个题是证明两个三角形全等,其证明是先证明边等后,证角等,就要我们想为什么? 若先证角等,再证明边等会怎样? 不断培养我们的独创能力,深感受益匪浅."

中国古代有这样的说法,切忌班门弄斧,华罗庚认为那是懒汉思想,要创新要上进,就要"弄斧必到班门! 你要耍斧头,就要敢到班门那儿去耍,在旁人面前耍,欺负人家干啥? 你到鲁班面前耍一耍,他说你有缺点,一指点,我下回就好一点了;他如果点点头,说明我们工作就有相当成绩……所以,我主张'弄斧到班门,下棋找高手'."华罗庚年轻时,就敢于向权威挑战,他的成名作《苏家驹之代数的五次方程式解法不能成立的理由》就是见证.

(二)"因材施教"的育人原则

"因材施教"是华罗庚数学教育和教学方法的一个很重要的特点,也是他在教学实践中取得突出成就的主要原因之一. 他主要从两方面来实施"因材施教"的原则,一方面是根据教材质量,另一方面是根据学生的特点及学业水平程度进行教学.

教材是课堂传授知识的载体,作为数学教育家的华罗庚积极倡导以提升教材质量来提高学习质量. 他经常根据学生的不同情况编写不同的教材进行教学. 1953年在数学所组织"数论导引"的讨论班,他根据学生少、水平较高且都是大学生或进修教师等特点,采用有领导、有层次地让学生参与写书的形式,既培养了学生的独立思考能力和创造精神,使参加者对数论的全貌有了很好的了解,对一些基本的数论方法也能较好地掌握和应用,又写出了《数论导引》一书.

华罗庚对于大学的教材也极为重视,1958 年他到中国科技大学数学系任教授,花了很大的工夫编写教材. 1959 年 3 月 28 日,《人民日报》报道:"中国科学院数学研究所所长华罗庚为应用数学和计算技术系的学生讲授高等数学,他抽出时间亲自编写适合这个系培养学生所需要的讲义,在课堂上讲到一些比较复杂而又抽象的定理时,他总是引用最简单的式子,联系学生们在中学里学过的知识来解释,使学生既容易理解课堂的内容,又提高了思考能力."

在 20 世纪 50 年代组织中学生数学竞赛期间,面对中学生,他写了《从杨辉三角形谈起》《从孙子的"神奇妙算"谈起》等通俗读物,这些文章针对学生的特点,用比较易懂有趣的写法,深入浅出,引人入胜. 他于 1958 年在第 7 期《中学教师》杂志发表了《谈谈中学数学教材问题》一文,文中指出:一、任何一门学问若涉及数量关系,提炼成为数学问题,那么数学上的方法和结论,都成为那一门学问的财富. 所以中学阶段的教材应偏重于培养学生"能想善算"的习惯,而不是在知识上堆知识,杂乱无章. 二、教材的价值在于教会学生应用. 假使学了算术,不会斤求两,两求斤,学了几何不会算面积,都是十分可虑的开端. 简单的重复没有太大意义. 前一章,启发性地提一下,可以为学生进一步学习开辟通路. 三、初高中教材里有一部分内容是可以精简的. 如几何难题似乎不必做得太多;算术和代数,应互相更渗透一些;"善想"也并不限于善想数学难题,而更重要的是善于把客观事物想成数学问题.

华罗庚还非常重视普通工人和干部的学习提高,他为工人大众撰写了他们能看得懂、用得上的两本通俗读物《统筹法平话及补充》《优选法平话及补充》,深受广大工人的欢迎.

"因材施教"的另一方面体现于数学教学的实践之中. 华罗庚经常对他的学生说:"讲东西要看对象,把难的东西讲容易是真本事. 而不是把容易的东西讲难,让人听不懂,去显示自己有学问."华罗庚从国内讲到国外、从研究生到小学生、从实验室到采矿井,都做到了因人而异,因对象不同、对象的知识水平不同而采用不同的授课讲解方法. 对于大学生,华罗庚强调讲解要透彻,要抓住核心重点,善于联系. 他说:"大学教师应当把中心环节的指点说明提高到逐字逐句讲解之上. 要把内容全面讲解清楚,而不要在枝节上兜圈子. 应当把本门学科和其他相邻学科的关键讲清楚."面对中学生讲课,则注重形象、直观、有趣. 他讲统筹法时开门见山:"想泡壶茶喝,当时的情况是:开水没有,开水壶要洗,茶壶茶杯要洗;火已生了,茶叶也有了,怎么办?"这是一般工人都遇到的事,都有一种跃跃欲试之感. 可见华罗庚的因人施教做得真可谓炉火纯青.

(三)调动思维独创性的"启发性"教学原则

人们常常提到启发性教学原则,但是恰当把握它并非易事. 华罗庚认为启发性教学原则的实质是调动学生的主动性和思维独创性,学生的兴趣和求知欲是积极学习的动力和源泉. 启发式的教学方法必须有助于学生自己开动脑筋、发挥独立思考能力;

必须有助于培养学生分析问题、解析问题的能力，因而在教学中华罗庚经常采用问题式教学法，即教师在学生的参与下，以对话的形式或漫谈的方式进行教学. 华罗庚写道："我讲书喜欢埋些伏笔，把有些重要概念、重要方法尽可能早地在具体问题中提出，并且不止一次地提出. 目的在于将来进一步学习的时候，会较容易接受高深的方法，很可能某些高深方法就是早已有之的朴素简单的方法的抽象加工而已."在具体教学中，他的几个讨论班就是基于这种思想而教的. 其"哥德巴赫猜想"讨论班每次由一个人主讲，华罗庚等人则不停地提问(即师生共进)，务必使每一点都完全弄清楚为止. 华罗庚这种打破砂锅问到底的做法，常常使主讲人讲不下去，长时间站在讲台上思考，这叫做"挂黑板法". 华罗庚说："当你被挂黑板时，你一定会把不明白的东西弄清楚的，而且会深深地印在你的脑子里."龚昇教授深有体会地说："华老的问题你若答不出来，他会给你降一个档次，还回答不出来，他会再降一个档次，一直降到你懂为止，再回头一步步去解决问题. 他的这种启发式教学没有一定的功底是不能将高深理论做到如此，真可谓深入才能浅出，居高才能临下."华罗庚认为教学不应该停留在知识的传授上，还应该进一步注意培养学生对知识的兴趣——爱好知识，并乐于接受和应用知识. 一次他在访苏回国后到金坛与母校师生座谈时说："这次访问适逢苏联全国性数学竞赛. 目睹 14 岁左右少儿试卷有一题，这道题曾在昆明西南联大考过大学生."话音刚落，与会学生跃跃欲试，此时，他信手抓来一把花生米，撒在桌面上高声说："在一个平面上有许多点，试作一个最小的圆，如何覆盖住这些点?"一个数学问题就这样轻松引入，且形象直观、有趣，调动了与会者的积极性. 不难想象，这次座谈会是如何在热烈的气氛中进行了近 3 个小时才结束的.

(四)"长者帮，长者要能身教"的身教原则

华罗庚教学成功的一个重要原因乃是他个人人格的魅力，重视"以身作则"的原则. 他说"长者帮，长者要能身教，言教虽然也很重要，但是不如身教好."重视教师人格感化教育的身教原则，这是任何时候教育工作者都应提倡，特别是当今的市场经济社会更应倡导向华罗庚学习的.

华罗庚认为："优良的导师有无数成功的或失败的经验，特别是后者，往往是在书本上不易找到的——因为书本上仅仅记录了成功的创作，而很少记录在发明之前无数次失败和无数次逐步推进的艰苦思索过程(他自己说曾有过退稿，其草稿不知比发的文章要多多少倍). 而优良的导师正如航行的领航者一样，他可以告诉你在哪儿有礁石、哪儿是航道."他是这样说的，也是这样做的楷模. 例如，他和学生一道学习广义函数论，这在当时是一个新鲜的难学的抽象理论，但他用一个非常初等的概念——傅里叶级数，具体地揭示出这个理论的核心，他现身说法，教学生如何剥去一些抽象理论的外衣，抓住问题的要害. 王元教授回忆说："在我跟华老学习和工作的 30 多年里，曾多次看到他解决一些数学问题的全部思索过程. 这对培养我学数学和研究数学的能力是受益不尽的."

华罗庚对于研究学问、教育学生、待人接物是非常认真、诚实的. 他主张，凡事知道就知道，不要不懂装懂. 他说："要敢于把自己的缺点和不懂的地方暴露出来，不要怕难为情，暴露出来顶多受老师几句责备，说你'连这也不懂'，但是受到责备不就懂了吗？……不怕低，就怕不知底. 能暴露出来，让老师知道你的底在哪儿，就可以因材施教. 同时懂也不要装着不懂，老师知道你懂了好多东西，就可以更快地带着你前进."他强调不要走捷径不求甚解，要老老实实脚踏实地地学习，还谆谆教导中学生说："加里宁(Kalinin)曾经说过，数学是锻炼思想的'体操'……数学既然是思想的'体操'，那也就和普通体操一样，只要经常锻炼，任何人都可以达到一定的标准. ……并不需要任何天才."华老把数学比做"体操"来鼓励学生既要脚踏实地，又要发挥主观能动性，他在古稀之年还提出"树老易空，人老易松. 科学之道，戒之以空，戒之以松，我愿一辈子从实以终."这些观点不但是十分有益的学习态度和方法，而且是极为深刻的人生哲理.

二、华罗庚的治学方法

华罗庚之所以成为伟大的数学家和数学教育家，除了他刻苦努力外，还与他通过自身实践而总结出来的治学方法是分不开的. 如徐贤修先生所说："华先生治学提纲挈领，讲求效率，教学深入浅出，大受学生欢迎，研究则直指尖端，不畏艰难."华罗庚不仅将治学之道渗透在他的学术论著中，而且还写出了许多的有关文章，如《聪明在于学习，天才由于积累》《学·思·锲而不舍》《学与识》《取法务上，仅得乎中》等，影响了相当的一批后来者.

(一)"薄—厚—薄"的读书方法

华罗庚在长期的自学与数学研究中，总结出有效的读书方法. 他说："切不要认为'会背会默，滚瓜烂熟'便是读懂书了. 如果不逐步提高，不深入领会，那又与和尚念经有何差异呢！……我觉得，在学习书本上的每一个问题、每一章节的内容的时候，首先应该不只看到书面上，而且还要看到书背后的东西."究竟要看到书背后的什么呢？华罗庚进一步做了解释："对书本的某些原理、定律、公式，我们在学习的时候，不仅应该记住它的结论，懂得它的道理，而且还应该设想一下人家是怎样想出来的，经过多少曲折，攻破多少关键，才得出这个结论的. 而且还不妨进一步设想一下，如果书本上还没有作出结论，我自己设身处地，应该怎样去得出这个结果?"华罗庚在1965年的夏天来到北京图书馆，说来凑巧，在新书架上看见了一本书. 一看此书"就看透到纸背后了"也就是说看到了书上所没有的，这就是华罗庚十多年来跑遍全国和工人、技术员，领导干部在一起搞优选法的由来. 他的华—王方法也是由看出了"书后面没有的东西"，即拟蒙特卡罗(Monte Carlo)方法的实质就是由数论而搞出来的.

其次，华罗庚认为读书有一个"由薄到厚，由厚到薄"的过程. 学一本书，每个生字都要查字典，每个不懂的句子都要进行分析，不懂的环节加上了注释，经过一番工夫之后，觉得懂多了，同时书已经变得更厚了. 这是第一步"由薄到厚"的学习、接受过程.

有人认为这样就算完全懂了，其实不然. 每一节每一字每一句都懂了，这还不是懂的最后形式，最后还有一个"由厚到薄"的过程，必须把已经学过的东西，咀嚼、消化、组织整理，反复推敲，融会贯通，提炼出关键性的问题来，看出来龙去脉，抓住要点. 再和已经学过的比较，弄清楚究竟添了些什么新内容、新方法，这就是第二步. 这样以后，就发现书似乎由"厚"变"薄"了，这是消化、提炼的过程，其实也就是培养独立思考能力.

(二)"知识—学识—见识"的学习方法

华罗庚十分重视培养独立思考能力. 他提出了"知识、学识、见识"的学习方法，即是说人们认识事物有一个从感性认识到理性认识的过程，学习和从事科学研究，也有一个由"知""学""见"到"识"的过程. 我们平常所说的"知识""学识""见识"这几个概念，其实质都包含了两个方面的意思，反映了认识事物的两个阶段，"知识"是先知而后识，"学识"是先学而后识，"见识"是先见而后识. "知了""学了""见了"这还不够，还要有一个提高的过程，即"识"的过程. 华罗庚认为"知""学""见"只是学之开始，必须运用思维的活动，把"知""学""见"的东西进一步加以分析、引申、归纳、提炼，并从中有所发现和创造. 就巩固已学的知识方法来说，是有其科学根据的. 因为所学的知识只有在理解的基础上，才能真正成为自己的东西，达到灵活运用的程度. 学习与思考是一个活动的两个方面，如果光学而不思考，不能消化，自然越学越糊涂，一无所获. 另一方面，不学习，凭空去冥思苦想，不接受前人的知识，必然劳而无功，也正如孔子说："学而不思则罔，思而不学则殆."

(三)"宽、专、漫"的治学道路

科学，穷尽毕生精力，也难以读遍全部材料，精研每一门学问. 为了治学有成，必须划出一部分，用特别的兴趣及相当准备，专门研究它. 专门以外的东西，可以有许多不知或不必知到透彻不可，但是任何学问又都不是与其他学问孤立无援的. 知识面很窄，也难以真正做到精. 因此，华老根据自己的经验提出："治学之道应该是'宽、专、漫'."即是基础要宽，然后对专业要专，并还要使自己的专业知识漫到其他领域.

华罗庚是自学成才的，自学了大学四年的课程，致力于数学的学习，他"专"于数学中的数论研究，创造出优异的成绩，写出了《堆垒数论》《数论导引》等优秀论著. 没有专就不可能有所创，任何一个有成就的科学家是不可能不"专"的，就是一般的普通人也必有所专. 华罗庚特别强调"专"与"漫"的关系. 首先要"专"，使研究工作深入，然后必须注意从自己的专长出发向有关方面"漫"出去. 即使专业是不可不固定的，但也不要放弃任何扩大眼界和研究领域的机会. 在研究数学时，拼命进攻固然很重要，但是退却也很重要. 善于退却，把握住退却的时机，这本身就是一种艺术. 正如他说："要攻得进去，还要打得出来". "漫"是华罗庚的切身体会和经验之谈. 当初他从解析数论中漫出来，是他一生研究数学的得意之笔. 他说："我们从一个分支转到另一个分支，是把原来所搞分支丢掉跳到另一个分支吗？如果这样，就会丢掉原来的. 而'漫'就是在你搞熟弄通的分支附近，扩大眼界，在这个过程中逐渐转到另一个分支. 这样，原来的知识在新的领域就能有用,选择的范围就会越来越大."他因此取得了丰硕的成果,不仅以研究数论知名于世,而后又在典型群、调和函数、多复变函数、偏微分方程组、数值积分等领域陆续发表了大量见解精辟的论文和专著. 用博大精深四个字来形容华罗庚的学识并不为过.

(四) 培养独立思考能力是治学的核心

华罗庚很重视培养学生独立思考的能力,他的启发性教学、"薄—厚—薄"的读书方法、"知识、学识、见识"的治学方法都是要在学习中培养独立思考的习惯. 华罗庚认为:"培养独立思考能力的第一步,还是打好基础,多做习题,肯动脑筋. 深透地了解定理、定律、公式的来龙去脉. 但最好再想一下,那些结论别人是怎样想出来的,如果能看得出人家是怎样想出来的,那么自己就有可能想出新的东西来."我们要经常自觉进行锻炼,碰到问题要善于动脑子,要学会分析. 如果连他人是怎样创造发明的过程都不知道,就谈不上创造.

华罗庚自学成才,得益于独立思考,深知独立思考能力的重要性,不但自己治学强调独立思考,而且在教学中也注意培养学生的独立思考能力,常常在课后也随时提问. 他还倡导"练拳园地",号召数学所的研究员将研究工作中遇到的技巧性问题提出来,张贴在"练拳园地"里,供所里的青年数学家当做练习来做.

华罗庚对"独立思考"的钟情,也正是他对"独立思考"的特殊酝思方式,使得他搜拣古今,创造出出类拔萃的成果. 正如华罗庚所说:"实质上,千丝万缕的关系看起来若断若续,而正是由此及彼、由表及里的线索呢! 总之,想,联想,看,多看,问题只会越来越多的. 至于运用之妙,那只好存乎其人了! 但习惯于思考联想的人,一定会走得深些、远些;没有思考联想的人,虽然破读万卷书,依然看不到书外的问题.""如果说科学上的发现有什么偶然的机遇的话,那么这种'偶然的机遇'只能给那些学有素养的人,给那些善于独立思考的人,给那些具有锲而不舍的精神的人,而不会给懒汉."

§5　数学创新意识的培养

创造性作为个性的理智特征,实际上是指个人在一定动机推动下从事创新活动的创造思维能力. 所以,创造性也称创造力或创造心理. 数学的创造性,也就是数学的创造力或数学创造心理. 影响数学创造力的因素有三点,即在内容上有赖于一定的知识量和良好的知识结构,在程度上有赖于智力水平,在力度上有赖于心理素质,如兴趣、性格、意志等.

一、数学知识与结构是数学创造性的基础

科学知识是前人创造活动的产物,同时又是后人进行创造性活动的基础. 一个人掌握的知识量影响其创造能力的发挥. 知识贫乏者不会有丰富的数学想象,但知识多也未必就有良好的思维创新. 那么,数学知识与技能如何影响数学创造性思维呢? 如果把人的大脑比作思维的"信息原料库",则知识量的多寡只表明"原料"量的积累,而知识的系

统才是“原料”的质的表现. 杂乱无章的信息堆积已经很难检索,当然就更难进行创造性的思维加工了. 只有系统合理的知识结构,才便于知识的输出或迁移使用,进而促进思维内容丰富,形式灵活,并产生新的设想、新的观念以及新的选择和组合. 因此,是否具有良好的数学知识结构对数学创造性思维活动的运行至关重要.

还要注意,数学知识信息是靠语言工具为载体储存和获得的. 特别是数学有着自己独特的符号语言,所以,除合理的知识结构以外,独特的语言表达是创造性思维产生的必要杠杆. 布鲁姆(Bloom)认为,技能的自动化是“天才的四肢”,特别是听、说、读、写、讲的交流自动化与人际关系自动化,是成为英才的重要条件.

二、一定的智力水平是创造性的必要条件

创造力本身是智力发展的结果,它必须以知识技能为基础,以一定的智力水平为前提. 创造性思维的智力水平集中体现在对信息的接受能力和处理能力上,也就是体现在思维的技能上. 衡量一个人的数学思维技能的主要标志是他对数学信息的接受能力和处理能力.

对数学信息的接受能力主要表现为对数学问题的观察力和对信息的储存能力. 观察力是对数学问题的感知能力,通过对问题的解剖和选择,获取感性认识和新的信息. 一个人是否具备敏锐、准确、全面的观察力,对捕捉数学信息至关重要. 信息的储存能力主要体现在大脑的记忆功能,即完成对数学信息的输入和有序保存,以供创造性思维活动检索和使用. 因此,信息储存能力是开拓创造性思维活动的保障.

信息处理能力是指大脑对已有数学信息进行选择、判断、推理、假设、联想的能力,以及想象能力和操作能力. 这里应特别指出,丰富的数学想象力是数学创造性思维的翅膀,求异的发散思维是打开新境界的突破口.

心理学家吉尔福特对智力和创造力的测验告诉我们:从整体上看,智力与创造力有正相关的趋势,但智力高的不一定有高的创造力,未达中上等智力者是不可能有高创造力的.

由于情绪等心理素质对创造性的思维的影响很突出,因此,国外流行称其为“情绪智商”(简称 EQ,即 emotional quotient),以和 IQ(智商)相区别. 根据情绪发生的程度、速度、持续时间的长短与外部表现,可把情绪状态分为心境、激情和热情. 良好的心境能提高数学创造性思维的敏感性,及时捕捉创造信息,联想活跃,思维敏捷,想象丰富,能够提高创造效率;激情对创造是个激励因素,是创新意识和进取的斗志;热情是创造的心理推动力量,对数学充满热情的人能充分发挥智力效应,做出创造性贡献.

意志表现为人们为了达到预定的目的自觉地运用自己的智力和体力积极地与困难作斗争. 良好的意志品质是数学创造的心理保障.

兴趣是数学创造性思维的心理动力. 稳定、持久的兴趣促进创造性思维向深度发展;浓厚的兴趣促使数学爱好者对数学问题去热情探索、锲而不舍地向创造目标冲击.

最新研究显示，一个人的成功只有20%归诸IQ的高低，80%则取决于EQ. EQ高的人，生活比较快乐，能维持积极的人生观，不管做什么，成功的机会都比较大. 基于上述影响创造性思维因素的分析，可以提出经验公式

$$创造力=有效知识量\times IQ\times EQ.$$

由于有效知识量，IQ，EQ都是与后天教育相关的因子，所以，数学创造性思维的培养是达到终点行为的经常性任务.

三、通过数学教育发展数学创造性思维

1. 转变教育观念，将"再创造"作为整个数学教育的原则

要相信每个人身上都有着创造潜力，小学生和科学家都有创造性思维，只是在创造层次和水平上有所不同而已. 科学家探索新的规律，在人类认识史上是"第一次"的，而学生学习的是前人发现和积累的知识，但对学生本人来说是新的. 我国教育家刘佛年教授指出："只要有点新意思，新思想，新观念，新设计，新意图，新做法，新方法，就称得上创造."所以对每个学生个体而言，都是在从事一个再发现、再创造的过程. 数学教育家弗赖登塔尔(Freudenthal)在《作为教育任务的数学》中指出，将数学作为一种活动来进行解释，建立在这一基础上的教学活动，称为再创造方法."今天原则上似乎已普遍接受再创造方法，但在实践上真正做到的却并不多，其理由也许容易理解. 因为教育是一个从理想到现实、从要求到完成的长期过程.""再创造是关于研究层次的一个教学原则，它应该是整个数学教育的原则."通过数学教学这种活动，来培养和发展学生的数学创造性思维，才能为未来学生成为创造型的人才打下基础.

2. 在启发式教学中采用的几点可操作性措施

数学教学经验表明："启发式方法是使学生在数学教学过程中发挥主动的创造性基本方法之一."而教学是一种艺术，在一般的启发式教学中艺术地采用以下可操作的措施对学生的数学创造性思维是有益的.

(1) 观察试验，引发猜想

英国数学家李特尔伍德(Littlewood)在谈创造活动的准备阶段时指出："准备工作基本上是自觉的，无论如何是由意识支配的. 必须把核心问题从所有偶然现象中清楚地剥离出来……"这里偶然现象是观察试验的结果，从中剥离出核心问题是一种创造行为. 这种行为达到基本上自觉时，就会形成一种创造意识. 我们在数学教学中有意识设计、安排可供学生观察试验、猜想命题、找规律的练习，使学生逐步形成思考问题时的自觉操作，学生的创造性思维就会有更大的发展.

例1　观察下列各式：

$$\frac{5^3+2^3}{5^3+3^3}=\frac{5+2}{5+3},$$

$$\frac{7^3+3^3}{7^3+4^3}=\frac{7+3}{7+4},$$

$$\frac{9^3+5^3}{9^3+4^3}=\frac{9+5}{9+4}.$$

初看这些等式，我们立即会问，把分子、分母的乘方指数约掉，即

$$\frac{A^3+B^3}{C^3+D^3}=\frac{A+B}{C+D},$$

这能相等吗？仔细观察就会发现有规律 $A=C$，但仅此条件是不够的，比如

$$\frac{5^3+2^3}{5^3+4^3}\neq\frac{5+2}{5+4}.$$

再进一步观察，可以发现

$$3=5-2,$$
$$4=7-3,$$
$$4=9-5,$$
$$\cdots,$$
$$D=A-B.$$

由此产生一个小小的猜想

$$\frac{a^3+b^3}{a^3+(a-b)^3}=\frac{a+b}{a+(a-b)}. \tag{1}$$

(1)式对不对呢？需要证明或证伪.

由 $x^3+y^3=(x+y)(x^2-xy+y^2)$ 有

$$\begin{aligned}\frac{a^3+b^3}{a^3+(a-b)^3}&=\frac{(a+b)(a^2-ab+b^2)}{(a+a-b)[a^2-a(a-b)+(a-b)^2]}\\&=\frac{(a+b)(a^2-ab+b^2)}{[a+(a-b)](a^2-ab+b^2)}=\frac{a+b}{a+(a-b)}.\end{aligned}$$

这表明(1)式成立.

通过此例可以体会从观察入手，从偶然中剥离“核心问题”的思维过程.

(2) 数形结合，萌生构想

爱因斯坦曾指出：“提出新的问题，新的可能性，从新的角度去看旧的问题，都需要有创造性的想象力.”在数学教学之中，适时地抓住数形结合这一途径，是培养创造性想象力的极好契机.

例 2　正数 a,b,c,A,B,C 满足条件 $a+A=b+B=c+C=k$，求证：

$$aB+bC+cA<k^2.$$

这是一道 1987 年全俄数学竞赛试题. 命题者已给出如下解答：

$$\begin{aligned}k^3&=(a+A)(b+B)(c+C)\\&=aB(c+C)+bC(a+A)+cA(b+B)+abc+ABC\\&=(aB+bC+cA)k+abc+ABC.\end{aligned}$$

因为 $abc+ABC>0$，$k>0$，所以 $(aB+bC+cA)k<k^3$，即

$$aB+bC+cA<k^2.$$

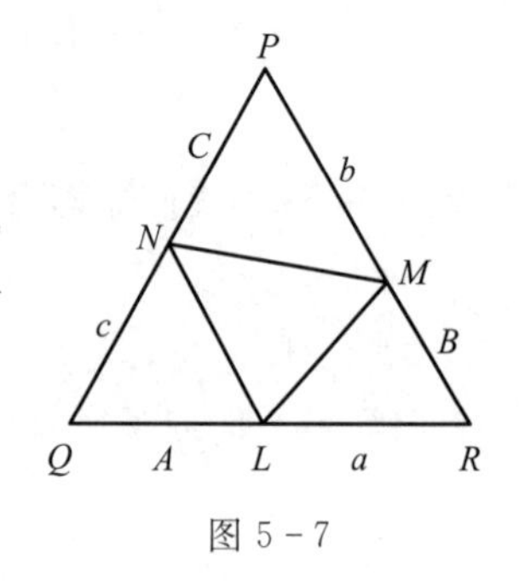

图 5-7

若由“a,b,c,A,B,C 均为正数，且 $a+A=b+B=c+C=k$”考虑可否从一个新的角度，比如从图形角度去思考，这时头脑中就产生了构想，形成如图 5-7 所示的一个等边三角形 PQR.

显然，$S_{\triangle LRM}+S_{\triangle MPN}+S_{\triangle NQL}<S_{\triangle PQR}$，即

$$\frac{1}{2}aB\sin 60^\circ+\frac{1}{2}bC\sin 60^\circ+\frac{1}{2}cA\sin 60^\circ<\frac{1}{2}k^2\sin 60^\circ,$$

所以 $aB+bC+cA<k^2$.

后一解法简洁、明快，具有创新的特点.

(3) 类比模拟，积极联想

类比是一种从类似事物的启发中得到解题途径的方法. 类似事物是原型，受原型启发、推陈出新；类似事物是个性，由个性中提出共性就是创新.

于振善发明“数块计算法”时，就产生了以下的类比联想：他观察凳子的四条腿(图 5-8)，由此萌生研究用木块进行乘法运算的念头. 最后他依据多项式乘法的几何图形表示原理设计了相应的“进位规则”，从而发明了“数块计算方法”，创制了“数块计算器”.

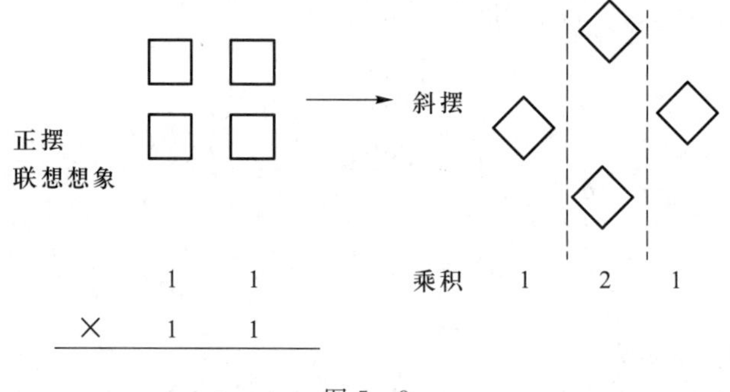

图 5-8

创造都从模仿开始，“先模仿后改造”本身就包含创新成分. 比如，在小学高年级与初一数学中有这样的问题：“如图 5-9(a)所示，在线段 AB 上插入 9 个点 $P_1,P_2,\cdots,P_9$，一共可以数出多少条线段?”(答：55 条.)在会解本题的基础上引导学生解“如图 5-9(b)所示，在锐角 AOB 内，从顶点 O 引出 9 条射线，问在图中可以数出多少个锐角?”

“如图 5-9(c)所示，在$\triangle ABC$ 的边 AB 上取 9 个点 $P_1,P_2,\cdots,P_9$，连接 CP_1，$CP_2,\cdots,CP_9$，问图中可以数出多少个三角形?”“如图 5-9(d)所示，在平行四边形 $ABCD$ 中，过 AB 边上 $P_1,P_2,\cdots,P_9$ 这 9 个点作 AD 边的平行线，与 DC 边交于点 $Q_1,Q_2,\cdots,Q_9$，问图中可以数出多少个平行四边形?”在这些问题的比较中，要启发学生抽取它们共性的本质，本质上是“$n+2$ 个元素两两配对，共有多少种方法?”(答：$\mathrm{C}_{n+2}^2=\frac{1}{2}(n+1)(n+2)$.)

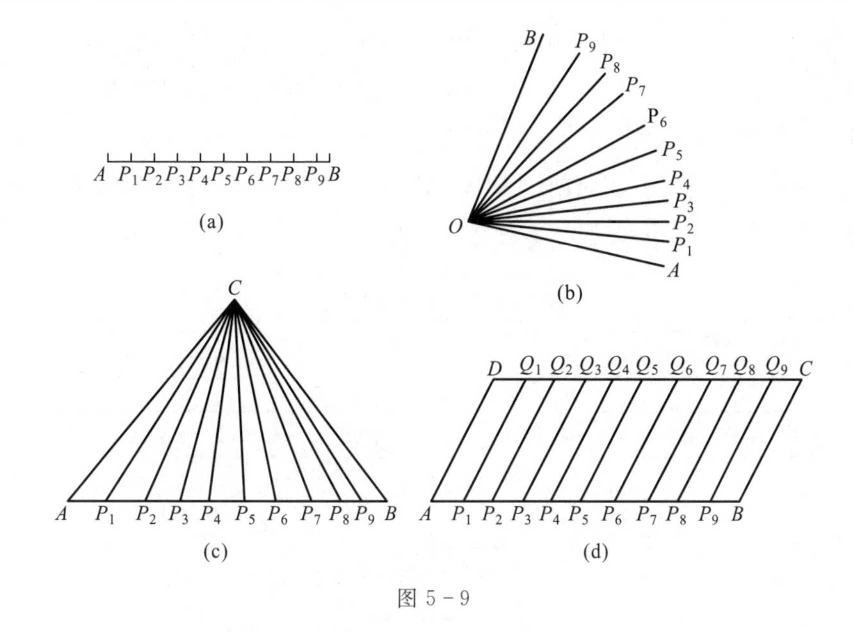

图 5－9

（4）发散求异，多方设想

从思维的指向性看，吉尔福特提出的发散思维与收敛思维概念，可形象地表示为图 5－10.

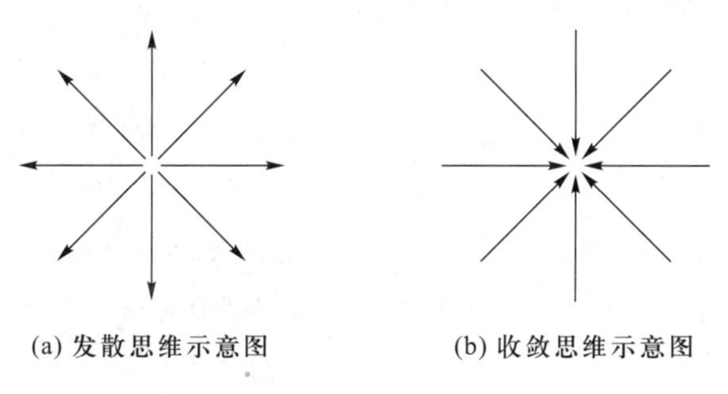

图 5－10

在发散思维中"沿着各种不同方向去思考，即有时去探索新运算，有时去追求多样性""发散思维能力有助于提出新问题，孕育新思想，建立新概念，构筑新方法""数学家创造能力的大小，应和他的发散思维能力成正比."在中学数学教学中，一题多解是通过数学教学培养发散思维的一条有效途径.

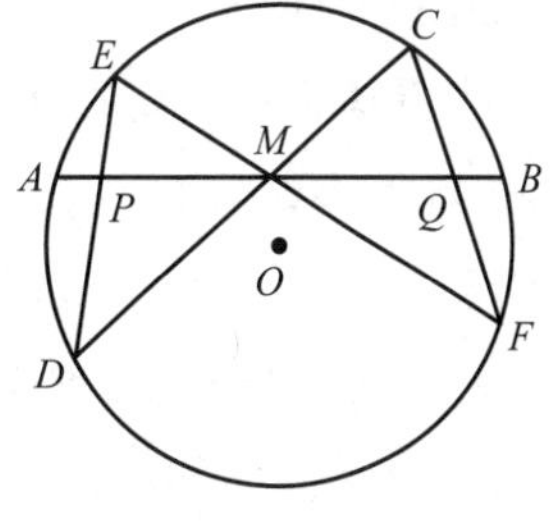

图 5－11

例 3（蝴蝶定理）　如图 5－11 所示，M 是$\odot O$ 的弦 AB 的中点，CD，EF 是过点 M 的两条弦，连接 DE，CF，分别交 AB 于 P，Q 两点，则 $PM=QM$.

这是一道著名的平面几何问题. 就其证法而言，最基本的是综合法（如第二章 §9 例 3）. 还可找到面积法、三角证法、解析几何证法、复数证法，这已经产生了思维的发散性. 而首都师范大学附属中学许振东同学从圆是特殊的二次曲线入手，将蝴蝶定理推广为“在二次曲线 C 中，M 是弦 AB 的中点，CD，EF 是通过点 M 的两条弦，过 D，E，C，F 四点的二次曲线交 AB 于 P，Q 两点，则 $PM=QM$”(见《中学生数学》1982 年第四期)，使发散思维的思考到了一个更高的层次.

实践证明，按图 5－12 中的模式延拓发散思维，多方提出问题，对培养发散思维、提高创造性思维能力是有益的.

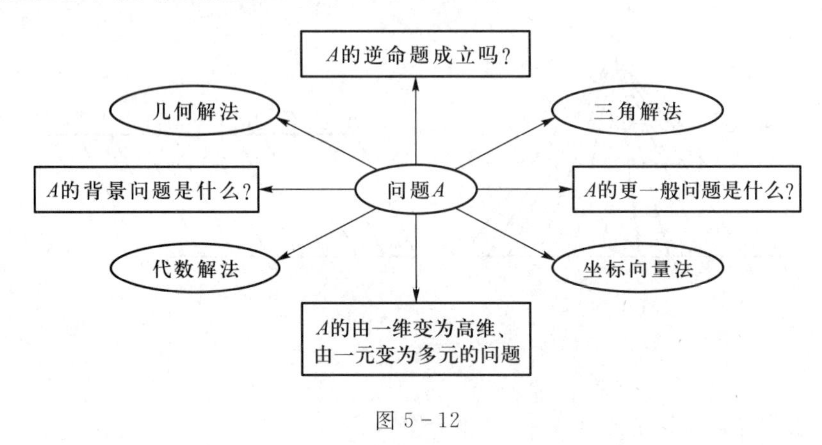

图 5－12

(5) 思维设计，允许幻想

数学家德摩根曾指出：“数学发明创造的动力不是推理，而是想象力的发挥.”列宁(Lenin)也说过：“幻想是极其可贵的品质”“甚至在数学上也是需要幻想的，甚至没有它就不可能发明微积分”. 在数学抽象思维中，动脑设计，构想程序，可以锻炼抽象思维中的建构能力. 马克思(Marx)曾说过“最拙笨的建筑师和最巧妙的蜜蜂相比显得优越的”是“建筑师在建造一座房子之前，已经在他的头脑中把它构成了”. 根据需要在头脑中构想方案、建立某种结构是一种非常重要的创造能力.

例 4　鸡、兔同笼，共有头 18 个，足 60 只，问有多少只鸡？多少只兔？

有些学生用算术方法，也有用列方程的方法来解本题. 有个学生列算式：$60\div2-18=12$，即为兔子数，当然 $18-12=6$ 为鸡的只数. 这与鸡兔同笼算式不符. 但是不要马上武断地认为学生是凑数凑出来的解而加以否定. 让学生讲讲，学生的解释说：把鸡腿捆起来看成金鸡独立的“单脚鸡”，把兔子看成前脚抱着大萝卜的站着的“双脚兔”，这时共 18 个头，$(60\div2=)30$ 只足，每只“双脚兔”比“单脚鸡”多一只脚，$30-18=12$ 正好是兔子的头数. 多么丰富的想象，甚至是幻想，这种别出心裁的解法简直让人拍案叫绝！

(6) 直觉顿悟，突发奇想

数学直觉是对数学对象的某种直接领悟或洞察，它是一种不包含普通逻辑推理过程的直接悟性. “科学直觉直接引导与影响数学家们的研究活动，能使数学家们不在无意义的问题上浪费时间，直觉与审美能力密切相关. 这在科学研究中是唯一不能言传而只能意会的一种才能”“面对思维，应当经常联系直观背景和实际因素.”在中学数学教学中可以从模糊估量、整体把握、智力图像三个方面去创设情境，诱发直觉，能使堵塞的思路突然接通！

例 5　求不定方程 $x+y+z+t=8$ 的正整数解的个数.

学生一般不能马上求解此题. 有个学生在课外活动打球时突然悟出了其中的道理：这个问题好像 8 个篮球要投入 4 个篮球筐，每个筐都至少要投入一个球，即形如

○○○○○○○○

的 8 个球的 7 个间隔插入 3 个“+”号的状态. 这样 7 个间隔中插入 3 个“+”号的方法是 $C_7^3=35$，就是不定方程 $x+y+z+t=8$ 的正整数解的个数.

(7) 群体智力，民主畅想

良好的教学环境和学习气氛均有利于培养学生的创造性思维能力. 课堂上教师对学生讲授解题技巧是纵向交流、垂直启发，而学生之间的相互交流和切磋则可以促进个体之间创造性思维成果的横向扩散或水平流动.

例 6　存在两个无理数 x,y，使得 x^y 是有理数吗？

这是一道莫斯科数学竞赛的培训题，在 1985 年北京数学奥林匹克学校教学中曾组织高一学生课堂讨论. 教师思路是：令 $x=\sqrt{2}$，$y=\sqrt{2}$，若 $\sqrt{2}^{\sqrt{2}}$ 是有理数，则问题已得解；若 $\sqrt{2}^{\sqrt{2}}$ 是无理数，则 $(\sqrt{2}^{\sqrt{2}})^{\sqrt{2}}=\sqrt{2}^{2}=2$，是有理数. 因此，一定存在这样的两个无理数 x,y，使得 x^y 是有理数.

证明虽然漂亮，但并没有指出哪两个无理数具有这样的性质. 经过课堂讨论，人大附中的丹阳同学举出 $x=\sqrt{2}$，$y=\log_{\sqrt{2}}3$ 是两个无理数，则 $x^y=\sqrt{2}^{\log_{\sqrt{2}}3}=3$ 是有理数的例子. 集思广益，得到了优美、简捷的构造法证明，进而引起了大家对无理数性质研究的兴趣.

在讨论过程中，教师对学生的新想法应尽量启发、理解、帮助学生表达清楚，对其中的合理成分应充分肯定，切忌武断地否定学生的想法，应形成平等、民主的讨论气氛，这对促进数学创造性思维的发展是十分必要的.

习　题　五

1. 谈谈逻辑思维与形象思维的关系及其在数学发现中的作用.

2. 举例说明直觉思维在数学发现中的方法论意义.

3. 举例说明发散思维在数学发现中的方法论意义.

4. 简述华罗庚的治学方法及其对读者的启示.

5. 一种自行车轮胎，若把它安装在前轮，则自行车行驶 5 000 km 后它报废；若把它安装在后轮，则行驶 3 000 km 后它报废. 行驶一定路程后可以交换前、后轮胎. 要使一辆自行车的一对新轮胎同时报废，那么这辆自行车将能行驶多远？

6. 已知实数 m,n 满足 $6^m=2\ 022$，$337^n=2\ 022$，求 $\frac{1}{m}+\frac{1}{n}$ 的值.

7. $\triangle ABC$ 中，已知 $\angle A=60^\circ$，求证：$\frac{1}{a+b}+\frac{1}{a+c}=\frac{3}{a+b+c}$.

8. 已知$-1<a<1$，$-1<b<1$，求证：

$$\frac{1}{1-a^2}+\frac{1}{1-b^2}\geqslant\frac{2}{1-ab}.$$

9. 在锐角$\triangle ABC$的边AC上取一点D，中线AM分别与高CH及线段BD相交于点N和K，证明：若$AK=BK$，则$AN=2KM$.

10. 在等边$\triangle ABC$的边AB与BC上各取一点D与K，而边AC上取两点E和M，使得$DA+AE=KC+CM=AB$. 证明：直线DM与KE间的夹角等于$60°$.

11. 如图5-13所示，点A在线段BG上，四边形$ABCD$与$DEFG$都是正方形，面积分别为$7\ \text{cm}^2$和$11\ \text{cm}^2$，求$\triangle CDE$的面积.

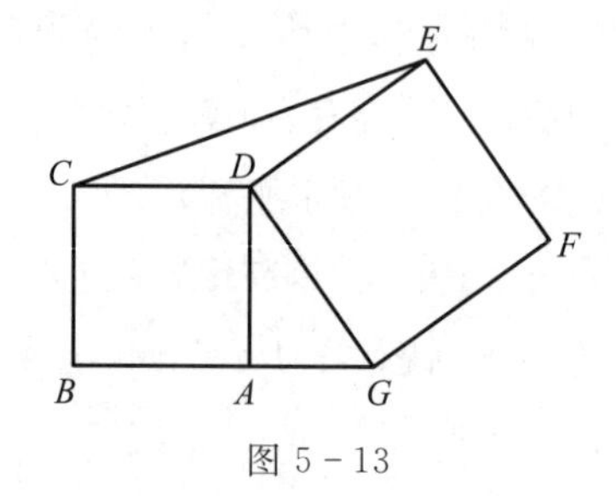

图5-13

12. 设a，b，c为三角形三边，求证：

$$\frac{a}{b+c-a}+\frac{b}{a+c-b}+\frac{c}{a+b-c}\geqslant 3.$$

13. 设a，b，c是正实数，求证：

$$\frac{2a^2}{b+c}+\frac{2b^2}{c+a}+\frac{2c^2}{a+b}\geqslant a+b+c.$$

14. $\triangle ABC$中，已知$\sin C=\dfrac{\sin A+\sin B}{\cos A+\cos B}$，求证：$\angle C=90°$.

15. 分解$x^8+y^8+98x^4y^4$为两个整系数多项式因式.

16. $\triangle ABC$的边长分别为1.5，2和2.5，P为三角形内的一点，求点P到三边距离之积的最大值.

17. 求$\displaystyle\int\frac{x^2\mathrm{d}x}{x^6+1}$.

18. 设$\sin\alpha+\sin\beta=1$，$\cos\alpha+\cos\beta=0$，求$\cos(\alpha+\beta)$的值.

19. 已知$z_1-z_2\mathrm{i}=3$，复数点z_2在曲线C：$|z-5|-|z+5|=6$上运动，求复数点z_1的轨迹.

20. 求方程$x^2-2x\cdot\sin\dfrac{\pi x}{2}+1=0$的实数解.

第五章典型习题

解答或提示

下　　篇

数学解题研究

第六章 数学解题理论概述

数学解题理论主要研究和讨论数学解题的一般性规律、法则和方法，是关于解题和寻找解题方法的研究.

解题是数学教师的基本功. 美国数学家哈尔莫斯(Halmos)指出:“问题是数学的心脏”“数学家存在的理由，就是解问题. 因此，数学的真正组成部分是问题和解”. 著名数学家波利亚也曾说过,“掌握数学就是意味着善于解题”“中学数学教学首要的任务就是加强解题训练”.

名师出高徒，要培养学生的解题能力，教师首先要有高超的解题能力. 一名优秀的数学教师，必须具备良好的数学专业素养和精湛的教学艺术，而解题基本功不仅仅是数学专业素养的构成因素，同时也是教学艺术的某种体现，因为不但要求教师自己会解题，而且还要教会学生解题方法. 将探寻解题方法的思考过程展现给学生，即寻找方法的方法，从教育学意义上说，这一点是非常重要的.

但是，有些数学教师却缺乏这种基本功的系统训练，只能从零散的解题实践中逐渐地积累和形成，一旦在教学中需要对学生进行指导时，便感到自身理论上的不足.

§1 数学问题及其类型

一、数学问题的含义

1. 数学问题是一种需要行动的情况. 数学家波利亚在《数学的发现》一书中提出，“有问题指的是:有意识地寻求某一适当的行动以便达到一个被清楚地意识到但又不能立即达到的目的.”贝尔(Bell)在其《中学数学的教与学》一书中认为“数学的解决问题是解决数学中的一个情况，而解决这个情况的人，又把它看成一个问题.”可见，数学问题可以理解为需要人们用数学工具进行处理的情况.

2. 数学问题是一种情境. 1988 年第六届国际数学教育大会(ICME)“问题解决模型化和应用”课题组主席尼斯(Niss)在课题报告中指出:“一个(数学)问题是一个对人具有智力挑战特征的，没有现成的直接方法、程序或算法的未解决问题的情境.”而且他认为数学问题分为数学应用问题和纯数学问题，就是说，那种不能直接套用现成策略的、只能依靠数学思维才能解决的、未解决的纯数学问题或应用数学问题.

3. 数学问题是一种题系统. 苏联数学教育家奥加涅相(Ogenesian)从系统论的角度对问题解释道:“我们来研究系统(S,R)，其中 S 代表某个主体(即人)，R 代表某个构成一个抽象(或具体)系统的集合,我们称集合 R 为‘题系统’”“如果与 R 接触的主体对 R 中哪怕是某一元素、性质和关系不了解,而这些元素、性质和关系对于主体认定 R 是一个系统是必需的,那么我们便称系统 R 是相对于该主体的问题性系统.”

4. 数学问题是一种集合. 苏联数学教育家斯托利亚尔(Stoliar)在《数学教育学》中指出,如果用数学术语来表述“数学问题”,那么,某一个数学问题就可以用一个特定的集合表示(这个集合可为一个独立的集合或几个集合的并集),即数学问题就是一个集合,该集合中的各种元素以及其中给定谓词所规定的关系构成了原数学问题.

5. 数学问题是以潜问题的形式被主体数学心理场所感知的数学模式序缺. 我国王秋海先生提出,数学模式序缺是数学问题产生的根源,这种模式序缺以潜在的形式独立存在于数学模式之中,只有被人们的数学心理场感知方可成为真正的数学问题. 数学问题一旦出现,就成为一种客观存在,无论其他人是否再度感知. 客观上数学模式并非出现序缺的地方,也可能在主体数学模式结构中存在着序缺,这种情况下出现的数学问题称为数学习题. 数学习题就是已被前人填补了序缺的数学问题,要求解题者主体再度填补这一序缺.

以上几种定义各从不同的角度对数学问题进行了描述,虽然没有一个统一的说法,但是并不妨碍人们对“问题”含义的理解. 一般说来,问题是给定的信息和目标之间有某些障碍需要加以克服的情景.

所有的问题都会有三个基本成分:① 给定条件(givens),即一组给予的信息;② 目标(goals),问题要求的或结尾的状态,即关于构成问题的结论描述;③ 障碍(obstacles),思维者无法立即找到正确答案,必须通过一定的方式来改变给定状态,逐步达到目标状态.

二、数学问题的特征

数学问题具有以下特征:

(1) 客观性:数学问题对于主体来说就是一种客观存在,所以,主体在接受问题时,必然会对问题产生感知和理解.

(2) 障碍性:数学问题对于主体来说具有一定的困难,用习惯的反应或模式会失败,于是可能出现多次失败的尝试.《牛津大词典》中将问题解释为“指那种并非可以立即求解或较困难的问题(question),那种需要探索、思考和讨论的问题,那种需要积极思维活动的问题”.

(3) 挑战性:数学问题一旦为个人所感知,就对人的智能构成了一种挑战,迫使他去探究新的处理方法.

三、数学问题的类型

数学解题方法论中讨论的数学问题主要是指数学习题,所以,数学问题的类型主要是数学习题的类型．采用不同的分类标准，可以对数学习题给出各种不同的分法．

1．弗里德曼的三分法

苏联数学家弗里德曼(Freedman)等人按数学问题的外在特征，提出了三分法，即按数学问题的外在形式可以分成求解题、证明或说明题、变换题或求作题．

求解题是要求出、寻找、识别问题的答案，这类题包括求值、计算、解方程(组)、解不等式、几何计算、求函数关系及相关问题．

证明或说明题是要求证实某一个论断的正确性，或检验它的真假性，或说明某一种现象、事实为什么成立或不成立．这类题包括证明恒等式、证明不等式、证明几何关系或图形的形状、由表达式或图形的性质确定这个表达式或图形的方程、证明表达式与图形或事件的某种性质(如存在性等)．

变换题或求作题是要求变换某种表达式，要求作出某一几何图形或者表达式满足给定的条件等．这类题包括化简各种表达式、多项式的因式分解、对表达式施行各种运算、作出函数的图像、作出满足一定条件的几何图形、进行几何变换．

2．系统要素分类法

按照奥加涅相等人的观点，数学问题是一个系统，其构成要素主要有四个：问题的条件、问题的结论、解题的方法、解题的依据．根据题目系统中要素的已知情况，可以将数学问题分为标准性题、训练性题、探索性题和问题性题四类．

四个要素都为已知的题即为标准性题．例如：证明恒等式

$$(a^2+b^2+c^2)(x^2+y^2+z^2)-(ax+by+cz)^2$$
$$=(bz-cy)^2+(cx-az)^2+(ay-bx)^2.$$

此题中的条件很明确，等式左右两端互为条件；结论是等式成立，即左边＝右边；解决的方法也是熟悉的：恒等变形、乘方配方；解题的依据是乘方公式、多项式乘法法则．这四个要素都是已知的，所以它是一道标准题．

如果四个要素中有一个要素未知，其余三个要素已知，这样的题称为训练性题．例如：已知 $f(x)$是二次三项式，并且 $f(1)=-3$，$f(2)=2$，$f(-1)=5$，求$f(x)$．题目条件很具体，$f(x)$是二次三项式，并给出 x 取 1，2，-1 时 $f(x)$的值；解题方法是待定系数法，学生较熟悉；解题依据是二次三项式的恒等知识，仅仅是结果未知，因此它是一道训练性题．再如，如果 $y_1=a^{2x^2-3x+1}$，$y_2=a^{x^2+2x-5}$，要使(1) $y_1=y_2$，(2) $y_1<y_2$，(3) $y_1>y_2$，那么 x 和 a 的值应怎样？这道题中除了条件待求，其余三个要素都是已知的，它也是训练性题．

如果四个要素中有两个要素已知，其余两个要素未知，则称这样的题为探索性题．例如，已知：如图 6-1 所示，BN 是$\angle ABC$ 的平分线，P 为 BN 上一点，且 $PD\perp BC$ 于点 D，$AB+BC=2BD$．(1) 请猜想$\angle BAP$ 与$\angle BCP$ 的关系；(2) 请证明猜想的结论．此题条件确定，

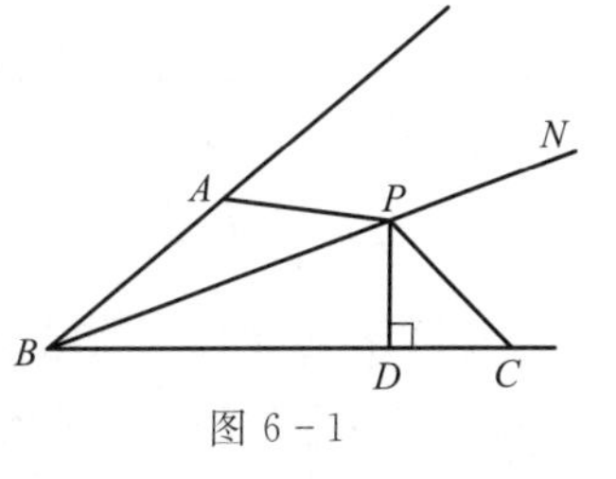

图 6-1

解决问题所涉及的角平分线、三角形全等、角的互补等知识学生也会想到，但结论和证明方法都是未知的，因此它是探索性题.

如果四个要素中仅有一个要素是学生已知的，其余三个都是学生所不知道的，这样的题称为问题性题. 例如，给定一个形状为直角三角形的金属片，现在要剪出尽可能大的两个相等的圆片，问圆片的半径有多大？此题即为问题性题，因为除结论已知外，其余三个要素都是未知的.

由于这种分类法是按要素已知多少进行的，所以，四种类型分别代表着四种不同的难易程度. 已知要素越少，题目难度越大，并且四种类型的题目对应着相应不同的技能要求.

3. 成分分析分类法

任何一个数学问题的陈述，都是由某些题设条件和问题的要求等两部分组成的，即初始状态和目标状态，系统由初始状态向目标状态运动变化过程的发现，即是解决问题的过程. 从而，对于一个数学问题，我们可以把它分解成三个基本成分：A. 初始状态——问题的条件；B. 解决的过程——根据一定的知识经验，变换问题的条件，向结论过渡；C. 最终状态——问题的结论. 这样，可以将数学问题分为三类：标准题、封闭性变式题、开放性变式题.

如果一道题的条件和结论都是很明显的，其解题过程也是解题者所熟知的，那么就称之为标准题. 如果对标准题作一些改造和变化，使三个基本成分中缺少一个或两个，这些成分解题者不知道或不明确，这样的题称为封闭性变式题或开放性变式题. 例如，解方程 $x^2-3x+2=0$，在学生学了求根公式和因式分解法之后，它是封闭性变式题(A，B 已知，C 未知)；在此之前，需要配方法试探，则是一道开放性变式题(A 已知，B，C 未知). 可见，这类分类法分出的题目类型并不是绝对的，与解题者的经验背景有关. 不同类型题对应着不同的能力要求，这是上海青浦县数学教改小组在教改实践中探索出来的，用表 6-1 表示.

表 6-1　不同类型题对应的能力要求

标准题	封闭性变式题	开放性变式题
记忆水平	说明性理解水平	探究性理解水平
A　B　C	A　y　C A　B　z x　B　C	A　y　z x　B　z x　y　C

注：x，y，z 表示题的未知成分

4. 按开放性分类

按题目中条件或结论等成分确定与否，可将数学题分为封闭题和开放题两类. 凡是具有完备的条件和固定的答案的题目称为封闭题，凡是答案不固定或者条件可以变化的

题目称为开放题.关于开放题的定义,也有人认为开放题是指在“起始”(有多于一种组织问题可能)、“中段”(一题多解)或“末段”(多于一个答案)开放的题目,如下所示:

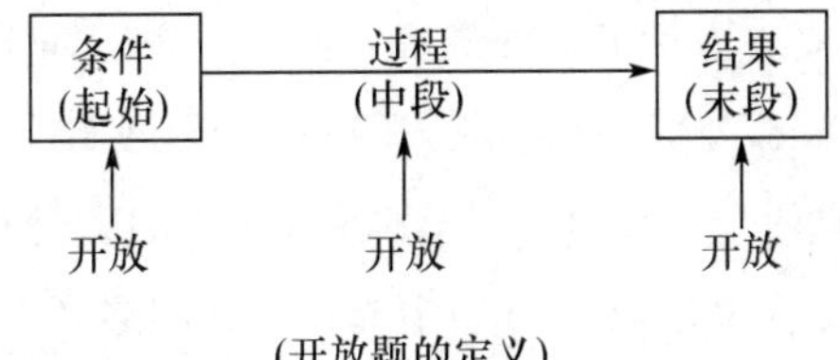

(开放题的定义)

例如,下面一题就是开放题.

给出两块相同的正三角形纸片(图 6-2,图 6-3).(1) 要求用其中一块剪拼成一个正三棱锥模型,另一块剪拼成正三棱柱模型,使它们的全面积都与原三角形的面积相等,请设计一种剪拼方法,分别用虚线标示在图中,并作简要说明;(2) 试比较剪拼的正三棱锥与正三棱柱的体积的大小;(3) 如果给出的是一块任意三角形的纸片(图 6-4),要求剪拼成一个直三棱柱模型,使它的全面积与给出的三角形的面积相等,请设计一种剪拼方法,用虚线标示在图中,并作简要说明.

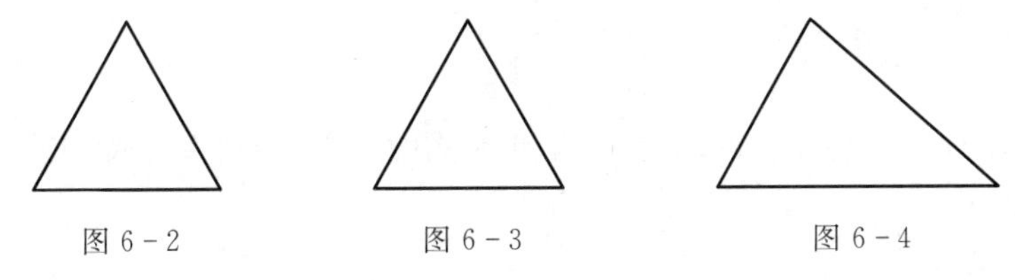

图 6-2　　　图 6-3　　　图 6-4

5. 按问题层次分类

在英国,对“问题”有两种理解,一是认为“问题”应与现实生活的实际有关;另一观点则只考虑数学理论中的问题.布茨(Bouts)综合二者,按题目性质、水平层次,将数学问题由低到高划分为五类:识别练习题、算法练习题、应用问题、开拓—探究问题、情景问题.

识别练习题只要求解题者识别或回顾一个具体的事实、定义或一个定理的陈述.通常以判断正误、填空或多重选择等形式提出.例如,下列式子中哪些是多项式:

(A) x^3+3x+2　　(B) $x^3+\sqrt[3]{x}+2$　　(C) $x^3+\sqrt{3}x+2$

(D) $x^2+\dfrac{3}{x}+2$　　(E) 2

算法练习题是指依据程序算法,可通过一步步的推理演算解决的问题.例如,解方程 $2x^2-3x-5=0$,求圆 $x^2-2x+y^2+4y=4$ 的圆心坐标和半径.

应用问题即应用算法解决实际问题,其解法包括两大步骤:首先用符号公式表示实际问题中的数量关系,再按各种算法对符号进行运算.例如,若长方形的长和宽各增加 20%,则长方形面积增加百分之几?再如,化工厂的某容器的容积为 V cm³,装满了浓度为 100%的纯酒精.现欲使其稀释,从中倒出 $\dfrac{1}{10}$后用清水兑满,再从中倒出 $\dfrac{1}{10}$,又用清水兑满,如此反复进行了 n 次,所得的溶液中酒精浓度为多少?欲使浓度不超过 50%，至少要进行多少次操作？

开拓—探究问题本身的陈述通常不包含解题策略，不像前三类题目那样是解题策略包含在问题的陈述中，克服困难主要是文字转换以用相应知识解决．开拓—探究问题需要解题者尝试、分析、探究，才能明确解题策略和方法．例如，设 $S_n=\{1,2,3,\cdots,n\}$，对哪类整数 n，S_n 可被分成两个子集，两个子集各自元素的和是相等的？

情景问题包括的不是问题本身，而是情景．这类问题不告诉解题者："这是个问题，解决它"，而是说："这是个情景，试想一想"．解决情景问题重要的一步是认识情景中解题所利用的问题本身的属性．例如，在一条直线上安排有 5 个机器人，今要设立一个零件供应站，问置于何处，可使 5 个机器人与供应站的距离总和为最小？如果是 6 个机器人呢？n 个机器人呢？

§2　问题解决的要素和一般模式

一、问题解决的要素

从认知心理学的角度分析，一般认为问题解决的要素主要有：问题表征、问题解决的程序、模式再认．

1．问题表征

心理学把信息在头脑中的记载或呈现方式称为心理表征（简称表征）．表征是影响问题解决的一个重要因素，是问题解决的中心环节，它说明问题在头脑里是如何呈现、如何表现出来的，这是解题活动的开始，起着十分重要的作用．

有时用表象对问题加以正确表征往往有助于问题的解决，有时根据表征画出简明图解以提供视觉形象，对于解决困难问题有很大帮助．例如，"一个容器装有 1 L 的溶液，其中 90%是酒精，10%是水，问需加多少升水才能使酒精变成全部溶液的 80%？"对于这个问题，如果能正确地表征问题，给出简明图解，如图 6－5(a)所示，就会很快写出方程式．如果错误表征问题，如图 6－5(b)所示，一个容器中含 90%的酒精，一个含 80%的酒精，就无助于问题的解决．可见，两种方法的差别在于能否想象出有关事物并正确地加以图解．

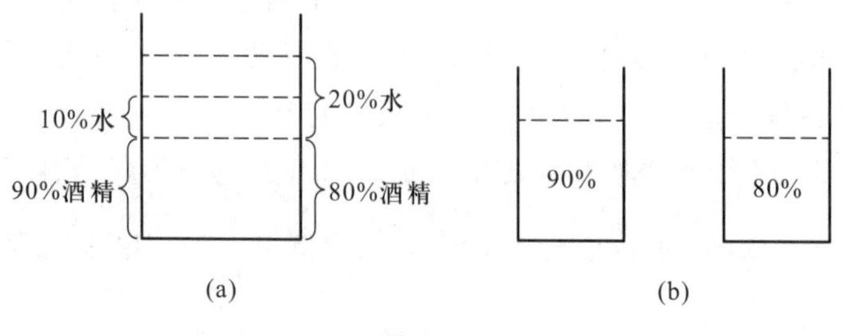

图 6－5

再以残缺棋盘覆盖问题为例. 棋盘有 $8\times8=64$ 个方格，假定有 32 个 1×2 的长方形棋子，显然用这 32 个棋子可以完全覆盖 64 个方格. 若去掉对角的两个方格，试问能否用 31 个长方形棋子把剩下的 62 个方格完全覆盖？

初看上去，这个问题似乎只要反复试验，总有一天可以解决，而实际上这一天永远不会到来. 我们可以用另一种方式来考虑，问题就变得非常清楚. 用黑白相间的两种颜色给棋盘的方格染色，结果有 30 个白格，32 个黑格(图 6－6). 很容易想象一个长方形棋子只能盖住 1 黑 1 白两个方格，31 个长方形必然有 31 个黑格和 31 个白格被盖，而图中却有 30 个白格和 32 个黑格. 因此，答案是否定的.

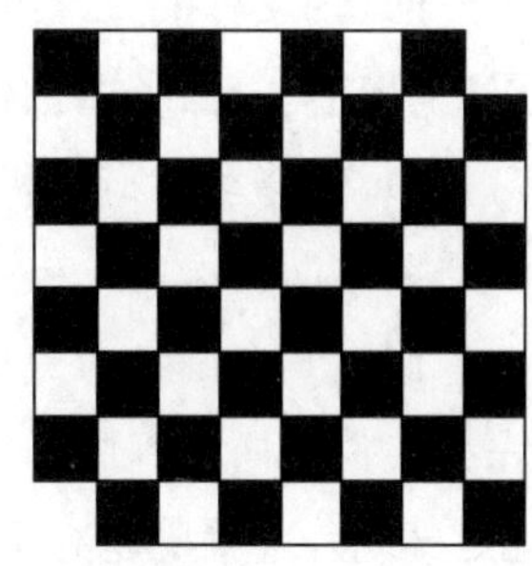
图 6－6

由上例可以看出，研究如何使用表征才有助于问题解决是很重要的，如果一个问题得到了正确表征，那么可以说它已解决了一半. 如果不能在脑子里表征出黑白方格的关系，就很难解决这个问题. 问题表征得不精确或不完全，就会造成问题解决的困难甚至使问题不能解决. 解题能力的差别在一定程度上表现为对问题的表征方式不同. 当然，有些问题虽然得到了明确表征，但因为难度太大而得不到解决，例如哥德巴赫猜想，这也是正常的.

2. 问题解决的程序

问题解决通常使用“手段—目的分析法”. 它的思维方法是把总目标分成子目标，把现有状态与目标状态作比较，运用算子(认知心理学将在解决问题中从一种状态变为另一状态所采取的各种方法称为“算子”)进行匹配，消灭差别，最终达到总目标.

手段—目的分析法的关键有两项工作：一是把当前状态转化为目标状态；二是寻找消除差异的算子，其流程如图 6－7 所示.

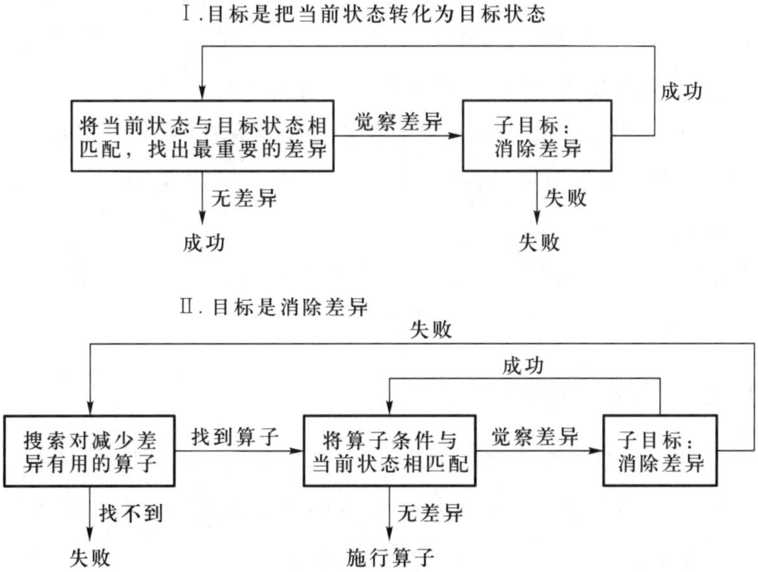

Ⅰ. 目标是把当前状态转化为目标状态

将当前状态与目标状态相匹配，找出最重要的差异
觉察差异
子目标：消除差异
成功
无差异
成功
失败
失败

Ⅱ. 目标是消除差异

失败
成功
搜索对减少差异有用的算子
找到算子
将算子条件与当前状态相匹配
觉察差异
子目标：消除差异
找不到
失败
无差异
施行算子

图 6－7

下面以著名的“河内(Hanoi)塔”问题为例，来说明运用手段—目的分析法解决问题的过程.

问题：设有甲、乙、丙三根木柱，在甲柱上套有从小到大的3个圆盘，最大者在最下层(呈塔形)，现在欲将这3个圆盘全部移到乙柱上，而每次仅能移动最上面的一个圆盘，且每次移动中不能将大圆盘置于小圆盘之上，丙柱可作辅助用，问完成此过程，最少需要移动几次？

假设3个圆盘为A(小)，B(中)，C(大)，目标是把A，B，C移到乙柱. 这个目标首先把我们引向流程图Ⅰ的分析. 目标状态和当前状态之间的一个重要的差异是C不在乙柱上，这就要建立子目标来消除这一差异. 如何消除？这就把我们引向流程图Ⅱ的分析，搜索减少这种差异的算子，选择的算子当然是把C移到乙柱. 运用用这种算子的条件是C上面不能有其他的圆盘. 但现在A，B在C上面，算子条件和目前状态之间存在差异，于是又要选择新的子目标来减少这种差异. 这个子目标又使我们回到流程图Ⅰ，要选择把B移掉的算子. 第二次选择的算子是把B移到丙柱，然而不能直接运用把B移到丙柱的算子，因为B上面还有A，因此又得建立另一个子目标，即把A移开. 实现这个子目标的算子是把A移到丙柱. 把A移到丙柱的条件与目前状态之间不存在差异，可以实施这个算子. 依次继续下去，不难求出共需7次.

除了手段—目的分析法以外，还有假设检验(随机尝试)、选择性探索、逐步逼近等思维方法.

3. 模式再认

长期积累的知识基础是问题解决的有效操作依据. 知识基础构成快速活动的模式再认系统，这种系统极大地减少了信息加工的负荷. 模式的特点是它与新问题在知识组织的层次和性质上的相似性，它能对适宜的操作过程提供帮助.

美国数学教育家舍恩菲尔德(Schoenfeld)通过实验观察，提出了问题解决能力的四个构成要素：① 认知资源，即解题者所具有的与问题有关的数学知识；② 发现式解题策略，指解决非常规的、非标准的问题时所用的策略和技巧，是发现和以发现为目的的技能；③ 控制，即对解题过程的控制；④ 信念系统，这是指解题者怎样看待自己、看待数学、看待问题、看待环境. 他还将一般数学解题的思考过程归纳为：① 了解问题；② 尝试理解整个问题；③ 试探一些思路；④ 寻找新信息和局部评价；⑤ 实施计划；⑥ 证实；⑦ 以上各阶段之间的联系和转变.

二、问题解决的一般模式

尽管问题解决的难度、层次多种多样，同一问题又有不同的解法，人们还是从不同的角度作了艰苦的探索，给出了各种模式，且在粗线条的轮廓上形成了一定的共识.

1. 杜威的五个步骤

美国教育心理学家杜威(Dewey)将问题解决的一般模式在粗线条上给予了描述，

概括为以下五个步骤：

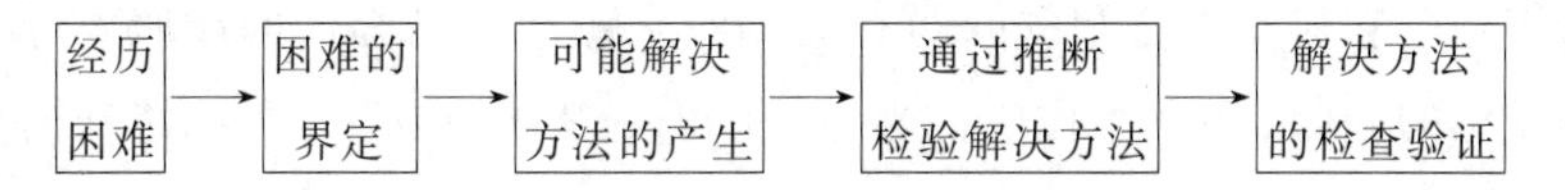

这五个步骤实际上是思维的过程模式：在解决问题时，思维是由于某种困惑、混乱或疑问引起的，当经历困难并对困难界定后，便会提出解决问题的要求和计划，想从以往的经验或有关问题的知识中获得某种暗示或启发；在这种不安和骚动中，战胜探究的烦躁，开始反省性思维，从而产生可能解决的方法；然后，通过推断检验解决方法，最后是检查验证.

2. 产生式模式

计算机之所以具有智能，能完成各种运算和解决问题，是由于它贮存了一系列程序，以“如果……，那么……”的形式进行编码的缘故. 现代信息加工心理学把人的认知过程看成类似于计算机的操作，从而把问题解决模式归结为“条件→动作”产生式.

产生式是一种“条件(condition)→动作(action)”规则，简记为 C→A. 只要条件一出现，动作就会自动产生，这里所说的动作不仅是外显的行为反应，还包括内隐的心理活动或心理运算. 问题解决过程中，除了需要“条件→动作”这样的正向产生式之外，还应该具备逆向产生式. 逆向产生式是以“要……，就需……”的形式表示的规则，其含义是在当前情景下要使目标得以实现，就要具备什么条件. 因此，不仅条件决定动作，而且动作又要改变条件，条件与动作之间这种交互作用，表示为 $C \rightleftharpoons A$.

问题解决需要一系列产生式，形成产生式系统. 也就是说，解决一个较为复杂或不熟悉的问题时，通常不是解题者头脑中储存的一个产生式就能完成的，而是几个产生式共同作用的结果. 许多个产生式构成了产生式系统.

对一类问题的解决形成产生式的人，在解决这类问题时思路很流畅，产生式系统形成一系列自动化的反应. 对于一个不熟悉的题目，解题者往往先把题目想办法转化为一个熟悉的问题，再运用产生式；或者需要探索，探索主要表现为提出可能的解决方案并实施、修正、肯定或否定这个方案的过程，这一过程中仍然包含着产生式.

3. 波利亚的“怎样解题表”

在数学教育界，第一个系统研究解题理论的学者是波利亚，也是迄今为止研究得最成功的人. 波利亚解题理论中最著名的首推他的“怎样解题表”(1957 年). 他在名著《怎样解题》一书中，把解题的一般过程概括为四个步骤，对每个步骤进行了详尽的阐述，构成系统的“怎样解题表”，其中反映出数学解题的一般模式，即是波利亚描述的四个步骤：

弄清题意 → 拟定计划 → 实施计划 → 回顾解题

在第一步中包括弄清未知数是什么，已知数据和条件是什么，画张图，引入适当的符号，回到定义去，即把问题给的因素返回到定义去考虑，等等.

对于“拟定计划”，波利亚用一系列的提示语来诱发一个“好念头”. 例如，“这是什么类型的问题？它与某个已知的问题有关吗？它像某个已知的问题吗？你能设想出一个同一类型的问题、一个类比的问题、一个更一般的问题、一个更特殊的问题吗?”“看着未知数”“盯着目标”“能不能把问题重新表述得使未知量与已知量、结论和假设看上去彼此更加接近呢?”循着这些提示语进行，最终得有一个求解计划.

在“实施计划”中，波利亚提出“对每一步演算和推理进行检验”“补充细节”“耐心检验每一步”“能清楚地看出这一步是正确的吗”“不要放过任何含糊之处”.

最后是“回顾解题”，通过对解题的回顾，要能达到“能一下子看出问题的解”.

4. RMI 原则

我国数学家徐利治教授给出的 RMI 原则，既是数学方法论原则，也是一个问题解决的一般模式. 徐利治教授在《数学方法论选讲》一书中将 RMI 原则陈述为:“给定一个含有目标原像 x 的关系结构系统 S，如果能找到一个可定映映射 φ，将 S 映入或映满 S^*，则可从 S^* 通过一定的数学方法把目标映像 $x^*=\varphi(x)$ 确定出来，从而通过反演即逆映射 φ^{-1} 便可把 $x=\varphi^{-1}(x^*)$ 确定出来”，并用框图表示 RMI 原则，如图 6-8，图 6-9 所示.

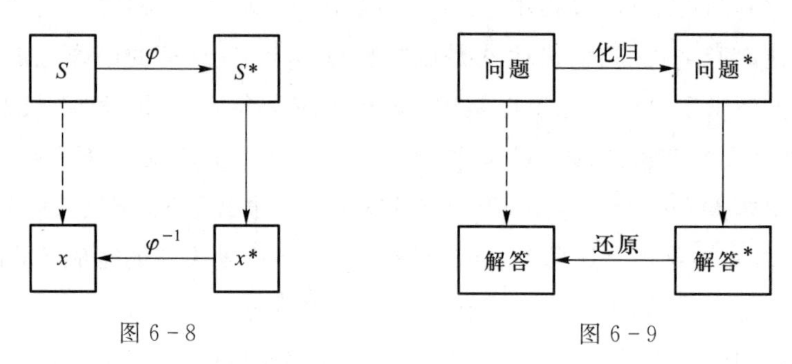

图 6-8　　　　图 6-9

例　计算 $\arcsin\frac{1}{\sqrt{5}}+\operatorname{arccot}3$ 的值.

解　设 $z_1=2+\mathrm{i}, z_2=3+\mathrm{i}$，则 $z_1z_2=5+5\mathrm{i}$. 因为

$$\begin{aligned}\arcsin\frac{1}{\sqrt{5}}+\operatorname{arccot}3&=\arg z_1+\arg z_2=\arg(z_1z_2)\\&=\arg(5+5\mathrm{i})=\frac{\pi}{4},\end{aligned}$$

所以

$$\arcsin\frac{1}{\sqrt{5}}+\operatorname{arccot}3=\frac{\pi}{4}.$$

以上过程通过建立映射，把角与复数对应起来，再由复数运算求得结果，最后回到原题形式上给出解释，这一模式符合 RMI 原则. 一般地，只要是需要化归转化的题目，其解题模式基本符合 RMI 原则.

§3　数学解题观

数学解题观即是一个人对数学解题所持有的看法，以回答“解题的实质是什么?”数学解题观是解题理论中的一个基本问题，因为，对于一个训练有素的数学教师来说，形成一个正确、合理的解题观，这对于从较高角度认识解题过程、弄清解题本质是非常必要的. 也只有这样，才会在解题观基础上掌握解题规律、形成解题经验、提高解题能力.

本节介绍几种有代表性的数学解题观.

一、解题就是问题转换

波利亚的数学解题观可以简单概括为“问题转换”. 他认为解题就是把问题转化为一个等价的问题，把原问题化归为一个已解决的问题，即问题的连续变换过程.

下面用一个例题来说明这一观点.

例 1　3 个圆 k,l,m 具有相同的半径 r，并通过同一点 O. 此外，l 和 m 相交于点 A，m 和 k 相交于点 B，k 和 l 相交于点 C，则通过点 A,B,C 的圆 e 的半径也是 r.

根据题意画出图 6 - 10，可是这个图形并没有充分反映出原题目中的全部细节. 比如已知中的三个圆 k,l,m 的半径都是 r，结论中的圆 e 的半径也是 r，可是从图中看不出这些信息，所以，需要适当补充细节. 由于圆是由圆心和半径确定的，首先确定圆心 K,L,M，为了表示半径，需连接圆心与圆周上的点，取圆周上哪一点呢? 为便于和已知条件的其他信息发生联系，当然是连接圆心与已知条件中的几个交点，即连接 $KC,KO,KB;MA,MB,MO;LA,LO,LC$，得到图 6 - 11.

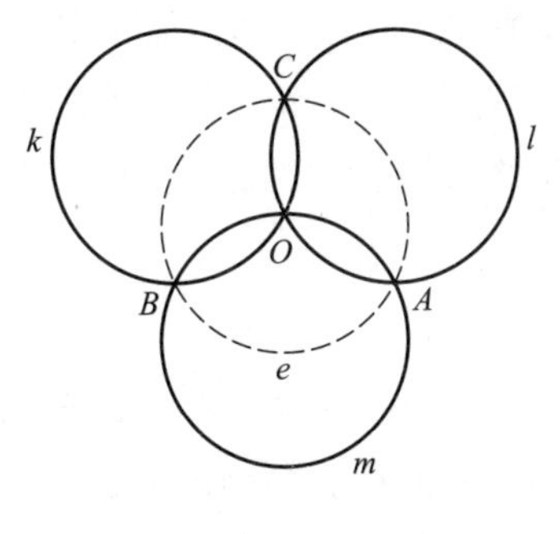

图 6 - 10

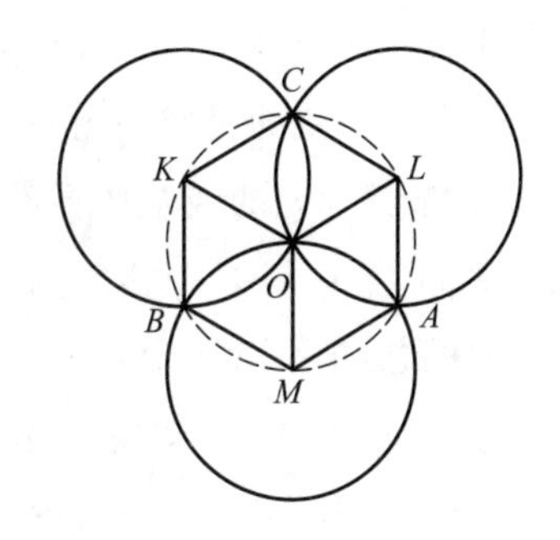

图 6 - 11

这是一张拥挤的图，当我们考虑到其中某些实质性的要素，努力使其简化时，也许会一下子看出隐藏在塞满了的画面里的真正图形，也或许可能是逐渐地把它认了出来，这就是注意到整个图形是由它的直线形部分确定的，如图 6 - 12 所示.

这样一来，它确实把几何图形简化了，而且还可能改变了它的逻辑状况，使我们把题目变换为下列形式:

如果 9 条线段

$$KB,\quad KO,\quad KC,$$
$$MB,\quad MO,\quad MA,$$
$$LA,\quad LO,\quad LC$$

都等于 r,则必存在一点 E,使得 3 条线段 EA,EB,EC 都等于 r.

问题变更后的叙述形式把我们的注意力引向图 6-12,使我们想起一些熟悉的东西. 由条件知四边形 $OMBK$ 的四条边相等,是菱形. 同理四边形 $OLAM$,$OLCK$ 也是菱形. 菱形的对边互相平行,从而有 $KB /\!/ OM /\!/ LA$,$KC /\!/ OL /\!/ MA$,$BM /\!/ KO /\!/ CL$.

又注意到求证的结论,假定结论成立,不妨引进圆 e 的圆心 E,和以 A,B,C 为端点的三条半径,得到图 6-13,我们又得到另外三个菱形和更多的平行线. 这时,容易看到,图 6-13 是平行六面体 12 条棱的一个投影图形,它的特殊性在于所有的棱的投影长度都相等.

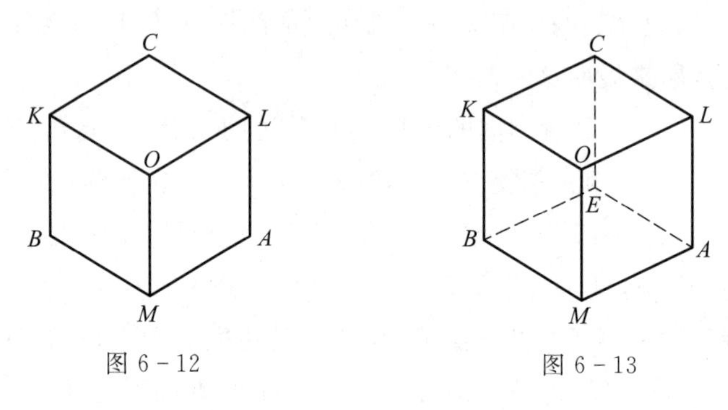

图 6-12　　　　图 6-13

因此,图 6-12 是一个"不透明的"平行六面体的投影,我们只看到了它的 3 个面、7 个顶点和 9 条棱,还有 3 个面、1 个顶点和 3 条棱在这个图中看不出来,所以图 6-12 只是图 6-13 的一部分,但是这一部分就决定了整个图形. 如果选择这个平行六面体和投影方向使得 9 条棱的投影如图 6-12 那样都等于 r,那么剩下 3 条棱的投影也一定等于 r. 这 3 条长为 r 的线是从看不见的第 8 个顶点的投影出发的,而这个顶点的投影 E 就是通过点 A,B,C 且半径为 r 的圆的圆心. 这样,我们这个证明意外地用了一个美术家的概念,把平面图形看成立体图形的一个投影.

实际上,到了这个地步,即使不用立体几何的概念,照样容易给出证明. 先过点 A,B,C 分别作 LC,KC,LA 的平行线,确定中心 E 的位置,再用平面几何知识推证 $EA=EB=EC=r$. 这是问题转换的结果.

可见,分析问题、解决问题的过程,就是转换问题的过程.

波利亚在《怎样解题》一书中指出:"解题的成功要靠正确思路的选择,要靠从可以接近它的方向去攻击堡垒. 为了找出哪个方面是正确的方面,哪一侧是好接近的一侧,我们从各个方面、各个侧面去试验,我们变化问题.""变化问题使我们引进了新的内容,从而产生了新的接触,产生了和我们问题有关的元素接触的新可能性""新问题展现了接触我们以前知识的新可能性，它使我们作出有用接触的希望死而复生. 通过变化问题，显露它的某个新方面，新问题将重新使我们的兴趣油然而生”. 波利亚所说的“变化问题”“题目变更”，就是“问题转换”，它揭示了解题的途径与实质.

为了达到“问题转换”的目的，波利亚在他的“怎样解题表”中，给出了一系列提示语：把问题转化为一个等价的问题，把原问题化归为一个已解决的问题，去考虑一个可能相关的问题，先解决一个更特殊的、或更一般的问题，等等. 由此可见，在大数学家、数学教育家波利亚眼里，解题的实质就是问题转换，问题转换的过程就是解题. 波利亚的结论是：“如果我们不用‘题目变更’，几乎是不能有什么进展的”.

二、解题就是给出原理序列

苏联数学家弗里德曼在《怎样学会解数学题》一书中对数学解题的实质也进行了研究，他认为“解数学题，这就是要找到一种一般数学原理（定义、公理、定理、定律、公式）的序列，把这些原理用于习题的条件或者条件的推论（解题的中间结果），得到习题所要的东西，即习题的答案”.

例 2　分解因式 $x^3-24+6x^2-4x$.

解　$x^3-24+6x^2-4x$

$=x^3-4x+6x^2-24$　　（加法交换律）

$=(x^3-4x)+(6x^2-24)$　　（加法结合律）

$=x(x^2-4)+6(x^2-4)$　　（提取公因式法则）

$=(x^2-4)(x+6)$　　（提取公因式法则）

$=(x-2)(x+2)(x+6).$　　（分解平方差的法则）

以上是分解因式的详细过程，分析这一过程，就会发现：解答是由一个一个的推演步骤序列所组成，其中的每一个步骤都是把数学的一般原理运用于问题的条件的推理，至于整个解答则是把条件与结论串接起来的各个步骤所组成的序列. 解题，实质上就是给出这个序列.

这种观点同样也适用于求证题.

例 3　已知 $AB=AC$，F，E 分别是 AB，AC 的中点，求证：$\triangle ABE\cong\triangle ACF$.

证　因为

$$F，E\text{ 分别为 }AB，AC\text{ 的中点（已知）},$$

所以

$$AE=\frac{1}{2}AC,\quad AF=\frac{1}{2}AB\text{（中点定义）}.$$

因为

$$AB=AC\text{（已知）},$$

所以

$$AE=AF(\text{等量代换}).$$

又

$$AB=AC(\text{已知}),$$
$$AE=AF(\text{已证}),$$
$$\angle A=\angle A(\text{公用角}),$$

所以$\triangle ABE\cong\triangle ACF$(边角边定理).

例 4　设长为 $x-1,x,x+1$ 的三条线段是一个钝角三角形的三条边，求 x 的取值范围.

解　第一步：因为 $x-1,x,x+1$ 是一个钝角三角形的三条边长，所以，它们应满足不等式组

$$\begin{cases}(x+1)^2>x^2+(x-1)^2,\\ x+1<x+(x-1).\end{cases}$$

第二步：解不等式组得 $2<x<4$.

例 4 较前两个题目稍复杂一些，但它的解决过程仍然是在已知条件与最后所求 x 的取值范围之间串接起相应的数学原理：第一步是钝角三角形的三边长的定量描述，用到一个钝角三角形的特有性质：

$$(\text{最大边})^2>(\text{较小边})^2+(\text{最小边})^2,$$

三角形的一般性质：

$$\text{最大边}<\text{较小边}+\text{最小边}.$$

这是把笼统、隐蔽的已知条件变换为具体而明确的量的关系，仍是关于钝角三角形三边长度之间的关系性质的直接应用. 第二步便是对一元二次不等式组解法的套用，同样对应着若干数学原理.

应该看到，例 2、例 3 的原理序列更直接一些，而例 4 则显得较为隐蔽，需要作适当的选择和等价变换，并且极易忽略“最大边<较小边+最小边”即“$x+1<x+(x-1)$”这一不等关系，造成原理不全而导致解题错误.

当然，我们实际上碰到的问题可能比上面的例题复杂得多，但解决它们的方法实质都是相同的，即给出一个把问题的条件和结论串接起来的严谨的推演步骤序列，而每一个步骤都是把数学的一般原理运用于条件或条件的推论(中间结果)的推理.

依据上面的分析，在弗里德曼观点的基础上，我们完全有理由认为，解题错误就是“原理序列”中包含了错误原理、用错原理或原理不全所致.

弄清楚了数学解题的实质，可是困难的是，这个数学原理序列是怎样找到的？如何确认它们是正确的？弗里德曼认为：“如果把解题过程理解为从开始得到习题到完全解完这道题的过程，那么这个过程显然不单是由叙述已经找到的题解组成的，而是

由一系列的阶段组成的，叙述题解只是其中的一个阶段”. 他把全过程分成 8 个阶段：

第一阶段——分析习题；

第二阶段——作习题的图示；

第三阶段——寻找解题方法；

第四阶段——进行解题；

第五阶段——检验题解；

第六阶段——讨论习题；

第七阶段——陈述习题答案；

第八阶段——分析题解.

弗里德曼的 8 阶段解题程序可用框图表示为图 6 - 14.

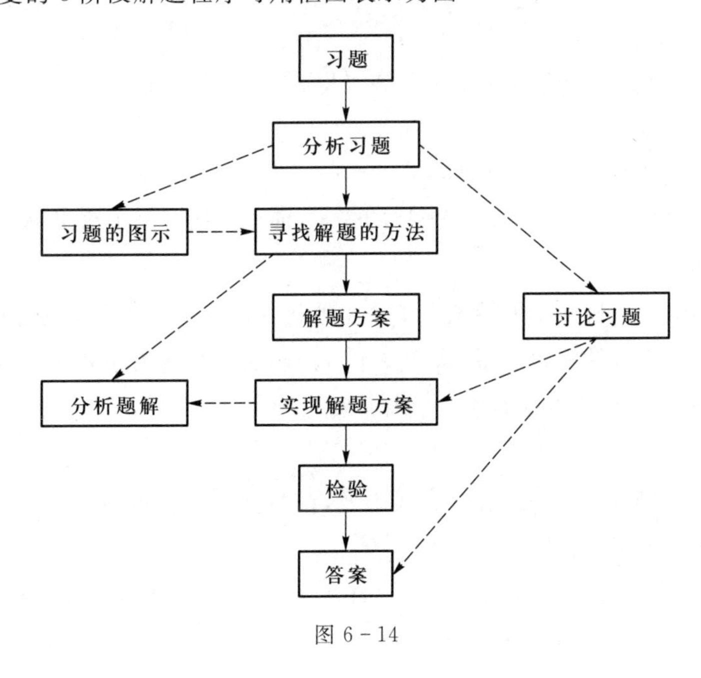

图 6 - 14

三、数学解题就是连续化简

重庆师范大学数学科学学院已故教授唐以荣（1918—1991）先生是国内较早研究数学综合题解题规律且富有成效的学者之一，他于 1982 年出版了著作《中学数学综合题解法新论》一书. 唐以荣教授在书中已明确提出了“解题过程的本质”这个问题，并经过潜心研究得出“连续化简”这一观点.

唐以荣教授指出：“解题的根本要求是什么？是有目的、有根据的连续化简（简称连续化简），即在完全合乎逻辑的前提下，把原题连续地化成比较简单的题目，直到新的题目与原题的结论或条件产生明显的逻辑联系为止”“解题的根本要求就是连续化简”. 他还特别作了说明，这里所提解题的根本要求，即是指“解题过程的本质”，之所以未用后面这个词，仅仅为了便于青年读者接受.

例 5　已知

$$\frac{a}{1+a+ab}+\frac{b}{1+b+bc}+\frac{c}{1+c+ca}=1, \tag{1}$$

求证：

$$abc=1. \tag{2}$$

这里，要证明的结论(2)远比条件(1)简单，假如我们按如下思路考虑：要证(2)式，先证什么？再需先证什么？一步一步向(1)式靠拢. 由于(2)式与(1)式在客观特征上存在的差异，必然就会产生如下要求：要证(2)式，应先证怎样一个稍稍复杂的式子？形成一个"连续化繁"的思考过程.

可是，由于(2)式很简单，没有足够的特征确定合乎要求的结果. 比如，可能会想到：要证(2)式，先证

$$abc+f(a,b,c)-f(a,b,c)-1=0,$$

或

$$(abc-1)f(a,b,c)=0,\quad f(a,b,c)\neq 0.$$

这样想虽然有道理，但 $f(a,b,c)$ 是怎样的式子，谁也无法一下子给出来，它不能由(2)式的特征来确定.

可见，"把这项结构简单的结论一步一步地化为提高了复杂程度的过渡性结论，最后与原条件发生直接的因果联系"这样一个"连续化繁"的思考过程十分困难. 原因很简单，因为简单的结论中缺乏足够的特征以确定那一系列一个比一个稍稍复杂的过渡性结论是什么.

相反，如果我们由结构复杂的(1)式出发，按"连续化简"的过程思考，那就会出现另一种截然不同的景象：

(1)式可化为怎样一个稍稍简单的式子？有多方面的理由允许我们认为下面的(3)式比(1)式简单(什么理由？请读者思考)：

$$\frac{a}{1+a+ab}+\frac{b}{1+b+bc}-\frac{1+ca}{1+c+ca}=0, \tag{3}$$

(3)式可化为比其简单一些的

$$\frac{a}{1+a+ab}-\frac{ca}{1+c+ca}+\frac{b}{1+b+bc}-\frac{1}{1+c+ca}=0, \tag{4}$$

(4)式又可化为稍稍简单的

$$\frac{1}{1+c+ca}\left(\frac{a-a^2bc}{1+a+ab}+\frac{abc-1}{1+b+bc}\right)=0, \tag{5}$$

(5)式又可化为稍稍简单的

$$\frac{1-abc}{1+c+ca}\left(\frac{a}{1+a+ab}-\frac{1}{1+b+bc}\right)=0, \tag{6}$$

(6)式再化为稍稍简单的

$$\frac{-(1-abc)^2}{(1+a+ab)(1+b+bc)(1+c+ca)}=0, \tag{7}$$

(7)式再化简即是

$$1-abc=0.$$

因而(2)式成立.

例 6　$\triangle ABC$ 中,已知

$$\sin C=\frac{\sin A+\sin B}{\cos A+\cos B}, \tag{1}$$

求证:$\angle C=90°$.

分析　为了作出证明,对条件(1)施行"连续化简":

$$\sin C=\frac{2\sin\frac{A+B}{2}\cos\frac{A-B}{2}}{2\cos\frac{A+B}{2}\cos\frac{A-B}{2}}=\frac{\sin\frac{A+B}{2}}{\cos\frac{A+B}{2}}, \tag{2}$$

由于$\frac{1}{2}(\angle A+\angle B+\angle C)=90°$,(2)式化简为

$$\sin C=\frac{\cos\frac{C}{2}}{\sin\frac{C}{2}}, \tag{3}$$

(3)式化简为

$$2\sin\frac{C}{2}=\frac{1}{\sin\frac{C}{2}}, \tag{4}$$

(4)式化简为

$$\left(\sin\frac{C}{2}\right)^2=\frac{1}{2}, \tag{5}$$

(5)式化简为

$$\sin\frac{C}{2}=\frac{\sqrt{2}}{2},$$

从而$\frac{C}{2}=45°$,即$\angle C=90°$.

假定把思考方法改为"连续化繁",即"要证$\angle C=90°$,先证什么?",则情况完全不一样,因为这个"什么"既可能是"$a^2+b^2=c^2$",也可能是

$$\sin C=1,\quad \frac{a}{c}=\sin A,\quad \frac{a}{b}=\tan A,\quad \frac{C}{3}=30°,\quad \cdots$$

之一,谁也无法确定它们中的哪一个与已知条件能发生联系.

另外,在上面的分析过程中,将条件(1)化为(2),(2)又化为(3),以及以后各步,都对应着原题目的一个等价问题,这也充分说明了解题就是"变更题目""问题转换"的观

点，也表明了“连续化简”与“问题转换”的相同之处.

以上两例说明，在解只有一项结构复杂的条件而结论简单的题目时，形成连续化简的思考过程是可行的. 而下面的例 7 说明，在条件与结论的复杂程度颠倒过来时，“连续化简”的思考方法照样是可行的.

例 7　$\triangle ABC$ 中，已知 $\angle A=60^\circ$，求证：

$$\frac{1}{a+b}+\frac{1}{a+c}=\frac{3}{a+b+c}. \tag{1}$$

分析　要证(1)式，先证

$$(a+b)(a+b+c)+(a+c)(a+b+c)=3(a+b)(a+c). \tag{2}$$

将(2)式化简，得

$$b^2+c^2-bc=a^2. \tag{3}$$

由(3)式和已知 $\angle A=60^\circ$，并运用余弦定理，即可直接证明(1)式成立.

由于实行了连续化简，所以迅速找到了解答. 假定采取另外的想法，考虑当 $\angle A=60^\circ$ 时，可以引出怎样的结论呢？即使正确地迈出了第一步，得到结论 $b^2+c^2-bc=a^2$，下一步怎样能“化繁”到上述的(2)式？因为要配上许多项，确实比较困难.

在解条件有多个而结论简单的题目时，仍然是“连续化简”，这是唐以荣教授总结出的“二导一”式连续化简.

例 8　在 $\triangle ABC$ 中，已知三边 a,b,c 满足

$$a^2-a-2b-2c=0, \tag{1}$$

$$a+2b-2c+3=0, \tag{2}$$

求 $\triangle ABC$ 的最大角.

解　由(1)式和(2)式可得

$$c=\frac{a^2+3}{4}, \tag{3}$$

$$b=\frac{(a+1)(a-3)}{4}. \tag{4}$$

又

$$a>0 \quad (b>0,c>0), \tag{5}$$

由(2)式和(5)式得

$$c>b, \tag{6}$$

由(4)式和(5)式得

$$a>3, \tag{7}$$

由(3)式和(7)式得

$$c-a=\frac{(a-1)(a-3)}{4}>0, \tag{8}$$

从而

$$c>a. \tag{9}$$

由(6)式和(9)式得,c 是$\triangle ABC$ 的最大边,从而$\angle C$ 为最大角. 又由(3)式得

$$c+a=\frac{(a+3)(a+1)}{4}. \tag{10}$$

由(4)式,(8)式,(10)式及余弦定理得

$$\cos C=\frac{a^2+b^2-c^2}{2ab}=\frac{b^2-(c-a)(c+a)}{2ab}$$
$$=\frac{(a+1)^2(a-3)^2-(a^2-1)(a^2-9)}{16\cdot\frac{a(a+1)(a-3)}{2}}=-\frac{1}{2},$$

所以最大角$\angle C=120°$.

例 9　已知三个正数 x,y,z 的最小公倍数是 300,并且

$$x+3y-2z=0,\quad 2x^2-3y^2+z^2=0,$$

求 x,y,z.

解　题设条件共有四项:(i) x,y,z 是正数;(ii) x,y,z 的最小公倍数是 300;(iii) $x+3y-2z=0$;(iv) $2x^2-3y^2+z^2=0$.

由(iii),(iv)可得 $5y^2-8yz+3z^2=0$,即

$$(5y-3z)(y-z)=0,$$

从而

$$5y-3z=0, \tag{1}$$

或

$$y-z=0. \tag{2}$$

由(1)式,(iii)可得 $y=3x,z=5x$,即

$$x:y:z=1:3:5, \tag{3}$$

由(3)式,(ii)可解得

$$x=20,\quad y=60,\quad z=100.$$

由(2)式,(iii)可得

$$x=-y=-z, \tag{4}$$

由(4)式,(i)可知出现矛盾,后者应舍去.

以上两例运用的是"二导一"式连续化简,即解题过程中的每一个中间结论几乎都是由两个或两个以上条件而推导出来.

看来,"连续化简"确实是有效、可行的,它既是对解题过程的描述,又是对解题实质的揭示. 化繁为简总是人们刻意追求的,符合事物发展变化的科学规律,而"把简单部分化成复杂的东西的做法,只能凭无根据的猜想,只能靠碰运气,断然不是科学的、有效的方法".

唐以荣教授指出:"题目的复杂部分之所以能够连续化简,那是由于复杂部分本来

由若干简单部分组成，完全可以做到每步化简都有充分根据，稳扎稳打，用不着猜想. 当题目的已知条件在两项以上时，之所以能连续化简，是因为：可以把二项（或一项条件与另一项条件的明显的推论）联系起来引出过渡性结论，而这一过渡性结论又能与其他的条件（或它的明显的推论）联系起来，引出新的过渡性结论……这样继续下去，就得到通向结论的一系列过渡性结论”.

在“连续化简”解题观基础上，唐以荣教授呕心沥血，按照条件与结论的特征对题目进行分类，认为中学数学综合题的绝大部分可分为四类，每一类各有一种基本的解题方法. 不属于这四类的其他少数题可以综合运用这四种基本解题方法中的两种以上作出解答.

下面简介唐以荣教授的四种基本解题方法：

1. 二导一式顺推法：常用于解条件在两项以上，各项条件与结论没有直接关系的题目. 其基本形式是

$$\left.\begin{array}{r}\left.\begin{array}{l}A_1\\A_2\end{array}\right\}\Rightarrow B_1\\A_3\end{array}\right\}\Rightarrow B_2\Rightarrow\cdots\Rightarrow B_m\Rightarrow B,$$

这里 A_1,A_2,A_3 是条件或条件的变形，$B_1,B_2,\cdots,B_m$ 是过渡性的结论，B 是题目的结论.

2. 等价变形式顺推法：常用于解条件只有一项、复杂而结论单纯的题目. 它的基本形式是

$$A\Rightarrow B_1\Rightarrow B_2\Rightarrow\cdots\Rightarrow B.$$

3. 二导一式逆推法：常用于解条件在两项以上，有的条件与结论有一定联系的题目. 其基本形式是

$$\left.\begin{array}{r}\left.\begin{array}{l}\text{要证 }B\\\text{已知 }A_1\end{array}\right\}\Rightarrow\text{先证 }B_1\\\text{已知 }A_2\end{array}\right\}\Rightarrow\text{先证 }B_2\Rightarrow\cdots\Rightarrow\text{先证 }B_m(B_m\text{ 已知}).$$

例 10　设函数 $y=x^2$ 定义在区间$[0,1]$上，S 是函数曲线与 $y=0,x=1$ 围成的图形的面积，S'是 $x=t(0<t<1),y=t^2,y=0,x=1$ 围成的矩形面积，求 t 为何值时，$S-S'$取极值？

分析　$$\left.\begin{array}{l}\text{要求 }S-S'\text{极值}\\\text{已知 }S=\int_0^1 x^2\mathrm{d}x=\dfrac{1}{3}\end{array}\right\}\Rightarrow\text{先求 }S'\text{的极值，}$$

先求 S'的表达式，

$$\left.\begin{array}{r}S'=t^2(1-t)\Rightarrow(S')_{\max}=\dfrac{4}{27}\\S=\dfrac{1}{3}\end{array}\right\}\Rightarrow(S-S')_{\min}=\frac{5}{27}\quad\left(t=\frac{2}{3}\right).$$

4. 等价变形式逆推法:常用于解条件只有一项、单纯而结论复杂的题目. 其基本形式是

$$要证 B\Rightarrow 先证 B_1\Rightarrow 先证 B_2\Rightarrow\cdots\Rightarrow 先证 B_m(B_m 已知).$$

§4　数学解题目的

上一节我们讨论了“什么是数学解题?”在这一节再讨论一下“为什么要解题?”或者说,数学解题是为了什么? 即数学解题目的.

解题历来是数学活动的中心,也是数学教学的重要内容,波利亚的名言“掌握数学就是意味着善于解题”,把解题联系到掌握数学这一高度来认识. 那么,到底在解题中掌握些什么才算掌握数学? 这里,单从数学教育角度来认识和讨论解题意义,我们认为,数学解题的目的、价值有三个方面:知识基础性、方法技能性、观念意识性,分别对应着认识论、方法论、世界观. 下面分四点来论述.

一、加深理解概念,巩固拓展知识

数学概念是整个数学宫殿的基石,任何数学公式、定理、原理和法则都孕育在数学概念之中. 许多数学题目都是概念的派生物或概念的变式,像对概念内涵的明辨,对概念外延所指事实的验证,概念与概念之间的相互联系等. 数学题是由概念等基础知识构成的,数学题的解答都是反复运用基础知识的过程,换言之,数学解题就是给出一个合理的知识链. 所以,理解和掌握数学基础知识是数学解题的必要前提,而数学解题却是巩固数学基础知识的根本保证. 解题的直接收益就是巩固基础知识,它是巩固基础知识的最好途径.

当然,解题不是数学基础知识的简单重复,也不是数学基础知识的简单累加,而需要理解和深化,需要知识选择和组合的艺术与机智,需要综合和灵活运用知识的能力,这正是数学解题的价值.

例 1　判断函数 $f(x)=\sin\dfrac{1}{x}$ 是否为周期函数.

解　因为

$$\begin{aligned}f(x+T)-f(x)&=\sin\frac{1}{x+T}-\sin\frac{1}{x}\\&=-2\sin\frac{T}{2x(x+T)}\cos\frac{2x+T}{2x(x+T)},\end{aligned}$$

令 $f(x+T)-f(x)=0$,则有

$$\sin\frac{T}{2x(x+T)}=0\qquad(1)$$

或

$$\cos\frac{2x+T}{2x(x+T)}=0. \tag{2}$$

解关于 T 的方程(1)和(2)知，不存在非零常数 T 为解，所以，$f(x)=\sin\frac{1}{x}$不是周期函数.

由上例看出，求解过程依赖于对周期函数概念的深刻理解. 若 T 为函数 $f(x)$ 的周期，则对定义域内的任何 x 都应有 $f(x+T)=f(x)$，即 $f(x+T)-f(x)=0$. 解关于 T 的方程，若解出的 T 依赖于自变量 x 或为零，则 $f(x)$ 不是周期函数；若可以求出不依赖于 x 的非零常数解(一般不唯一)，其中的最小正数解就是最小正周期.

例 2　证明：数列 $\{(-1)^n\}$ 不存在极限.

证　假设数列 $\{(-1)^n\}$ 的极限是 a，则 $a\geqslant 0$ 或 $a<0$.

当 $a\geqslant 0$ 时，存在 $\varepsilon_0=1$，对任意自然数 N，总存在奇数 $n_0>N$，有

$$|(-1)^{n_0}-a|=|-1-a|=1+a\geqslant 1;$$

当 $a<0$ 时，存在 $\varepsilon_0=1$，对任意自然数 N，总有偶数 $n_0>N$，有

$$|(-1)^{n_0}-a|=|1-a|=1-a>1.$$

所以，数列 $\{(-1)^n\}$ 不存在极限.

证明数列的极限要用数列极限的定义，证明数列不存在极限，同样要用数列极限的定义，而且否定形式比肯定形式对定义理解的深度和广度上要求的程度更高，采用的是反证法.

对于一个无穷数列 $\{a_n\}$，如果存在一个常数 A，对任意 $\varepsilon>0$，总存在自然数 N，当 $n>N$ 时，有 $|a_n-A|<\varepsilon$ 恒成立，就把常数 A 叫做数列 $\{a_n\}$ 的极限.

由定义可见，数列 $\{a_n\}$ 有极限 A，则正数 ε 要有任意性，只要有一个值 ε_0 破坏了定义的整体要求，结论都不成立. 因此，把定义中的“$<$”改为“$\geqslant$”，“任意”改为“某个”，“某个”改为“任意”，即是数列极限定义的否定形式. 两种形式的对照叙述如表 6-2 所示.

解题不仅能应用和巩固知识，通过观察、猜想、证明、引申，还能拓展知识，培养创新能力.

表 6-2　数列极限定义的两种形式

$\lim\limits_{n\to\infty}a_n=A$	$\lim\limits_{n\to\infty}a_n\neq A$
对任意 $\varepsilon>0$，	存在某个 $\varepsilon_0>0$，
总存在(某个)自然数 N，	对任意自然数 N，
当(任意)$n>N$ 时，	存在某个 $n_0>N$，
有 $\lvert a_n-A\rvert<\varepsilon$	有 $\lvert a_{n_0}-A\rvert\geqslant\varepsilon_0$

例 3　$\triangle ABC$ 一边的两个顶点是 $A(-3,0)$ 和 $B(3,0)$，另两边的斜率的乘积是 $-\frac{4}{9}$，求顶点 C 的轨迹.

不难求得轨迹是椭圆$\frac{x^2}{9}+\frac{y^2}{4}=1(x\neq\pm3)$.

注意到问题中的定值$\frac{4}{9}$，恰为求得轨迹方程中的$\frac{b^2}{a^2}$，而定点$(\pm3,0)$是轨迹长轴的两个端点，由此猜想问题的一般形式：

命题 1　若定点$A(-a,0)$和$A'(a,0)$，动点P与这两个定点连线的斜率乘积是$-\frac{b^2}{a^2}$，则动点P的轨迹是椭圆$\frac{x^2}{a^2}+\frac{y^2}{b^2}=1(x\neq\pm a)$.

证　设点$P(x,y)$，由$k_{PA}\cdot k_{PA'}=-\frac{b^2}{a^2}$，其中$k_{PA}$表示直线$PA$的斜率，得

$$\frac{y}{x-a}\cdot\frac{y}{x+a}=-\frac{b^2}{a^2},$$

化简得，$\frac{x^2}{a^2}+\frac{y^2}{b^2}=1(x\neq\pm a)$.

由于上述过程的可逆性，又有如下命题：

命题 2　椭圆$\frac{x^2}{a^2}+\frac{y^2}{b^2}=1$上任意一点$P(x,y)(x\neq\pm a)$与椭圆长轴的两个端点$A,A'$相连，则连线斜率的乘积是定值$-\frac{b^2}{a^2}$.

考虑到A,A'的对称性，又可进一步推广.

命题 3　定点$A(-a\cos\theta,-b\sin\theta)$，$A'(a\cos\theta,b\sin\theta)$，动点$P$与这两个定点连线的斜率存在，且乘积是$-\frac{b^2}{a^2}$，则动点$P$的轨迹是椭圆$\frac{x^2}{a^2}+\frac{y^2}{b^2}=1(x\neq\pm a\cos\theta)$.

命题 4　椭圆$\frac{x^2}{a^2}+\frac{y^2}{b^2}=1$上任意一点$P(x,y)(x\neq\pm a\cos\theta)$与椭圆上两个定点$A(-a\cos\theta,-b\sin\theta)$，$A'(a\cos\theta,b\sin\theta)$连线的斜率存在，则斜率的乘积是定值$-\frac{b^2}{a^2}$.

命题 5　椭圆$\frac{x^2}{a^2}+\frac{y^2}{b^2}=1$上定点$P$与椭圆上两点$A,A'$的连线斜率存在，且斜率的乘积是$-\frac{b^2}{a^2}$，则$AA'$必过椭圆的中心.

证　设定点$P(a\cos\theta,b\sin\theta)$（$\theta$为定值），点$A(a\cos\alpha,b\sin\alpha)$，$A'(a\cos\beta,b\sin\beta)$.由已知$k_{PA}\cdot k_{PA'}=-\frac{b^2}{a^2}$，有

$$\frac{b\sin\theta-b\sin\alpha}{a\cos\theta-a\cos\alpha}\cdot\frac{b\sin\theta-b\sin\beta}{a\cos\theta-a\cos\beta}=-\frac{b^2}{a^2},$$

化为

$$\cos\frac{\theta+\alpha}{2}\cos\frac{\theta+\beta}{2}+\sin\frac{\theta+\alpha}{2}\sin\frac{\theta+\beta}{2}=0,$$

即

$$\cos\frac{\alpha-\beta}{2}=0,\quad \beta=2k\pi+(\pi+\alpha)(k\in\mathbf{Z}).$$

所以 A' 的坐标为 $(-a\cos\alpha,-b\sin\alpha)$，故 AA' 过椭圆的中心.

若将斜率的乘积 $-\frac{b^2}{a^2}$ 改为定值 $-\frac{b^2}{a^2}k$，联想到 AA' 过椭圆中心(定点)，又推广得如下命题：

命题 6　椭圆 $\frac{x^2}{a^2}+\frac{y^2}{b^2}=1$ 上定点 $P(x_0,y_0)$ 与椭圆上两点 A,A' 连线的斜率存在，且斜率的乘积是 $-\frac{b^2}{a^2}k$，则直线 AA' 必过定点 $\left(\frac{k-1}{k+1}x_0,-\frac{k-1}{k+1}y_0\right)$.

证　设点 P 的坐标又为 $(a\cos\theta,b\sin\theta)$ (θ 为定值)，点 $A(a\cos\alpha,b\sin\alpha)$，$A'(a\cos\beta,b\sin\beta)$. 因为

$$k_{PA}\cdot k_{PA'}=-\frac{b^2}{a^2}k,$$

所以

$$\frac{b\sin\theta-b\sin\alpha}{a\cos\theta-a\cos\alpha}\cdot\frac{b\sin\theta-b\sin\beta}{a\cos\theta-a\cos\beta}=-\frac{b^2}{a^2}k,$$

化为

$$\cos\frac{\theta+\alpha}{2}\cos\frac{\theta+\beta}{2}+k\sin\frac{\theta+\alpha}{2}\sin\frac{\theta+\beta}{2}=0,$$

$$(k-1)\cos\left(\frac{\alpha+\beta}{2}+\theta\right)-(k+1)\cos\frac{\alpha-\beta}{2}=0,$$

$$(k-1)\cos\theta\cos\frac{\alpha+\beta}{2}-(k-1)\sin\theta\sin\frac{\alpha+\beta}{2}-(k+1)\cos\frac{\alpha-\beta}{2}=0,$$

$$\frac{k-1}{k+1}\cdot\frac{x_0}{a}\cos\frac{\alpha+\beta}{2}-\frac{k-1}{k+1}\cdot\frac{y_0}{b}\sin\frac{\alpha+\beta}{2}-\cos\frac{\alpha-\beta}{2}=0. \tag{1}$$

又因为

$$k_{AA'}=-\frac{b\cos\frac{\alpha+\beta}{2}}{a\sin\frac{\alpha+\beta}{2}},$$

所以直线 AA' 的方程为

$$y-b\sin\alpha=-\frac{b\cos\frac{\alpha+\beta}{2}}{a\sin\frac{\alpha+\beta}{2}}(x-a\cos\alpha),$$

即

$$\frac{x}{a}\cos\frac{\alpha+\beta}{2}+\frac{y}{b}\sin\frac{\alpha+\beta}{2}-\cos\frac{\alpha-\beta}{2}=0. \tag{2}$$

比较(1),(2)两式,推得直线 AA' 必过定点 $\left(\frac{k-1}{k+1}x_0,-\frac{k-1}{k+1}y_0\right)$.

命题 7　椭圆 $\frac{x^2}{a^2}+\frac{y^2}{b^2}=1$ 上定点 $P(x_0,y_0)$ 与椭圆上两点 A,A' 连线的斜率存在,若直线 AA' 过定点 $\left(\frac{k-1}{k+1}x_0,-\frac{k-1}{k+1}y_0\right)$,则两连线斜率的乘积是定值 $-\frac{b^2}{a^2}k$.

命题 8　椭圆 $\frac{x^2}{a^2}+\frac{y^2}{b^2}=1$ 上定点 $P(x_0,y_0)$ 与椭圆上两点 A,A' 连线的斜率存在,则斜率的乘积是定值 $-\frac{b^2}{a^2}k$ 的充要条件是直线 AA' 过定点 $\left(\frac{k-1}{k+1}x_0,-\frac{k-1}{k+1}y_0\right)$.

二、掌握数学方法,培养数学技能

解题需要方法,而解题方法大多是数学方法或数学方法的变式. 如果将解题过程比作珍珠项链,那么概念、公式、法则、定理、公理等基础知识就是珍珠,而数学方法则是将“珍珠”串起来的“线”. 也就是说,解题不仅是数学知识反复运用的过程,而且是数学方法反复运用和推进的过程. 既然解题离不开数学方法,那么通过解题训练就可以达到掌握数学方法的目的. 反之,数学方法的教学不是空洞的教条,必须结合具体的内容来进行,渗透在解题教学之中. 缺乏方法的内容是死的,脱离内容的方法是盲的.

数学技能与数学方法紧密相连,数学解题是培养数学技能的良好途径,并且数学技能通过数学解题能够反映出来.

三、领会数学思想,训练思维品质

解题过程无不蕴含着数学思想,解题的方法技巧是数学思想下的方法技巧,数学思想是解题活动的指导思想. 比如,数形结合思想、分类讨论思想、等价转换思想、方程与函数的思想、集合与映射的思想等,这些都能用于指导解题行为.

人们普遍认为,数学解题对训练思维、提高思维能力大有裨益,而数学思维的核心是什么? 正是数学思想. 因此,解题的一个重要意义就是通过解题掌握数学思想,培养用数学思想方法分析问题、解决问题的能力.

数学解题是培养思维品质的良好途径,具体表现在如下方面:

(1) 在运用知识中,培养思维的深刻性;

(2) 围绕知识的统一性,培养思维的广阔性;

(3) 在概念的应用中,培养思维的敏捷性;

(4) 在辨析、对比中，培养思维的批判性；

(5) 通过一题多解、一题多用、一题多变，培养思维的灵活性；

(6) 探索创造，培养思维的独创性.

四、发展个性心理，形成科学精神

有过解题经历的人都能体会到，解题不仅仅只是智力活动，同时也是意志的考验，解题需要情感、意志、毅力. 因而，通过解题可以培养学生的非智力因素，发展学生的个性心理，如锻炼意志和毅力，形成严谨、细致的个性，养成崇尚真理、实事求是、言必有理的态度. 尤其是探索题，在探索求解的过程中充分体现出培养思维品质和个性品质的双重价值.

例 4　考察下列公式：

$$1=1,$$
$$3+5=8,$$
$$7+9+11=27,$$
$$13+15+17+19=64,$$
$$\cdots,$$

用适当的式子表示以上公式所提供的一般法则，并进行证明.

观察、比较知，左边各行的第一项为 1,3,7,13,…，它是一个一阶等差数列，由此求得第 n 行的第一项 $a_1=n(n-1)+1$；左边各行的最后一项分别为 1,5,11,19,…，也是一个一阶等差数列，求得第 n 行的最后一项 $a_n=n(n-1)+2n-1$. 观察知第 n 行的右端是 n^3，所以应有一般法则

$$[n(n-1)+1]+[n(n-1)+3]+\cdots+[n(n-1)+2n-1]=n^3.$$

具体证明可用数学归纳法进行.

例 5　已知下表：

$$1>\frac{1}{2}$$
$$1+\frac{1}{2}+\frac{1}{3}>1,$$
$$1+\frac{1}{2}+\frac{1}{3}+\cdots+\frac{1}{7}>\frac{3}{2},$$
$$1+\frac{1}{2}+\frac{1}{3}+\frac{1}{4}+\cdots+\frac{1}{15}>2,$$
$$\cdots,$$

可从中得到什么结论？并进行证明.

分析　由观察知第 n 行的第一项 $a_1=1$，各行不等号左边的最后一项分别是 1，$\frac{1}{3}$，$\frac{1}{7}$，$\frac{1}{15}$，…，因此第 n 行的最后一项是 $\frac{1}{2^n-1}$；第 n 行不等号的右边是 $\frac{n}{2}$. 所以，有一

般规律

$$1+\frac{1}{2}+\frac{1}{3}+\cdots+\frac{1}{2^n-1}>\frac{n}{2}.$$

证　当 $n=1$ 时，左边 $=1$，右边 $=\frac{1}{2}$，不等式成立.

假设 $n=k$ 时不等式成立，即

$$1+\frac{1}{2}+\frac{1}{3}+\cdots+\frac{1}{2^k-1}>\frac{k}{2}.$$

当 $n=k+1$ 时，不等式左边增加了 2^k 项之和 $\frac{1}{2^k}+\frac{1}{2^k+1}+\cdots+\frac{1}{2^{k+1}-1}$. 因为

$$\frac{1}{2^k}>\frac{1}{2^{k+1}},\quad \frac{1}{2^k+1}>\frac{1}{2^{k+1}},\quad \cdots,\quad \frac{1}{2^k+2^k-1}>\frac{1}{2^{k+1}},$$

所以

$$\begin{aligned}&\frac{1}{2^k}+\frac{1}{2^k+1}+\frac{1}{2^k+2}+\cdots+\frac{1}{2^k+2^k-1}\\&>\underbrace{\frac{1}{2^{k+1}}+\frac{1}{2^{k+1}}+\cdots+\frac{1}{2^{k+1}}}_{2^k\text{项}}\\&=2^k\cdot\frac{1}{2^{k+1}}=\frac{1}{2}.\end{aligned}$$

从而

$$\begin{aligned}&1+\frac{1}{2}+\frac{1}{3}+\cdots+\frac{1}{2^k-1}+\frac{1}{2^k}+\frac{1}{2^k+1}+\cdots+\frac{1}{2^{k+1}-1}\\&>\frac{k}{2}+\frac{1}{2}=\frac{k+1}{2}.\end{aligned}$$

故对一切正整数 n，结论成立.

解题过程包含着数学美，通过解题可以欣赏数学美，陶冶情操.

例 6　求 $\sin^2 10^\circ+\cos^2 40^\circ+\sin 10^\circ\cos 40^\circ$ 的值.

解法 1　从“和差积互化”角度求解.

解法 2　借助几何图形. 原式可变形为

$$\sin^2 10^\circ+\sin^2 50^\circ-2\sin 10^\circ\sin 50^\circ\cos 120^\circ,$$

它的结构与形状和三角形中的余弦定理相似，故可作 $\triangle ABC$ 如图 6-15 所示. 由余弦定理和正弦定理得

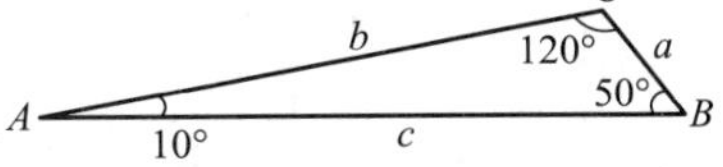

图 6-15

$$\sin^2 C=\sin^2 A+\sin^2 B-2\sin A\sin B\cos C,$$

因为 $A=10^\circ, B=50^\circ, C=120^\circ$，所以

$$\sin^2 10^\circ+\sin^2 50^\circ-2\sin 10^\circ\sin 50^\circ\cos 120^\circ=\sin^2 120^\circ,$$

即原式 $=\frac{3}{4}$.

这种解法完全避开了和差化积、积化和差等知识，仅用到熟知的正、余弦定理，可谓驾轻就熟、别出心裁，使学生欣赏到数学的奇异美！

如果说上面的解法能使人感到激动，那么下面的解法更令人振奋.

解法 3　原式可变为

$$\cos^2 80^\circ+\cos^2 40^\circ-2\cos 80^\circ\cos 40^\circ\cos 120^\circ.$$

如图 6-16 所示，构造直径为 1 的$\odot O$，以 A 为顶点在直径 AC 异侧作$\angle BAC=40^\circ$，$\angle DAC=80^\circ$. 由 $\mathrm{Rt}\triangle ABC$ 与 $\mathrm{Rt}\triangle ADC$ 知，

$$AB=\cos 40^\circ,\quad AD=\cos 80^\circ,$$

由正弦定理，$DB=\sin 120^\circ$，所以

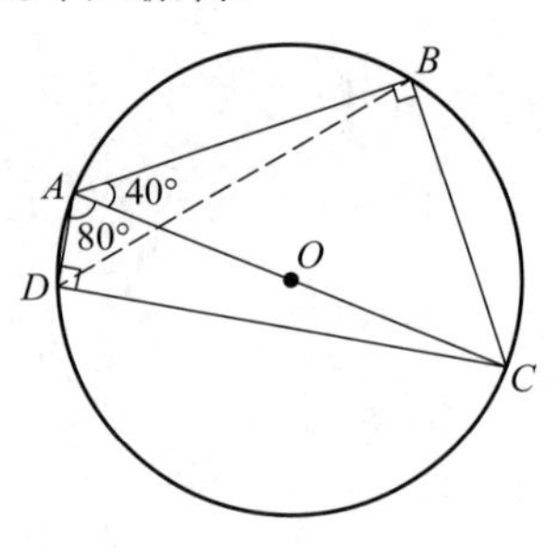

图 6-16

$$\cos^2 80^\circ+\cos^2 40^\circ-2\cos 80^\circ\cos 40^\circ\cos 120^\circ=\sin^2 120^\circ,$$

即原式$=\sin^2 120^\circ=\dfrac{3}{4}$.

解法 4　设

$$x=\sin^2 10^\circ+\cos^2 40^\circ+\sin 10^\circ\cos 40^\circ,$$
$$y=\cos^2 10^\circ+\sin^2 40^\circ+\cos 10^\circ\sin 40^\circ,$$

则

$$\begin{aligned}x+y&=2+\sin 50^\circ,\\ x-y&=\cos 80^\circ-\cos 20^\circ-\sin 30^\circ\\ &=-2\sin 50^\circ\sin 30^\circ-\frac{1}{2}\\ &=-\sin 50^\circ-\frac{1}{2},\end{aligned}$$

两式相加，即得 $x=\dfrac{3}{4}$.

这种构造对偶式解题的方法，效果奇特，别具风格.

解法 5　令 $\sin 10^\circ=\alpha+\beta$，$\cos 40^\circ=\alpha-\beta$，则

$$\alpha=\frac{1}{2}(\sin 10^\circ+\cos 40^\circ)=\sin 30^\circ\cos 20^\circ=\frac{1}{2}\cos 20^\circ,$$

$$\beta=\frac{1}{2}(\sin 10^\circ-\cos 40^\circ)=-\cos 30^\circ\sin 20^\circ=-\frac{\sqrt{3}}{2}\sin 20^\circ.$$

所以

$$\begin{aligned}\text{原式}&=(\alpha+\beta)^2+(\alpha-\beta)^2+(\alpha+\beta)(\alpha-\beta)\\ &=3\alpha^2+\beta^2=\frac{3}{4}(\sin^2 20^\circ+\cos^2 20^\circ)=\frac{3}{4}.\end{aligned}$$

变量代换是一种重要的数学思想和方法，这里的和差代换法，源于恒等式

$$x=\frac{x+y}{2}+\frac{x-y}{2},\quad y=\frac{x+y}{2}-\frac{x-y}{2}.$$

它是绚丽多彩的换元法中的一朵奇葩!

在数学思想方法的基础上可形成学生的数学意识或数学观念,进而形成数学精神和科学精神,这不仅对于他们进一步学习和研究很有益处,而且使其在意志、情感、品质及思维方法等方面,会受到广泛的熏陶. 这主要包括应用化的精神,扩张化、一般化的精神,组织化、系统化的精神,致力于发明发现的精神,统一建设的精神,严密化的精神,"思想的经济化"的精神,辩证的精神,多途径解决问题的精神,批判的精神等.

习　题　六

1. 通过某道题的解决过程说明对解题观的理解.

2.(1) 若每 3 个空汽水瓶可换来 1 瓶汽水,则买 10 瓶汽水,最多可喝到多少瓶汽水? 欲喝 30 瓶汽水,至少需要买多少瓶汽水?

(2) 若每 m 个空瓶可换来 n 瓶汽水,则买 p 瓶汽水最多可喝到多少瓶汽水? 欲喝 q 瓶汽水,至少需要买多少瓶汽水?

(3) 将一种水果糖与一种牛奶糖按质量比为 1∶1 的比例混合成一种杂拌糖. 若买 3 kg 水果糖的钱刚好可买 2 kg 这种杂拌糖,一位顾客现有的钱可买 20 kg 杂拌糖,那么,用这些钱可买多少千克的牛奶糖?

(4) 对照以上问题自编一道同一数学模型的问题.

3. 谈谈对数学问题的认识.

4.(河内塔问题)将套在 A 杆上的 100 个圆片(大在下,小在上)按以下移动规则全部移到 B 杆上:(a) 每次移动 1 片;(b) 可以借用辅助杆 C 来完成操作;(c) 在每个杆上均必须满足"大在下,小在上"的要求. 问:(1) 共需移动多少次? (2) 若每秒移动 1 次,共需要多少时间?

5. 在一场"五局三胜制"的 2 人有奖游戏中,每人每局获胜的概率均为 $\frac{1}{2}$,已知前三局比过后甲 2∶1 领先,此时,游戏意外中断,问奖金应如何分配?

6. 如图 6-17 所示,已知 $A(0,a)$,$B(0,b)$($b>a>0$),试在 x 轴上找一点 P,使$\angle APB$ 最大.

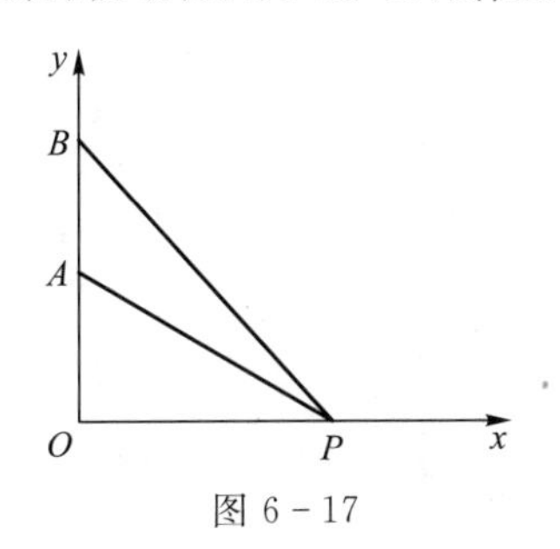

图 6-17

7. $\triangle ABC$ 内有内切圆 O,圆 O_1,O_2,O_3 分别与三角形两边及$\odot O$ 相切,各圆的半径顺次记为 R,R_1,R_2,R_3,求证:$R\leqslant R_1+R_2+R_3$. 探讨是否有$\sqrt{R}\leqslant\sqrt{R_1}+\sqrt{R_2}+\sqrt{R_3}$?

8. 假设 $a_1, a_2, \cdots, a_n$ 是自然数 $1,2,\cdots,n$ 的一个排列，对 $1,2,\cdots,n$ 的所有排列，求和 $|a_1-1|+|a_2-2|+\cdots+|a_n-n|$ 的最大值(1957 年匈牙利数学竞赛题).

9. 解方程组

$$\begin{cases}\lg^2 x+\lg^2 y=7,\\ \lg \dfrac{x}{y}=2.\end{cases}$$

10. 证明：$\tan \dfrac{3x}{2}-\tan \dfrac{x}{2}=\dfrac{2\sin x}{\cos x+\cos 2x}$.

11. 举例说明“二导一”式连续化简解题过程.

12. 谈谈对数学解题目的的看法.

13. 自选一道数学题，设计其“解题表”.

14. 循着波利亚的“怎样解题表”，研究题目：设 AD 是 $\triangle ABC$ 的中线，$BC=a, AC=b, AB=c$，求证：$AD^2=\dfrac{1}{2}(b^2+c^2)-\dfrac{1}{4}a^2$.

第六章典型习题

解答或提示

第七章　数学解题的思维过程

数学解题的思维过程是指从理解问题开始，经过探索思路、转换问题直至解决问题、进行回忆的全过程的思维活动. 尽管这一过程具有复杂性、个体性、差异性、灵活性等特点，但是，只要我们深入分析和研究其中的内在规律，总结提炼并运用好这些规律，对提高数学解题能力是大有帮助的. 本章我们就来研究数学解题过程的思维分析、数学解题的思维监控，探求数学解题思路的原则等.

§1　解题过程的思维分析

在上一章的"数学解题观"中，我们对解题过程的实质作了探讨，在这一节中，我们对解题过程的思维程序进行分析.

解题的过程是思维的过程，其中既有逻辑思维，又有直觉思维；有分析与综合、抽象与概括、比较与类比，也有归纳与猜想、观察与尝试、想象与顿悟，是一个极其复杂的心理过程. 论证与合理的猜想，是解题的两大思想方法，论证是数学的结果，猜想是数学的过程. 练习只是重复的过程，解题才是建构的过程.

一、"观察—联想—转化"解题"三部曲"

1. 观察是联想的基础，在观察中认识特征

观察是人们认识事物、增长知识的最基本的途径，是发现和解决问题的前提. 每一个数学题，当然要涉及一定的数学知识和数学方法，要知道联系到哪些数学内容来解题，这依据于题目的具体特征. 所以，数学解题经历着从现象到本质的认识过程. 只有全面、深入、正确地观察，去透过现象认识各种本质特征，才有可能联想有关知识，制定解题策略. 所以，解题应从观察入手.

高斯 10 岁时，能简捷地算出 $1+2+3+\cdots+100$ 的值，是因为他观察到问题的本质特征与规律：距首末等距离两项的和相等. 没有观察所得的发现，便没有他的行动. 又如"已知方程 $x^3-(\sqrt{2}+1)x^2+(\sqrt{2}-p)x+p=0$ 的三个根分别是$\triangle ABC$ 三个内角的正弦，试判断$\triangle ABC$ 的形状，并求 p 的值". 直接观察方程的结构特点，就得一个根是 1.

观察应是积极、有意识的，而不应是消极、被动的. 通过由整体到部分，再由部分到整体的观察，有意识地去寻找各种特征、联系，从比较中发现问题，从变化中寻找特点，特别是发掘问题与已有知识之间具有启发性的联系. 同时，不仅解题开始要观察，在解题过程中也要观察，以便根据解题的不断变化，作出相应的决断.

2. 联想是转化的翅膀，在联想中寻找途径

人在活动之前常有所准备，进行着的活动也有一定的趋向性. 活动的准备状态和活动的趋向性在心理学上称为定向，它影响着活动朝一定的方向进行. 而定向是联想的结果(产物). 客观事物是相互联系的，这是唯物辩证法的一个总特征. 相互联系的客观事物在人大脑中的反映也是相互联系的，形成神经中的暂时联想. 联想是暂时联系的复活，它反映了事物的相互联系. 思维中经常通过联想，想到有关资料、原则，提供解决问题的可能.

数学解题的定向，取决于由观察问题的特征所作的相应的联想，即从问题的条件和结论出发，联想有关知识，从中寻找途径.

3. 转化是解题的手段，在转化中确定方案

前面讨论过的解题实质表明，解题过程是通过转化得以完成的. 从问题的具体特征，联想有关知识后，解题就有了定向. 这时需要朝这个方向去努力，寻求转化关系，使问题应用联想的知识来解决，也就是在转化中确定方案.

例 1　解不等式：$\dfrac{x}{\sqrt{1+x^2}}+\dfrac{1-x^2}{1+x^2}>0$.

分析　由不等式的特定形式，联想到三角公式.

解　设 $x=\tan\alpha\left(-\dfrac{\pi}{2}<\alpha<\dfrac{\pi}{2}\right)$，则

$$\frac{x}{\sqrt{1+x^2}}=\frac{\tan\alpha}{\sqrt{1+\tan^2\alpha}}=\frac{\tan\alpha}{\sec\alpha}=\sin\alpha,$$

$$\frac{1-x^2}{1+x^2}=\frac{1-\tan^2\alpha}{1+\tan^2\alpha}=\cos 2\alpha.$$

所以原不等式化为

$$\sin\alpha+\cos 2\alpha>0,\quad 即\quad 2\sin^2\alpha-\sin\alpha-1<0,$$

解得 $-\dfrac{1}{2}<\sin\alpha<1$. 所以 $-\dfrac{\pi}{6}<\alpha<\dfrac{\pi}{2}$，$\tan\alpha>-\dfrac{\sqrt{3}}{3}$，即 $x>-\dfrac{\sqrt{3}}{3}$.

例 2　已知：$\cos\alpha+\cos\beta=2m$，$\sin\alpha+\sin\beta=2n$，求 $\tan\alpha\cdot\tan\beta$ 的值.

解　如图 7-1 所示，在单位圆上取点 $A(\cos\alpha,\sin\alpha)$，$B(\cos\beta,\sin\beta)$，则线段 AB 的中点为 $M(m,n)$，且 $AB\perp OM$. 因为

$$k_{OM}=\frac{n}{m},$$

所以直线 AB 的方程为 $y-n=-\dfrac{m}{n}(x-m)$，即

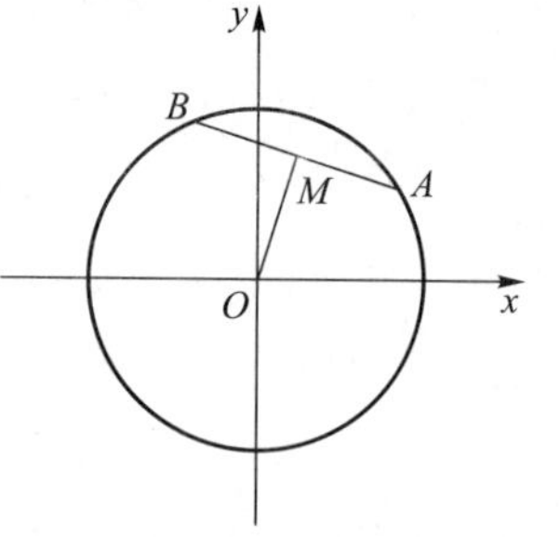

图 7-1

$$y=-\frac{m}{n}x+\frac{m^2+n^2}{n}. \tag{1}$$

又

$$x^2+y^2=1, \tag{2}$$

由(1)式和(2)式消去 y 得

$$\left(1+\frac{m^2}{n^2}\right)x^2-\frac{2m(m^2+n^2)}{n^2}x+\frac{(m^2+n^2)^2}{n^2}-1=0,$$

所以

$$\cos\alpha\cdot\cos\beta=\frac{(m^2+n^2)^2-n^2}{m^2+n^2}.$$

同法可得

$$\sin\alpha\cdot\sin\beta=\frac{(m^2+n^2)^2-m^2}{m^2+n^2},$$

所以

$$\tan\alpha\cdot\tan\beta=\frac{(m^2+n^2)^2-m^2}{(m^2+n^2)^2-n^2}.$$

这道题本是三角函数题，若采用三角函数变换，则比较复杂；若从已知条件能联想到中点坐标公式，则可转化成解析法求解，显得简便.

二、解题思维过程的三层次

心理学研究表明，人们解决问题的思维过程是按层次进行的，总是先粗后细，先一般后具体，先对问题作一个粗略的思考，然后逐步深入到实质与细节. 邓克尔(Danker)提出的范围渐趋缩小的汇总模式，把思维过程分为一般性解决、功能性解决、特殊性解决这样三个层次. 罗增儒教授在其专著《数学解题学引论》中，将邓克尔的三个层次在数学解题思维过程中的作用解释为：

(1) 一般性解决，即在策略水平上的解决，以明确解题的大致范围或总体方向，这是对思考作定向调控；

(2) 功能性解决，即在数学方法水平上的解决，以确定具有解决功能的解题手段. 这是对解决作方法选择；

(3) 特殊性解决，即在数学技能水平上的解决，以进一步缩小功能性解决的途径，明确运算程序或推理步骤，这是对细节作实际完成.

例 3　已知椭圆 $\frac{x^2}{a^2}+\frac{y^2}{b^2}=1(a>b>0)$，$A$，$B$ 是椭圆上的两点，线段 AB 的垂直平分线与 x 轴相交于一点 $P(x_0,0)$. 证明：

$$-\frac{a^2-b^2}{a}<x_0<\frac{a^2-b^2}{a}.$$

用邓克尔的三个层次思维过程分析这道题的思考过程，大致如下：

首先是一般性解决. 要证明的结论是变量 x_0 的取值范围，而 x_0 是由点 A，B 的坐标确定的，因而问题相当于确定函数的值域. 这就从大方向上解决了题目.

其次是功能性解决. 为了确定函数的值域，在操作层面上需考虑具备功能性的程序有：求出 x_0 的表达式，确定 x_0 的表达式中自变量的取值范围，运用适当的知识推出结论.

最后是特殊性解决. 此时对功能性解决中的方法程序实施具体步骤，至于实施过程中的某一环节，可能又要按三层次展开进行.

设 $A(a\cos\alpha, b\sin\alpha)$，$B(a\cos\beta, b\sin\beta)$，由条件有 $|PA|=|PB|$，即

$$(a\cos\alpha-x_0)^2+(b\sin\alpha-0)^2=(a\cos\beta-x_0)^2+(b\sin\beta-0)^2,$$

$$(\cos\alpha-\cos\beta)2ax_0=(a^2-b^2)(\cos^2\alpha-\cos^2\beta).$$

由于

$$\cos\alpha-\cos\beta\neq 0,$$

所以

$$x_0=\frac{a^2-b^2}{2a}(\cos\alpha+\cos\beta).$$

又因为

$$-2<\cos\alpha+\cos\beta<2,$$

所以

$$-\frac{a^2-b^2}{a}<x_0<\frac{a^2-b^2}{a}.$$

三、解题思维过程的预见图

数学解题是一种探索性思维. 在《数学的发现》一书中，波利亚将其观点进行进一步发挥，对各个细节进行了具体分析，认为探索性思维中最关键的环节是提出一个有希望的合理的猜测，即做出某种预见.

预见需要一定的知识准备和思维活动，波利亚将这一过程总结为一个正方形图解式，如图 7－2 所示，处于正方形顶点、边和中心的关键词有：动员、组织、分离、结合、回忆、辨认、重组、充实、预见.

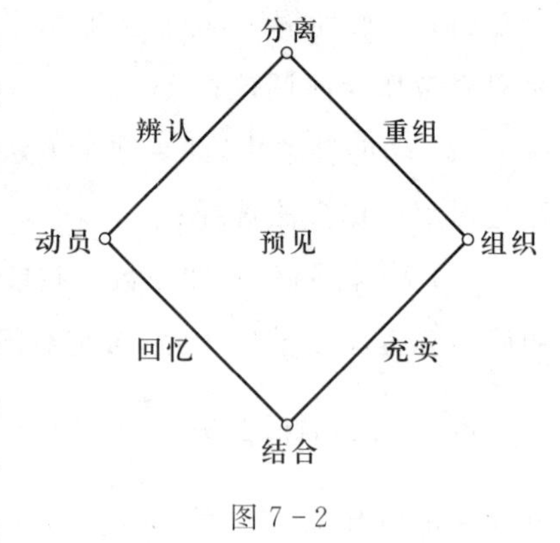

图 7－2

"动员"与"组织"，就是调动头脑中记忆的有关知识，把它们与要解的问题联系起来. 这里包括对某些熟悉特征的"辨认"与"回忆"，对解题必需的某些材料的"充实"与"重组"，比如引进辅助线，对原题进行重构，在新的构型下理解已知元素，充实新的材料，或者使已有材料获得新的意义等，对复杂问题的种种细节的"分离"与"结合".

波利亚解释道，可以从动员起来的细节进展到组织好的整体：一方面，一个被辨认出的细节经仔细分离出来和认真考虑后，可诱发重组整体构思；另一方面，要是一个回

忆出来的细节适于结合，这个细节就会恰当地添加到对问题的构思中，也将充实整体．可见，动员和组织是解题性质的主干．他还比喻道：解题就好像建造房子，我们必须选择合适的材料，但是光收集材料还不够，一堆砖头毕竟还不是房子．要构筑房子或构造解，我们还必须把收集到的各个部分组织在一起使它们成为一个有意义的整体．预见处在解题的思维活动中心，相应地位于正方形的中心位置．

我们通过动员与组织、回忆与辨认、分离与结合题中各种元素，以及重组与充实我们的构思这一系列过程的连续进行，来预见问题的解，或解的某些特征，或部分答案的具体实现途径．

例 4　设 $p\neq 0$，实系数一元二次方程 $z^2-2pz+q=0$ 有两个虚根 z_1, z_2，再设 z_1, z_2 在复平面对应的点是 z_1, z_2，求以 z_1, z_2 为焦点且经过原点的椭圆的长轴的长．

首先"动员"头脑中已有的知识，经过"回忆"，检索出与椭圆长轴 $2a$ 有关的内容：

$$|MF_1|+|MF_2|=2a,\quad \frac{x^2}{a^2}+\frac{y^2}{b^2}=1,\quad a=\sqrt{b^2+c^2},$$

$$e=\frac{c}{a},\quad |z-z_1|+|z-z_2|=2a,\quad \cdots.$$

在这些内容中，哪个会更适合本题的求解？这要通过"辨认"，加以选择．

由于椭圆的焦点 z_1, z_2 对应着已知方程的两个虚根 z_1, z_2，且将这一已知条件进行"充实"和"重组"，得到 $z_{1,2}=p\pm\sqrt{q-p^2}\,\mathrm{i}\,(0<p^2<q)$，所以，选择椭圆方程的复数形式，将其"分离"出来．

然后，将这些材料加以适当"组织"：

$$\begin{aligned}2a&=|0-z_1|+|0-z_2|=|z_1|+|z_2|=2|z_1|\\&=2\left|p\pm\sqrt{q-p^2}\,\mathrm{i}\right|=2\sqrt{q}.\end{aligned}$$

其实，若将上述"组织"过程"重组"，"充实"共轭复数的性质：$|z|^2=|z\bar{z}|$ 和韦达定理，就可避免具体求出 z_1, z_2，而直接得解 $2a=2|z_1|=2\sqrt{z_1z_2}=2\sqrt{q}$．

例 5　已知 $a_1, a_2, a_3, \cdots, a_n, \cdots$ 成等差数列，且诸 a_i 及公差 d 都是非零实数，考虑方程 $a_ix^2+2a_{i+1}x+a_{i+2}=0\,(i=1,2,\cdots)$．

(1) 证明这些方程有公共根，并求出这个公共根；

(2) 设这些方程的另一根是 $\beta_i\,(i=1,2,\cdots)$，则

$$\frac{1}{\beta_1+1},\quad \frac{1}{\beta_2+1},\quad \cdots,\quad \frac{1}{\beta_n+1},\quad \cdots$$

成等差数列．

通过"动员""回忆"有关等差数列的知识，联系到已知方程中有相邻三项 a_i, a_{i+1}, a_{i+2}，将等差中项性质"分离"出来：

$$2a_{i+1}=a_i+a_{i+2},$$

将其代入已知方程，对条件进行"重组"：

$$a_i x^2+(a_i+a_{i+2})x+a_{i+2}=0.$$

所以原方程有一个公共根 $x=-1$.

这时,由于方程有一个根-1,另一根为 β_i,“回忆”到根与系数的关系,将$x=-1$和韦达定理“充实”进来,便有新的“结合”:

$$\beta_i=-\frac{a_{i+2}}{a_i}.$$

再对(2)中结构进行“重组”:

$$\frac{1}{\beta_i+1}=-\frac{a_i}{a_{i+2}-a_i}=-\frac{1}{2d}a_i,$$

所以,$\frac{1}{\beta_1+1},\frac{1}{\beta_2+1},\cdots,\frac{1}{\beta_n+1},\cdots$组成等差数列,其公差为$-\frac{1}{2}$.

例 6　已知数列 $a_1,a_2,\cdots,a_n,\cdots$的相邻两项 a_n,a_{n+1}是方程$x^2-c_nx+\left(\frac{1}{3}\right)^n=0$的两根,且 $a_1=2$. 求无穷数列 $c_1,c_2,\cdots,c_n,\cdots$的和.

在“回忆”与“辨认”的基础上,对题设条件进行如下“结合”:

$$a_n\cdot a_{n+1}=\left(\frac{1}{3}\right)^n,\quad a_{n+1}\cdot a_{n+2}=\left(\frac{1}{3}\right)^{n+1}.$$

两式“重组”(相除)得

$$\frac{a_{n+2}}{a_n}=\frac{1}{3}.$$

将上式所包含的内容“辨认”后加以“分离”,便有结论:

$a_1,a_3,\cdots,a_{2n-1},\cdots$是以$\frac{1}{3}$为公比的递缩等比数列;$a_2,a_4,\cdots,a_{2n},\cdots$也是以$\frac{1}{3}$为公比的递缩等比数列.

以下再进行一定的“充实”与“组织”,即可求得答案:

由 $a_1a_2=\frac{1}{3},a_1=2$,得 $a_2=\frac{1}{6}$,所以

$$a_{2n-1}=2\cdot\left(\frac{1}{3}\right)^{n-1},\quad a_{2n}=\frac{1}{6}\cdot\left(\frac{1}{3}\right)^{n-1}=\frac{1}{2}\cdot\left(\frac{1}{3}\right)^n.$$

而 $c_n=a_n+a_{n+1}$,所以

$$c_{2n-1}=a_{2n-1}+a_{2n}=2\cdot\left(\frac{1}{3}\right)^{n-1}+\frac{1}{2}\cdot\left(\frac{1}{3}\right)^n=\frac{13}{6}\cdot\left(\frac{1}{3}\right)^{n-1},$$

$$c_{2n}=a_{2n}+a_{2n+1}=\frac{1}{2}\cdot\left(\frac{1}{3}\right)^n+2\cdot\left(\frac{1}{3}\right)^n=\frac{5}{2}\cdot\left(\frac{1}{3}\right)^n.$$

从而,$c_1,c_3,\cdots,c_{2n-1},\cdots$是公比为$\frac{1}{3}$的递缩等比数列,且 $c_1=\frac{13}{6}$;$c_2,c_4,\cdots,c_{2n},\cdots$也是公比为$\frac{1}{3}$的递缩等比数列,且 $c_2=\frac{5}{6}$. 所以

$$
\begin{aligned}
& c_1+c_2+\cdots+c_{2n-1}+c_{2n}+\cdots \\
= & (c_1+c_3+\cdots+c_{2n-1}+\cdots)+(c_2+c_4+\cdots+c_{2n}+\cdots) \\
= & \frac{\frac{13}{6}}{1-\frac{1}{3}}+\frac{\frac{5}{6}}{1-\frac{1}{3}}=\frac{9}{2}.
\end{aligned}
$$

§2　数学解题的思维监控

解题的成功与否,关键是思路是否开通.这其中的思维监控起着“导航”“调节”的作用.虽然在知识上没有问题,但由于思路上某处存在问题,陷于困境,或出现偏差,这时要及时信息反馈,克服思维定式,及时调整,提高解题行为的有效性及正确性.

数学解题中思维监控的作用,相当于“数学运算感受器”,对运算效果作出评价,它是一种认知监控,或者是元认知.所谓认知监控,是指在自己的认知系统内准确评估信息过程的能力.元认知最初被表述为“个人关于自己的认知过程及结果或其他相关事情的知识”,是“为完成某一具体目标或任务,认知主体依据认知对象对认知过程进行主动的监测,以及连续的调节和协调”,是“个人对认知领域的知识和控制”,因此,元认知被简单地表述为“关于认知的认知”.在数学解题思维过程中,元认知集中表现为自我反省、自我调节、自我监控.

例 1　如图 7-3 所示,已知抛物线 $y^2=2px$,过点 $M(a,0)$任作一条直线与抛物线交于两点 A,B,且 $a>0$,$p>0$,求$\triangle AOB$ 面积的最小值.

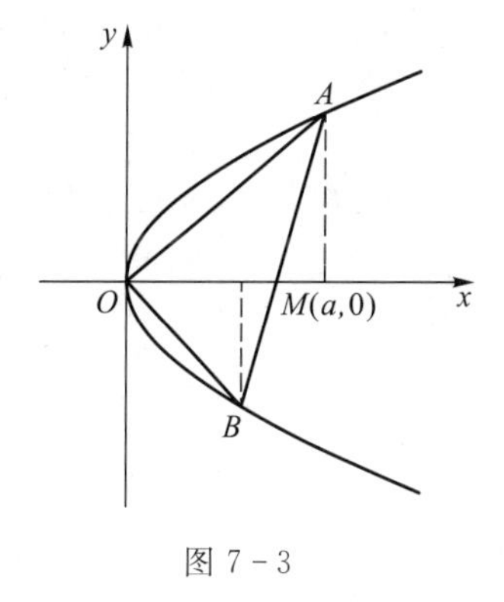

图 7-3

受思维定势的影响,设斜率求面积,即:

解　设过 $M(a,0)$的直线方程为 $y=k(x-a)$,代入 $y^2=2px$,整理得 $ky^2-2py-2pak=0$.

(注意:这里就会遇到两个问题,一是消去 x 保留 y,还是消去 y 保留 x?需要监控与选择;二是直接解出方程的两个根,还是表示出两根的关系式?也需要监控与选择.)

因为

$$y_1+y_2=\frac{2p}{k},\quad y_1y_2=-2pa,$$

$$(y_1-y_2)^2=(y_1+y_2)^2-4y_1y_2=\frac{4p^2}{k^2}+8pa,$$

所以

$$S_{\triangle AOB}=\frac{1}{2}a\,|y_1-y_2|=\frac{1}{2}a\sqrt{\frac{4p^2}{k^2}+8pa}=a\sqrt{\frac{p^2}{k^2}+2pa}.$$

至此，S 的最值求不下去了，因为 k 的最大值不确定，无能为力了. 这时，需要反省、评价和调整.

① 从变量选取的角度调整

在解中，变量是选取 AB 的斜率 k，最后导出 $S=a\sqrt{\frac{p^2}{k^2}+2pa}$. 前后对照，想到若令 $k=\frac{1}{t}$，则有 $S=a\sqrt{2pa+p^2t^2}$，最小值可求. 但应注意，AB 的方程不能直接写成 $y=\frac{1}{t}(x-a)$，因为 $t=0$ 时，才有 S 最小. 而是要把 AB 的方程写成 $x=ty+a$ 求之，表达式仍为 $S=a\sqrt{2pa+p^2t^2}$. 所以，S 最小值为 $a\sqrt{2pa}$.

② 从面积表达式的角度调整

在解中，面积表达式是 $S=\frac{1}{2}a|y_1-y_2|$，其中 $|y_1-y_2|$ 是 $\triangle AOM$ 和 $\triangle BOM$ 以 OM 为底的高之和，是用 A，B 两点的纵坐标之差来表示的. 通过思维监控，又考虑到它还可以表示为 $|y_1|+|y_2|$，且 $y_1y_2=-2pa$，因而得下面的解法：

$$\begin{aligned}S&=\frac{1}{2}a(|y_1|+|y_2|)\\&\geqslant\frac{1}{2}a\cdot 2\sqrt{|y_1||y_2|}=a\sqrt{|y_1y_2|}=a\sqrt{2pa}.\end{aligned}$$

所以，当 $|y_1|=|y_2|$，即 $AB\perp x$ 轴时，S 取最小值 $a\sqrt{2pa}$.

③ 从三角形面积求法的角度调整

在解①中，求三角形面积是用“$\frac{1}{2}$底×高”这一公式. 而求三角形面积还有一个常用公式 $S=\frac{1}{2}ab\sin C$，于是由 $|OM|=a$，若设 AB 的倾斜角为 $\alpha(0<\alpha<\pi)$，则有

$$\begin{aligned}S_{\triangle AOB}&=S_{\triangle AOM}+S_{\triangle BOM}\\&=\frac{1}{2}a|AM|\sin(\pi-\alpha)+\frac{1}{2}a|BM|\sin\alpha\\&=\frac{1}{2}a\sin\alpha\cdot|AB|.\end{aligned}$$

现由倾斜角及弦长，很容易想到直线的参数方程，于是又得如下解法：

设 AB 的参数方程为

$$\begin{cases}x=a+t\cos\alpha,\\y=t\sin\alpha,\end{cases}$$

代入 $y^2=2px$，整理得

$$t^2\sin^2\alpha-2p\cos\alpha\cdot t-2pa=0.$$

设上述关于 t 的方程两根为 t_1，t_2，则

$$t_1+t_2=\frac{2p\cos\alpha}{\sin^2\alpha},\quad t_1t_2=-\frac{2pa}{\sin^2\alpha},$$

所以

$$|AB|=|t_1-t_2|=\sqrt{(t_1+t_2)^2-4t_1t_2}$$
$$=\sqrt{\frac{4p^2\cos^2\alpha}{\sin^4\alpha}+\frac{8pa}{\sin^2\alpha}}=\frac{2}{\sin\alpha}\sqrt{p^2\cot^2\alpha+2pa}.$$

于是

$$S_{\triangle AOB}=\frac{1}{2}a\sin\alpha\,|AB|=a\sqrt{p^2\cot^2\alpha+2pa},$$

故当 $\alpha=\frac{\pi}{2}$ 时，$S_{\triangle AOB}$ 的最小值为 $a\sqrt{2pa}$.

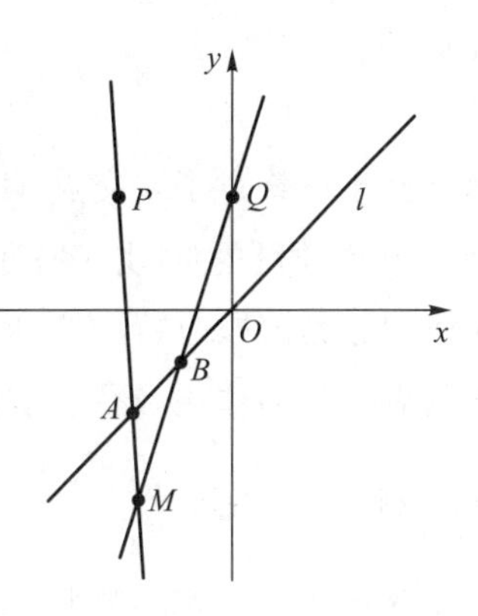

图 7－4

例 2　如图 7－4 所示，已知两个固定点 $P(-2,2)$，$Q(0,2)$，以及一条直线 $l: y=x$，设长为 $\sqrt{2}$ 的线段 AB 在直线 l 上运动，求直线 PA 和 QB 的交点 M 的轨迹方程（要求把结果化成普通方程）.

分析　设动点 $M(x,y)$，下面是点 M 的形成步骤：

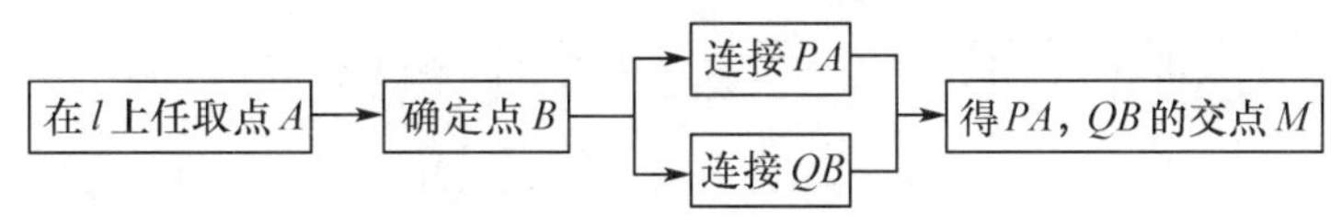

相应地，有如下解题步骤：

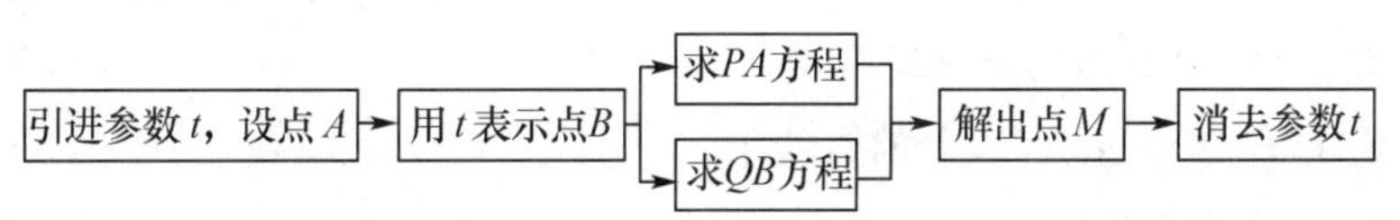

解　设 $A(t,t)$，由条件得 $B(t+1,t+1)$，

$$PA: (t-2)x-(t+2)y+4t=0,$$
$$QB: (t-1)x-(t+1)y+2(t+1)=0.$$

由 PA，QB 的方程组成方程组，解之得

$$\begin{cases} x=\dfrac{t^2-t-2}{t}, \\ y=t-1+\dfrac{2}{t} \end{cases}\quad (t\text{ 为参数}).$$

消去 t，得轨迹方程 $(y+1)^2-(x+1)^2=8$.

说明：上述解题步骤都是在设出参数 t 的前提下进行的，因此，使用的是分析的方法. 但是当 t 一经设定之后，解题者的思维路线又完全循着“从已知到未知”的方向推进了. 解题者并没有把假设性的思维方法贯彻到整个思维过程中去，因此产生了解出 x，y 的“多余”的解题步骤. 实际上，解题的目标在于求 $f(x,y)=0$，因而关键在于从

PA，QB 的方程中消去 t，据此，有如下改进过程：

由 PA 的方程得

$$t=\frac{2x+2y}{x-y+4},$$

代入 QB 的方程，得

$$\frac{2x+2y}{x-y+4}=\frac{x+y-2}{x-y+2},$$

化简即

$$x^2-y^2+2x-2y+8=0.$$

这实际上就绕过了求交点 M 的步骤，突破了常规思维解题的框架.

上述过程表明，由于解题者受占优势的综合法的思维路线的潜在影响，所以总是情不自禁地想“求出什么”，即具有从已知求未知的强烈倾向. 这就干扰了解题总目标对解题的导向作用，影响了对思维过程的调节与控制，使思维陷入半盲目的失控状态.

例 3　过椭圆 $\frac{x^2}{9}+\frac{y^2}{4}=1$ 内一点 $(1,0)$ 引动弦 AB，求 AB 的中点 M 的轨迹方程.

思路 1　根据点 M 的生成步骤得到解法. 设 AB 的斜率为 k，进而

求出 AB 的方程 ⟶ 求点 A，B 的坐标 ⟶ 求点 M 的坐标

⟶ 消去 k ⟶ 轨迹方程

其思维路线基本上是单向的综合法.

思路 2　对题中给出的条件综合考虑如下：

(1) 点 A，B 在经过点 $(1,0)$ 的直线上；

(2) 点 A，B 在椭圆上；

(3) M 是动弦 AB 的中点.

显然，点 M 的位置与 A，B 有关，考虑以上所有关系，设 $M(x,y)$，$A(x_1,y_1)$，$B(x_2,y_2)$ $(x_1\neq x_2)$，将上述条件(2)和(3)代数化，有

$$4x_1^2+9y_1^2=36, \tag{1}$$

$$4x_2^2+9y_2^2=36, \tag{2}$$

$$x=\frac{x_1+x_2}{2}, \tag{3}$$

$$y=\frac{y_1+y_2}{2}. \tag{4}$$

我们的总目标是从以上各式中消去 x_1，x_2，y_1，y_2，得到关于 x，y 的关系式. 从基本量观点可知，为了消去 4 个参数，还需要再找到一个关系式，显然这个关系式可以由条件(1)得到. 为了进一步明确怎样使用条件(1)，我们先从(1)—(4)式中消去部分参数，看能得到什么样的结果，以减少盲目性.

(1)－(2)并将(3)式和(4)式代入，得

$$\frac{y_1-y_2}{x_1-x_2}=-\frac{4x}{9y}. \tag{5}$$

(5)式左端的几何意义是直线 AB 的斜率，这就启示我们利用斜率关系来实现条件(1)的代数化，有

$$k_{AB}=\frac{y_1-y_2}{x_1-x_2}=\frac{y}{x-1}. \tag{6}$$

将(6)式代入(5)式，即得 $4x^2+9y^2-4x=0$.

两相比较，后者的特点如下：

第一，思维路线是多向的. 解题开始，并不致力于“求出什么?”，而是从全局考虑，全面地分析问题中各几何量之间的关系，对等地看待已知量与未知量，致力于将它们的联系用简明的方法表达出来. 这种做法的优越性，就类似于或相当于把算术法解应用题的思维过程，代之以列方程的代数法，其中的难易程度、观点水平的差异是显而易见的.

第二，思维是在解题总目标的导向下进行的. 它是一种有目的、有意识地受解题者的观念系统调控的过程，每一个解题步骤的实施，既具有探索性和尝试性，又具有明确的目的性和针对性，表现出更高的思维水平.

例 4　求包含在正整数 m 与 $n(m<n)$之间的分母为 3 的所有不可约分数之和.

思路 1　写出这所有分数，即

$$m+\frac{1}{3},m+\frac{2}{3},m+\frac{4}{3},m+\frac{5}{3},\cdots,n-\frac{2}{3},n-\frac{1}{3},$$

它既非等差数列也非等比数列. 这时，应看到所求不可约分数的反面，它们是 m，$m+1,\cdots,n-1,n$. 其各项和较易求出

$$S_1=\frac{(m+n)(n-m+1)}{2}.$$

这两类分数统一在整体

$$m,m+\frac{1}{3},m+\frac{2}{3},m+1,m+\frac{4}{3},\cdots,n-\frac{2}{3},n-\frac{1}{3},n$$

之中，组成 $d=\frac{1}{3}$的等差数列，其各项和为

$$S_2=\frac{(m+n)(3n-3m+1)}{2}.$$

所以，所求分数之和为 $S=S_2-S_1=n^2-m^2$.

思路 2　设

$$S=\left(m+\frac{1}{3}\right)+\left(m+\frac{2}{3}\right)+\cdots+\left(n-\frac{2}{3}\right)+\left(n-\frac{1}{3}\right).$$

注意到与首末两项等距离的两项和为定值，于是把上式倒写相加，得

$$2S=\underbrace{(m+n)+(m+n)+\cdots+(m+n)}_{2(n-m)\text{个}(m+n)}$$
$$=2(n-m)(m+n)=2(n^2-m^2),$$

所以

$$S=n^2-m^2.$$

思路2准确、迅速地把握了已知对象内容各项之间的联系性和规定性，有较强的整体意识. 可见，解题的思维监控，核心是要有整体意识、辩证意识、目标意识和批判意识.

例5　求值：

$$\sqrt{a+\sqrt{a+\sqrt{a+\cdots}}}\quad(a>0).\tag{1}$$

解　设 $m=\sqrt{a+\sqrt{a+\sqrt{a+\cdots}}}$，两边平方得

$$m^2=a+\sqrt{a+\sqrt{a+\cdots}}.$$

由于该式右边第二项仍等于 m，故以 m 代入得

$$m^2=a+m,$$

解之得

$$m=\frac{1+\sqrt{4a+1}}{2}.$$

这一解法虽然广泛流传，结果也是对的，但其求解过程是没有根据而站不住脚的，因而它是一种错误的解法. 用思维监控的批判意识剖析如下：

首先，设 $m=\sqrt{a+\sqrt{a+\sqrt{a+\cdots}}}$ 是没有根据的，我们知道(1)式表示数列

$$\sqrt{a},\quad\sqrt{a+\sqrt{a}},\quad\sqrt{a+\sqrt{a+\sqrt{a}}},\quad\cdots\tag{2}$$

的极限，而这个极限的存在性是必须给予证明的，在未严格论证确实之前就设其值为 m 是没有根据的. 其次，错在忽视“有限”与“无限”具有质的差异，把有限中的运算法则无根据地运用到无限中去，以致造成解题过程的错误.

正确的方法和依据是：因(1)式表示数列(2)的极限，于是求(1)式之值的命题是：数列(2)如果满足递归关系 $x_{n+1}^2=a+x_n\,(a>0,n=0,1,2,\cdots,\text{且 }x_0=0)$，则

$$\lim_{n\to\infty}x_n=\frac{1}{2}(\sqrt{4a+1}+1).$$

证　由于 $a>0$，所以

$$x_1=\sqrt{a}<x_2=\sqrt{a+\sqrt{a}}<\cdots<x_{n-1}<x_n,$$
$$x_n=\frac{x_n^2}{x_n}=\frac{a+x_{n-1}}{x_n}=\frac{a}{x_n}+\frac{x_{n-1}}{x_n}<\frac{a}{\sqrt{a}}+1=\sqrt{a}+1,$$

表明数列(2)单调递增且有上界. 而单调递增有界数列必存在有限的极限，故可设

$$S=\lim_{n\to\infty}x_{n+1}=\lim_{n\to\infty}x_n.$$

将其代入递归关系式得 $S^2=a+S$，解之得 $S=\frac{1}{2}(\sqrt{4a+1}+1)$.

涂荣豹教授的《数学解题学习中的元认知》一文(见《数学教育学报》2002(4))，从波利亚数学解题元认知思想中，抽取出组成自我监控的几个主要因素有：控制、监察、预见、调节和评价.

控制，即在解题过程中，对如何入手，如何选取策略，如何构思，如何选择，如何组织，如何猜想，如何修正等做出基本计划和安排. 对学习情景中的各种信息做出准确的知觉和分类，调动头脑中已有的相关知识，对有效信息做出迅速选择，以恰当的方式组织信息，选择解决问题的策略，安排学习步骤，控制自己的思维方向，关注解题的过程性和层次性.

监察，即监视和考察. 在解题过程中，密切关注解题过程，保持良好的批判性，以高度的警觉审视解题每一历程问题的认识、策略的选取、前景的设想、概念的理解、定理的运用、形式的把握，用恰当的方式方法检查自己的猜想、推理、运算和结论.

预见，即在数学解题的整个过程，随时估计自己的处境，判断问题的性质，展望问题的前景. 对问题的性质、特点和难度以及解题的基本策略和基本思维做出大致的估计、判断和选择；猜想问题的可能答案和可能采取的方法，并估计各方法的前景和成功的可能性等.

调节，即根据监察的结果和对解题各方面的预见，及时调整解题进程，转换思考的角度，重新考虑已知条件、未知数或条件、假设和结论；对问题重新表述，以使其变得更加熟悉，更易于接近目标.

评价，即以“理解性”和“发展性”标准来认识自己解题的收获，自觉对问题的本质进行重新剖析，反思自己发现解题念头的经历. 抽取解决问题的关键，总结解题过程的经验与教训，反思成败得失及其原因，考虑解题过程或表述的简化.

§3　解题坐标系

陕西师范大学罗增儒教授长期潜心研究数学解题，有许多精辟的见解，解题坐标系就是其中之一. 本节主要介绍罗教授的解题坐标系，部分内容参考罗增儒著《数学解题学引论》一书.

一、解题坐标系的意义

数学解题过程既是数学内容反复运用的过程，同时又是数学方法不断推进的过程. 如果用横轴表示数学方法的实施，用纵轴表示数学原理方面的应用，分别记为方法轴和内容轴，便形成一个解题坐标系，罗增儒教授给出图 7 - 5 和说明.

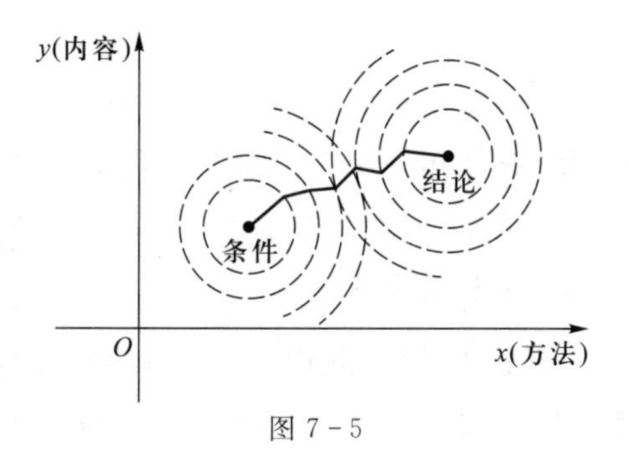

图 7 - 5

题目的条件和结论分别表示为坐标平面上的两个点. 它们的存在形式本身是内容与方法的统一,原点——两个思考方向的交叉点,表示出一个原则:内容与方法的统一永远是解题思考的基本出发点.

解题示意为连接两点间的一条折线,这条折线记录了数学思维的轨迹. 它告诉我们,寻求条件与结论之间的逻辑通道是解题的思考中心. 审题时,尽量从题意中获取更多的信息,可以表示为以条件或结论为中心的一系列同心圆. 从条件出发的同心圆信息,预示可知并启发解题手段;从结论出发的同心圆信息,预告需知并诱导解题方向;两组同心圆的交接处(中途点),就是分别从条件、结论出发进行思考的结合点. 结合点落在条件点或结论点上,分别就对应着所谓的分析法和综合法.

在解题坐标中,内容提供方法,方法体现内容. 解题折线上的每一点,都是内容与方法的统一,且在两轴上的投影又都不唯一. 同一内容可以从不同的角度去理解,同一方法可以在不同的地方发挥效能. 这说明内容存在着转化关系,方法技巧存在着内在联系,为多角度考虑问题提供了依据.

如果读者不能马上连接解题折线,至少有两件工作可做:首先考虑两组同心圆的最内圈;其次试着在两轴上做多角度投影,特别是在纵轴上投影,思路常常会在信息转换中诞生.

例 1　已知$\frac{\sqrt{2}b-2c}{a}=1$,求证:$b^2\geqslant 4ac$.

分析 1　单纯从外形上思考,就是消除已知与求证之间的两个主要差异:一次与二次;等式与不等式.

于是,从已知出发,通过"平方"升次,再由等式去掉非负项导出不等式. 由已知条件有

$$
\begin{aligned}
b&=\frac{a}{\sqrt{2}}+\sqrt{2}c,\\
b^2&=\frac{a^2}{2}+2ac+2c^2\\
&=\left(\frac{a}{\sqrt{2}}-\sqrt{2}c\right)^2+4ac\\
&\geqslant 4ac.
\end{aligned}
$$

以上四步对应着解题折线中的四个点,这四个点在解题坐标系上的坐标依次可表示为:(算术运算,一次等式),(平方,二次等式),(配方,二次等式),(缩小,二次不等式). 可见,这种处理主要表现为横向的推进:恒等变形、乘方、配方、放缩技巧等,像例行差事一样缺少特色.

分析 2　如果我们不是绝对地把$\sqrt{2}$看成是静止的"已知数",而是未知数的一个取值,那么,已知条件就表明二次方程有实根

$$\begin{cases} ax^2+bx+c=0, \\ x=-\dfrac{\sqrt{2}}{2}. \end{cases}$$

从而判别式非负，即 $b^2-4ac\geqslant 0$，故 $b^2\geqslant 4ac$.

这一过程如此简洁，用二次方程的理论代替了乘方、配方的过程与不等式“放缩法”的技巧.

以上两种解法相比较，前者更加注重从条件出发的一组同心圆信息，后者却注意条件在内容轴上的投射，由条件投射到纵轴上的一个点，再直捣结论. 由等式转化为方程，这从系统论看来，就是使系统开放，并为静止、孤立的状态设计一个更为生动、波澜壮阔的过程.

另外，前一思考更注重形式上的一致性，表现为思维比较具体、平缓的演算，较多的是线性思维；后者更注重内容上的转化，表现为思维是多元的、抽象的，推理是跳跃的. 当然，后者观点更高，能力更强，格调更新. 把内容与形式结合起来思考，把方法运用与概念转化配合起来推进，必然思路更加宽广、风格更加高雅.

例 2　已知 $a+b+c=0$，求证：$a^3+b^3+c^3=3abc$.

证法 1　从已知出发，“乘方”升幂为求证式.

$$\begin{aligned} 0 &= [(a+b)+c]^3 \\ &= (a+b)^3+3(a+b)c[(a+b)+c]+c^3 \\ &= a^3+3ab(a+b)+b^3+0+c^3 \\ &= a^3+b^3+c^3-3abc, \end{aligned}$$

所以

$$a^3+b^3+c^3=3abc.$$

证法 2　从求证式出发，分解、归结为已知式.

$$\begin{aligned} & a^3+b^3+c^3-3abc \\ = & (a+b)^3+c^3-3ab(a+b)-3abc \\ = & [(a+b)+c][(a+b)^2-(a+b)c+c^2]-3ab(a+b+c) \\ = & (a+b+c)(a^2+b^2+c^2-ab-bc-ca) \\ = & 0, \end{aligned}$$

所以

$$a^3+b^3+c^3=3abc.$$

证法 3　将 $a+b+c=0$ 看成方程

$$ax+by+cz=0$$

有非零解 $x=y=z=1$，并且 $a+b+c=0$ 不是一个孤立的等式，而是同样的三个等式

$$a+b+c=0,$$

$$b+c+a=0,$$

$$c+a+b=0.$$

这就是说,条件表明齐次线性方程组

$$\begin{cases} ax+by+cz=0, \\ bx+cy+az=0, \\ cx+ay+bz=0 \end{cases}$$

有非零解 $x=y=z=1$,从而系数行列式等于零,即

$$\begin{vmatrix} a & b & c \\ b & c & a \\ c & a & b \end{vmatrix}=0,$$

化简得

$$a^3+b^3+c^3=3abc.$$

证法 4　由于

$$\begin{aligned} & a^3+b^3+c^3-3abc \\ = & \begin{vmatrix} a & b & c \\ b & c & a \\ c & a & b \end{vmatrix}=\begin{vmatrix} a+b+c & b & c \\ b+c+a & c & a \\ c+a+b & a & b \end{vmatrix} \\ = & \begin{vmatrix} 0 & b & c \\ 0 & c & a \\ 0 & a & b \end{vmatrix}=0, \end{aligned}$$

所以

$$a^3+b^3+c^3=3abc.$$

证法 5　以 a,b,c 为根作三次方程

$$(x-a)(x-b)(x-c)=0,$$

即

$$x^3+(ab+bc+ca)x-abc=0,$$

再把 a,b,c 分别代入后相加即得结论.

证法 1 和证法 2 分别是从条件和结论出发的,逐渐扩大同心圆,在解题折线上表现为从条件到结论或从结论到条件的推进,思维层次停留在较为具体、平缓的演算水平上. 证法 3 至证法 5 完全不同,在解题坐标系上表现为由条件直接投射到纵轴上,由纵轴上的推进(一般来说,纵轴上推进一步即可)再直接平行对应到结论,即给等式 $a+b+c=0$ 赋予活的数学内容,它不再是一个静止的等式. 通过对方程解的理解,把 $a+b+c=0$ 转化为齐次线性方程组,从而归结为行列式的简单展开.

例 3　已知 $a\sqrt{1-b^2}+b\sqrt{1-a^2}=1$,求证:$a^2+b^2=1$.

证法 1　直接的代数证明:平方、配方.

证法 2　三角法. 由条件知

$$0 \leqslant a \leqslant 1, \quad 0 \leqslant b \leqslant 1.$$

令 $a=\cos\alpha, b=\sin\beta, \alpha, \beta \in \left[0, \frac{\pi}{2}\right]$，则原条件可化为

$$\cos\alpha\cos\beta+\sin\alpha\sin\beta=1,$$

即

$$\cos(\alpha-\beta)=1.$$

但

$$-\frac{\pi}{2} \leqslant \alpha-\beta \leqslant \frac{\pi}{2},$$

所以 $\alpha-\beta=0$，从而 $\alpha=\beta$. 故

$$a^2+b^2=\cos^2\alpha+\sin^2\beta=\cos^2\alpha+\sin^2\alpha=1.$$

证法 3　以 $a, \sqrt{1-a^2}, 1$ 为三边作 Rt$\triangle ABD$，以 $b, \sqrt{1-b^2}, 1$ 为三边作 Rt$\triangle BCD$，如图 7-6 所示. 它们有公共斜边 1，构成四边形 $ABCD$，从而 $ABCD$ 共圆，直径 $BD=1$.

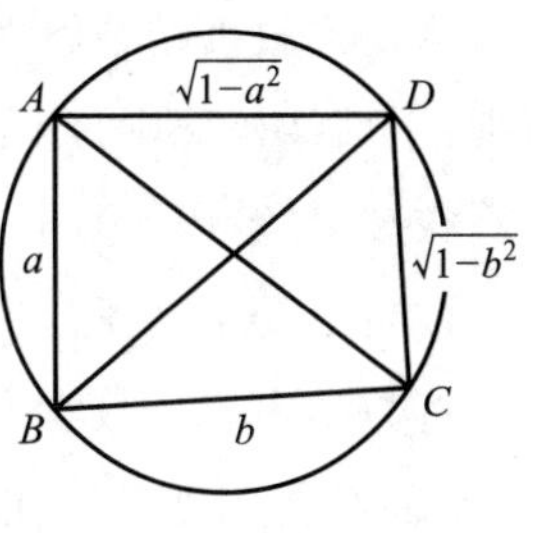

图 7-6

由托勒密定理，有

$$a\sqrt{1-b^2}+b\sqrt{1-a^2}=AC \cdot 1,$$

再比较已知，从而 $AC=1$. 由此得 $\angle ABC=90°$，所以

$$a^2+b^2=1.$$

证法 4　因为

$$a^2+(1-b^2) \geqslant 2a\sqrt{1-b^2} \quad (\text{当且仅当 } a^2=1-b^2 \text{ 时等号成立}),$$

$$b^2+(1-a^2) \geqslant 2b\sqrt{1-a^2} \quad (\text{当且仅当 } b^2=1-a^2 \text{ 时等号成立}),$$

所以

$$a\sqrt{1-b^2}+b\sqrt{1-a^2} \leqslant 1 \quad (\text{当且仅当 } a^2+b^2=1 \text{ 时等号成立}).$$

而已知 $a\sqrt{1-b^2}+b\sqrt{1-a^2}=1$，所以

$$a^2+b^2=1.$$

证法 5　已知表明单位圆上的两点 $A(a, \sqrt{1-a^2})$，$B(\sqrt{1-b^2}, b)$ 满足：点 A 在过点 B 的切线

$$x\sqrt{1-b^2}+by=1$$

上. 由切点的唯一性得，A, B 两点重合，即

$$\begin{cases} a=\sqrt{1-b^2}, \\ \sqrt{1-a^2}=b. \end{cases}$$

所以

$$a^2+b^2=1.$$

以上证法 1 是在普通解题折线上的推进，而后面几种证法较多地注意了在内容上的转换. 特别是证法 5，把数 a，$\sqrt{1-a^2}$，b，$\sqrt{1-b^2}$ 转化为单位圆上的两点 $A(a,\sqrt{1-a^2})$，$B(\sqrt{1-b^2},b)$，再把已知关系式转化为点 A 在过点 B 的切线

$$x\sqrt{1-b^2}+by=1$$

上. 这两步就是已知条件在内容轴上的投影，既有直觉和想象，又有演算和推理. 最后，用圆的切线的定义代替代数解法中的平方、配方技巧，也代替了三角法中的变换技巧.

同时，我们还可以看到，一个已知条件在内容轴上的投影不唯一，也就对应着多种转换方式.

二、探求解题思路的几条原则

罗增儒教授结合解题坐标系的结构特点，进一步提出了探求解题思路的 5 个基本原则：平面结构原则、广角投影原则、内圈递扩原则、差异渐缩原则、迹线平移原则. 这是罗教授对解题理论的一个重要贡献.

1. 平面结构原则

将数学内容与数学方法结合起来，组成一个平面结构，正是解题坐标系的基本特点. 平面结构原则是指在探求解题思路时，要注重内容与方法的统一，采取内容与方法相结合的二维平面思考. 例如，"对题目的结构，不仅注重外形上的分析，而且注重内容上的理解，能从一个孤立静止的数学形式中找出关联活动的数学内容. 比如，把一个已知数看成未知数的取值，把一个常量看成变量的瞬时状态，把一个图形看成两个图形的重合，把一种数学存在看成另一种数学存在的条件或结果等. 这些认识之所以可行，是因为一定的数学内容总是要表现为一定的数学形式，而一定的数学形式又总能反映某些数学内容".

例 4　证明等腰三角形的两个底角相等.

分析　如图 7－7 所示，在$\triangle ABC$ 中，$AB=AC$. 为了证明$\angle B=\angle C$，通常作 BC 边上的高，将其分成两个全等的三角形.

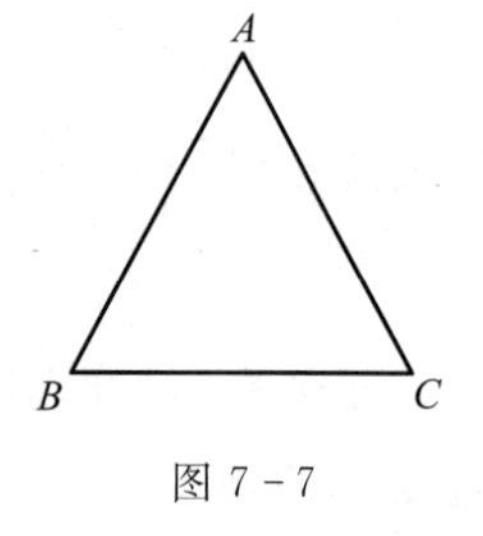

图 7－7

但是，完全可以不作辅助线，将$\triangle ABC$ 看成能够重合的两个三角形，容易证得$\triangle ABC\cong\triangle ACB$（$AB=AC$，$AC=AB$，$\angle A=\angle A$），故$\angle B=\angle C$.

例 5　已知等差数列 a，b，c 中的三个数都是正数，且公差不为零，求证：它们的倒数所组成的数列$\frac{1}{a}$，$\frac{1}{b}$，$\frac{1}{c}$不可能成等差数列.

证法 1　设 $a=b-d$，$c=b+d$，$d\neq 0$，因为

$$\frac{1}{a}+\frac{1}{c}=\frac{1}{b-d}+\frac{1}{b+d}=\frac{2b}{b^2-d^2}\neq\frac{2b}{b^2}=\frac{2}{b},$$

所以，$\frac{1}{a}$，$\frac{1}{b}$，$\frac{1}{c}$不成等差数列.

证法 2　若$\frac{1}{a}$，$\frac{1}{b}$，$\frac{1}{c}$成等差数列，可设

$$\frac{1}{a}=\frac{1}{b}-d,\ \frac{1}{c}=\frac{1}{b}+d,\quad d\neq 0.$$

则

$$a+c=\frac{b}{1-bd}+\frac{b}{1+bd}=\frac{2b}{1-(bd)^2}\neq 2b.$$

这与已知 a，b，c 成等差数列相矛盾.

证法 3　由 $a\neq c$ 且 a，c 为正数知

$$(a+c)\left(\frac{1}{a}+\frac{1}{c}\right)>4. \tag{1}$$

若$\frac{1}{a}$，$\frac{1}{b}$，$\frac{1}{c}$也成等差数列，则

$$\frac{1}{a}+\frac{1}{c}=\frac{2}{b},$$

又 $a+c=2b$，将这两式代入(1)式，得 $4>4$，矛盾.

证法 4　作以 a，c 为根的二次方程

$$x^2-(a+c)x+ac=0.$$

因为 $a+c=2b$，所以 $x^2-2bx+ac=0$. 又 $\Delta>0(a\neq c)$，即 $4b^2-4ac>0$，所以

$$\frac{2}{b}\neq\frac{2b}{ac}=\frac{a+c}{ac}=\frac{1}{a}+\frac{1}{c},$$

故$\frac{1}{a}$，$\frac{1}{b}$，$\frac{1}{c}$不成等差数列.

证法 5　建立平面直角坐标系，若$\frac{1}{a}$，$\frac{1}{b}$，$\frac{1}{c}$成等差数列，则 $A\left(a,\frac{1}{a}\right)$，$B\left(b,\frac{1}{b}\right)$，$C\left(c,\frac{1}{c}\right)$三点共线. 但点 A，B，C 又都在双曲线 $y=\frac{1}{x}$上，必有两点重合，即 $a=b$ 或 $b=c$ 或 $a=c$，这与已知公差不为零相矛盾. 所以，$\frac{1}{a}$，$\frac{1}{b}$，$\frac{1}{c}$不成等差数列.

前四种证法注重的是形式上的推导，由 $2b=a+c$ 导出$\frac{2}{b}\neq\frac{1}{a}+\frac{1}{c}$，都还没有对其数学内容作出揭示，证法 5 将题中的已知与求证结合起来并投射到内容轴，从而揭示出题目的实质是双曲线 $y=\frac{1}{x}$上不同的三点$\left(a,\frac{1}{a}\right)$，$\left(b,\frac{1}{b}\right)$，$\left(c,\frac{1}{c}\right)$不能共线.

可见，本质的东西才会简单，平面结构性的二维思考才会接触本质.

例 6　已知 $a\cos\theta+b\sin\theta=c$，$a\cos\varphi+b\sin\varphi=c\left(\frac{\varphi-\theta}{2}\neq k\pi,k\in\mathbf{Z}\right)$. 求证：

$$\frac{a}{\cos\frac{\theta+\varphi}{2}}=\frac{b}{\sin\frac{\theta+\varphi}{2}}=\frac{c}{\cos\frac{\theta-\varphi}{2}}.$$

证　已知表明不同的两点 $A(\cos\theta,\sin\theta)$，$B(\cos\varphi,\sin\varphi)$都在直线 $ax+by=c$

上. 又由点 A,B 决定的直线方程为

$$(\cos\theta-\cos\varphi)(y-\sin\varphi)=(\sin\theta-\sin\varphi)(x-\cos\varphi),$$

即

$$x\cos\frac{\theta+\varphi}{2}+y\sin\frac{\theta+\varphi}{2}=\cos\frac{\theta-\varphi}{2}.$$

上述两条直线重合,所以

$$\frac{a}{\cos\dfrac{\theta+\varphi}{2}}=\frac{b}{\sin\dfrac{\theta+\varphi}{2}}=\frac{c}{\cos\dfrac{\theta-\varphi}{2}}.$$

这一证法由于将已知等式投射到直线方程的几何内容,而显得简洁、新颖,代替了烦琐的三角恒等变形.

2. 广角投影原则

同一数学内容可以有多种不同的存在形式,同一数学形式又可以从多种内容上去理解. 在探求解题思路时,要善于将条件或结论向两轴做多角度投影. 在这个多角度的投影中,数学知识不是孤立的单点或离散的片段,数学方法也不是互不相关的一招一式,它们是不可分割的整体,组成一条又一条的知识链. 解题思路探求的敏捷性、发散性就在于,当知识链中的某一环节受到刺激时,整条知识链就活跃起来.

例 7　若 $a,b,c,d\in\mathbf{R}^{+}$,求证:

$$ac+bd\leqslant\sqrt{a^2+b^2}\cdot\sqrt{c^2+d^2}.$$

证法 1　设 $z_1=a+b\mathrm{i},z_2=c-d\mathrm{i}$,则

$$\begin{aligned}\sqrt{a^2+b^2}\cdot\sqrt{c^2+d^2}&=|z_1|\cdot|z_2|=|z_1z_2|\\&=|(a+b\mathrm{i})(c-d\mathrm{i})|\\&=|(ac+bd)+(bc-ad)\mathrm{i}|\\&=\sqrt{(ac+bd)^2+(bc-ad)^2}\\&\geqslant\sqrt{(ac+bd)^2}=ac+bd.\end{aligned}$$

当且仅当 $bc-ad=0$,即 $\frac{a}{b}=\frac{c}{d}$ 时取等号.

证法 2　所证不等式等价于不等式

$$\frac{a}{\sqrt{a^2+b^2}}\cdot\frac{c}{\sqrt{c^2+d^2}}+\frac{b}{\sqrt{a^2+b^2}}\cdot\frac{d}{\sqrt{c^2+d^2}}\leqslant1. \tag{1}$$

如图 7-8 所示,设 $P(a,b),Q(c,d)$,且 $\angle POx=\alpha$, $\angle QOx=\beta$,则

$$\sin\alpha=\frac{b}{\sqrt{a^2+b^2}},\quad \cos\alpha=\frac{a}{\sqrt{a^2+b^2}},$$

$$\sin\beta=\frac{d}{\sqrt{c^2+d^2}},\quad \cos\beta=\frac{c}{\sqrt{c^2+d^2}}.$$

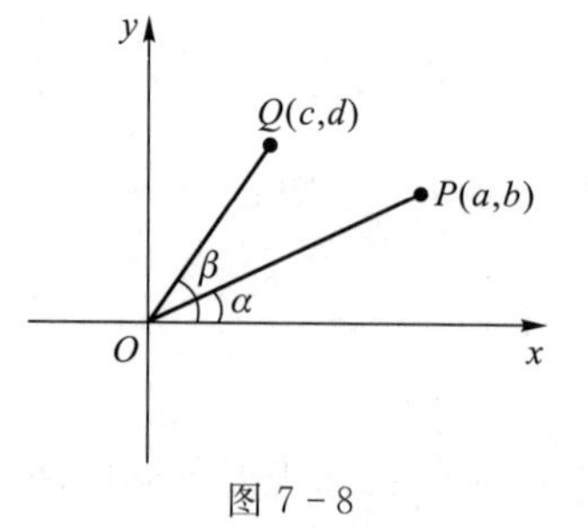

图 7-8

所以

$$(1)\text{式左边}=\cos\alpha\cos\beta+\sin\alpha\sin\beta$$
$$=\cos(\alpha-\beta)\leqslant 1.$$

当且仅当 $\alpha=\beta$ 即 $\frac{a}{b}=\frac{c}{d}$ 时取等号.

证法 3　原不等式等价于不等式

$$\frac{|ac+bd|}{\sqrt{a^2+b^2}}\leqslant\sqrt{c^2+d^2}.$$

如图 7-9 所示，此时不等式左边是点 $P(c,d)$ 到直线 $ax+by=0$ 的距离，而右边是点 $P(c,d)$ 到原点 O 的距离. 注意到原点也在直线 $ax+by=0$ 上，即知结论成立，而等号当且仅当 PO 垂直于直线 $ax+by=0$，即 $\frac{a}{b}=\frac{c}{d}$ 时取得.

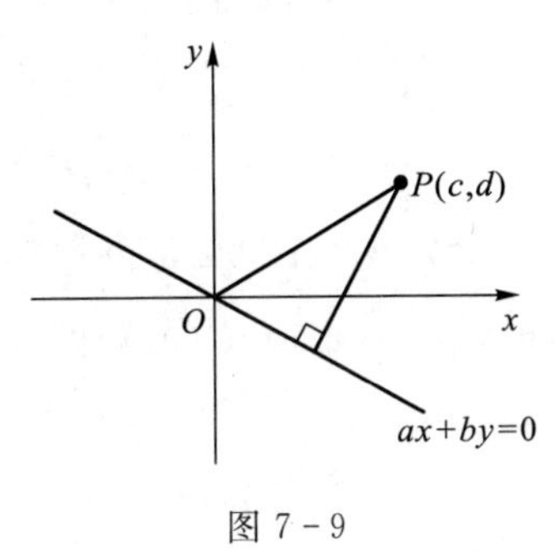

图 7-9

例 8　设 $0<a<1,0<b<1$，求证：

$$\sqrt{a^2+b^2}+\sqrt{(1-a)^2+b^2}+\sqrt{a^2+(1-b)^2}+\sqrt{(1-a)^2+(1-b)^2}\geqslant 2\sqrt{2}.$$

证法 1　不等式左边的每一项的根号内都是两个正数的平方和，用基本不等式

$$x^2+y^2\geqslant\frac{(x+y)^2}{2}\quad(x>0,y>0)$$

将平方和转化成和的平方，消去根号. 所以

$$\sqrt{a^2+b^2}+\sqrt{(1-a)^2+b^2}+\sqrt{a^2+(1-b)^2}+\sqrt{(1-a)^2+(1-b)^2}$$
$$\geqslant\frac{\sqrt{2}}{2}(a+b)+\frac{\sqrt{2}}{2}[(1-a)+b]+\frac{\sqrt{2}}{2}[a+(1-b)]+\frac{\sqrt{2}}{2}[(1-a)+(1-b)]$$
$$=2\sqrt{2}.$$

证法 2　由于 $0<a<1,0<b<1$，所以，令

$$a=\sin^2\alpha,\quad b=\cos^2\beta.$$

于是

$$\sqrt{a^2+b^2}+\sqrt{(1-a)^2+b^2}+\sqrt{a^2+(1-b)^2}+\sqrt{(1-a)^2+(1-b)^2}$$
$$=\sqrt{\sin^4\alpha+\cos^4\beta}+\sqrt{\cos^4\alpha+\cos^4\beta}+\sqrt{\sin^4\alpha+\sin^4\beta}+\sqrt{\cos^4\alpha+\sin^4\beta}$$
$$\geqslant\frac{\sqrt{2}}{2}(\sin^2\alpha+\cos^2\beta)+\frac{\sqrt{2}}{2}(\cos^2\alpha+\cos^2\beta)+\frac{\sqrt{2}}{2}(\sin^2\alpha+\sin^2\beta)+$$
$$\frac{\sqrt{2}}{2}(\cos^2\alpha+\sin^2\beta)$$
$$=2\sqrt{2}.$$

证法 3　设

$$z_1=a+b\mathrm{i},\quad z_2=(1-a)+b\mathrm{i},$$
$$z_3=a+(1-b)\mathrm{i},\quad z_4=(1-a)+(1-b)\mathrm{i},$$

所以

$$\begin{aligned}&\sqrt{a^2+b^2}+\sqrt{(1-a)^2+b^2}+\sqrt{a^2+(1-b)^2}+\sqrt{(1-a)^2+(1-b)^2}\\&=|z_1|+|z_2|+|z_3|+|z_4|\\&\geqslant|z_1+z_2+z_3+z_4|\\&=|2+2\mathrm{i}|=2\sqrt{2}.\end{aligned}$$

证法 4　作单位正方形如图 7－10 所示，所证不等式即点 $M(a,b)$ 到 $O(0,0)$，$A(1,0)$，$B(1,1)$，$C(0,1)$ 四点的距离之和不小于 $2\sqrt{2}$.

当 $0<a<1$，$0<b<1$ 时，点 M 在正方形 $OABC$ 内部. 所以

$$\begin{aligned}&\sqrt{a^2+b^2}+\sqrt{(1-a)^2+b^2}+\sqrt{a^2+(1-b)^2}+\sqrt{(1-a)^2+(1-b)^2}\\&=|MO|+|MA|+|MC|+|MB|\\&\geqslant|OB|+|AC|=2\sqrt{2}\text{（}M\text{ 取对角线交点时不等式取等号）}.\end{aligned}$$

证法 5　如图 7－11 所示，作单位正方形 $ABCD$. 取 $DE=AF=a$，$DG=CH=b$，EF 与 GH 相交于点 M，则点 M 在正方形 $ABCD$ 内. 由勾股定理得

$$\begin{aligned}&\sqrt{a^2+b^2}+\sqrt{(1-a)^2+b^2}+\sqrt{a^2+(1-b)^2}+\sqrt{(1-a)^2+(1-b)^2}\\&=MD+MC+MA+MB\\&\geqslant AC+BD=2\sqrt{2}.\end{aligned}$$

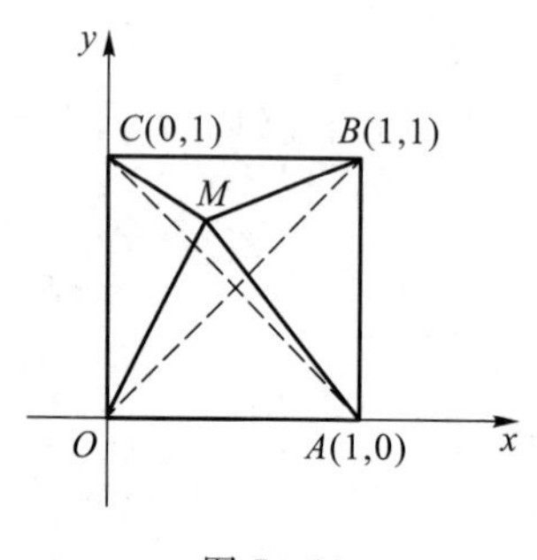

图 7－10

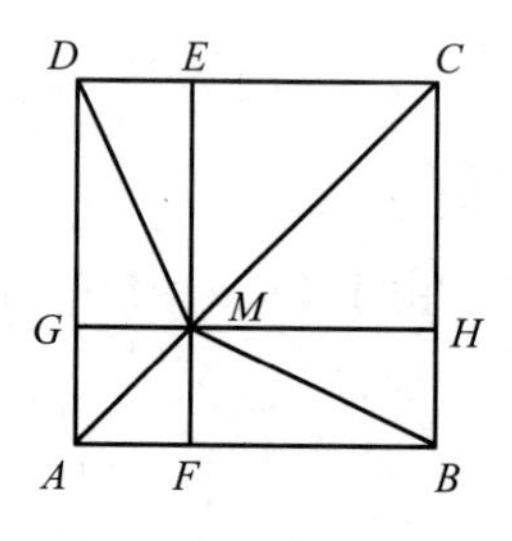

图 7－11

证法 6　如图 7－12 所示，取线段 $AC=1$，在 AC 上取 $AO=a$，过 O 作 $BD\perp AC$，取 $OD=b$，$BD=1$. 所以

$$S_{\text{四边形}ABCD}=\frac{1}{2}AC\cdot BD=\frac{1}{2}\text{（定值）}.$$

因为面积一定的四边形以正方形的周长为最小，所以当 $ABCD$ 为正方形，即 $a=b=\frac{1}{2}$ 时，$AB+BC+CD+DA=4\times\frac{\sqrt{2}}{2}=2\sqrt{2}$

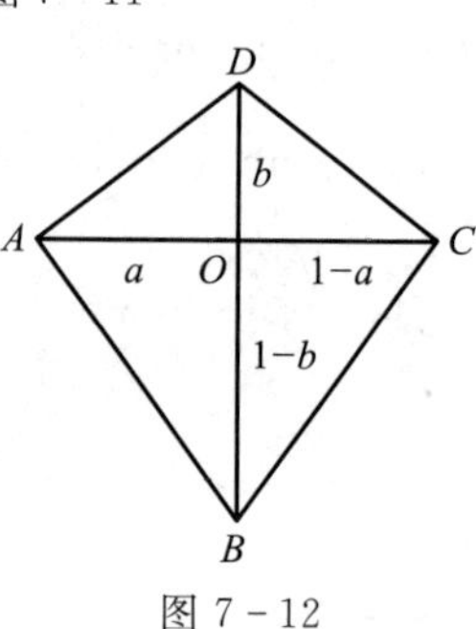

图 7－12

最小,即

$$\sqrt{a^2+b^2}+\sqrt{(1-a)^2+b^2}+\sqrt{a^2+(1-b)^2}+\sqrt{(1-a)^2+(1-b)^2}\geqslant 2\sqrt{2}.$$

以上两例的多种证法表明,广角投影才能真正使不同知识之间进行信息转换,解题思路将在这种转换中诞生.

3. 内圈递扩原则

如果解题折线过长或过于曲折,一时无法弄清,那么我们可以试着考虑两组同心圆的最内圈,即从条件或结论出发,作出一小步推理,进行稍稍简单的变形,然后再逐步扩展解题坐标系上的同心圆,在内圈递扩的过程中有希望出现中途点.

例 9　如图 7-13 所示,在等腰$\triangle ABC$中,以底边AB的中点O为圆心作半圆与两腰相切于点P,Q. 在$\overparen{PQ}$上任取一点D,过D作$\odot O$的切线交两腰于点M,N. 求证:AM与BN的乘积为定值.

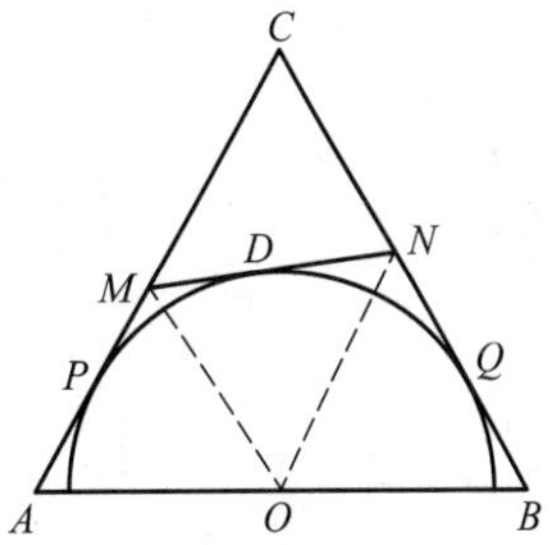

分析　如果解题者对于这道题并不熟悉该如何下手去做,通常应试着去找一个更容易着手的问题、一个更特殊的问题,或者问题的一部分. 先迈开一小步,然后逐步扩大战果.

(1) 由点D是$\overparen{PQ}$上任一点,想到先考虑取D为$\overparen{PQ}$的中点时,会是什么情况?

这时,$MN /\!/ AB$,有

$$\angle AMO=\angle OMN=\angle AOM,$$

图 7-13

所以$AM=AO$. 同理$BN=BO$,所以

$$AM \cdot BN=AO \cdot BO.$$

(2) 扩大一步想,这一结果对于取不是$\overparen{PQ}$中点的D还成立吗? 由

$$AM \cdot BN=AO \cdot BO$$

知

$$\frac{AM}{AO}=\frac{BO}{BN},$$

这涉及证明$\triangle AMO \backsim \triangle BON$,它们能相似吗?

(3) 因为$\angle A=\angle B$,所以只需再证

$$\angle AOM=\angle BNO \quad 或 \quad \angle AMO=\angle BON.$$

只需证

$$\angle A+\angle AMO+\angle BNO=180^\circ,$$

或

$$\angle B+\angle BON+\angle AOM=180^\circ.$$

(4) 进一步考虑上两式能否证明.

因为

$$\angle A+\angle AMN+\angle MNB+\angle B=180^\circ \times 2,$$

即

$$2\angle A+2\angle AMO+2\angle BNO=180^\circ\times 2,$$

所以

$$\angle A+\angle AMO+\angle BNO=180^\circ.$$

证　如图 7－13 所示，连接 OM，ON，则

$$\angle AMO=\frac{1}{2}\angle AMN,\quad \angle BNO=\frac{1}{2}\angle MNB,$$

所以

$$\begin{aligned}&\angle A+\angle AMO+\angle BNO\\&=\frac{1}{2}(\angle A+\angle B+\angle AMN+\angle MNB)\\&=180^\circ.\end{aligned}$$

但

$$\angle A+\angle AMO+\angle AOM=180^\circ,$$

所以

$$\angle AOM=\angle BNO.$$

又

$$\angle A=\angle B,$$

所以

$$\triangle OMA\backsim\triangle NOB.$$

从而

$$\frac{AM}{AO}=\frac{BO}{BN},$$

故 $AM\cdot BN=AO\cdot BO=\left(\frac{AB}{2}\right)^2$ 为定值.

4. 差异渐缩原则

在解题坐标系上，条件与结论之间位置上的不同，反映了内容及形式上的目标差. 解题就是要消除这种目标差. 差异渐缩原则强调在探寻解题思路时，要善于考虑消除它们之间的差异，达到新的平衡.

例 10　已知函数 $f(x)=\tan x$，$x\in\left(0,\frac{\pi}{2}\right)$. 若 $x_1,x_2\in\left(0,\frac{\pi}{2}\right)$ 且 $x_1\neq x_2$，证明：

$$\frac{1}{2}[f(x_1)+f(x_2)]>f\left(\frac{x_1+x_2}{2}\right).$$

分析　由已知函数，求证式具体为

$$\frac{1}{2}(\tan x_1+\tan x_2)>\tan\frac{x_1+x_2}{2}.$$

注意到此不等式左右两边的显著差异是角不相同，便作出反应：化为同角的同名函数.

$$\frac{\tan\frac{x_1}{2}}{1-\tan^2\frac{x_1}{2}}+\frac{\tan\frac{x_2}{2}}{1-\tan^2\frac{x_2}{2}}>\frac{\tan\frac{x_1}{2}+\tan\frac{x_2}{2}}{1-\tan\frac{x_1}{2}\tan\frac{x_2}{2}}.$$

此时不等式两边函数与角均已统一，可简化为

$$\frac{a}{1-a^2}+\frac{b}{1-b^2}>\frac{a+b}{1-ab}\quad\left(\text{其中 } a=\tan\frac{x_1}{2},b=\tan\frac{x_2}{2}\right).$$

该不等式两边的差异在于运算方式不同，左边是两项之和，右边是一项. 为了消除差异，对左边通分合并，便可完成证明：

$$\begin{aligned}\frac{a}{1-a^2}+\frac{b}{1-b^2}&=\frac{(a+b)(1-ab)}{(1-ab)^2-(a-b)^2}\\&>\frac{(a+b)(1-ab)}{(1-ab)^2}=\frac{a+b}{1-ab}.\end{aligned}$$

5. 迹线平移原则

“在解题坐标系上，每一道题的解题都有一条思维轨迹，其中有的在结构上会有相似之处，形成一些平行迹线. 平时注意积累平行迹线，探求解题思路时有意识寻找和借鉴平行迹线是一个重要的解题原则，我们称为迹线平移原则.”

例 11　设 $\{a_n\}$ 是由正数组成的等比数列，S_n 是其前 n 项和. 证明：

$$\frac{\log_{0.5}S_n+\log_{0.5}S_{n+2}}{2}>\log_{0.5}S_{n+1}.$$

分析　运用内圈递扩原则，将所求证不等式简化为不等式

$$S_nS_{n+2}<S_{n+1}^2,\quad \text{或}\quad \frac{S_n}{S_{n+1}}<\frac{S_{n+1}}{S_{n+2}}.$$

思路 1　先根据差异渐缩原则，消除上面不等式左右两边的差异：用 S_n 表出 S_{n+1}，用 S_{n+1} 表出 S_{n+2}.

因为

$$\begin{aligned}S_{n+1}&=a_1+a_1q+a_1q^2+\cdots+a_1q^n\\&=a_1+q(a_1+a_1q+a_1q^2+\cdots+a_1q^{n-1})\\&=a_1+qS_n,\end{aligned}$$

同理

$$S_{n+2}=a_1+qS_{n+1},$$

所以

$$\frac{S_n}{S_{n+1}}<\frac{S_{n+1}}{S_{n+2}}=\frac{a_1+qS_n}{a_1+qS_{n+1}}.$$

所证不等式即上面这一不等式，而通过迹线平移，这个不等式就是高中课本证明过的真分数不等式：若 a,b,m 都是正数，且 $a<b$，则

$$\frac{a}{b}<\frac{a+m}{b+m}.$$

据此，显然有

$$\frac{S_n}{S_{n+1}}=\frac{qS_n}{qS_{n+1}}<\frac{a_1+qS_n}{a_1+qS_{n+1}}=\frac{S_{n+1}}{S_{n+2}}.$$

取以 0.5 为底的对数即得原不等式.

思路 2　将真分数不等式的证法迹线平移到此，用定比分点来证明：

$$\frac{S_{n+1}}{S_{n+2}}=\frac{a_1+qS_n}{a_1+qS_{n+1}}=\frac{\frac{S_n}{S_{n+1}}+\frac{a_1}{qS_{n+1}}\cdot 1}{1+\frac{a_1}{qS_{n+1}}}.$$

此式表明，$\frac{S_{n+1}}{S_{n+2}}$分$\frac{S_n}{S_{n+1}}$与 1 为定比 $\lambda=\frac{a_1}{qS_{n+1}}>0$，有

$$\frac{S_n}{S_{n+1}}<\frac{S_{n+1}}{S_{n+2}}<1.$$

取以 0.5 为底的对数即得原不等式.

思路 3　将用中点与斜率的证法平移过来：如图 7－14 所示，在直角坐标系上取点 $A(a_1,a_1)$，$B(qS_{n+1},qS_n)$，则 AB 的中点为 $C(x,y)$，且

$$\begin{cases}x=\frac{a_1+qS_{n+1}}{2}=\frac{S_{n+2}}{2},\\ y=\frac{a_1+qS_n}{2}=\frac{S_{n+1}}{2}.\end{cases}$$

显然，有 $k_{OB}<k_{OC}<k_{OA}$，即

$$\frac{S_n}{S_{n+1}}<\frac{S_{n+1}}{S_{n+2}}<1.$$

取以 0.5 为底的对数即得原不等式.

思路 4　设复数 $z_1=a_1+a_1\mathrm{i}$，$z_2=qS_{n+1}+qS_n\mathrm{i}$，其在复平面上对应的点分别为 $z_1(a_1,a_1)$，$z_2(qS_{n+1},qS_n)$，则

$$z_1+z_2=(a_1+qS_{n+1})+(a_1+qS_n)\mathrm{i}=S_{n+2}+S_{n+1}\mathrm{i}, z_1+z_2$$

对应的点为 $Z(S_{n+2},S_{n+1})$，OZ 是$\square OZ_1ZZ_2$ 的对角线，如图 7－15 所示. 所以

$$k_{OZ_2}<k_{OZ}<k_{OZ_1},$$

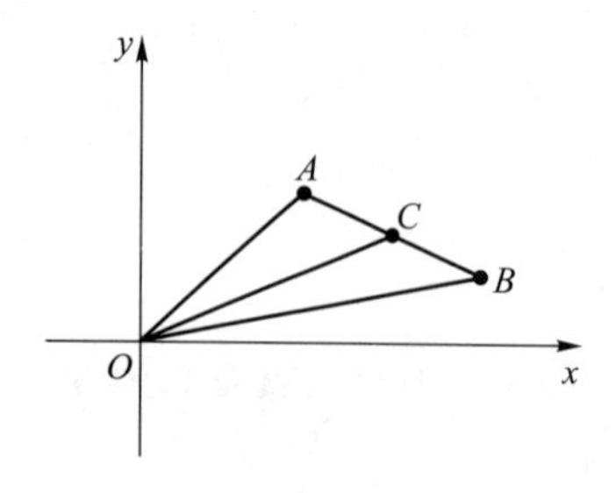

图 7－14

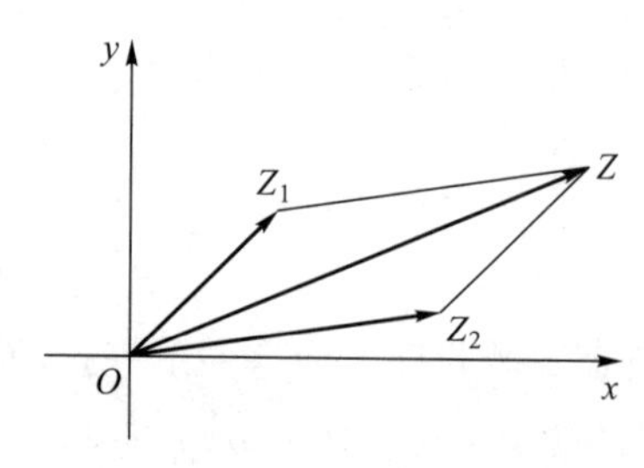

图 7－15

即

$$\frac{S_n}{S_{n+1}}<\frac{S_{n+1}}{S_{n+2}}<1.$$

取以 0.5 为底的对数即得原不等式.

思路 5　用单调性证明：由

$$\frac{S_{n+1}}{S_n}=\frac{a_1+qS_n}{S_n}=\frac{a_1}{S_n}+q$$

知，当 n 增大时，S_n 也增大，数列 $\left\{\frac{S_{n+1}}{S_n}\right\}$ 是单调递减数列. 从而 $\left\{\frac{S_n}{S_{n+1}}\right\}$ 是单调递增数列，有

$$\frac{S_n}{S_{n+1}}<\frac{S_{n+1}}{S_{n+2}},$$

取以 0.5 为底的对数即得原不等式.

习　题　七

1. 自选一道数学题，用波利亚“正方形预见图”分析解题思路的形成过程.

2. 分析某解题过程中的思维监控.

3. 设对所有实数 x，不等式

$$x^2\log_2\frac{4(a+1)}{a}+2x\log_2\frac{2a}{a+1}+\log_2\frac{(a+1)^2}{4a^2}>0$$

恒成立，求 a 的取值范围.

4. 设 $0<a<1$，若

$$\begin{cases}a_1=1+a,\\ a_{n+1}=\dfrac{1}{a_n}+a \quad (n\geqslant 1),\end{cases}$$

证明：对于一切 n 有 $a_n>1$（1979 年加拿大数学竞赛题）.

5. 已知 $a\neq b$ 是方程 $x^2-4x+1=0$ 的两个根，不解方程求 $\frac{1}{a+1}+\frac{1}{b+1}$ 的值.

6. 在 $\triangle ABC$ 中，记 a,b,c 为三边长，$S_\triangle$ 为面积，则有 $a^2+b^2+c^2\geqslant 4\sqrt{3}S_\triangle$（第 3 届国际数学奥林匹克竞赛(IMO)第 2 题）.

7. 已知 a,b,c 是关于 x 的方程 $x^3+Ax^2+Bx+1=0$ 的 3 个根，求值

$$\frac{a}{ab+a+1}+\frac{b}{bc+b+1}+\frac{c}{ca+c+1}.$$

8. 已知二次函数 $y=x^2-mx+(m-2)$ 的图像与 x 轴交于两点 A,B，且 $|AB|=\frac{5}{2}$，抛物线的顶点为 C，求 $\triangle ABC$ 的面积.

9. 求 $\sin^2 20°+\cos^2 50°+\sin 20°\cos 50°$ 的值.

10. 若 $2x+y\geqslant 1$，试求函数 $w=y^2-2y+x^2+4x$ 的极小值.

11. 解方程组

$$\begin{cases}\sqrt{x(1-y)}+\sqrt{y(1-x)}=m,\\ \sqrt{x(1-x)}+\sqrt{y(1-y)}=n,\end{cases}$$

其中 m,n 是实数.

12. 已知 $a^2+b^2-kab=1,c^2+d^2-kcd=1,a,b,c,d,k$ 都是实数,$|k|<2$,求证:

$$|ac-bd|\leqslant\frac{2}{\sqrt{4-k^2}}.$$

13. 设复数 Z_1 和 Z_2 满足关系式 $Z_1\overline{Z}_2+\overline{A}Z_1+A\overline{Z}_2=0$,其中 A 为不等于 0 的复数,证明:

(1) $|Z_1+A||Z_2+A|=|A|^2$;

(2) $\dfrac{Z_1+A}{Z_2+A}=\left|\dfrac{Z_1+A}{Z_2+A}\right|$.

14. 设 α,β 是关于 x 的方程

$$(x-a)(x-b)-cx=0$$

的根,试证明:关于 x 的方程

$$(x-\alpha)(x-\beta)+cx=0$$

的根是 a,b.

15. 已知定义在 **R** 上的严格单调函数 $f(x)$满足:对任意的实数 x,y,都有

$$f(x+y)=f(x)\cdot f(y),$$

求证:$f(x)$必是指数函数.

16. 已知 $a^2+ab+b^2=1$,求 $s=ab-a^2-b^2$ 的取值范围.

17. 已知 $x_1=a(a\neq0),x_n=\dfrac{3x_{n-1}}{x_{n-1}+3}(n\geqslant2)$,求 $x_{1\,000}$的值.

18. 求和:$\dfrac{1}{2}+\dfrac{2}{4}+\dfrac{3}{8}+\dfrac{4}{16}+\cdots+\dfrac{n}{2^n}$.

19. 设 a,b 是正数,且 $a\neq\sqrt{2}b$,求证:$\sqrt{2}$必在$\dfrac{a}{b}$和$\dfrac{a+2b}{a+b}$之间.

20. 平面上任给五个相异的点,它们之间的最大距离与最小距离之比为 λ,求证:$\lambda\geqslant2\sin 54^\circ$,并讨论等号成立的充要条件.

第七章典型习题

解答或提示

第八章　数学解题策略

在解数学题的时候，大多数情况下遇到的数学题并不是标准化、模式化了的问题，而是需要创造性思维才能解决的问题. 这就注定在数学解题活动中必然有解题策略问题. 解题策略是解题者数学智慧的体现，尤其是数学方法的综合体现，统领和指导着具体的解题方法. 本章在分析解题策略与策略决策的基础上，着重介绍模型策略、化归转化策略、归纳策略、演绎策略、类比策略、数形结合策略、差异分析策略、正难则反策略等.

§1　解题策略与策略决策

策略是总体的行动方针. 解题策略是指解答数学问题时，总体上所采取的方针、原则和方案. 解题策略不同于具体的解题方法，它是指导方法的原则，是对解题途径的概括性认识和宏观把握，体现了选择的机智和组合的艺术，因而是最高层次的解题方法.

策略反映了计谋. 虽然数学解题具有较一般的、常用的某些策略，但是，是否了解和掌握这些策略，能否运用它们指导解题，效果却是大不一样的. 没有策略的解题是盲目、无序的，有策略的解题则是理智、有序的.

策略往往不止一个，还需要解题者进行策略决策. 决策，是主体对未来实践活动的目标、方针、原则和方案所作的抉择，即决策是对策略的选择.

意志是人们行动的前导，决策又是主体意志作用的表现. 个人的目的和意志就是个人带有方向性的决策. 解题的策略决策就是解题者对解题策略的选择. 决策的模式为

分析问题 ⟶ 形成策略 ⟶ 审核策略 ⟶ 决策

例　求函数 $y=\dfrac{\sin x \cdot \cos x}{1+\sin x+\cos x}$ 的最值.

酝酿：动员与组织、回忆与辨认、由因导果、执果溯因、盯住目标、分析特征、抓住关键，等等.

联想：知识、方法、内容、形式等多方面广泛联想.

领悟 1：求出 $\sin x=f(y)$，$\cos x=g(y)$.

策略 1：利用 $|\sin x|\leqslant 1$，$|\cos x|\leqslant 1$，求出 y 的范围，从而求 y 的最值.

领悟 2：由 $\sin x \cdot \cos x=\dfrac{(\sin x+\cos x)^2-1}{2}$，可将原函数变成一元函数 $y=f(u)$.

策略 2：令 $u=\sin x+\cos x$，换元后求一元函数 $y=\dfrac{u^2-1}{2(u+1)}$ 的最值.

领悟 3：化异为同，利用万能置换公式，将 $\sin x$，$\cos x$ 化为 $\tan \frac{x}{2}$ 的表达式，原函数变为 $y=f\left(\tan \frac{x}{2}\right)$.

策略 3：将 $y=f\left(\tan \frac{x}{2}\right)$ 化为关于 $\tan \frac{x}{2}$ 的一元二次方程，并利用根的判别式求 y 的最值.

审核：因为用一个方程无法求出两个未知量 $\sin x=f(y)$，$\cos x=g(y)$，所以策略 1 不可行，策略 3 可行但较繁，策略 2 可行且较容易.

决策：经审核，确认策略 2 最佳，故选择策略 2.

解　令 $u=\sin x+\cos x$，则

$$
\begin{aligned}
y&=\frac{u^2-1}{2(u+1)}=\frac{u-1}{2}=\frac{\sin x+\cos x}{2}-\frac{1}{2}\\
&=\frac{\sqrt{2}}{2}\sin\left(x+\frac{\pi}{4}\right)-\frac{1}{2},
\end{aligned}
$$

所以

$$
y_{\max}=\frac{\sqrt{2}-1}{2},\quad y_{\min}=\frac{-\sqrt{2}-1}{2}.
$$

以上分析还表明，解题策略往往归结于提出原问题的阶梯问题，而策略的有效性也就取决于阶梯问题的有效性. 像上面的策略 1 中的阶梯问题是求出

$$
\sin x=f(y),\quad \cos x=g(y),
$$

阶梯问题失效；策略 2 的阶梯问题是求

$$
y=\frac{1}{2}(\sin x+\cos x-1)
$$

的最值，阶梯问题有效.

§2　模型策略

心理学研究表明，人的认知心理中具有把原有的知识、经验检索出来的能力. 西蒙(Simon)认为，这种情形“就好像在百科全书中，如果我们把索引找对的话，我们就能从索引找对那个内容. 因此专家把这一类的知识都存贮在百科全书中，即长时记忆中. 如果他很快认出来这个问题是属于哪一类的，那么他很快地就得出答案了”.

人们学过的数学概念、公式、定理、法则、性质、原理、图形、方法等知识以及各类问题及其解题规律，都会不同程度地保留在记忆之中，我们称为模型或模式. 解数学题时，最基本的策略就是辨别题目的类型，把题目与已掌握的数学模型进行比较，以便与已有经验知识发生联系，这就是模型策略，或称为模式辨认. 如果题目与已掌握的某

种模型能够对应起来,解法也就自然有了.

其实,模型策略(模式辨认)本质上是试图直接应用基础知识、基本技能和基本方法解题的一种自觉性,有了这种自觉性,假如能够正确识别模式,便可迅速缩小搜索的范围,向作出解答迈出了决定性的一步,同时也减小了思维的强度和负荷. 但是,一个题目能否通过模型策略加以解决,这取决于题目本身和解题者已有模型的丰富程度,这正是模型策略的二重性确定的相对性. 所以,已有模型、解题经验知识的积累显得必要又重要.

例 1　证明:函数 $f(x)=x^3-1$ 在 $(-\infty,0)$ 内是增函数.

分析　判断函数的增减性是较为熟悉的基本技能,其基本方法(模型)为:

令 $x_1<x_2$,且使 x_1,x_2 在给定区间 D 内,推导 $f(x_1)-f(x_2)<0$,则 $f(x)$ 在 D 内是增函数.

在推导 $f(x_1)-f(x_2)<0$ 时,可能又要用到其他模型,如本题要用到模型:

$$\left.\begin{array}{l} x_1^3-x_2^3=(x_1-x_2)(x_1^2+x_1x_2+x_2^2),\\ x_1-x_2<0,\\ x_1^2+x_1x_2+x_2^2>0, \end{array}\right\}\Rightarrow x_1^3-x_2^3<0.$$

此题直接运用已有模型即可.

例 2　聪明的一休在 9 点到 10 点之间开始解一道数学题,当时的钟面时针与分针正好成一条直线. 当他解完这道题时,时针与分针又恰好重合. 问一休解这道题至少用了多少时间?

分析　通过模式识别,这是一道钟面上的行程问题,更具体为追及问题. 从分针与时针成一条直线到重合,可以看成分针追赶时针的问题. 钟面上的行程问题的特点是:两针转动的速度及距离都是以角度来表示的. 两针成一条直线就是两针夹角是平角,即两针相差 $180°$,两针重合就是夹角是 $0°$,即分针赶上了时针.

分针与时针每分钟减少差距 $6°-0.5°=5.5°$,由公式

$$\text{钟面上的追及时间}=\text{差距(度)}\div 5.5°$$

$$(\text{追及时间}=\text{追及距离}\div\text{速度差}),$$

得至少用了

$$180°\div 5.5°=32\frac{8}{11}\text{min}.$$

例 3　在 $\triangle ABC$ 中,$A(3,4)$,$B(5,6)$,$C(4,8)$,求以 BC 为一条准线,$\triangle ABC$ 的重心为相应的焦点,离心率是方程 $2x^2-5x+2=0$ 的根的椭圆方程.

分析　求椭圆方程,把条件与椭圆的第二种定义相比较,一条准线及相应的焦点已给定,准线方程和焦点坐标可知,离心率也可知,就可完全套用椭圆定义写出椭圆方程来.

模型策略(或模式识别)是最基本的一种策略,解题者接触问题并弄清题意后,首先应该考虑的就是模型策略,它类似于我们平时所说的"熟悉化原则",也类似于上一章讲过的"迹线平移". 波利亚"怎样解题表"中的提示语:"你以前见过它吗? 你是否

见过相同的问题而形式稍有不同？你是否知道与此有关的问题？你是否知道一个能用得上的定理？看着未知数！试想出一个具有相同未知数或相似未知数的熟悉的问题．这里有一个与你现在的问题有关，且早已解决的问题．”表明波利亚强调模型策略的重要意义．

§3 化归转化策略

当我们面对的数学题不能用已知模型加以解决时，就会考虑其他意义上的解题策略，其中首要的一个是化归转化策略．化繁为简、化生为熟、化新为旧、化未知为已知，这是人类认知的基本规律．

化，就是变化、转化、变换原问题；归，说的是变化、转化、变换原问题是有目的、有方向的，其目的就是变化出一个已知数学模型，通过变化使面临的问题转化为自己会解决的问题．

化归转化策略的基本过程如图 8－1 所示．

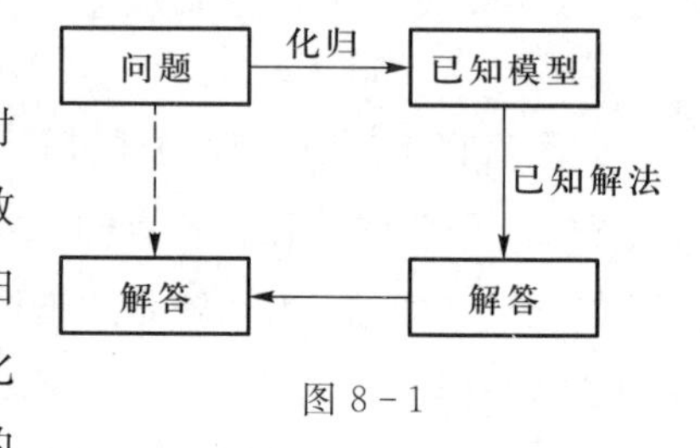

图 8－1

化归转化策略涉及三个基本要素，即化归的对象、目标和方法．化归的对象就是我们所面临的数学问题，化归的目标就是某一已知数学模型，化归的方法就是数学思想方法．在化归一个问题时，化归的目标和方法对我们来说都是待定的，而化归的对象即问题本身也可以从不同的角度考虑，所以，要实现一个成功的化归，有时还是有一定困难的．

例 1 设函数 $f(x)=ax^5+bx^3+x+5$，$x\in(-\infty,+\infty)$，若 $f(-3)=7$，求 $f(3)$．

分析 求函数值 $f(3)$，首先想到的是求函数值的已知模型：函数给定，代入求值．由于条件中函数 $f(x)$ 并未具体给定，故而此路不通．接着，想到能否先确定字母系数 a，b，把问题仍化归为上述已知模型，可是条件又不够．

两度受挫，回头来再深入地理解一下题意，并注意其中的所有细节，就会发现已知函数值 $f(-3)=7$ 和待求函数值 $f(3)$ 的自变量取值的微妙联系——互为相反数．据此，联想到函数 $f(x)$ 的奇偶性，从而作出如下化归：

引入一个奇函数 $g(x)=f(x)-5=ax^5+bx^3+x$．因为

$$g(-3)=f(-3)-5=7-5=2,$$

$$g(3)=-g(-3)=-2,$$

所以 $f(3)=g(3)+5=-2+5=3$．

这里，化归的目标是奇函数 $g(x)$，化归方法是把函数 $f(x)$ 进行了适当的分解，化归目标、方法的确定的最直接诱因是已知函数值 $f(-3)$ 与待求函数值 $f(3)$ 自变量的值恰互为相反数这一特征．

例 2　已知函数 $y=f(x)$ 的定义域为区间 $[0,1]$，求函数 $y=f(x+a)+f(x-a)$ $(a>0)$ 的定义域.

分析　由 $y=f(x)$ 的定义域是区间 $[0,1]$，容易求出 $f(x+a)$，$f(x-a)$ 的定义域区间：

由 $0\leqslant x+a\leqslant 1$ 得 $-a\leqslant x\leqslant 1-a$；由 $0\leqslant x-a\leqslant 1$ 得 $a\leqslant x\leqslant 1+a$. 可知，$f(x+a)$ 的定义域区间为 $[-a,1-a]$，$f(x-a)$ 的定义域区间为 $[a,1+a]$.

于是 $y=f(x+a)+f(x-a)$ 的定义域应取上述两个区间的公共部分，即问题化归为求两个区间 $[-a,1-a]$ 和 $[a,1+a]$ 的公共部分.

已知 $a>0$，两个区间有无公共部分取决于 $1-a$ 和 a 这两个数的大小.

当 $1-a<a$，即 $a>\frac{1}{2}$ 时，两个区间无公共部分. 所以当 $a>\frac{1}{2}$ 时，$y=f(x+a)+f(x-a)$ 的定义域为 $\varnothing$.

当 $1-a\geqslant a$，即 $0<a\leqslant\frac{1}{2}$ 时，两个区间的公共部分为 $[a,1-a]$. 所以当 $0<a\leqslant\frac{1}{2}$ 时，$y=f(x+a)+f(x-a)$ 的定义域为 $[a,1-a]$.

上述分析过程即是将求函数 $y=f(x+a)+f(x-a)(a>0)$ 的定义域，化归为求区间 $[-a,1-a]$ 和 $[a,1+a]$ 的公共部分，进而又化归为解两个不等式

$$1-a<a \text{ 和 } 1-a\geqslant a.$$

例 3　已知 $x\geqslant 0$，$y\geqslant 0$，且 $x+\frac{1}{2}y=1$，求 x^2+y^2 的最大值、最小值.

分析　本题是二元函数求最值，可以化归为一元函数，也可以通过数形互化，化归为几何距离问题.

解法 1　由已知有 $y=2-2x$，设

$$\begin{aligned}u&=x^2+y^2=x^2+(2-2x)^2\\&=5x^2-8x+4=5\left(x-\frac{4}{5}\right)^2+\frac{4}{5}.\end{aligned}$$

因为 $y\geqslant 0$，所以 $2-2x\geqslant 0$，即 $0\leqslant x\leqslant 1$. 故函数

$$u=5\left(x-\frac{4}{5}\right)^2+\frac{4}{5}$$

的定义域是 $[0,1]$. 当 $x=\frac{4}{5}$ 时，函数 $u=x^2+y^2$ 有最小值 $\frac{4}{5}$. 因为 $x=0$ 和 $x=1$ 时，函数值分别是 4 和 1，所以当 $x=0$ 时，函数 $u=x^2+y^2$ 有最大值 4.

解法 2　在直角坐标系中画出直线 l：$x+\frac{1}{2}y=1$，如图 8-2 所示.

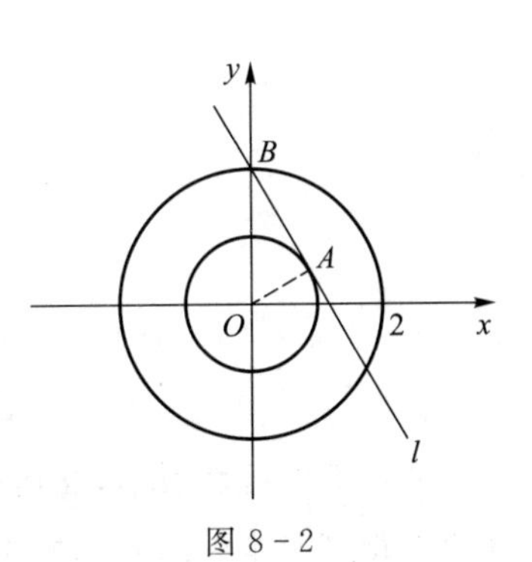

图 8-2

设 $x^2+y^2=R^2(R>0)$，它表示以原点 O 为圆心，以参数 R 为半径的同心圆系. 在已知条件下求 x^2+y^2 的最小值，就是求与直线 l 相切的圆的半径 OA 的平方. 因为

$$|OA|=\frac{|-1|}{\sqrt{1+\left(\frac{1}{2}\right)^2}}=\frac{2}{\sqrt{5}},$$

所以 x^2+y^2 的最小值是 $\frac{4}{5}$.

x^2+y^2 的最大值，就是过点 $B(0,2)$ 的圆的半径 OB 的平方. 因为 $|OB|=2$，所以，x^2+y^2 的最大值是 4.

例 4　若 $a>0,b>0,c>0$，且 $a+b=c$，求证：当 $\alpha>1$ 时，$a^\alpha+b^\alpha<c^\alpha$；当 $\alpha<1$ 时，$a^\alpha+b^\alpha>c^\alpha$.

证　由 $a+b=c$ 得出

$$\frac{a}{c}+\frac{b}{c}=1.$$

因为，$a+b=c$ 且 a,b,c 均为正数，所以，$c>a,c>b$. 从而 $0<\frac{a}{c}<1,0<\frac{b}{c}<1$.

由指数函数的单调性，当 $\alpha>1$ 时，

$$\left(\frac{a}{c}\right)^\alpha+\left(\frac{b}{c}\right)^\alpha<\frac{a}{c}+\frac{b}{c}=1,\quad 即\quad a^\alpha+b^\alpha<c^\alpha;$$

当 $\alpha<1$ 时，

$$\left(\frac{a}{c}\right)^\alpha+\left(\frac{b}{c}\right)^\alpha>\frac{a}{c}+\frac{b}{c}=1,\quad 即\quad a^\alpha+b^\alpha>c^\alpha.$$

例 4 的不等式证明被化归为指数函数 $y=a^x(0<a<1)$ 是减函数.

例 5　设 $n>1,n\in\mathbf{N}$，求证：$\mathrm{C}_n^1+\mathrm{C}_n^2+\cdots+\mathrm{C}_n^n>n\cdot 2^{\frac{n-1}{2}}$.

证　因为 $\mathrm{C}_n^1+\mathrm{C}_n^2+\cdots+\mathrm{C}_n^n=2^n-1$，所以，只需证：$2^n-1>n\cdot 2^{\frac{n-1}{2}}$.由于

$$\left(\frac{1+2+2^2+\cdots+2^{n-1}}{n}\right)^n>1\cdot 2\cdot 2^2\cdot\cdots\cdot 2^{n-1},$$

从而

$$\left(\frac{2^n-1}{n}\right)^n>2^{\frac{n(n-1)}{2}},$$

故

$$\frac{2^n-1}{n}>2^{\frac{n-1}{2}},$$

即 $2^n-1>n\cdot 2^{\frac{n-1}{2}}$. 所以

$$\mathrm{C}_n^1+\mathrm{C}_n^2+\cdots+\mathrm{C}_n^n>n\cdot 2^{\frac{n-1}{2}}.$$

从例 5 的证明看出，在运用化归转化策略时，化归的目标常常是在转化的过程中才逐渐得到确定的. 所以，重要的是在面对数学问题时要有自觉地转化、变更原问题

的意识. 有效的化归通常需要考虑以下情况：

(1) 变化已知条件. 已知条件经常含有丰富的内容，发掘其隐含因素，使已知条件朝着明朗实用的方向转化，有益于化归.

(2) 变化问题结论. 有些数学题的结论，常常给分析解题思路造成困难，若改变成另一问法，或另一表示形式，或另一侧面、另一角度，便有利于完成化归.

(3) 变化命题的形式. 如变为原命题的等价命题，以便使求解目标变得较为简单、明朗，用反证法.

(4) 数形互化.

(5) 换元.

(6) 化立体几何问题为平面几何问题，化高维为低维.

(7) 变化为其他学科的问题来解.

(8) 分解与组合. 许多综合题都是一些简单题和常规题的组合，解这类题成败的关键在于能否把用于组成它的那些小题分解出来.

§4　归纳策略

我们知道，许多数学命题都是在归纳的基础上概括形成的一般结论，可是，当我们面对一个一般性的普遍命题，或研究某一对象集的共同性质时，由于没有从具体到抽象、从个别到一般的归纳过程作铺垫，往往造成数学解题的困难. 这种情况下，我们常用的解题策略是归纳，或称为以退求进策略、特殊化策略，就是还原或补上从具体到抽象、从个别到一般这一归纳过程. 先研究几个个别的、较为具体的对象，先分析几种简单、特殊的情况，以从中发现解决问题的途径. 归纳策略是一种从特殊到一般的考察对象、研究探索问题的思想，它符合人类认知的基本规律，也是数学研究和发现的重要方法.

华罗庚教授说过，解题时先足够地退，退到我们所最容易看清楚问题的地方，认透了、钻深了，然后再上去. 他认为，善于退，足够地退，退到原始而不失去重要的地方，这是学好数学的一个诀窍.

例 1　如果正整数 $N(N>1)$ 的正约数的个数是奇数，求证：N 是完全平方数.

分析　此题的证明思路一时不易看出，我们退一步先考察几个具体的正整数，看看是否能有所启发.

通过表 8-1 容易发现，非完全平方数的正约数的个数是偶数，且距列表首末两端等距离的两个正约数的乘积为 N，如

$$12=1\times 12=2\times 6=3\times 4.$$

而完全平方数的正约数的个数是奇数，除了距列表首末两端等距离的两个正约数的乘积为 N 之外，中间还剩下一个正约数，如

$$36=1\times 36=2\times 18=3\times 12=6^2.$$

表 8-1　正整数 N 的正约数

N	N 的正约数	正约数个数	是否为平方数
2	1,2	2	否
3	1,3	2	否
4	1,2,4	3	是
5	1,5	2	否
6	1,2,3,6	4	否
9	1,3,9	3	是
12	1,2,3,4,6,12	6	否
16	1,2,4,8,16	5	是
25	1,5,25	3	是
36	1,2,3,6,12,18,36	7	是

据此,我们便可给出一个一般性证法.

证　设 a_i 为 N 的正约数,则 $\frac{N}{a_i}$ 必为 N 的正约数,如果 $a_i \neq \sqrt{N}$,则 $a_i \neq \frac{N}{a_i}$. 现由已知 N 有奇数个正约数,这些正约数中凡是不等于 $\sqrt{N}$ 的 a_i 必有另一个不同的 $\frac{N}{a_i}$ 与之配对,即

$$a_i \cdot \frac{N}{a_i}=N \quad \left(a_i \neq \frac{N}{a_i}\right),$$

从而剩下的一个正约数必等于 $\sqrt{N}$,

所以,N 是完全平方数.

例 2　证明:当 $n>2$ 时,任意直角三角形的斜边长的 n 次幂大于直角边的 n 次幂之和(1908 年匈牙利数学竞赛题).

分析　当 $n=3$ 时,

$$c^3=c^2 \cdot c=(a^2+b^2)c=a^2c+b^2c>a^3+b^3;$$

当 $n=4$ 时,

$$c^4=c^2 \cdot c^2=(a^2+b^2)c^2=a^2c^2+b^2c^2>a^4+b^4.$$

这种变形对 n 具体值的依赖是非实质的,它提供了一般情况的解决方案:

$$\begin{aligned} c^n &=c^2c^{n-2}=(a^2+b^2)c^{n-2} \\ &=a^2c^{n-2}+b^2c^{n-2} \\ &>a^n+b^n. \end{aligned}$$

例 3　两个边长为 a 的正方形,其中一个正方形的顶点是另一个正方形的中心,求两个正方形重叠部分的面积.

分析　如图 8－3(a)所示，由于正方形 M'可以旋转，图形放置的任意性和不确定性，使我们可能一时看不出重叠面积的求法. 可以先退一步，在保持题设基本要求下考虑特殊情况（图 8－3(b)），这时，显然两个正方形 M 和 M''的重叠部分的面积是$\frac{1}{4}a^2$.

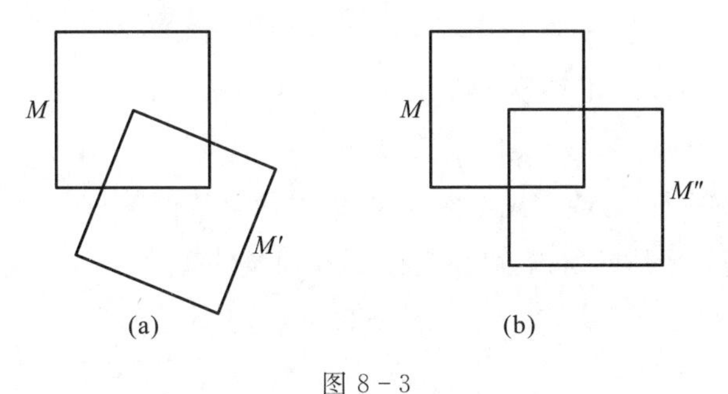

图 8－3

"退"的目的是为了"进"，现在将图 8－3(a)和(b)两种状态作一比较，容易得出两种求法：

① 因为将正方形 M''旋转到 M'位置后，转过的两个直角三角形全等，所以，一般位置下的 M 和 M'的重叠部分面积仍为$\frac{1}{4}a^2$.

② 图 8－3(b)这一特殊位置下的求解，表明过正方形 M 的中心的两条垂直直线将 M 分成完全相同的四部分，那么这两条垂直直线绕着中心旋转到任一状态时结论仍然成立.

例 4　设 a,b,c 均为正数，求证：

$$a^n+b^n+c^n\geqslant a^pb^qc^r+a^rb^pc^q+a^qb^rc^p,$$

其中 $n\in\mathbf{N}$，p,q,r 为非负整数，$p+q+r=n$.

分析　此题的证明思路并不显然，比较难以下手. 退一步，先考虑 $p=2,q=1,r=0$ 的特殊情况，这时所证不等式为 $a^3+b^3+c^3\geqslant a^2b+b^2c+c^2a$.

由于

$$\frac{2a^3+b^3}{3}\geqslant\sqrt[3]{a^3a^3b^3}=a^2b,$$

同理

$$\frac{2b^3+c^3}{3}\geqslant b^2c,\quad \frac{2c^3+a^3}{3}\geqslant c^2a,$$

三式相加，得

$$a^3+b^3+c^3\geqslant a^2b+b^2c+c^2a.$$

仿效上面特例，得到如下思路：

$$\frac{pa^n+qb^n+rc^n}{n}\geqslant a^pb^qc^r,$$

$$\frac{ra^n+pb^n+qc^n}{n}\geqslant a^rb^pc^q,$$

$$\frac{qa^n+rb^n+pc^n}{n}\geqslant a^qb^rc^p,$$

三式相加得

$$a^n+b^n+c^n\geqslant a^pb^qc^r+a^rb^pc^q+a^qb^rc^p.$$

例 5　设 n 个($n\geqslant 2$)正整数 $x_1,x_2,\cdots,x_n$ 满足 $x_1+x_2+\cdots+x_n=x_1x_2\cdots x_n$，求 x_n 的最大值.

分析　直接解答难以入手，先考虑 $n=2$ 时的简单特例 $x_1+x_2=x_1x_2$. 易知 $x_1\neq 1$（否则有 $1+x_2=x_2$，矛盾），所以，可设 $x_1\geqslant 2$，从而条件变为

$$x_2(x_1-1)=x_1,$$

$$x_2=\frac{x_1}{x_1-1}=1+\frac{1}{x_1-1}\leqslant 2.$$

因此，当且仅当 $x_1=2$ 时，x_2 取最大值为 2.

再考虑一般性问题，不妨设 $n\geqslant 3$. 仿效上述解答，易知 $x_1,x_2,\cdots,x_{n-1}$ 不能都是 1（否则有 $n-1+x_n=x_n$，矛盾），设 $x_{n-1}\neq 1$，则 $x_{n-1}\geqslant 2$. 令 $Q=x_1x_2\cdots x_{n-2}$，则

$$\frac{x_i}{Q}\leqslant 1\quad(i=1,2,\cdots,n-2).$$

因此，将已知等式两边同除以 Q，得

$$x_{n-1}x_n\leqslant(n-2)+\frac{x_{n-1}}{Q}+\frac{x_n}{Q}\leqslant(n-2)+x_{n-1}+x_n,$$

当且仅当 $x_1=x_2=\cdots=x_{n-2}=1$ 时取等号. 由此得

$$x_n(x_{n-1}-1)\leqslant x_{n-1}+(n-2),$$

所以

$$x_n\leqslant\frac{x_{n-1}}{x_{n-1}-1}+\frac{n-2}{x_{n-1}-1}=\frac{x_{n-1}-1+n-1}{x_{n-1}-1}$$

$$=1+\frac{n-1}{x_{n-1}-1}\leqslant 1+(n-1)=n.$$

故当且仅当 $x_{n-1}=2$ 时，x_n 取最大值为 n.

例 6　过$\triangle ABC$ 的重心 G 作一条直线 l，把$\triangle ABC$ 分成两部分，求证：这两个部分的面积之差不大于$\triangle ABC$ 面积的九分之一.

分析　直线 l 的位置有任意性，解答似难入手. 不妨先考虑 l 平行底边 BC 的特例. 如图 8－4 所示，过点 G 作 BC 边的平行线交 AB,AC 分别交于点 E,F，则 $AE=\frac{2}{3}AB$，$AF=\frac{2}{3}AC$. 所以

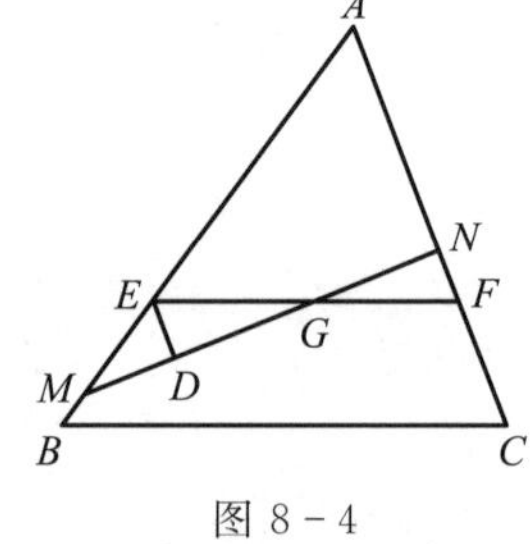

图 8－4

$$S_{\triangle AEF}=\frac{1}{2}AE\cdot AF\cdot\sin A=\frac{4}{9}S_{\triangle ABC},$$

从而

$$S_{EBCF}-S_{\triangle AEF}=\frac{5}{9}S_{\triangle ABC}-\frac{4}{9}S_{\triangle ABC}=\frac{1}{9}S_{\triangle ABC}.$$

再考虑一般情况，需证

$$S_{MBCN}-S_{\triangle AMN}\leqslant S_{EBCF}-S_{\triangle AEF},$$

而这并不难证. 事实上，作 $ED\parallel AC$，则$\triangle GED\cong\triangle GFN$，

$$S_{EBCF}-S_{MBCN}=S_{\triangle EMD},\quad S_{\triangle AMN}-S_{\triangle AEF}=S_{\triangle EMD},$$

$$S_{EBCF}-S_{MBCN}+S_{\triangle AMN}-S_{\triangle AEF}=2S_{\triangle EMD}>0.$$

所以，

$$S_{MBCN}-S_{\triangle AMN}\leqslant S_{EBCF}-S_{\triangle AEF}=\frac{1}{9}S_{\triangle ABC}.$$

归纳策略常见的情形有：从一般退到特殊，从复杂退到简单，从抽象退到具体，从全体退到部分，从较强的结论退到较弱的结论，从高维退到低维，退到保持特征的最简单情况. 由简单情况的解决，再归纳、概括、发现一般性. 相应的具体做法表现为取值、枚举、递推、极端化、试验、特殊化等.

§5　演绎策略

与归纳策略相反，有些数学题的具体情境、具体细节可能会掩盖更为一般化的普遍规律，从而不利于发现解题思路. 这时，我们可以把具体问题一般化，通过对整体性质或本质关系的考察，使原问题获得解决，这种策略称为演绎策略，即推进到一般. 归纳策略是先退后进，先树木后森林；演绎策略是先进后退，先森林后树木.

波利亚曾指出，要从考虑一个对象过渡到考虑包含该对象的一个集合，或者从考虑一个较小的集合过渡到考虑一个包含该较小集合的更大集合. 他还说：“雄心大的计划，成功的希望也较大. 这看起来矛盾，但从一个问题过渡到另一个，我们常常看到，新的雄心大的问题比原问题更容易掌握. 较多的问题可能比只有一个问题更容易回答. 较复杂的定理可能更容易证明，较普遍的问题可能更容易解决”. 希尔伯特也说过，在解决一个数学问题时，如果我们没有获得成功，原因常常在于我们没有认识到更一般的观点，即眼下要解决的问题不过是一连串有关问题的一个环节.

演绎策略的基本过程如图 8－5 所示.

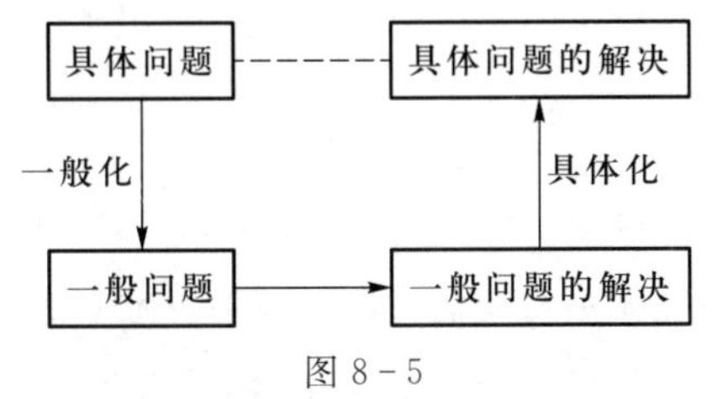

图 8－5

例 1　计算$\sqrt{31\times30\times29\times28+1}$.

分析　若直接计算，费时费力，现将其一

般化：被开方式可一般化为

$$\begin{aligned}&(k+1)\cdot k\cdot(k-1)\cdot(k-2)+1\qquad(k\in\mathbf{N})\\&=[(k+1)(k-2)][k(k-1)]+1\\&=(k^2-k-2)(k^2-k)+1\\&=(k^2-k)^2-2(k^2-k)+1\\&=(k^2-k-1)^2.\end{aligned}$$

令 $k=30$，得

$$\sqrt{31\times30\times29\times28+1}=30^2-30-1=869.$$

例 2　证明：$50^{99}>99!$.

分析　直接面对这个数字不等式，很难解决. 试将其数字一般化. 观察 50 与 99，不难想到关系 $\frac{99+1}{2}=50$，由此猜想是否成立下列关系式：

$$\left(\frac{n+1}{2}\right)^n>n!.$$

事实上，

$$\frac{1+2+3+\cdots+n}{n}>\sqrt[n]{1\cdot2\cdot3\cdot\cdots\cdot n}=\sqrt[n]{n!},$$

即

$$\left(\frac{n+1}{2}\right)^n>n!.$$

取 $n=99$，就有 $50^{99}>99!$.

例 3　比较 $\sqrt[3]{60}$ 与 $2+\sqrt[3]{7}$ 的大小.

分析　$2=\sqrt[3]{8}$，将数字一般化为字母，考虑函数

$$f(x)=\sqrt[3]{x}\quad(x>0).$$

因为 $f(x)$ 为凸函数，有

$$f(x_1)+f(x_2)\leqslant2f\left(\frac{x_1+x_2}{2}\right).$$

取 $x_1=7,x_2=8$，即得

$$\sqrt[3]{7}+\sqrt[3]{8}<2\sqrt[3]{\frac{7+8}{2}}=\sqrt[3]{60}.$$

故

$$2+\sqrt[3]{7}<\sqrt[3]{60}.$$

例 4　对于由四个数 1,9,8,8 所组成的一行数进行如下的操作：对每一对相邻的数都作一次减法，即右边的一个减去左边的一个，然后将所得的差写在两个数之间，如此算是完成了一次操作；然后再对这个由七个数字组成的新的一行进行同样的操作，

并一直如此下去，共操作100次，试求最后所得到的一行数的和.

分析　将最初的四个数字一般化，记作a，b，c，d，其和为S_0. 每操作一次，和数增加$d-a$，因此，操作n次后和为

$$S_n=S_0+n(d-a).$$

取$n=100$，$d=8$，$a=1$，$S_0=1+9+8+8=26$，得

$$S_{100}=26+100(8-1)=726.$$

所以最后得到的一行数的和是726.

例5　求$S_n=C_n^0-C_n^2+C_n^4-C_n^6+\cdots$.

分析　先考虑比S_n更全面的一个和式：

$$\begin{aligned}&C_n^0+C_n^1\mathrm{i}+C_n^2\mathrm{i}^2+\cdots+C_n^n\mathrm{i}^n\\&=(1+\mathrm{i})^n\\&=\left[\sqrt{2}\left(\cos\frac{\pi}{4}+\mathrm{i}\sin\frac{\pi}{4}\right)\right]^n\\&=2^{\frac{n}{2}}\left(\cos\frac{n\pi}{4}+\mathrm{i}\sin\frac{n\pi}{4}\right).\end{aligned}$$

而

$$\begin{aligned}&C_n^0+C_n^1\mathrm{i}+C_n^2\mathrm{i}^2+\cdots+C_n^n\mathrm{i}^n\\&=(C_n^0-C_n^2+C_n^4-C_n^6+\cdots)+(C_n^1-C_n^3+C_n^5-C_n^7+\cdots)\mathrm{i},\end{aligned}$$

由复数相等的意义，得

$$S_n=2^{\frac{n}{2}}\cos\frac{n\pi}{4}.$$

例6　平面上有100个圆，其中每两个圆都相交于两点，且任何三个圆都不相交于同一点，问这些圆把平面分成多少个部分？

分析　把问题推进到一般情形，设平面上有n个圆，这n个圆把平面分成$F(n)$个部分，现推导递推关系.

假若平面上已有$n-1$个圆，在此基础上再增加一个圆，则这第n个圆与原有的$n-1$个圆必有$2(n-1)$个交点，也就是说，第n个圆的圆周被这些交点分成$2(n-1)$段弧. 于是增加第n个圆后，平面被这些圆分成的部分多了$2(n-1)$个，这样，就得到递推关系

$$F(n)=F(n-1)+2(n-1).$$

因为

$$\begin{aligned}F(1)&=2,\\F(2)&=F(1)+2\times1,\\F(3)&=F(2)+2\times2,\\&\cdots,\end{aligned}$$

$$F(n-1)=F(n-2)+2(n-2),$$

$$F(n)=F(n-1)+2(n-1),$$

将上面 n 个式子相加，得

$$\begin{aligned}F(n)&=2+2[1+2+\cdots+(n-1)]\\&=2+n(n-1)=n^2-n+2.\end{aligned}$$

取 $n=100$，即得 $F(100)=9\ 902$.

例 7　求和 $\sum\limits_{k=1}^{n}\dfrac{k^2}{2^k}$.

分析　将离散问题一般化为连续问题，设 $f(x)=\sum\limits_{k=1}^{n}k^2x^k$. 对

$$\sum_{k=0}^{n}x^k=\frac{1-x^{n+1}}{1-x}\quad(x\neq 1)$$

两边求导，

$$\sum_{k=1}^{n}kx^{k-1}=\frac{1-(n+1)x^n+nx^{n+1}}{(1-x)^2},$$

两边乘 x 后再求导，得

$$\sum_{k=1}^{n}k^2x^{k-1}=\frac{(1+x)-x^n(nx-n-1)^2-x^{n+1}}{(1-x)^3},$$

从而

$$f(x)=\frac{x(1+x)-x^{n+1}(nx-n-1)^2-x^{n+2}}{(1-x)^3}.$$

令 $x=\dfrac{1}{2}$，得

$$f\left(\frac{1}{2}\right)=\sum_{k=1}^{n}\frac{k^2}{2^k}=6-\frac{n^2+4n+6}{2^n}.$$

例 8　2020 个点分布在一个圆的圆周上，每个点标上 $+1$ 或 -1，一个点称为“好点”，如果从这点开始，依任一方向绕圆周前进到任何一点时，所经过的各数的和都是正数. 证明：如果标有 -1 的点不多于 673 个，则圆周上至少有一个好点.

分析　此题说明标有 -1 的点足够少时，“好点”一定存在. 可是数量上 2020 与 673 的关系不清楚. 将问题一般化，673 一般化为 n，2020 一般化为 $3n+1$，标 -1 的点不超过总数的 $\dfrac{1}{3}$. 此时，先证明更一般的结论：在 $3n+1$ 个点中有 n 个标 -1 的点时，好点一定存在.

当 $n=1$ 时显然成立. 假设 $n=k$ 时命题成立，对 $n=k+1$，我们任取一个标 -1 的点 A，在它的两边各有一个距它最近且标 $+1$ 的点 B，C，将这 3 个点一起去掉. 在剩下的 $3k+1$ 个点中有 k 个 -1，由归纳假设知必有一个好点 P 存在. 现在再将 A，B，C 三点放回原处，因为点 P 标的是 $+1$，而且在前进中一定是先遇到添回的标 $+1$ 的点 B

或 C，然后才遇到添回的标 -1 的点 A，故点 P 仍是好点．

§6　类比策略

类比是一种间接推理的方法，也是一种科学研究的方法. 类比是通过观察两类不同对象 A，B 间的某些属性的相似性，而从 A 具有某种其他属性便猜想 B 也有这种属性. 可见，类比是提出新问题和获得新发现的一条重要途径.

由于类比的逻辑根据是不充分的，所以由类比所得到的结果具有或然性，还有待于严格证明. 尽管如此，但它仍然不失为一种重要的解题策略. 正如康德(Kant)所说："每当理智缺乏可靠论证的思路时，相似思考往往能指引我们前进."著名科学家贝弗里奇(Beveridge)也说过，"独创常常在于发现两个或两个以上研究对象或设想之间的联系相似之点". 波利亚说得更形象："类比是一个伟大的引路人".

在数学解题过程中，常常需要借助类比，因为在将陌生对象和熟悉对象、未知规律和已知规律相互类比之后，往往能达到启发思路、举一反三的效果，实现认知结构的迁移. 通常采用的类比有规律类比、数形类比、形式类比等.

例 1　如图 8-6 所示，四面体 $V-ABC$ 中，VA，VB，VC 两两互相垂直，求证：

$$S^2_{\triangle ABC}=S^2_{\triangle VAB}+S^2_{\triangle VBC}+S^2_{\triangle VCA}.$$

分析　四面体是最简单的多面体，三角形是最简单的多边形，由它们之间的这种相似性出发，由立体图形类比到平面图形，再由平面图形的证明类比到立体图形的证明.

图 8-6 类比到图 8-7，四面体 $V-ABC$ 中所求证的结论，类比为直角三角形中的勾股定理. 进而，类比证明方法.

在图 8-7 中，过点 C 作 $CD\perp AB$，点 D 为垂足，则

$$\begin{aligned}AC^2+BC^2&=AD\cdot AB+BD\cdot AB\\&=AB\cdot(AD+BD)=AB^2.\end{aligned}$$

于是，可类比得本题的证明方法：

如图 8-6 所示，过 V 作截面 $VAD\perp BC$，则截面 $VAD\perp$ 面 ABC.

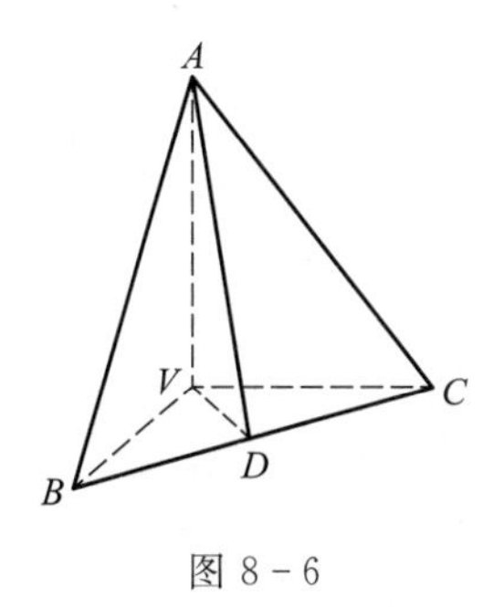

图 8-6

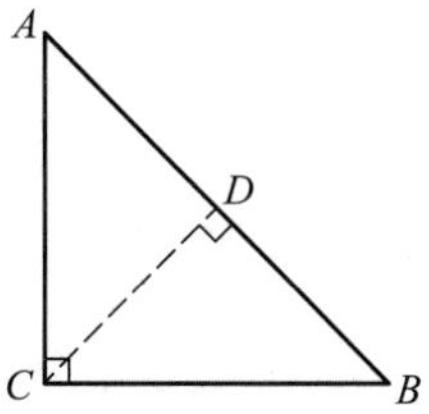

图 8-7

$$
\begin{aligned}
&S_{\triangle VAB}^2+S_{\triangle VBC}^2+S_{\triangle VCA}^2\\
=&\left(\frac{1}{2}VA\cdot VB\right)^2+\left(\frac{1}{2}VB\cdot VC\right)^2+\left(\frac{1}{2}VA\cdot VC\right)^2\\
=&\frac{1}{4}[VA^2(VB^2+VC^2)+VD^2\cdot BC^2]\\
=&\frac{1}{4}(VA^2\cdot BC^2+VD^2\cdot BC^2)\\
=&\frac{1}{4}BC^2\cdot(VA^2+VD^2)\\
=&\frac{1}{4}BC^2\cdot AD^2=S_{\triangle ABC}^2.
\end{aligned}
$$

例 2　计算

$$
\begin{aligned}
D=&\sin(\alpha_1+\alpha_1)\sin(\alpha_2+\alpha_2)\sin(\alpha_3+\alpha_3)+\\
&\sin(\alpha_1+\alpha_2)\sin(\alpha_2+\alpha_3)\sin(\alpha_3+\alpha_1)+\\
&\sin(\alpha_1+\alpha_3)\sin(\alpha_3+\alpha_2)\sin(\alpha_2+\alpha_1)-\\
&\sin(\alpha_2+\alpha_1)\sin(\alpha_3+\alpha_3)\sin(\alpha_1+\alpha_2)-\\
&\sin(\alpha_2+\alpha_3)\sin(\alpha_3+\alpha_2)\sin(\alpha_1+\alpha_1)-\\
&\sin(\alpha_3+\alpha_1)\sin(\alpha_1+\alpha_3)\sin(\alpha_2+\alpha_2).
\end{aligned}
$$

解　由求解式的构成特点、规律类比到三阶行列式. 从而

$$
\begin{aligned}
D=&\begin{vmatrix}\sin(\alpha_1+\alpha_1) & \sin(\alpha_1+\alpha_2) & \sin(\alpha_1+\alpha_3)\\ \sin(\alpha_2+\alpha_1) & \sin(\alpha_2+\alpha_2) & \sin(\alpha_2+\alpha_3)\\ \sin(\alpha_3+\alpha_1) & \sin(\alpha_3+\alpha_2) & \sin(\alpha_3+\alpha_3)\end{vmatrix}\\
=&\begin{vmatrix}\sin\alpha_1 & \cos\alpha_1 & 0\\ \sin\alpha_2 & \cos\alpha_2 & 0\\ \sin\alpha_3 & \cos\alpha_3 & 0\end{vmatrix}\cdot\begin{vmatrix}\cos\alpha_1 & \cos\alpha_2 & \cos\alpha_3\\ \sin\alpha_1 & \sin\alpha_2 & \sin\alpha_3\\ 0 & 0 & 0\end{vmatrix}\\
=&0.
\end{aligned}
$$

例 3　解方程组$(1-x_k^2)x_{k+1}=2x_k(k=1,2,\cdots,n)$且$x_{n+1}=x_1$.

解　此题用常规方法难以解出. 将已知的方程组变为

$$x_{k+1}=\frac{2x_k}{1-x_k^2}\quad(k=1,2,\cdots,n),$$

由此类比二倍角的正切公式

$$\tan 2\theta=\frac{2\tan\theta}{1-\tan^2\theta},$$

从而令$x_1=\tan\theta,\theta\in\left(-\frac{\pi}{2},\frac{\pi}{2}\right)$,则$x_2=\tan 2\theta$,所以,

$$x_k=\tan 2^{k-1}\theta\quad(k=1,2,\cdots,n+1).$$

又因为 $x_{n+1}=x_1$，所以 $\tan 2^n\theta=\tan\theta$，由此得

$$2^n\theta=m\pi+\theta,\ \theta=\frac{m\pi}{2^n-1}\quad\left(m\in\mathbf{Z},\theta\in\left(-\frac{\pi}{2},\frac{\pi}{2}\right)\right),$$

故原方程组的解为

$$x_k=\tan\frac{2^{k-1}\cdot m\pi}{2^n-1},\quad m\in\mathbf{Z},k=1,2,\cdots,n+1.$$

例 4　已知 P 为 $\triangle ABC$ 内一点，$BC=a$，$CA=b$，$AB=c$，点 P 到 $\triangle ABC$ 的三边 BC，CA，AB 的距离分别为 d_1，d_2，d_3. 求证：$\frac{a}{d_1}+\frac{b}{d_2}+\frac{c}{d_3}\geqslant\frac{(a+b+c)^2}{2S_{\triangle ABC}}$（第 22 届 IMO 试题）.

分析　由题设条件易知 $2S_{\triangle ABC}=ad_1+bd_2+cd_3$，所证不等式即证

$$\left(\frac{a}{d_1}+\frac{b}{d_2}+\frac{c}{d_3}\right)(ad_1+bd_2+cd_3)\geqslant(a+b+c)^2.$$

而由这一不等式的特点联想到柯西不等式. 事实上，由柯西不等式

$$\sum_{i=1}^{n}a_i\cdot\sum_{i=1}^{n}b_i\geqslant\left(\sum_{i=1}^{n}\sqrt{a_ib_i}\right)^2,$$

立即知上面的不等式成立.

例 5　已知 $\frac{\cos^4\alpha}{\cos^2\beta}+\frac{\sin^4\alpha}{\sin^2\beta}=1$，求证：$\frac{\cos^4\beta}{\cos^2\alpha}+\frac{\sin^4\beta}{\sin^2\alpha}=1$.

分析　已知条件类比到椭圆方程. 条件表明点 $P(\cos^2\alpha,\sin^2\alpha)$，$Q(\cos^2\beta,\sin^2\beta)$ 都在椭圆

$$\frac{x^2}{\cos^2\beta}+\frac{y^2}{\sin^2\beta}=1$$

上. 过点 Q 的椭圆的切线方程为 $x+y=1$，而点 P 又在切线 $x+y=1$ 上，由切点的唯一性可知，点 P 与 Q 重合. 故 $\cos^2\alpha=\cos^2\beta$，$\sin^2\alpha=\sin^2\beta$. 所以

$$\frac{\cos^4\beta}{\cos^2\alpha}+\frac{\sin^4\beta}{\sin^2\alpha}=\cos^2\beta+\sin^2\beta=1.$$

例 6　已知 a，b，c 为三个互不相等的实数，且

$$c(x-y)+a(y-z)+b(z-x)=0,$$

求证：

$$\frac{x-y}{a-b}=\frac{y-z}{b-c}=\frac{z-x}{c-a}.$$

分析　将已知等式的左边展开，联想到三阶行列式，所以，经类比，条件表明

$$\begin{vmatrix}a&x&1\\b&y&1\\c&z&1\end{vmatrix}=0.$$

故 $A(a,x)$,$B(b,y)$,$C(c,z)$三点共线. 所以,

$$k_{BA}=k_{CB}=k_{AC},$$

即

$$\frac{x-y}{a-b}=\frac{y-z}{b-c}=\frac{z-x}{c-a}.$$

例 7 求满足方程组

$$\begin{cases}y=4x^3-3x,\\z=4y^3-3y,\\x=4z^3-3z\end{cases}$$

的实数组(x,y,z)(北京市 IMO 集训班试题,1990).

分析 由每个方程的形式联想三倍角的余弦公式,故有三角法.

解 首先证明 $|x|\leqslant1$. 若 $|x|>1$,则由 $y=x(4x^2-3)$ 推出 $|y|>|x|$.同理 $|z|>|y|$,$|x|>|z|$,矛盾. 因此,设 $x=\cos\theta$,$0\leqslant\theta\leqslant\pi$,则

$$y=4\cos^3\theta-3\cos\theta=\cos3\theta,\quad z=\cos9\theta,\quad x=\cos27\theta.$$

所以 θ 是方程 $\cos\theta-\cos27\theta=0$ 的解,即 θ 满足 $\sin13\theta\sin14\theta=0$. 因此,$\theta$ 在$[0,\pi]$上有 27 个解,即

$$\theta=\frac{k\pi}{13},\quad k=0,1,2,\cdots,13,$$

$$\theta=\frac{k\pi}{14},\quad k=1,2,\cdots,13.$$

所以$(x,y,z)=(\cos\theta,\cos3\theta,\cos9\theta)$,其中 $\theta=\frac{k\pi}{13}$ 或 $\frac{k\pi}{14}$,$k=0,1,2,\cdots,13$.

§7 数形结合策略

数量关系和空间形式是初等数学研究的对象,因而数形结合是一种极富数学特点的信息转换. 许多数量关系方面的抽象概念和解析式,若赋之以几何意义,往往变得非常直观形象,并使一些关系明朗化、简单化;而一些图形的性质,又可以赋予数量意义,寻找恰当表达问题的数量关系式,即可使几何问题代数化,以数助形,用代数的方法使问题得到解决. 这种将数与形融为一体考虑问题的策略称为数形结合策略,其实质是将抽象的数学语言与直观图形结合起来,使抽象思维与形象思维结合起来,发挥数与形两种信息的转换及其优势互补与整合的作用.

关于数形结合,华罗庚教授评价说:

数与形,本是相倚依,焉能分作两边飞;

数无形时少直觉,形少数时难入微;

数形结合百般好，隔离分家万事休；

切莫忘，几何代数流一体，永远联系切莫分离.

实现数形结合，主要通过三种途径：坐标联系、审视联系、构造联系. 坐标联系即通过建立直角坐标系、极坐标系和复平面，达到数形互化；审视联系即用几何的眼光体察分析数式，比如，将 $a>0$ 与距离互化，将 a^2 或 $ab(a>0,b>0)$ 与面积互化，将 $\sqrt{a^2+b^2}$ 与勾股定理沟通，将

$$a^2+b^2+ab=a^2+b^2-2ab\cos\theta\quad(\theta=120°)$$

与余弦定理沟通，将 $|a-b|<c$ 与三角形三边沟通，将代数式 $am+bn+c=0$ 与点 (m,n) 在直线 $ax+by+c=0$ 上沟通，等等；构造联系即通过构造几何模型、函数、图像等达到数形互化.

值得注意的是，代数性质与几何性质的转换应该是等价的，否则利用数形结合解题就会出现漏洞.

由形到数的互化在数学上使用得较多，我们也比较习惯了. 这里主要举例说明由数到形的互化.

例 1　求二元函数 $f(u,v)=(u-v)^2+\left(\sqrt{2-u^2}-\dfrac{9}{v}\right)^2$ 的最小值(1983 年美国普特南(Putnam)大学生数学竞赛题).

分析　如图 8-8 所示，$f(u,v)$ 的表达式是两点 $P(u,\sqrt{2-u^2})$，$Q\left(v,\dfrac{9}{v}\right)$ 之间距离的平方，且

$$u^2+(\sqrt{2-u^2})^2=2,\quad v\cdot\frac{9}{v}=9.$$

所以，P，Q 分别是圆 $x^2+y^2=2$ 与双曲线 $xy=9$ 上的点.

易知 $|PQ|_{\min}=\sqrt{8}$，所以

$$f(u,v)_{\min}=8.$$

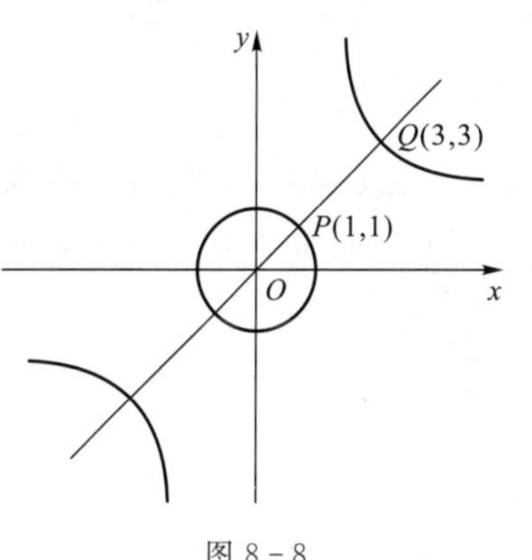

图 8-8

例 2　已知 $x\in\mathbf{R}$，确定 $\sqrt{x^2+x+1}-\sqrt{x^2-x+1}$ 的所有可能的值(1978 年罗马尼亚数学竞赛决赛试题).

分析　这是确定两个非负变数的差的范围，而且它们都表示为某个二次算术根，没有直接判断的方法，可以考虑数形互化.

因为

$$\sqrt{x^2+x+1}=\sqrt{\left(x+\frac{1}{2}\right)^2+\left(\frac{\sqrt{3}}{2}\right)^2},$$

$$\sqrt{x^2-x+1}=\sqrt{\left(x-\frac{1}{2}\right)^2+\left(\frac{\sqrt{3}}{2}\right)^2},$$

所以问题可转化为三点 $A(x,0)$，$B\left(-\frac{1}{2},\frac{\sqrt{3}}{2}\right)$ 和 $C\left(\frac{1}{2},\frac{\sqrt{3}}{2}\right)$ 间的距离关系，即确定 $|AB|-|AC|$ 的值的范围. 此时连接 BC 已势在必行，如图 8-9 所示.

又 $|BC|=1$，所以

$$||AB|-|AC||<1,$$

从而

$$-1<|AB|-|AC|<1.$$

所以，$\sqrt{x^2+x+1}-\sqrt{x^2-x+1}$ 的值的范围为 $(-1,1)$.

例 3　已知 $|x|=ax+1$ 有一个负根，而且没有正根，求 a 的取值范围.

分析　作出两个函数的图像(图 8-10)：

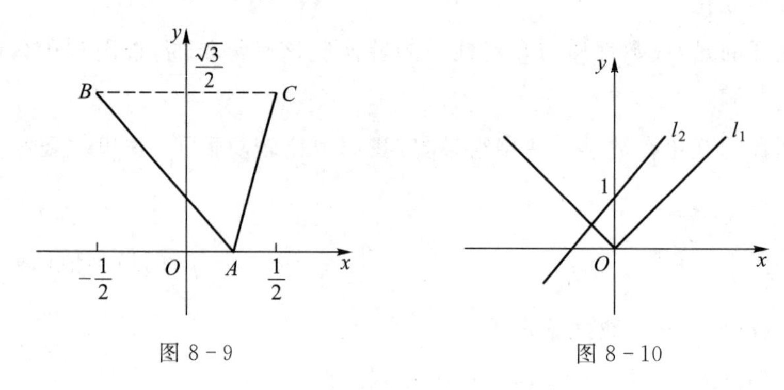

图 8-9　　　　图 8-10

$$l_1: y=|x|,\quad l_2: y=ax+1,$$

其中 l_2 是过点 $(0,1)$ 的直线系，要使交点在左半平面，当且仅当 $a\geqslant 1$.

例 4　已知正数 x,y,z 满足

$$\begin{cases} x^2+xy+\dfrac{y^2}{3}=25, & (1)\\ \dfrac{y^2}{3}+z^2=9, & (2)\\ z^2+zx+x^2=16. & (3)\end{cases}$$

求 $xy+2yz+3zx$ 的值(第 18 届全俄中学生数学竞赛题).

分析　条件是一个三元二次方程组，若按常规先解出 x,y,z 的值，再求 $xy+2yz+3zx$ 的值，确实存在困难. 改而从形的方面入手.

由方程(2)知，存在一个直角三角形，两个直角边长分别为 z 和 $\frac{y}{\sqrt{3}}$，斜边长为 3. 方程(1)和(3)写成如下等价形式后，同样反映了三角形的度量关系：

$$\begin{aligned} x^2+xy+\frac{y^2}{3}&=x^2+\left(\frac{y}{\sqrt{3}}\right)^2-2\cdot x\cdot\frac{y}{\sqrt{3}}\cdot\left(-\frac{\sqrt{3}}{2}\right)\\ &=x^2+\left(\frac{y}{\sqrt{3}}\right)^2-2\cdot x\cdot\frac{y}{\sqrt{3}}\cos 150^\circ=5^2,\end{aligned}$$

$$z^2+zx+x^2=z^2+x^2-2\cdot z\cdot x\cdot\left(-\frac{1}{2}\right)$$
$$=z^2+x^2-2\cdot z\cdot x\cos 120^\circ=4^2.$$

所以方程组所描述的数量关系构成图 8-11. 因为

$$S_{\triangle ABC}=\frac{1}{2}\times 3\times 4=6,$$

$$S_{\triangle AOB}=\frac{1}{2}\cdot\frac{y}{\sqrt{3}}\cdot z=\frac{\sqrt{3}}{6}yz,$$

$$S_{\triangle BOC}=\frac{1}{2}\cdot z\cdot x\cdot\sin 120^\circ=\frac{\sqrt{3}}{4}zx,$$

$$S_{\triangle AOC}=\frac{1}{2}\cdot x\cdot\frac{y}{\sqrt{3}}\cdot\sin 150^\circ=\frac{\sqrt{3}}{12}xy,$$

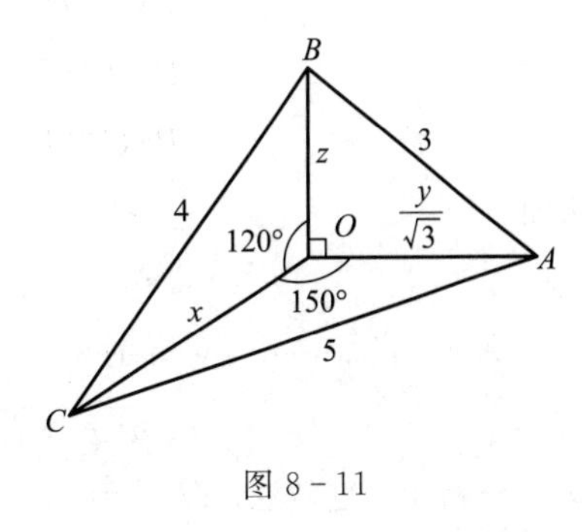

图 8-11

所以

$$6=\sqrt{3}\left(\frac{1}{12}xy+\frac{1}{6}yz+\frac{1}{4}zx\right),$$

化简得

$$xy+2yz+3zx=24\sqrt{3}.$$

例 5　设变量 x,y,z 在区间 $(0,1)$ 中取值，试证：不论它们在该区间取何值，都有 $x(1-y)+y(1-z)+z(1-x)<1$(第 15 届全俄数学竞赛题).

分析　如图 8-12 所示，考察边长为 1 的正三角形 ABC. 设点 A_1,B_1,C_1 分别在边 BC,CA 和 AB 上，且有 $AC_1=x$，$CB_1=y$，$BA_1=z$，则 $BC_1=1-x$，$CA_1=1-z$，$AB_1=1-y$.

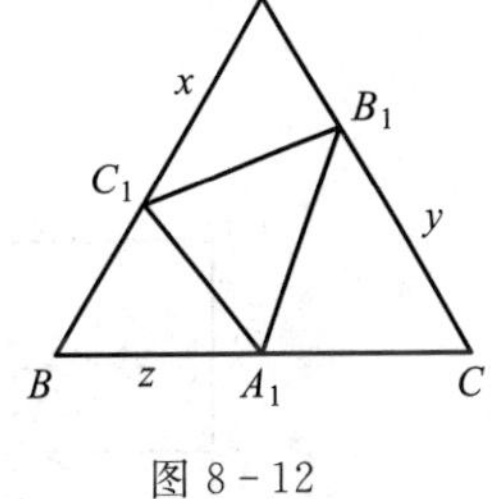

图 8-12

因为

$$S_{\triangle AB_1C_1}=\frac{\sqrt{3}}{4}x(1-y),$$

$$S_{\triangle CA_1B_1}=\frac{\sqrt{3}}{4}y(1-z),$$

$$S_{\triangle BA_1C_1}=\frac{\sqrt{3}}{4}z(1-x),$$

而有不等式

$$S_{\triangle AB_1C_1}+S_{\triangle CA_1B_1}+S_{\triangle BA_1C_1}<S_{\triangle ABC},$$

所以

$$\frac{\sqrt{3}}{4}x(1-y)+\frac{\sqrt{3}}{4}y(1-z)+\frac{\sqrt{3}}{4}z(1-x)<\frac{\sqrt{3}}{4},$$

即 $x(1-y)+y(1-z)+z(1-x)<1$，结论得证.

另解　设 A,B,C 为三个独立事件，且 $P(A)=x$，$P(B)=y$，$P(C)=z$，由概率

的加法公式得

$$
\begin{aligned}
1 &\geqslant P(A+B+C)\\
&=P(A)+P(B)+P(C)-P(A)P(B)-\\
&\quad P(A)P(C)-P(B)P(C)+P(A)P(B)P(C)\\
&=P(A)(1-P(B))+P(B)(1-P(C))+\\
&\quad P(C)(1-P(A))+P(A)P(B)P(C).
\end{aligned}
$$

从而

$$x(1-y)+y(1-z)+z(1-x)\leqslant 1-xyz<1.$$

例 6　设 a,b,x,y 皆为正数，且 $x^2+y^2=1$，试证：

$$\sqrt{a^2x^2+b^2y^2}+\sqrt{a^2y^2+b^2x^2}\geqslant a+b.$$

分析 1　复数法. 设 $z_1=ax+by\mathrm{i}$，$z_2=bx+ay\mathrm{i}$，则

$$
\begin{aligned}
\text{左边}&=|z_1|+|z_2|\geqslant|z_1+z_2|\\
&=|(a+b)x+(a+b)y\mathrm{i}|\\
&=(a+b)\cdot\sqrt{x^2+y^2}=a+b.
\end{aligned}
$$

分析 2　由不等式左边的每个被开方式联想到勾股定理，构造图 8-13，由 $OB+OD\geqslant BD$ 易知不等式成立.

分析 3　转化为两点间距离. 设点 $A(ax,by)$，$B(bx,ay)$，如图 8-14 所示，考虑点 B 关于原点 O 的对称点 $B'(-bx,-ay)$，由 $|OA|+|OB'|\geqslant|AB'|$ 易知原不等式成立.

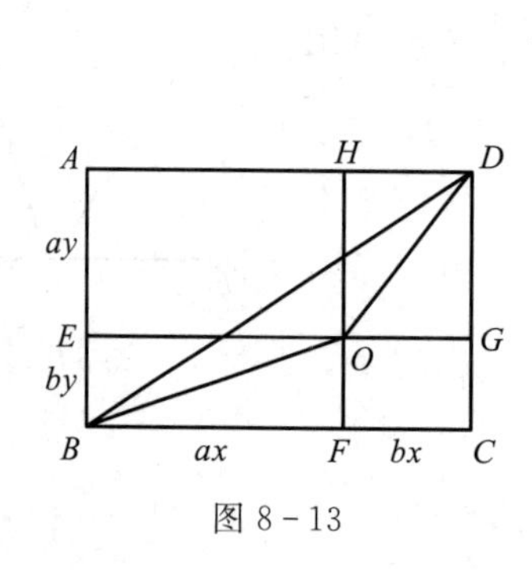

图 8-13

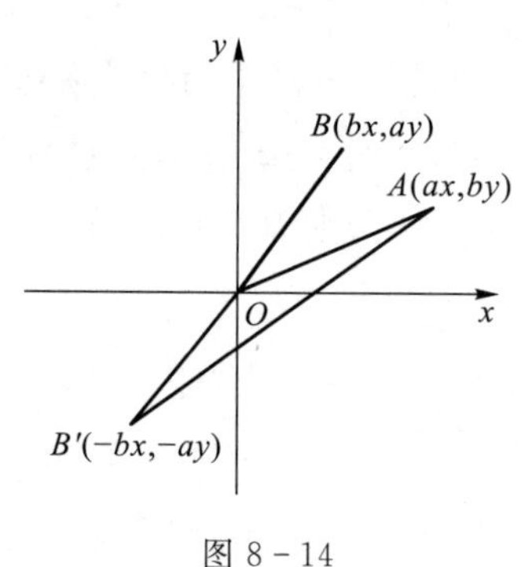

图 8-14

例 7　已知 $a+b+1=0$，求证：$(a-1)^2+(b-1)^2\geqslant\dfrac{9}{2}$.

证法 1　由 $a+b+1=0$ 得 $a+b=-1$，所以

$$(a+b)^2=1,\quad a^2+b^2=1-2ab.$$

$$ab\leqslant\frac{a^2+b^2}{2}=\frac{1-2ab}{2},\quad ab\leqslant\frac{1}{4}.$$

因此

$$
\begin{aligned}
(a-1)^2+(b-1)^2&=(a+b)^2-2(a+b)+2-2ab\\
&\geqslant(-1)^2-2(-1)+2-2\times\frac{1}{4}=\frac{9}{2}.
\end{aligned}
$$

证法 2　$(a-1)^2+(b-1)^2=(b+2)^2+(b-1)^2$

$$=2b^2+2b+5=2\left(b+\frac{1}{2}\right)^2+\frac{9}{2}\geqslant\frac{9}{2}.$$

证法 3　由于 $a+b=-1$，所以，令 $a=-\frac{1}{2}+t, b=-\frac{1}{2}-t\ (t\in\mathbf{R})$，得

$$(a-1)^2+(b-1)^2=\left(t-\frac{3}{2}\right)^2+\left(-t-\frac{3}{2}\right)^2$$

$$=2t^2+\frac{9}{2}\geqslant\frac{9}{2}.$$

证法 4　如图 8-15 所示，条件表明点 $P(a,b)$ 在直线 $x+y+1=0$ 上. 点 $Q(1,1)$ 到该直线的距离为

$$\frac{|1+1+1|}{\sqrt{1^2+1^2}}=\frac{3}{\sqrt{2}},$$

而点 Q 到直线上其他点的距离都大于 $\frac{3}{\sqrt{2}}$，所以

$$(a-1)^2+(b-1)^2\geqslant\frac{9}{2}.$$

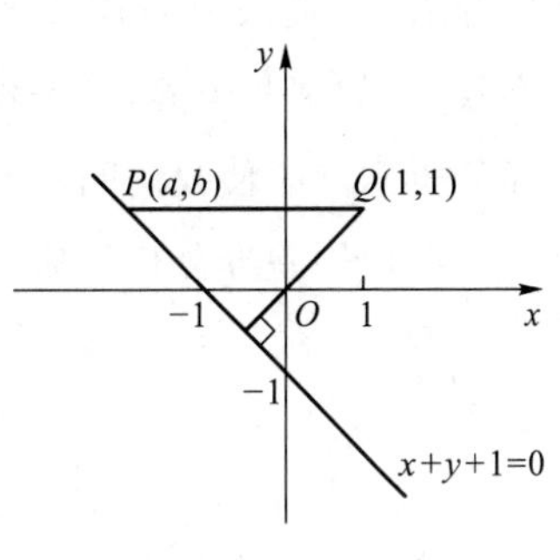

图 8-15

例 8　已知 x, y, z, r 均为正数，且 $x^2+y^2=z^2$，$z\sqrt{x^2-r^2}=x^2$，求证：$xy=rz$.

证　如图 8-16 所示，作 $\mathrm{Rt}\triangle ABC$，$C=90^\circ$，$CD\perp AB$，且 $AC=y$，$BC=x$，$AB=z$. 由射影定理，得

$$x^2=BC^2=AB\cdot DB=z\sqrt{x^2-CD^2}.$$

因为 $z\sqrt{x^2-r^2}=x^2$，所以 $CD=r$，而 $S_{\triangle ABC}=\frac{1}{2}xy=\frac{1}{2}zr$，即得 $xy=zr$.

例 9　设实数 a, b, c 满足：$a>0, b>0, 2c>a+b$，求证：$c^2>ab$，且

$$c-\sqrt{c^2-ab}<a<c+\sqrt{c^2-ab}.$$

证　如图 8-17 所示，作直径为 $2c$ 的⊙O，AB 为直径. 在 OA 上取异于 O 的点 D，过 D 作弦 EF，设 $ED=a$，$DF=b$，则 $2c>a+b$. 过 D 作 $GH\perp AB$，因为 $GD\cdot DH=ED\cdot DF$，所以 $GD^2=ab$，$c^2>GD^2=ab$. 又因为

$$DO=\sqrt{c^2-GD^2}=\sqrt{c^2-ab},$$

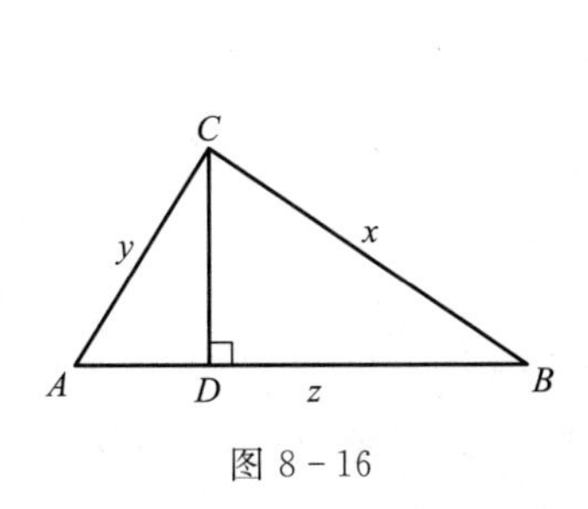

图 8-16

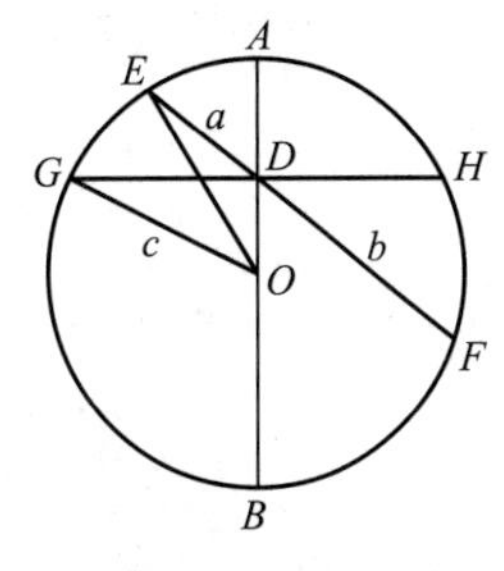

图 8-17

所以，在$\triangle EDO$中有

$$EO+DO>ED>EO-DO,$$

即$c-\sqrt{c^2-ab}<a<c+\sqrt{c^2-ab}$.

§8　差异分析策略

通过分析条件与结论之间的差异、并不断缩小目标差来完成解题的策略，称为差异分析. 一般来说，知识综合跨度较小、注重形式变换的题目，运用差异分析策略常能奏效，比如某些恒等式、条件等式或不等式的证明题，平面几何和立体几何证明题. 差异分析常常能使我们明确努力的方向，增强解题者的目标意识，减少盲目性.

在使用差异分析策略时，寻找差异是基础，消除差异是目标，转化差异是关键.

例 1　在$\triangle ABC$中，求证：

$$\sin A+\sin B+\sin C=4\cos\frac{A}{2}\cos\frac{B}{2}\cos\frac{C}{2}.$$

分析　首先分析求证式左、右两边间的差异，然后消除差异，由一边向另一边靠拢.

左边是和的形式，右边是乘积的形式；左边是单角，右边是半角；左边是正弦，右边是余弦. 找出求证等式两边存在的以上差异，如果由左边向右边转化，那么易知转化的手段是：和差化积和利用二倍角公式.

证　由三角函数公式，

$$\begin{aligned}
&\sin A+\sin B+\sin C\\
=&\sin A+\sin B+\sin[180^\circ-(A+B)]\\
=&2\sin\frac{A+B}{2}\cos\frac{A-B}{2}+2\sin\frac{A+B}{2}\cos\frac{A+B}{2}\\
=&2\sin\frac{A+B}{2}\left(\cos\frac{A+B}{2}+\cos\frac{A-B}{2}\right)\\
=&2\sin\frac{180^\circ-C}{2}\cdot 2\cos\frac{A}{2}\cos\frac{B}{2}\\
=&4\sin\left(90^\circ-\frac{C}{2}\right)\cos\frac{A}{2}\cos\frac{B}{2}\\
=&4\cos\frac{A}{2}\cos\frac{B}{2}\cos\frac{C}{2}.
\end{aligned}$$

例 2　已知$\sin\beta=m\cdot\sin(2\alpha+\beta)$，求证：

$$\tan(\alpha+\beta)=\frac{1+m}{1-m}\tan\alpha.$$

分析 1　比较题设与结论，题设中有β，$2\alpha+\beta$，结论中有$\alpha+\beta$，α. 为消除角的差异，作$\beta=(\alpha+\beta)-\alpha$和$2\alpha+\beta=(\alpha+\beta)+\alpha$的变角即可.

证法 1　由已知,有 $\sin[(\alpha+\beta)-\alpha]=m\sin[(\alpha+\beta)+\alpha]$,即

$$\sin(\alpha+\beta)\cos\alpha-\cos(\alpha+\beta)\sin\alpha=m\sin(\alpha+\beta)\cos\alpha+m\cos(\alpha+\beta)\sin\alpha.$$

从而

$$(1-m)\sin(\alpha+\beta)\cos\alpha=(1+m)\cos(\alpha+\beta)\sin\alpha,$$

所以 $\tan(\alpha+\beta)=\dfrac{1+m}{1-m}\tan\alpha$.

分析 2　由结论中的$\dfrac{1+m}{1-m}$想到,将条件写成比例形式,用合分比定理消除已知与求证间的差异.

证法 2　由已知,有

$$\frac{m}{1}=\frac{\sin\beta}{\sin(2\alpha+\beta)},$$

运用合分比定理,得

$$\frac{1+m}{1-m}=\frac{\sin(2\alpha+\beta)+\sin\beta}{\sin(2\alpha+\beta)-\sin\beta},$$

化简即

$$\frac{1+m}{1-m}=\frac{\sin(\alpha+\beta)\cos\alpha}{\cos(\alpha+\beta)\sin\alpha},$$

所以

$$\tan(\alpha+\beta)=\frac{1+m}{1-m}\tan\alpha.$$

例 3　正数 a,b,c,A,B,C 满足条件 $a+A=b+B=c+C=k$,求证:$aB+bC+cA<k^2$.

分析 1　求证不等式左、右两边存在的主要差异是:右边只有 1 个字母 k,而左边出现 6 个不同于 k 的字母;左边是 3 项之和,右边只有 1 项. 为了消除这些差异,可考虑运用已知条件将 k 代换,可是无论把 k 换成

$$a+A,\quad b+B,\quad c+C$$

中的某一个或两个,都不能使左右两边的字母完全一致,看来需要计算 k^3.

$$\begin{aligned}k^3&=(a+A)(b+B)(c+C)\\&=aB(c+C)+bC(a+A)+cA(b+B)+abc+ABC\\&=(aB+bC+cA)k+abc+ABC\\&>(aB+bC+cA)k,\end{aligned}$$

所以

$$aB+bC+cA<k^2.$$

分析 2　为了消除左右两边的差异,先保持部分一致,再逐步缩小目标差.

原不等式化为

$$aB+bC+cA<k(a+A),$$

由于 $aB<ak$，所以只需证 $bC+cA\leqslant kA=(c+C)A$，又归结于证 $b\leqslant A$. 如果把 a,A,b,B,c,C 中的最大者记为 A，则 $b\leqslant A$ 可以成立. 从而，有如下证法：

设 a,A,b,B,c,C 中的最大者为 A，则

$$ak=a(b+B)>aB,$$

$$bC+cA\leqslant AC+cA=(c+C)A=kA,$$

两式相加，得 $aB+bC+cA<ak+Ak=k^2$.

分析 3　如图 8-18 所示，作边长为 k 的正三角形 PQR，分别在各边上取点 L,M,N，使 $QL=A,LR=a$，$RM=B,MP=b,PN=C,NQ=c$. 因为

$$S_{\triangle LRM}+S_{\triangle MPN}+S_{\triangle NQL}<S_{\triangle PQR},$$

即

$$\frac{\sqrt{3}}{4}aB+\frac{\sqrt{3}}{4}bC+\frac{\sqrt{3}}{4}cA<\frac{\sqrt{3}}{4}k^2,$$

所以

$$aB+bC+cA<k^2.$$

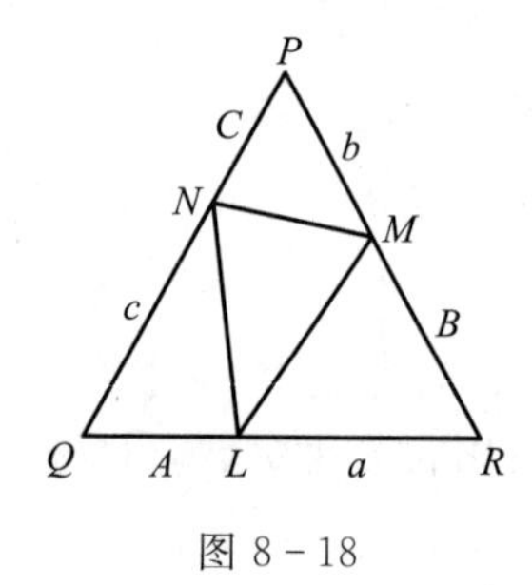

图 8-18

用数学归纳法证题时，在假设当 $n=k$ 时结论成立之下，推证当 $n=k+1$ 时结论也成立，这一步也常常用到差异分析.

例 4　求证：$(1+2+3+\cdots+n)\left(1+\frac{1}{2}+\frac{1}{3}+\cdots+\frac{1}{n}\right)\geqslant n^2(n\in\mathbf{N})$.

证　当 $n=1,2$ 时，原命题显然成立.

假设 $n=k$ 时，命题成立，即

$$(1+2+3+\cdots+k)\left(1+\frac{1}{2}+\frac{1}{3}+\cdots+\frac{1}{k}\right)\geqslant k^2.$$

因为

$$\begin{aligned}&[1+2+3+\cdots+(k+1)]\left(1+\frac{1}{2}+\frac{1}{3}+\cdots+\frac{1}{k+1}\right)\\&=(1+2+\cdots+k)\left(1+2+\cdots+\frac{1}{k}\right)+(1+2+\cdots+k)\frac{1}{k+1}+\\&\quad(k+1)\left(1+\frac{1}{2}+\cdots+\frac{1}{k}\right)+1\\&\geqslant k^2+\left(\frac{1}{k+1}+\frac{2}{k+1}+\cdots+\frac{k}{k+1}\right)+\\&\quad\left(\frac{k+1}{1}+\frac{k+1}{2}+\cdots+\frac{k+1}{k}\right)+1,\end{aligned}$$

而

$$\frac{i}{k+1}+\frac{k+1}{i}\geqslant 2 \quad (i=1,2,\cdots,k),$$

所以

$$[1+2+3+\cdots+(k+1)]\left(1+\frac{1}{2}+\frac{1}{3}+\cdots+\frac{1}{k+1}\right)$$
$$\geqslant k^2+\underbrace{2+2+\cdots+2}_{k个2}+1=k^2+2k+1=(k+1)^2,$$

即 $n=k+1$ 时命题也成立.

故对任何 $n\in\mathbf{N}$,原命题都成立.

例 5　已知：$\sum\limits_{k=0}^{n}a_kx^k=(x^{2\,021}+x^{2\,020}+2)^{2\,022}$,求 $a_0-\frac{a_1}{2}-\frac{a_2}{2}+a_3-\frac{a_4}{2}-\frac{a_5}{2}+a_6-\cdots$的值.

分析　注意到求值式中不含有 x,而已知条件中等式的左边为

$$a_0x^0+a_1x^1+a_2x^2+\cdots+a_nx^n, \tag{1}$$

因而求值式的一般原型就是(1)式.

那么,应该对(1)式中的 x 赋予什么特殊数值才能得到求值式呢？试比较

$$\begin{array}{ccccccc} a_0x^0+ & a_1x^1+ & a_2x^2+ & a_3x^3+ & a_4x^4+ & a_5x^5+ & a_6x^6+\cdots \\ \updownarrow & \updownarrow & \updownarrow & \updownarrow & \updownarrow & \updownarrow & \updownarrow \\ a_0\cdot 1- & a_1\cdot\frac{1}{2}- & a_2\cdot\frac{1}{2}+ & a_3\cdot 1- & a_4\cdot\frac{1}{2}- & a_5\cdot\frac{1}{2}+ & a_6\cdot 1-\cdots \end{array}$$

于是发现应有 $x^0=1,x^3=1,x^6=1,\cdots$,因此 x 应取的值,首先要使它的 $3k$ 次幂是 1,即 $x^{3k}=1$,显然,$-\frac{1}{2}\pm\frac{\sqrt{3}}{2}\mathrm{i}$ 具有这样的性质. 其次,x 取的值还应满足 $x^1=-\frac{1}{2}$,$x^2=-\frac{1}{2}$,$x^4=-\frac{1}{2}$,$x^5=-\frac{1}{2}$,$\cdots$,但$-\frac{1}{2}\pm\frac{\sqrt{3}}{2}\mathrm{i}$ 不具备这样的性质. 不过,让我们继续观察：

$$\left(-\frac{1}{2}\pm\frac{\sqrt{3}}{2}\mathrm{i}\right)^1=-\frac{1}{2}\pm\frac{\sqrt{3}}{2}\mathrm{i},$$

$$\left(-\frac{1}{2}\pm\frac{\sqrt{3}}{2}\mathrm{i}\right)^2=-\frac{1}{2}\mp\frac{\sqrt{3}}{2}\mathrm{i},$$

$$\left(-\frac{1}{2}\pm\frac{\sqrt{3}}{2}\mathrm{i}\right)^4=-\frac{1}{2}\pm\frac{\sqrt{3}}{2}\mathrm{i},$$

$$\left(-\frac{1}{2}\pm\frac{\sqrt{3}}{2}\mathrm{i}\right)^5=-\frac{1}{2}\mp\frac{\sqrt{3}}{2}\mathrm{i},$$

便可发现这些虚数的实部都是$-\frac{1}{2}$. 因此,可以认为“求值式”是(1)式中的 x^k 取

$\left(-\frac{1}{2}+\frac{\sqrt{3}}{2}\mathrm{i}\right)^k$ 或 $\left(-\frac{1}{2}-\frac{\sqrt{3}}{2}\mathrm{i}\right)^k$ 的实部时的形态($k=0,1,2,\cdots$). 只要求得 $\sum_{k=0}^{n}a_kx^k$ 中的实部,问题即可获解.

解　因为

$$\sum_{k=0}^{n}a_kx^k=(x^{2\,021}+x^{2\,020}+2)^{2\,022},$$

令

$$x=-\frac{1}{2}+\frac{\sqrt{3}}{2}\mathrm{i},$$

代入上式,得

$$\begin{aligned}\text{左边}&=a_0x^0+a_1x^1+a_2x^2+a_3x^3+\cdots\\&=a_0\left(-\frac{1}{2}+\frac{\sqrt{3}}{2}\mathrm{i}\right)^0+a_1\left(-\frac{1}{2}+\frac{\sqrt{3}}{2}\mathrm{i}\right)^1+\\&\quad a_2\left(-\frac{1}{2}+\frac{\sqrt{3}}{2}\mathrm{i}\right)^2+a_3\left(-\frac{1}{2}+\frac{\sqrt{3}}{2}\mathrm{i}\right)^3+\cdots\\&=\left(a_0-\frac{1}{2}a_1-\frac{1}{2}a_2+a_3-\cdots\right)+\frac{\sqrt{3}}{2}(a_1-a_2+\cdots)\mathrm{i},\\\text{右边}&=\left[\left(-\frac{1}{2}+\frac{\sqrt{3}}{2}\mathrm{i}\right)^{2\,021}+\left(-\frac{1}{2}+\frac{\sqrt{3}}{2}\mathrm{i}\right)^{2\,020}+2\right]^{2\,022}\\&=1.\end{aligned}$$

由复数相等的定义知

$$a_0-\frac{1}{2}a_1-\frac{1}{2}a_2+a_3-\cdots=1.$$

§9　正难则反策略

数学问题千差万别、千变万化,如果拘泥于某几种习惯,解题时是不会游刃有余的. 在数学解题时,人们思考的习惯大多是正面的、顺向的,可是,有些数学问题如果正面、顺向地进行,则难以解决,这时就应转为反面的逆向思考,这就是正难则反策略. 这种策略提醒我们,顺向推导有困难时就逆向推导,正面求解有困难时就反面求解,直接求解不奏效时就间接进行,肯定命题有困难时就转而举反例加以否定. 这种逆反转换式思维实际上是一种逆向思维,体现了思维的灵活性,也反映着数学问题因果关系的辩证统一.

数学史上的无数事例,证实了正难则反的强大功效. 具体在数学解题中,分析法、反证法、逆推法、排除法、同一法、常量与变量的换位、公式定理的逆用、补集法等方法技巧都是正难则反策略的应用,这种策略通常包括逆转结构、逆转运算、逆转主元、逆转角度等.

例 1　三个关于 x 的方程 $x^2+4ax-4a+3=0$，$x^2+(a-1)x+a^2=0$，$x^2+2ax-2a=0$ 至少有一个方程有实根，试求实数 a 的取值范围.

分析　单独处理每一个方程，比较复杂. 考虑到“三个方程至少有一个方程有实根”的反面是“三个方程都无实根”，因此可先求出三个方程都无实根时 a 的取值范围.

解　由不等式组

$$\begin{cases}16a^2+4(4a-3)<0,\\(a-1)^2-4a^2<0,\\4a^2+8a<0,\end{cases}$$

得

$$\begin{cases}-\dfrac{3}{2}<a<\dfrac{1}{2},\\a<-1\text{ 或 }a>\dfrac{1}{3},\\-2<a<0,\end{cases}\quad\text{即}-\frac{3}{2}<a<-1.$$

因为 $\left(-\dfrac{3}{2},-1\right)$ 的补集是 $\left(-\infty,-\dfrac{3}{2}\right]\cup[-1,+\infty)$，所以当 $a\in\left(-\infty,-\dfrac{3}{2}\right]\cup[-1,+\infty)$ 时，三个方程中至少有一个有实根.

例 2　平面上有 n 个点，其中过任意两点的直线都必过第三点，证明：这 n 个点必在同一直线上.

分析　由条件知必有某三点共线，但直接证其他 $n-3$ 个点也在这直线上，确实不易. 故用反证法.

证　假定这 n 个点 $P_i(i=1,2,\cdots,n)$ 不全在同一条直线上，则过这 n 个点中任意两点所确定的直线，都必然有不在此直线上的点. 但依题意，对每一条直线 $L_j(j=1,2,\cdots,m)$，最多有$n-3$个点不在此直线上. 求出相应的 $n-3$ 个点到直线 L_j 的距离 d_k $(k=1,2,\cdots)$. 由于 P_i 和 L_j 都是有限的，所以 d_k 也是有限的. 在有限个距离 d_k 中一定有最小的，设为 d_1.

如图 8-19 所示，设 d_1 是点 P_1 到直线 L_1 的距离. $P_1Q\perp L_1$，$P_1Q=d_1$（最小）. 设直线 L_1 至少过三个点 P_2，P_3，P_4，显然其中至少有两点在垂足 Q 的同侧，不妨设点 P_2，P_3 在点 Q 同侧，则 $|P_2P_3|\leqslant|QP_3|$（P_2 可能与 Q 重合）. 作直线 P_1P_3，记为 L_2，点 P_2 到 L_2 的距离为$d_2=P_2A$，点 Q 到 L_2 的距离为 $h=QB$. 显然 $d_2\leqslant h<d_1$，但这与 d_1 最小相矛盾. 因而命题得证.

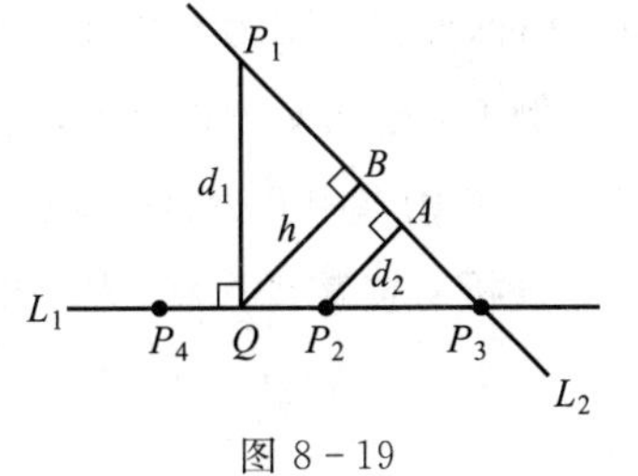

图 8-19

本例是著名的西尔维斯特（Sylvester）问题，1893 年提出，直到 1933 年才有人给出一个很烦琐的高等数学证法，又过了若干年，才有人用反证法给出如上初等证明.

例 3　甲、乙、丙三人各有糖若干块，甲从乙处取来一些糖，使原有糖的块数增加一倍；乙从丙处取来一些糖，使留下的块数增加一倍；丙再从甲处取来一些糖，也使留下的块数增加一倍. 这时三人的糖块数一样多. 开始时，丙有 32 块糖，那么乙原有多少块糖？

分析　题中没有给出最后三人各有多少块糖，可以假设最后三人的份数都是"1"，利用逆推法计算每人每次取糖前糖块数所占的份数.

解　由表 8-2 知，开始时丙是 1 份. 又知丙原有 32 块糖，即 1 份是 32 块，故乙原有 $1.25\times32=40$ 块糖.

表 8-2　确定甲、乙、丙原有糖块数的逆推过程

人	份数			
	最后	甲给丙前	丙给乙前	乙给甲前
甲	1	1.5	1.5	0.75
乙	1	1	0.5	1.25
丙	1	0.5	1	1

例 4　甲乙两人轮流报数，要求每人每次按自然数的顺序最少报 1 个自然数，最多报 3 个自然数，谁先报到 100，谁就获胜. 甲后报数，他能必胜吗？

分析　用逆推法. 从最后的结果看起，如果甲获胜，他就报 100，那么乙可能报 99，或者 98，或者 97. 为此，甲必须报 96；甲要报 96 必须先抢报 92；甲要抢报 92 必须先抢报 88；依次类推. 甲要获胜，必须抢报所有 4 的倍数，最小的是 4. 因为甲后报数，这是容易办到的.

例 5　今有 1 角币 1 张，2 角币 1 张，5 角币 1 张，1 元币 4 张，5 元币 2 张. 用这 9 张纸币任意付款，问可以付出不同数额的款共有多少种？

分析　若从正面求解，按照取 1 张、2 张……直至 9 张分九类情况讨论计算，并要剔除很多重复情况，一时算不清楚. 现从反面入手，先考虑所给纸币不能构成的币值种数，则情况较简单.

不能组成的币值是零数为 4 角和 9 角的币值，即 4 角、9 角、1 元 4 角、1 元 9 角……14 元 4 角(成等差数列)，共 29 种. 而从最低 1 角到最高 14 元 8 角共 148 种币值，除去前述 29 种，即得答案为 119 种款额.

例 6　已知 k 为正整数，当且仅当 k 取什么值时，关于 x 的方程 $kx^2-2(1-2k)x+4k-7=0$ 的根中至少有一个为整数？

分析　按常规思路，先求出方程的根

$$x=\frac{1-2k\pm\sqrt{1+3k}}{k},$$

再对参数 k 分情况讨论，找出满足条件的 k 值．但由于搜索范围很大，讨论十分烦琐．如果对换原方程中 x 和 k 的地位，把 k 视为“主元”，用 x 来表示 k，可简化讨论．

解　由原方程整理得 $(x+2)^2k=2x+7$．因为 $x=-2$ 不适合原方程，故可得

$$k=\frac{2x+7}{(x+2)^2}. \tag{1}$$

由于 k 为正整数，有

$$\frac{2x+7}{(x+2)^2}\geqslant 1,$$

即 $x^2+2x-3\leqslant 0$，所以 $-3\leqslant x\leqslant 1$，由此知 x 的整数值只可能是 $-3,-1,0,1$．故只要由(1)式讨论四种情况：当 $x=-3$ 时，$k=1$；当 $x=-1$ 时，$k=5$；当 $x=0$ 时，$k=\frac{7}{4}$；当 $x=1$ 时，$k=1$．

因此，符合题意的 k 值是 1 或 5．

例 7　解方程 $x^3+2\sqrt{5}x^2+5x+\sqrt{5}-1=0$．

分析　按三次方程直接求解很困难，可将常量 $\sqrt{5}$ 与未知数 x 逆转换位，得到关于 $\sqrt{5}$ 的“一元二次方程”

$$x(\sqrt{5})^2+(2x^2+1)\sqrt{5}+(x^3-1)=0,$$

从而

$$\sqrt{5}=1-x \quad 或 \quad -\frac{x^2+x+1}{x}(x\neq 0),$$

所以

$$x=1-\sqrt{5} \quad 或 \quad \frac{-(\sqrt{5}+1)\pm\sqrt{2\sqrt{5}+2}}{2}.$$

习　题　八

1．什么是解题策略？它对数学解题有何影响？

2．解题策略与解题方法有什么联系？

3．任选一道数学题，分析其解题策略．

4．妈妈去商店买布，所带的钱刚好可买甲布 2 m，或买乙布 3 m，或买丙布 6 m．她决定 3 种布买一样多，问最多能买几米？

5．已知 $ABCD$ 是边长为 4 的正方形，E,F 分别是 AB,AD 的中点，GC 垂直于 $ABCD$ 所在的平面，且 $GC=2$，求点 B 到平面 EFG 的距离．

6．已知 $ABCD-A_1B_1C_1D_1$ 是棱长为 a 的正方体，E,F 分别为棱 AA_1 与 CC_1 的中点．求四棱锥 A_1-EBFD_1 的体积．

7．设 $\{a_n\}$ 是正数组成的数列，其前 n 项和为 S_n，并且对于所有的自然数 n，a_n 与 2 的等差中项

等于 S_n 与 2 的等比中项. 求数列 $\{a_n\}$ 的通项公式.

8. 设 n 是正整数,我们说集合 $\{1,2,\cdots,2n\}$ 的一个排列 $(x_1,x_2,\cdots,x_{2n})$ 具有性质 P,是指在 $\{1,2,\cdots,2n-1\}$ 当中至少有一个 i,使 $|x_i-x_{i+1}|=n$,求证:对于任何 n,具有性质 P 的排列比不具有性质 P 的排列的个数多(第 30 届 IMO 第 6 题).

9. 已知:$m>n>2$,$m,n\in\mathbf{N}$,求证:$n^m>m^n$.

10. 求和:$1-\frac{1}{4}+\frac{1}{7}-\frac{1}{10}+\cdots+(-1)^{n+1}\frac{1}{3n-2}+\cdots$.

11. 设 $a_0=1$,$a_1=-2$,$a_{n+2}=5a_{n+1}-6a_n$,求 a_n.

12. 求和函数 $S(x)=1\cdot 2+2\cdot 3x+3\cdot 4x^2+\cdots(|x|<1)$ 的解析表达式.

13. 已知 $9a+3b+c=0$,$9d+3e+f=0$,求证:$(cd-af)^2=(ae-bd)(bf-ce)$.

14. 已知 $\frac{a}{\cos x}=\frac{b}{\cos 3x}$,求证:$\tan^2 x=\frac{a-b}{3a+b}$.

15. 六边形 $ABCDEF$ 内接于⊙O,且 $AB=BC=CD=\sqrt{3}+1$,$DE=EF=FA=1$,试求面积 S_{ABCDEF}.

16. 对任何实数 x,有 $ax^2+bx+c\geqslant 0$,$px^2+2qx+r\geqslant 0$,其中 $a,b,c,p,q,r\in\mathbf{R}$,求证:对任何实数 x,有 $apx^2+2bqx+cr\geqslant 0$.

17. 已知 $x+y+z=\frac{1}{x}+\frac{1}{y}+\frac{1}{z}=1$,求证:$x,y,z$ 三个数中至少有一个为 1.

18. 直线 l 的方程为 $x=-\frac{p}{2}$,其中 $p>0$;椭圆 E 的中心为 $O'\left(2+\frac{p}{2},0\right)$,焦点在 x 轴上,长半轴为 2,短半轴为 1,它的一个顶点为 $A\left(\frac{p}{2},0\right)$. 问 p 在什么范围内取值时,椭圆上有四个不同的点,它们中的每一个点到 A 的距离等于该点到 l 的距离?

19. 已知△ABC 的两边 a,b 是方程 $x^2-4x+m=0$ 的两根,这两边夹角的余弦是方程 $5x^2-6x-8=0$ 的根,求三角形面积的最大值.

20. 若 $x_i>0(i=1,2,3,\cdots,n)$,证明:

$$\frac{x_2^2}{x_1}+\frac{x_3^2}{x_2}+\cdots+\frac{x_1^2}{x_n}\geqslant x_1+x_2+\cdots+x_n.$$

21. 若 $0<a_i<1(i=1,2,3,\cdots,n)$,而 $b_1,b_2,\cdots,b_n$ 是 $a_1,a_2,\cdots,a_n$ 的某一种排列,求证:所有的数 $(1-a_1)b_1,(1-a_2)b_2,\cdots,(1-a_n)b_n$ 不可能都大于 $\frac{1}{4}$.

22. 比较 16^{18} 与 18^{16} 的大小.

23. 设 E,F 分别在正方形 $ABCD$ 的边 BC,CD 上滑动,但保持 $\angle EAF=45°$. 证明:△AEF 的高 AH 为定值.

24. 求和 $\sum\limits_{k=1}^{n}kC_n^k$.

25. 证明:$1\,012^{2\,023}>2\,023!$.

26. 求函数 $y=\frac{1}{\sqrt{a^x-kb^x}}(a>0,b>0,a\neq 1,b\neq 1)$ 的定义域.

27. 若 $A+B+C+D$ 是定值 θ,且 $A,B,C,D\in\left(0,\frac{\pi}{2}\right)$,求 $u=\sin A\sin B\sin C\sin D$ 的最

大值.

28. m 为何值时,关于 x 的二次方程 $2(m+1)x^2-4mx+3(m-1)=0$ 至少有一个正根?

29. 解方程 $x^3+2\sqrt{3}x^2+3x+\sqrt{3}-1=0$.

30. 已知 a,b,c 是互不相等的实数,且 $abc\neq 0$,解关于 x,y,z 的方程组

$$\begin{cases}\dfrac{x}{a^3}-\dfrac{y}{a^2}+\dfrac{z}{a}=1,\\ \dfrac{x}{b^3}-\dfrac{y}{b^2}+\dfrac{z}{b}=1,\\ \dfrac{x}{c^3}-\dfrac{y}{c^2}+\dfrac{z}{c}=1.\end{cases}$$

31. 已知关于 x 的方程 $ax^2-2(a-3)x+a-2=0$,其中 a 为正整数,试求使该方程至少有一个整数根的 a 值.

32. 若方程 $|\cos x|=ax+1$ 恰有两个解,求 a 的取值.

33. 如图 8-20 所示,直角三角形 ABC 中,$\angle C=90^\circ$,$AC=2b$,$BC=a$,AC 边的两个端点分别在平面直角坐标系中的正半轴上滑动,求动点 B 到原点的最大距离.

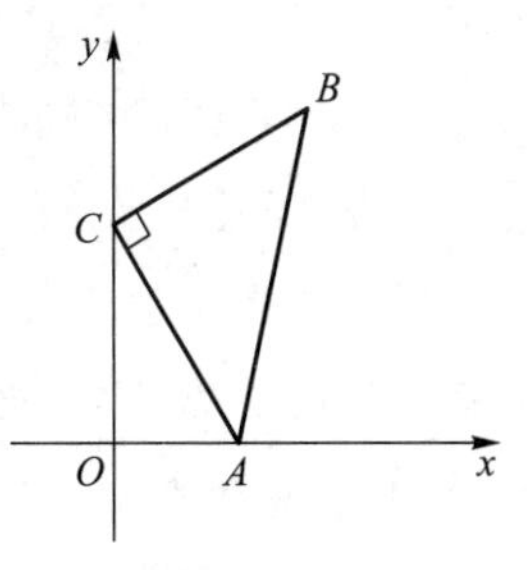

图 8-20

34. 已知 x,y,z 为正数,且 $xyz(x+y+z)=1$,求表达式 $(x+y)(y+z)$ 的最小值.

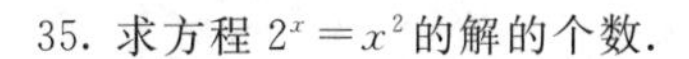

35. 求方程 $2^x=x^2$ 的解的个数.

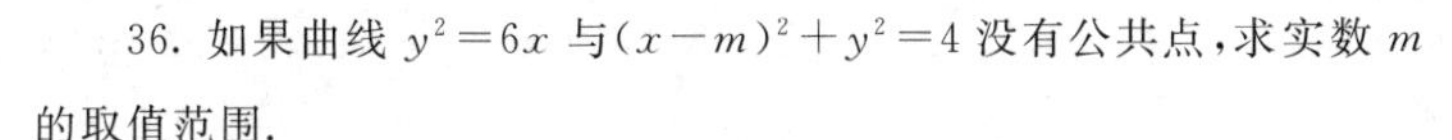

36. 如果曲线 $y^2=6x$ 与 $(x-m)^2+y^2=4$ 没有公共点,求实数 m 的取值范围.

37. 过椭圆 $b^2x^2+a^2y^2=a^2b^2$ 的中心的直线与椭圆相交于 P,Q 两点,以 PQ 为底边的等腰三角形的顶点为 $R(x,y)$,底角为 θ,而 a,b 为正常数. 当 θ 的值固定时,求点 R 的轨迹方程.

38. 设 $x>0,y>0$,证明不等式 $(x^2+y^2)^{\frac{1}{2}}>(x^3+y^3)^{\frac{1}{3}}$.

39. 设 $x,y\in\mathbf{R}$,且 $x^2+y^2\leqslant 1$,求证:$|x^2+2xy-y^2|\leqslant\sqrt{2}$.

40. 设 $\theta_0,\theta_1,\theta_2,\cdots,\theta_n(n\in\mathbf{N})$ 都是实数,求证:方程

$$z^n\sin\theta_n+z^{n-1}\sin\theta_{n-1}+\cdots+z\sin\theta_1+\sin\theta_0=\frac{3}{2}$$

的根在复平面上所对应的点 z 都在圆 $x^2+y^2=\dfrac{1}{9}$ 的外部.

第八章典型习题

解答或提示

第九章　数学解题思想

尽管数学解题离不开逻辑，但是对单纯的逻辑推理无论怎样娴熟精通，都无法把人带进解题这一创造的境地，在知识和解题之间隔着一层不薄不厚的心智的膜，穿透它需要思想和智慧的锋芒. 解题有待知识作酝酿，却并不单是牵连在既有知识的逻辑纠结之中，数学解题思想才是决定性因素.

意识是行为的前导，在问题信息和解题行为之间，必然有主体意识作中介，这种意识就是解题思想. 也就是说，在具体问题面前，怎样想到某种策略或方法？该过程是受何种思想支配的？这并不能简单地一概归咎于灵感、直觉，而其中一般原理性的思考正是解题思想. 在较为具体的意义上讲，数学解题思想与数学思想基本一致，比如数形结合、等价转换、分类讨论、方程与函数对应等数学思想，但更确切地说，解题思想比数学思想更原理化、概括化，它是数学思想在认识论与方法论层面上的结晶. 本章研究的解题思想有：系统思想、辩证思想、运动变化思想、建模思想、审美思想、最简元思想，它们支配着主体作出策略和方法的反应.

如果说数学的知识和方法是引发下雨的云，那么，数学解题思想就是使云运动的风.

§1　系统思想

一道数学题构成一个系统，对系统的处理(解题)要借用系统科学的思想方法. 事实上，题目中的所有信息都是一个有机的整体，各部分之间的精彩配合是解题成功的必要前提. 有人称之为“整体方法”或“整体策略”，而实质上是整体思想，它是系统科学中的整体性原理在数学解题中的运用. 此外，题目对于解题者来说，是一个“黑箱”，其求解又反映着黑箱方法的思想.

一、整体意识

整体意识是指抓住全部信息，全面考虑问题的思维习惯. 对于一个数学问题，应着眼于问题的整体结构，而不是着眼于它的局部特征. 通过全面、深刻地考察，从宏观上理解和认识问题的实质，挖掘和发现已有元素在整体结构中的地位和作用，从而找到求解问题的思路.

例 1　设 $a-b=2+\sqrt{3}$，$b-c=2-\sqrt{3}$，求 $a^2+b^2+c^2-ab-bc-ca$ 的值.

分析　如果孤立地处理，就容易想到从条件中解出 a,b,c 的值，再代入代数式求值，但很难解出 a,b,c. 若能从全局出发，考虑各条件之间、条件与结论之间的整体配合，则有思路：

由题设得 $c-a=-4$，从而

$$\begin{aligned}&a^2+b^2+c^2-ab-bc-ca\\&=a(a-b)+b(b-c)+c(c-a)\\&=(2+\sqrt{3})a+(2-\sqrt{3})b-4c\\&=2(a-c)+2(b-c)+\sqrt{3}(a-b)\\&=2\times4+2(2-\sqrt{3})+\sqrt{3}(2+\sqrt{3})\\&=15.\end{aligned}$$

例 2　求复数 $z_1=1+\cos\theta+\mathrm{i}\sin\theta$ 与 $z_2=1-\cos\theta+\mathrm{i}\sin\theta$ 的辐角之和.

分析　从题目本身的叙述自然地想到，分别求出 z_1,z_2 的辐角，而这样的“各自为战”，结果将引起极其烦琐的讨论，给问题求解带来极大的困难. 反之，若整体考虑，易求得 $z_1z_2=2\mathrm{i}\sin\theta$，于是

当 $\theta=k\pi(k\in\mathbf{Z})$ 时，$z_1z_2=0$，z_1 与 z_2 的辐角之和为任意值；

当 $(2k-1)\pi<\theta<2k\pi(k\in\mathbf{Z})$ 时，z_1 与 z_2 的辐角之和为 $2n\pi+\dfrac{3\pi}{2}(n\in\mathbf{Z})$；

当 $2k\pi<\theta<(2k+1)\pi(k\in\mathbf{Z})$ 时，z_1 与 z_2 的辐角之和为 $2n\pi+\dfrac{\pi}{2}(n\in\mathbf{Z})$.

例 3　5 个人（含甲、乙）排成一列，问甲排在乙的左边的排法共有多少种？

分析　从整体结构角度考虑，在所有可能的排列中，或者甲在乙的左边，或者甲在乙的右边，二者必居其一，并且两种情况是对等的，所以，甲排在乙的左边的排法共有 $\dfrac{1}{2}\mathrm{A}_5^5=60$ 种.

例 4　求 $(x-1)-(x-1)^2+(x-1)^3-(x-1)^4+(x-1)^5$ 的展开式中 x^2 的系数.

分析　若化整为零思考，可先展开每一个二项式得 x^2 的系数. 如果从等比数列求和角度聚零为整，先得和式

$$S=\frac{(x-1)[1+(x-1)^5]}{x},$$

则原展开式中 x^2 的系数等价于 $(x-1)^6$ 展开式中 x^3 的系数，故 $\mathrm{C}_6^3(-1)^3=-20$ 为所求.

例 5　对于一切大于 1 的自然数 n，证明不等式

$$\left(1+\frac{1}{3}\right)\left(1+\frac{1}{5}\right)\cdots\left(1+\frac{1}{2n-1}\right)>\frac{1}{2}\sqrt{2n+1}.$$

分析　本题可用数学归纳法证明，但步骤繁复. 若采用整体构造证明则可另辟新径.

设

$$A_n=\left(1+\frac{1}{3}\right)\left(1+\frac{1}{5}\right)\cdots\left(1+\frac{1}{2n-1}\right)$$
$$=\frac{4}{3}\cdot\frac{6}{5}\cdot\cdots\cdot\frac{2n}{2n-1}\quad(n\geqslant 2),$$

构造与之对应的式子 $B_n=\frac{5}{4}\cdot\frac{7}{6}\cdot\cdots\cdot\frac{2n+1}{2n}$. 因为对于自然数 $n\geqslant 2$,都有

$$\frac{2n}{2n-1}>\frac{2n+1}{2n},$$

所以 $A_n>B_n$,故

$$A_n^2>A_n\cdot B_n=\frac{1}{3}(2n+1)>\frac{1}{4}(2n+1),\quad 即\ A_n>\frac{1}{2}\sqrt{2n+1}.$$

例 6　过抛物线 $y^2=2px$ 内一点 $N(a,b)$ 引动弦 AB,求 AB 的中点 M 的轨迹方程.

分析　(1) 根据作图的步骤,按单向思维方法,设 AB 的斜率为 k,进而,求出 AB 的方程→求出 A,B 的坐标→求点 M 的坐标→消去 k→点 M 的轨迹方程.

(2) 题中给出的条件有如下几点:点 A,B 在经过 $N(a,b)$ 的直线上,点 A,B 在抛物线上,M 是动弦 AB 的中点. 同时考虑以上所有关系,设 $M(x,y)$,$A(x_1,y_1)$,$B(x_2,y_2)(x_1\neq x_2)$,将上述条件代数化,有

$$y_1^2=2px_1,\tag{1}$$
$$y_2^2=2px_2,\tag{2}$$
$$2x=x_1+x_2,\tag{3}$$
$$2y=y_1+y_2,\tag{4}$$
$$\frac{y_1-y_2}{x_1-x_2}=\frac{y-b}{x-a}.\tag{5}$$

现将(1),(2)两式相减并将(3)—(5)式代入即得轨迹方程

$$\left(y-\frac{b}{2}\right)^2=p\left(x-a+\frac{b^2}{4p}\right).$$

上述例题表明,整体思想的作用表现在以下几点:第一,由于把各元素置于整体结构中去看待、处理,提高了观察、审题的有效性,因而利于开通思路;第二,能充分发挥已知条件的整体功能,优化解题策略和方法. 因为解题策略方法的优化程度取决于对已知条件综合、整体运用的程度,若割裂和孤立地运用已知条件,则往往造成过程烦琐;第三,有效地调控解题过程. 整体思想使解题者从全局考虑,思维路线是多向的,而并不是只致力于“求出什么?”这样的单向思维,解题中每一过程的思维都是在解题总目标的导向下进行的,可避免多余步骤.

体现整体思想有几种典型的解题方法,如综合法、分析法、换元法以及韦达定理在解析几何中的妙用等,有时采用“设而不求”、拆项补项、分拆相消的技巧,有时采用整

体代换、整体求解、整体变形、整体构造的方法等.

二、黑箱方法

在系统科学中，把人们所要认识的某种对象喻为“黑箱”，只通过对“黑箱”进行输入和输出信息的研究了解“黑箱”的内部性态，这种认识事物的方法称为黑箱方法. 数学问题对于解题者来说就是一个黑箱，解题即变黑箱为白箱，其中常用的一种解题思想就是黑箱方法. 比如，解答一些选择题、判断题，只需在问题外延范围内取某些特例验算，结论或答案便可知晓，而不需从问题的内涵本身出发进行推证. 我们常用的待定系数法、特征值法、反例法、归纳法等解题方法及以退求进解题策略，都是黑箱方法的典型运用. 解答开放性和探索性问题，题目本身没有给出明确的结论，需要解题者通过观察、类比、归纳，猜测出结论，然后证明之，其中探索结论的过程正是黑箱方法. 另外，高等代数中的拉格朗日插值公式堪称黑箱方法的一个范例.

例 7　(1) 设等式$\sqrt{a(x-a)}+\sqrt{a(y-a)}=\sqrt{x-a}-\sqrt{a-y}$在实数范围内成立，其中$a$，$x$，$y$是两两不同的实数，则$\dfrac{3x^2+xy-y^2}{x^2-xy+y^2}$的值是(　　).

(A) 3　　(B) $\dfrac{1}{3}$　　(C) 2　　(D) $\dfrac{5}{3}$

(2) 设实数$a<b<c<d$，如果

$$x=(a+b)(c+d),\quad y=(a+d)(b+c),\quad z=(a+c)(b+d),$$

那么x，y，z的大小关系是(　　).

(A) $x<z<y$　　(B) $y<z<x$

(C) $z<x<y$　　(D) 不能确定

分析　(1) 在条件限定的范围内，取$x=1$，$y=-1$，$a=0$，代入求得所求式的值是$\dfrac{1}{3}$，故选 B.

(2) 同理，特殊赋值：$a=-1$，$b=0$，$c=1$，$d=2$，易知$x<z<y$，故选 A.

例 8　以$x-1$的方幂表示x^2+3x+2.

分析　设$x^2+3x+2=A(x-1)^2+B(x-1)+C$. 这里右端是一个黑箱，不妨输入$x$的数值来考察相应的输出. 例如，令$x=0,1,2$，分别得出

$$2=A-B+C,\quad 6=C,\quad 12=A+B+C,$$

解出$A=1$，$B=5$，$C=6$. 于是问题变成白箱了.

例 9　求多项式$f(x)$被$(x-a)(x-b)$除的余式，除式中$a\neq b$.

分析　因为除式是二次多项式，所以余式最多是一次二项式.

设$f(x)=Q(x)(x-a)(x-b)+(Ax+B)$，令$x=a$，$x=b$，分别可得

$$f(a)=Aa+B,\quad f(b)=Ab+B,$$

由此可得

$$A=\frac{f(a)-f(b)}{a-b},\ B=\frac{bf(a)-af(b)}{b-a}.$$

例 10　已知 $g(0)=-16, g(1)=g(2)=g(3)=2$，求三次多项式 $g(x)$.

分析　设 $f(x)=g(x)-2$，则有

$$f(1)=f(2)=f(3)=0,\quad f(0)=-18,$$

从而设 $f(x)=A(x-1)(x-2)(x-3)$. 显然，$f(0)=-6A$，从而 $A=3$，故

$$\begin{aligned}g(x)&=f(x)+2=3(x-1)(x-2)(x-3)+2\\&=3x^3-18x^2+33x-16.\end{aligned}$$

例 11　已知 AB 是两个同心圆的大圆直径，P 是小圆上任一点，求证：PA^2+PB^2 为定值.

分析　为了证明题目结论，我们希望找出定值究竟是什么？于是可对 P 值进行一个输入，选一个特殊位置 P'（图 9-1）.

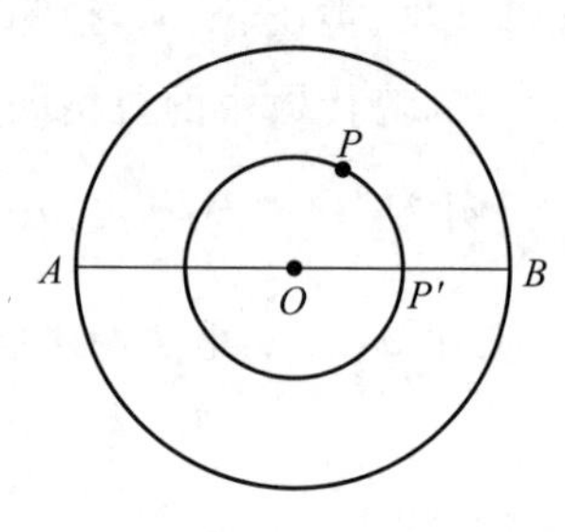

图 9-1

设大、小圆半径分别为 R, r，则

$$P'A^2+P'B^2=(R+r)^2+(R-r)^2=2(R^2+r^2),$$

此值即为定值. 然后再设法证明 P 取任意位置时，都有上面结论.

例 12　设函数 $f(x)$ 定义在实数集上，对于任意实数 x, y，有 $f(x+y)+f(x-y)=2f(x)f(y)$，且存在正数 C，使 $f\left(\frac{C}{2}\right)=0$.（1）求证：对于任意实数 x，有 $f(x+C)=-f(x)$；（2）试问 $f(x)$ 是不是周期函数？如果是，找出它的一个周期；如果不是，说明理由.

解　（1）分别以 $x+\frac{C}{2}, \frac{C}{2}$ 代换 $f(x+y)+f(x-y)=2f(x)f(y)$ 中的 x, y，得 $f(x+C)+f(x)=0$，所以 $f(x+C)=-f(x)$.

（2）由于问题比较抽象，不易发现 $f(x)$ 是否为周期函数，更难找出它的一个周期. 联想已学过的函数，不难发现

$$\cos(x+y)+\cos(x-y)=2\cos x\cos y\quad(x, y\in\mathbf{R}),$$

且存在正数 $C=\pi$，使 $\cos\frac{C}{2}=0$，还满足 $\cos(x+\pi)=-\cos x$，所以 $f(x)=\cos x$ 是题设函数的一个特例.

由余弦函数 $f(x)=\cos x$ 是周期为 2π 的函数，推测题设函数是周期函数，$2C$ 可能就是它的一个周期. 事实上，由 $f(x+C)=-f(x)$ 可得，

$$\begin{aligned}f(x+2C)&=f[(x+C)+C]=-f(x+C)\\&=-[-f(x)]=f(x).\end{aligned}$$

故题设函数是周期函数，$2C$ 是它的一个周期.

例 13　设 $P_n=(1+x)^n$，$Q_n=1+nx+\frac{1}{2}n(n-1)x^2$，其中 $n\in\mathbf{N}$ 且 $n\geqslant 3$，$x\in(-1,+\infty)$. 试比较 P_n 与 Q_n 的大小.

分析　当 $x=0$ 时，$P_n=Q_n=1$. 当 $x\neq 0$ 且 $n\geqslant 3$ 时，

$$P_n-Q_n=\mathrm{C}_n^3x^3+\mathrm{C}_n^4x^4+\cdots+\mathrm{C}_n^nx^n.$$

(1) 若 $x\in(0,+\infty)$，因为 $\mathrm{C}_n^3x^3+\mathrm{C}_n^4x^4+\cdots+\mathrm{C}_n^nx^n>0$，所以 $P_n>Q_n$.

(2) 若 $x\in(-1,0)$，由于 $\mathrm{C}_n^3x^3+\mathrm{C}_n^4x^4+\cdots+\mathrm{C}_n^nx^n$ 中既有 x 偶次幂的项，又有 x 奇次幂的项，P_n-Q_n 的符号不明确. 不妨先就 $n=3,4$ 时进行探索：当 $n=3$ 时，

$$P_3-Q_3=\mathrm{C}_3^3x^3<0,\quad P_3<Q_3;$$

当 $n=4$ 时，

$$P_4-Q_4=\mathrm{C}_4^3x^3+\mathrm{C}_4^4x^4=4x^3+x^4=x^3(4+x)<0,\quad P_4<Q_4.$$

于是猜测当 $x\in(-1,0)$，$n\geqslant 3$ 时，$P_n<Q_n$，用数学归纳法不难证明猜测是正确的.

黑箱思想的独到之处在于通过外部观测可以了解黑箱整体功能的反应，但对内部的结构、机理、操作无可知晓. 数学题目，一般结论常常由特殊情况概括发展而来，解决这些问题有时可以通过对其实行特殊值的输入和输出的办法，寻求揭开黑箱的途径.

§2　辩证思想

从数学辩证思维的角度来看，矛盾的对立与统一、事物发展的由量变到质变、静止与运动、矛盾的特殊与一般、真理的相对与绝对、有限与无限等，这一对对矛盾，在一定条件下能够统一起来，并能互相转化. 解题就是解决矛盾，自然离不开辩证思想. 在许多情况下，解题需要分析矛盾的双方，找出转化的条件，不能单打一、钻牛角尖，要运用辩证思维，在辩证思想的策动下，获得问题解决.

辩证思想的运用通常体现为非线性结构与线性结构的转换、已知与未知的转换、常量与变量的转换、正面与反面的转换、静与动的转换、数与形的转换、有限与无限的转换等.

例 1　若 x,y,z 均为小于 1 的正实数，试证：$x(1-y)+y(1-z)+z(1-x)<1$.

分析　此题曾在第八章(第 7 节的例 5)中用数形结合证明过. 现在让我们从代数结构上再来分析一下.

这个待证关系式呈非线性结构形式，我们把其中的 y,z 看成常量，而把 x 看成变量，就可转换成关于 x 的线性结构形式，也就是关于 x 的一次不等式，因而可借用一次函数的图像特征予以解决.

证　设

$$f(x)=1-[x(1-y)+y(1-z)+z(1-x)]$$
$$=(y+z-1)x+(yz+1-y-z).$$

若 $y+z-1=0$，则 $f(x)=yz>0$. 若 $y+z-1\neq0$，又由于 $0<y,z<1$，所以

$$f(0)=yz+1-y-z=(1-y)(1-z)>0,$$
$$f(1)=y+z-1+(yz+1-y-z)=yz>0.$$

由一次函数的单调性知，当 $0<x<1$ 时，恒有 $f(x)>0$. 故原不等式成立.

例 2　对满足不等式 $|\log_2 p|<2$ 的一切实数 p，求使不等式 $x^2+px+1>3x+p$ 都成立的 x 的取值范围.

解　由 $|\log_2 p|<2$ 得 $\frac{1}{4}<p<4$. 将 $x^2+px+1>3x+p$ 整理得

$$(x-1)p+x^2-3x+1>0, \tag{1}$$

将 x 看成常量，p 看成变量，此式即呈线性结构. 显然，$x=1$ 时，不等式(1) 不成立.

令 $f(p)=(x-1)p+x^2-3x+1(x\neq1)$，则 $f(p)$ 是关于 p 的一次函数. 若要不等式(1) 对于满足 $\frac{1}{4}<p<4$ 的 p 都成立，则 $f(p)$ 在区间 $\left(\frac{1}{4},4\right)$ 上的图像应在 p 轴的上方，于是有

$$\begin{cases}f\left(\frac{1}{4}\right)=\frac{1}{4}(x-1)+x^2-3x+1=x^2-\frac{11}{4}x+\frac{3}{4}\geqslant0,\\ f(4)=4(x-1)+x^2-3x+1=x^2+x-3\geqslant0,\end{cases}$$

解之得 $x\leqslant\frac{-1-\sqrt{13}}{2}$ 或 $x\geqslant\frac{11+\sqrt{73}}{8}$.

例 3　求函数 $y=\frac{3+2\cos x+\sin x}{1+2\cos x+3\sin x}$ 的值域.

解　将原式去分母整理得

$$(2y-2)\cos x+(3y-1)\sin x+(y-3)=0.$$

将 y 看成常量，将 $\sin x$，$\cos x$ 看成两个不同的变量.

设 $A(\cos x,\sin x)$，则点 A 是直线

$$(2y-2)X+(3y-1)Y+(y-3)=0 \tag{1}$$

与圆

$$x^2+y^2=1 \tag{2}$$

的交点. 故(1)式和(2)式联立的方程组有实数解. 从而圆心(0,0)到直线(1) 的距离不大于半径 1，即

$$\frac{|y-3|}{\sqrt{(2y-2)^2+(3y-1)^2}}\leqslant1,$$

平方整理得 $y\geqslant1$ 或 $y\leqslant-\frac{1}{3}$. 故函数的值域是 $\left(-\infty,-\frac{1}{3}\right]\cup[1,+\infty)$.

例 4　若 $x^2+y^2=25$，求二元函数 $f(x,y)=\sqrt{8y-6x+50}+\sqrt{8y+6x+50}$ 的值域.

分析　函数式的两个被开方式均为 x,y 的线性结构. 注意到 x,y 系数之半的平方和恰好等于 25，因此，可利用条件将被开方式转换成 x,y 的非线性结构.

解　由于 $x^2+y^2=25$，所以

$$
\begin{aligned}
f(x,y)&=\sqrt{x^2+y^2+8y-6x+25}+\sqrt{x^2+y^2+8y+6x+25}\\
&=\sqrt{(x-3)^2+(y+4)^2}+\sqrt{(x+3)^2+(y+4)^2}.
\end{aligned}
$$

这表明 $f(x,y)$ 是圆 $x^2+y^2=25$ 上的动点 $P(x,y)$ 到二定点 $A(-3,-4)$，$B(3,-4)$ 的距离之和，即 $f(x,y)=|PA|+|PB|$，如图 9－2 所示.

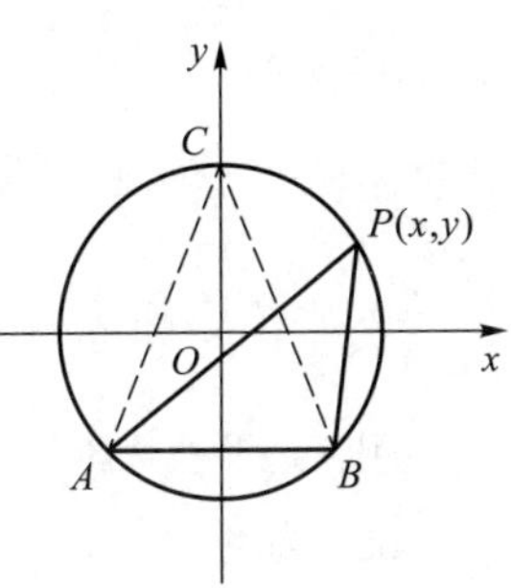

图 9－2

而 $f(x,y)_{\min}=|AB|=6$，$f(x,y)_{\max}=2|AC|=6\sqrt{10}$. 所以，所求函数的值域为 $[6,6\sqrt{10}]$.

例 5　解不等式 $|x+1|+|x-2|>|2x-1|$.

分析　将不等式中的绝对值符号视而不见，便发现一个奇妙的关系式

$$(x+1)+(x-2)=2x-1.$$

进而想到不等式 $|a|+|b|>|a+b|$，根据实数绝对值的意义，易知此不等式成立的充要条件是 $ab<0$，因此原不等式等价于

$$(x+1)(x-2)<0,$$

解之得 $-1<x<2$.

这里注意了从线性结构 $(x+1)+(x-2)=2x-1$ 到非线性结构 $(x+1)(x-2)<0$ 的转换.

例 6　试求常数 m 的范围，使曲线 $y=x^2$ 的所有弦都不能被直线 $y=m(x-3)$ 垂直平分.

分析　“不能”的反面是“能”，垂直平分弦就是曲线上两点关于直线对称的问题，那么问题可转化为：为使曲线 $y=x^2$ 上存在两个对称于直线 $y=m(x-3)$ 的点，求 m 的取值范围.

解　$m=0$ 符合题意，当 $m\neq 0$ 时，若抛物线上两点 (x_1,x_1^2)，(x_2,x_2^2) 关于直线 $y=m(x-3)$ 对称，则

$$
\begin{cases}
\dfrac{x_1^2+x_2^2}{2}=m\left(\dfrac{x_1+x_2}{2}-3\right),\\[2ex]
\dfrac{x_1^2-x_2^2}{x_1-x_2}=-\dfrac{1}{m}.
\end{cases}
$$

所以

$$\begin{cases} x_1^2+x_2^2=m(x_1+x_2-6), \\ x_1+x_2=-\dfrac{1}{m}, \end{cases}$$

消去 x_2 得

$$2x_1^2+\frac{2}{m}x_1+\frac{1}{m^2}+6m+1=0.$$

因为，$x_1\in\mathbf{R}$，所以 $\Delta=4\left(\dfrac{-12m^3-2m^2-1}{m^2}\right)>0$，即

$$(2m+1)(6m^2-2m+1)<0,$$

解得 $m<-\dfrac{1}{2}$. 此时，抛物线上存在两点关于直线 $y=m(x-3)$ 对称.

故所求 m 的范围为 $m\geqslant-\dfrac{1}{2}$.

例 7　设△ABC 是正三角形，P 是三角形外一点，试证：$PA\leqslant PB+PC$.

证　如图 9-3 所示，以点 B 为中心将△BPC 逆时针旋转 60°，旋转后点 C 与点 A 重合，点 P 落在点 D 处.

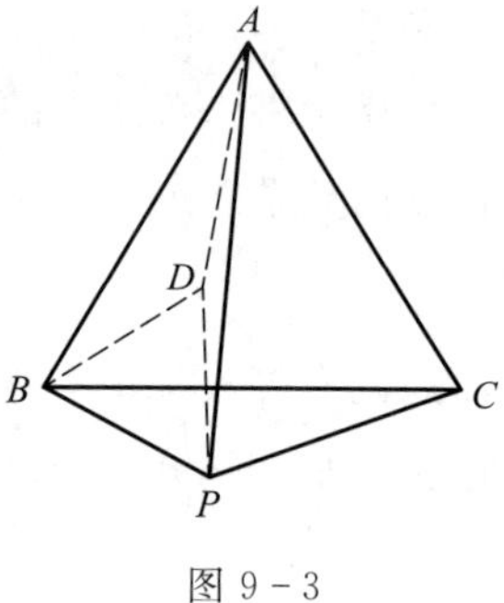

图 9-3

若点 P 在△ABC 的外接圆上，$\angle BPA=60°$，则点 D 落在 PA 上，此时有 $PB+PC=PD+DA=PA$；

若点 P 不在△ABC 的外接圆上，连接 DP，则由 $\angle PBD=60°$ 知，△BPD 是等边三角形，有 $PD=BD=PB$，从而 $PB+PC=PD+DA>PA$.

综上，有 $PA\leqslant PB+PC$.

此题的证明体现出以动制静、动静互化的辩证思想.

例 8　对任意的自然数 n，必有自然数 p，使 $(\sqrt{2}-1)^n=\sqrt{p}-\sqrt{p-1}$ 成立.

证　当 $n=1$ 时，$p=2$，命题成立.

假设 $n=k$ 时命题为真，即当 $n=k$ 时，必有自然数 p，使

$$(\sqrt{2}-1)^k=\sqrt{p}-\sqrt{p-1} \tag{1}$$

成立. 两边同乘 $\sqrt{2}-1$，得

$$\begin{aligned}&(\sqrt{2}-1)^{k+1}\\ =&(\sqrt{2}-1)(\sqrt{p}-\sqrt{p-1})\\ =&\sqrt{2p}+\sqrt{p-1}-(\sqrt{2(p-1)}+\sqrt{p})\\ =&\sqrt{(\sqrt{2p}+\sqrt{p-1})^2}-\sqrt{(\sqrt{2(p-1)}+\sqrt{p})^2}\\ =&\sqrt{(3p-1)+2\sqrt{2p(p-1)}}-\sqrt{[(3p-1)+2\sqrt{2p(p-1)}]-1}.\end{aligned}$$

令 $p'=(3p-1)+2\sqrt{2p(p-1)}$，则

$$(\sqrt{2}-1)^{k+1}=\sqrt{p'}-\sqrt{p'-1}, \tag{2}$$

以下证明 p'为自然数.

因为 p 为自然数,所以当$\sqrt{2p(p-1)}$为自然数时,p'就是自然数. 记(1) 式左边展开的结果为 $a+b\sqrt{2}$,由 $0<\sqrt{2}-1<1$ 知,

$$0<(\sqrt{2}-1)^{k}=a+b\sqrt{2}<1,$$

因此 a,b 为符号相反的整数,则

$$a+b\sqrt{2}=\sqrt{p}-\sqrt{p-1},$$

$$a^{2}+2\sqrt{2}ab+2b^{2}=2p-1-2\sqrt{p(p-1)}.$$

因为 a,b 和 p 均为整数,所以

$$2\sqrt{2}ab=-2\sqrt{p(p-1)}, \quad 即 \quad \sqrt{2p(p-1)}=-2ab,$$

而 a,b 为符号相反的整数,所以$\sqrt{2p(p-1)}$为自然数. 因此,当 $n=k+1$ 时,必有自然数 p',使(2) 式成立.

由以上知对任意自然数 n,命题均成立.

此例表明,无限不能脱离有限而存在,没有有限就没有无限,要正确认识无限,必须用有限来定量描述无限,也就是用一系列无限多个定量来描述无限. 有限与无限的转化,是高等数学研究的主要内容. 在初等数学中,有限与无限的辩证思想也有着广泛的运用.

§3 运动变化思想

在辩证唯物主义的自然观中,“运动”是一个具有普遍意义的概念范畴. 恩格斯(Engels)曾这样描述过:“运动,就最一般的意义来说,它被理解为存在的方式,被理解为物质固有的属性,它包括宇宙中发生的一切变化和过程,从单纯的位置移动起直到思维”.

事物的静止状态不是绝对的,而是相对的,运动则是绝对的、永恒的,静止只是运动的一种特殊的表现形式. 数学对象中体现着运动变化规律,因此在解题中采用“动中求静,以静观动”的思考方法以及将某些数学问题的定性研究转化为定量分析,使认知由静态发展到动态. “生命在于运动”,解题在于灵活,灵活源于运动变化思想.

在数学解题中,可用动的观点来处理静的数量和形态,将常数看成变数的取值,将离散看成连续的特例,将方程或不等式看成函数的取值,将静止状态看成运动过程的瞬间,常常会使问题的求解“别开生面”. 化静为动,从运动变化中理解数学对象的变化发展过程;动中寓静,从不变中把握数学对象变化的本质特征;动静转化,充分揭示运动形态间的相互联系.

例 1　已知 a,b,c 两两不等，解关于 x,y,z 的方程组

$$\begin{cases}x+ay+a^2z+a^3=0,\\x+by+b^2z+b^3=0,\\x+cy+c^2z+c^3=0.\end{cases}$$

分析　此题一般用克拉默(Cramer)法则解之，但较烦琐. 用运动变化思想来看，可把 x,y,z 看成常量，把常量 a,b,c 看成变量 t 的三个取值，则已知的三个方程被统一为：关于 t 的三次方程 $t^3+zt^2+yt+x=0$ 有三个根 a,b,c. 根据根与系数的关系，立即得

$$\begin{cases}a+b+c=-z,\\ab+bc+ca=y,\\abc=-x.\end{cases}$$

故原方程的解为

$$\begin{cases}x=-abc,\\y=ab+bc+ca,\\z=-(a+b+c).\end{cases}$$

例 2　解不等式：(1) $x^2+2x-8\leqslant 0$；(2) $x^2+8x+15\geqslant 0$.

解　(1) 化静为动，设 $x^2+2x-8=-y^2\leqslant 0$. 从而得到一个轨迹方程

$$(x+1)^2+y^2=9.$$

如图 9-4 所示，对每一个 y 值，所对应的 x 均为原不等式的解. 反之，原不等式的每一个解也都有 y 值与之对应. 轨迹圆中 x 的坐标取值范围为$[-4,2]$，所以原不等式的解为$-4\leqslant x\leqslant 2$.

(2) 化静为动，设 $x^2+8x+15=y^2\geqslant 0$，得到双曲线

$$(x+4)^2-y^2=1.$$

如图 9-5 所示，双曲线上 x 坐标的取值范围即为原不等式的解集：$x\leqslant -5$ 或 $x\geqslant -3$.

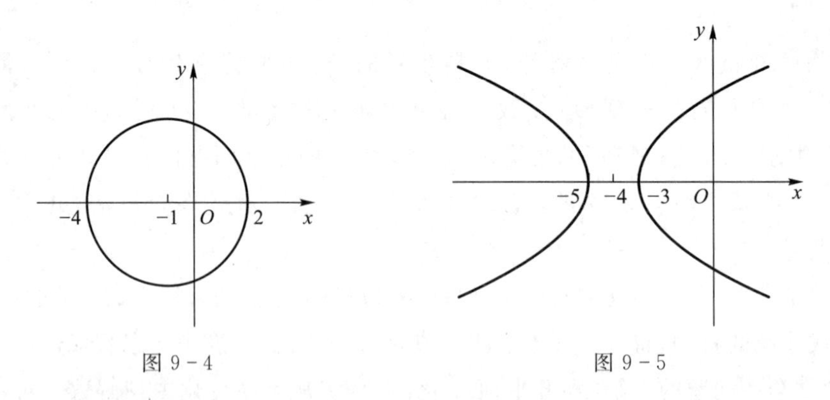

图 9-4　　　　图 9-5

例 3　已知圆的方程是 $x^2+y^2=r^2$，求经过圆上的一点$M(x_0,y_0)$的切线方程.

分析　运用运动变化思想，点 $M(x_0,y_0)$视为圆$(x-x_0)^2+(y-y_0)^2=R^2$ 当 $R\to 0$

时的极限状态，则所求的切线是定圆 $x^2+y^2=r^2$ 与动圆 $(x-x_0)^2+(y-y_0)^2=R^2$ 的公共弦当 $R\to 0$ 时的极限状态，即该切线方程为

$$[(x-x_0)^2+(y-y_0)^2]-(x^2+y^2-r^2)=0,$$

亦即 $xx_0+yy_0=r^2$.

这一解题过程表明，圆的切线是割线运动的特殊形式.

例 4　求顶点为 $A(6,6)$，$B(-4,3)$，$C(-1,-7)$，$D(9,-4)$ 的正方形在第一象限的面积.

分析　静止地看待此题，计算过程较繁. 若用运动变化思想分析，不难发现正方形 $ABCD$ 所在的位置是正方形 $AB'C'D'$ 绕点 A 转动中的某一位置，如图 9-6 所示. 显然 $\angle NAQ=\angle MAG$，即 $\mathrm{Rt}\triangle ANQ\cong\mathrm{Rt}\triangle AMG$，则所求的面积

$$S_{OQAG}=S_{ONAM}=6\times 6=36.$$

可见，只有用运动变化的思想才能深刻地理解处于静止中的数学对象.

例 5　已知点 P 在圆 C：$x^2+(y-4)^2=1$ 上移动，点 Q 在椭圆 C_1：$\dfrac{x^2}{4}+y^2=1$ 上移动，求 $|PQ|$ 的最大值，并求 $|PQ|$ 取得最大值时 P，Q 两点的坐标.

分析　此题从表面上看是很复杂的，如图 9-7 所示. 因为 P，Q 两点分别在两条曲线上运动，$|PQ|$ 无法用一个变量表示出来. 这就要求动中寻静，可先将点 Q 固定起来，让点 P 在圆 C 上运动. 欲使 $|PQ|$ 最大，则线段 PQ 必通过圆心 O_1. 然后让点 Q 在 C_1 上移动，上述性质在 P，Q 运动的过程中是不变的，即

$$\max|PQ|=\max|QO_1|+|O_1P|=\max|QO_1|+1.$$

设点 Q 的坐标为 $(2\cos\theta,\sin\theta)$，则

$$|QO_1|^2=(2\cos\theta)^2+(4-\sin\theta)^2=\frac{76}{3}-3\left(\sin\theta+\frac{4}{3}\right)^2.$$

显然当 $\sin\theta=-1$ 时，$|QO_1|$ 最大，$\max|QO_1|=5$，则

$$\max|PQ|=5+1=6,$$

此时 P，Q 两点的坐标分别为 $(5,0)$，$(0,-1)$.

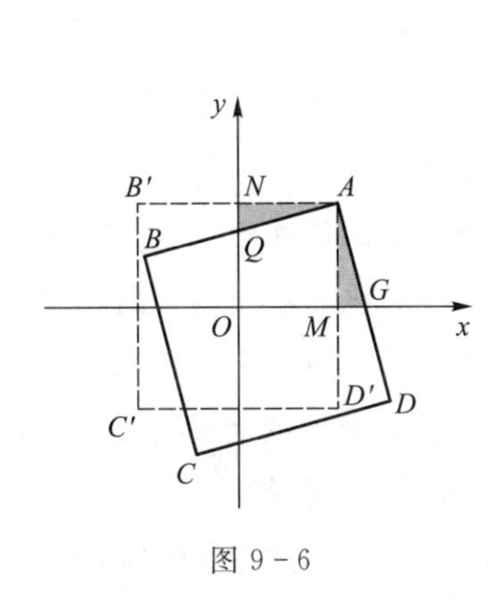

图 9-6

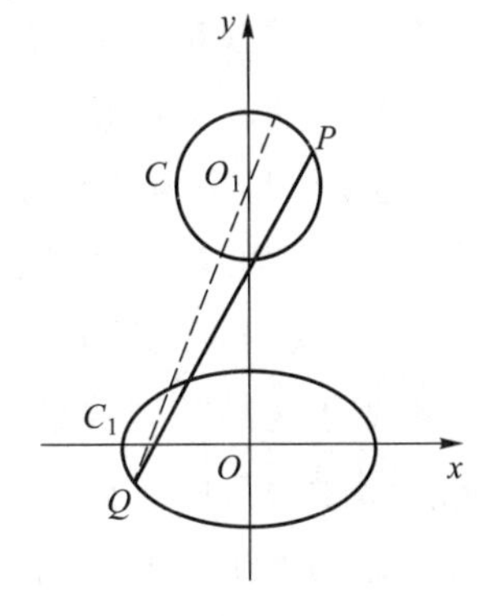

图 9-7

例 6　已知边长为$\sqrt{2}$的正三角形 ABC 的两个顶点 B,A 分别在 x 轴和直线$y=x$上滑动,求顶点 C 的轨迹的标准方程.

分析　作$\triangle AOB$ 的外接圆 O_1,由正弦定理知圆 O_1 的直径 $2r_1=\dfrac{\sqrt{2}}{\sin\dfrac{\pi}{4}}$,即$r_1=1$.因此圆 O_1 可视为不变地联系于运动的正三角形 ABC,若在该圆中引通过点 C 的直径 PQ,$|PQ|=2$. 不难计算

$$|PC|=\frac{\sqrt{6}+\sqrt{2}-2}{2},\quad |QC|=\frac{\sqrt{6}+\sqrt{2}+2}{2}.$$

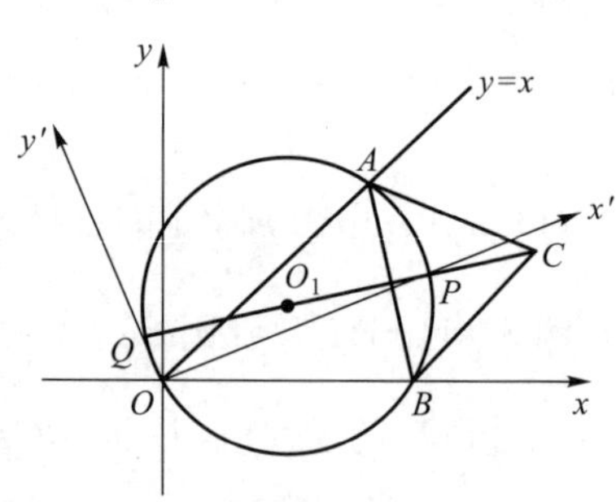

图 9-8

由于圆 O_1 不变地联系于$\triangle ABC$,则$\overset{\frown}{QB}$,$\overset{\frown}{BP}$都在运动中保持弧长不变,故$\angle xOQ$,$\angle xOP$ 也在动中保持度量不变,于是直线 OQ,OP 都有定向. 因为 $OP\perp OQ$,选取 OP 为 x'轴,OQ 为 y'轴,如图 9-8 所示,动点 P,Q 在坐标轴上滑动,且$|PC|$,$|QC|$已求得,则点 C 在新坐标系 $x'Oy'$中的轨迹方程为

$$\frac{x'^2}{\left(\dfrac{\sqrt{6}+\sqrt{2}+2}{2}\right)^2}+\frac{y'^2}{\left(\dfrac{\sqrt{6}+\sqrt{2}-2}{2}\right)^2}=1.$$

上述分析过程充分揭示了变与不变、运动与静止的相对性,展示了从不同角度审视同一运动的不同状态和这些状态相互转化的辩证过程,深刻地体现了动中有静、以静察动的运动观.

§4　建 模 思 想

模型是相对原型而言的,原型是指在现实世界中所遇到的客观事物,而模型则是对客观事物有关属性的模拟. 换句话说,模型就是对原型的一种抽象或模仿,这种抽象应该抓住事物的本质. 因此,模型应该反映原型,但又不等于原型. 人们对复杂事物的认识,常常是通过模型来间接地研究原型的规律性.

所谓数学模型,指的是对现实原型为了某种目的而作抽象、简化的数学结构,它是使用数学符号、数学式子及数量关系对原型作一种简化而本质的刻画,比如方程、函数等概念都是从客观事物的某种数量关系或空间形式中抽象出来的数学模型. 关于原型进行具体构造数学模型的过程称为数学建模. 数学建模的活动过程包括:

(1) 分析问题:了解问题的实际背景知识,掌握第一手资料;

(2) 假设化简:根据问题的特征和目的,对问题进行化简,并用精确的数学语言来描述;

(3) 建模：在假设的基础上，利用适当的数学工具、数学知识来刻画变量之间的数量关系，建立其相应的数学结构；

(4) 求解并检验模型：对模型进行求解，并将模型结果与实际情形相比较，以此来验证模型的准确性. 如果模型与实际吻合较差，则应修改假设再次重复建模的过程；

(5) 分析：如果模型与实际比较吻合，则要对计算的结果给出其实际含义，并进行解释.

数学建模灵活综合地运用数学知识来处理和解决实际问题，因而它是问题解决的重要方面. 数学问题并不全是模型化了的常规问题，还有大量的非常规问题和客观实际问题，比如应用题，从普遍意义上说，实际问题比模型化的纯数学问题更符合问题的本质. 建模思想强调的就是在解决这类数学问题时，首先应有数学建模的自觉意识或观点，这实际上就是数学知识的应用意识.

例 1　某地为促进淡水鱼养殖业务的发展，将价格控制在适当范围内，决定对淡水鱼养殖提供政府补贴. 设淡水鱼的市场价格为 x 元/kg，政府补贴为 t 元/kg，根据市场调查，当 $8\leqslant x\leqslant 14$ 时，淡水鱼的市场日供应量 P kg 与日需求量 Q kg 近似满足关系

$$P=1\,000(x+t-8)\quad (x\geqslant 8, t\geqslant 0),$$

$$Q=500\sqrt{40-(x-8)^2}\quad (8\leqslant x\leqslant 14).$$

当 $P=Q$ 时的市场价格称为市场平衡价格.

(1) 将市场平衡价格表示为政府补贴的函数并求出函数的定义域；

(2) 为使市场平衡价格不高于 10 元/kg，政府补贴至少为多少元每千克？

分析　利用条件 $P=Q$ 解出 x，得出函数关系式，然后通过解不等式组确定函数定义域，再根据 $x\leqslant 10$ 解出 t 的范围.

解　(1) 依题意有

$$1\,000(x+t-8)=500\sqrt{40-(x-8)^2},$$

化简得

$$5x^2+(8t-80)x+(4t^2-64t+280)=0.$$

当判别式 $\Delta=800-16t^2\geqslant 0$ 时，可得

$$x=8-\frac{4}{5}t\pm\frac{2}{5}\sqrt{50-t^2}.$$

由 $\Delta\geqslant 0$，$t\geqslant 0$ 和 $8\leqslant x\leqslant 14$，得不等式组

$$①\begin{cases}0\leqslant t\leqslant\sqrt{50},\\ 8\leqslant 8-\dfrac{4}{5}t+\dfrac{2}{5}\sqrt{50-t^2}\leqslant 14;\end{cases}$$

$$②\begin{cases}0\leqslant t\leqslant\sqrt{50},\\ 8\leqslant 8-\dfrac{4}{5}t-\dfrac{2}{5}\sqrt{50-t^2}\leqslant 14.\end{cases}$$

由不等式组①得 $0\leqslant t\leqslant\sqrt{10}$，不等组②无解.

故所求的关系式为 $x=8-\frac{4}{5}t+\frac{2}{5}\sqrt{50-t^2}$，函数的定义域为$[0,\sqrt{10}]$.

(2) 为使 $x\leqslant 10$，应有 $8-\frac{4}{5}t+\frac{2}{5}\sqrt{50-t^2}\leqslant 10$，化简得 $t^2+4t-5\geqslant 0$，解得 $t\geqslant 1$ 或 $t\leqslant -5$. 因为 $t\geqslant 0$，所以 $t\geqslant 1$，即政府补贴至少为 1 元/kg.

例 2　发电厂主控制室的工作人员，主要是根据仪表的数据变化加以操作控制的. 若仪表高 m m，底边距地面 n m，如图 9－9 所示，工作人员坐在椅子上，眼睛距地面的高度为 1.2 m($n>1.2$)，问工作人员坐在什么位置看得最清楚？

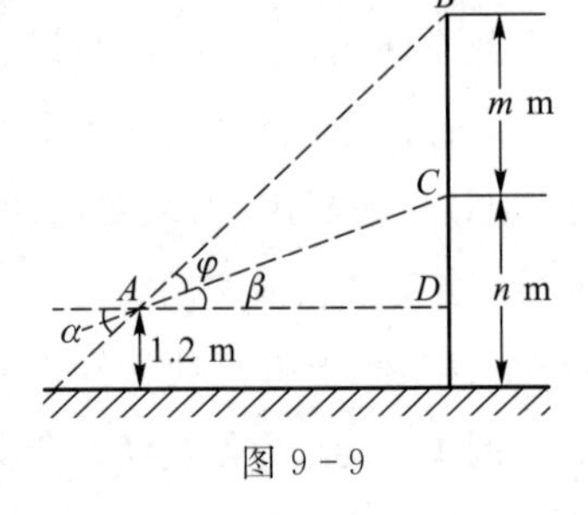

图 9－9

分析　工作人员观察仪表看得最清楚的位置，就是使$\angle BAC$ 达到最大时点 A 的位置. 而由于$\angle BAC$ 是锐角，因此要使它达到最大，可以转化为要求该角的正切最大，即 $\tan\angle BAC$ 达到最大值. 于是我们就应该设法建立 $\tan\angle BAC$ 的函数模型.

解　设 $AD=x$ m，$CD=p$ m，在 Rt$\triangle ABD$ 中，

$$\tan\alpha=\frac{BD}{AD}=\frac{m+p}{x},$$

在 Rt$\triangle ACD$ 中，

$$\tan\beta=\frac{CD}{AD}=\frac{p}{x},$$

从而

$$\begin{aligned}\tan\varphi&=\tan(\alpha-\beta)=\frac{\tan\alpha-\tan\beta}{1+\tan\alpha\tan\beta}\\&=\frac{\frac{m+p}{x}-\frac{p}{x}}{1+\frac{(m+p)p}{x^2}}=\frac{m}{x+\frac{p(m+p)}{x}}.\end{aligned}$$

因为 $x>0$，所以 $x+\frac{(m+p)p}{x}\geqslant 2\sqrt{p(m+p)}$，且

$$\tan\varphi\leqslant\frac{m}{2\sqrt{p(m+p)}}.$$

当且仅当 $x=\sqrt{p(m+p)}$ 时，$\tan\varphi$ 有最大值，由于 $0^\circ<\varphi<90^\circ$，φ 也有最大值，此时工作人员看得最清楚. 因为 $p=n-1.2$(m)，所以工作人员看得最清楚的位置应该为 $x=\sqrt{(n-1.2)(m+n-1.2)}$(m).

例 3　甲、乙两地相距 s(单位:km)，汽车从甲地匀速行驶到乙地，速度不得超过 c(速度单位均为 km/h). 已知汽车每小时的运输成本(单位:元)由可变部分和固定部分组成:可变部分与速度 v 的平方成正比，比例系数为 b；固定部分为 a 元.

(1) 把全程运输成本 y(单位:元)表示为速度 v 的函数,并指出这个函数的定义域;

(2) 为了使全程运输成本最小,汽车应以多大速度行驶?

分析　(1) 首先要弄清楚全程运输成本是如何组成的,它是每小时运输成本与行驶时间的积;(2) 只要根据成本函数的表达式,求出最小值.

解　(1) 由已知可知,汽车从甲地到乙地所用时间为$\frac{s}{v}$,全程运输成本为

$$y=a\cdot\frac{s}{v}+bv^2\cdot\frac{s}{v}=s\left(bv+\frac{a}{v}\right),$$

故所求函数为 $y=s\left(bv+\frac{a}{v}\right),v\in(0,c]$.

(2) 依题意,s,a,b,v 都为正数,故有

$$s\left(bv+\frac{a}{v}\right)\geqslant 2s\sqrt{ab}.$$

当且仅当$\frac{a}{v}=bv$,即 $v=\sqrt{\frac{a}{b}}$ 时上式等号成立. 故若$\sqrt{\frac{a}{b}}\leqslant c$,则当 $v=\sqrt{\frac{a}{b}}$ 时,y 最小;若$\sqrt{\frac{a}{b}}>c$,则当 $v=c$ 时,y 最小.

因此,欲使全程运输成本 y 最小,当$\frac{\sqrt{ab}}{b}\leqslant c$ 时,汽车行驶速度应为 $v=\frac{\sqrt{ab}}{b}$;当$\frac{\sqrt{ab}}{b}>c$ 时,汽车行驶速度应为 $v=c$.

例 4　某建筑工地要挖一个横截面为半圆的柱形土坑,挖出的土只能沿 AP,BP 运到点 P 处(图 9-10),其中 $AP=100$ m,$BP=150$ m,$\angle APB=60°$,问怎样运土才能最省工?

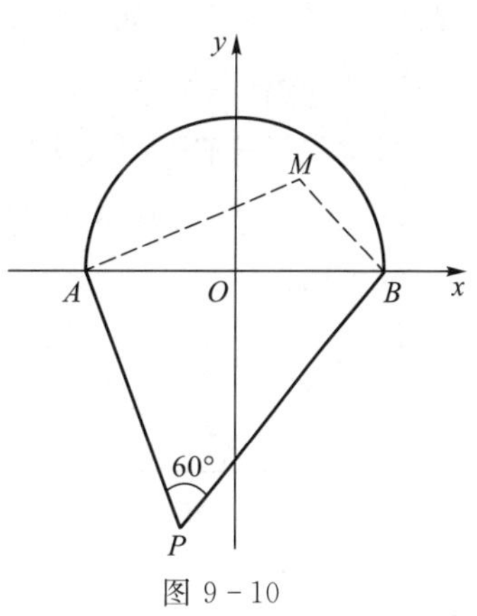

图 9-10

分析　省工即到点 P 的距离最近. 半圆中的点有 3 类:(1) 沿 AP 到点 P 较近;(2) 沿 BP 到点 P 较近;(3) 沿 AP,BP 到点 P 等距离,其中第(3) 类点集是第(1),(2) 类点集的交集(分界线).

设点 M 是分界线上的任一点,则

$$|MA|+|AP|=|MB|+|BP|,$$

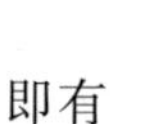
即有

$$|MA|-|MB|=|BP|-|AP|=50.$$

所以,建立如图 9-10 所示的直角坐标系,点 M 在以 A,B 为焦点的双曲线右支上,$|AB|^2=17\ 500$.

故边界线是双曲线弧$\frac{x^2}{625}-\frac{y^2}{3\ 750}=1(x\geqslant 25)$.

例 5　某商品每件成本 9 元，售价 30 元，每星期卖出 432 件. 如果降低价格，销售量可以增加，且每星期多卖出的商品件数与商品单价的降低值 x（单位：元，$0\leqslant x\leqslant 30$）的平方成正比. 已知商品单价降低 2 元时，一星期多卖出 24 件.

（1）将一个星期的商品销售利润表示成 x 的函数 $f(x)$；

（2）如何定价才能使一个星期的商品销售利润最大？

分析　（1）联想常用数学模型"单位量×单位数＝总量".

设每星期多卖出的商品件数为 y，由题设有 $y=kx^2$，其中，k 取大于 0 的常值，相当于单位量，x^2 为单位数，y 为总量. 又由已知，$24=k\cdot 2^2$，得 $k=6$. 于是，$y=6x^2$.

依据题意，确定本题数学模型为

一个星期商品销售利润＝每件商品销售利润×一个星期商品销售件数.

所以 $f(x)=(30-x-9)(432+6x^2)$，故

$$f(x)=-6x^3+126x^2-432x+9\ 072\quad (0\leqslant x\leqslant 30).$$

（2）由(1)，得 $f'(x)=-18x^2+252x-432=-18(x-2)(x-12)$. 联想三次函数 $f(x)$的大致图像知 $x=12$ 时，$f(x)$取极大值. 又因为 $f(0)=9\ 072$，$f(12)=11\ 664$，所以定价为 $30-12=18$(元)能使一个星期的商品销售利润最大.

例 6　甲、乙两粮库向 A，B 两镇调运大米. 已知甲库可调出 100 t 大米，乙库可调出 80 t 大米；A 镇需 70 t 大米，B 镇需 110 t 大米. 又知甲库到 A，B 两镇的距离分别为 20 km 和 25 km，乙库到 A，B 两镇的距离分别为 15 km 和 20 km；甲库到 A，B 两镇的运费分别为 12 元/(t·km)和 10 元/(t·km)，乙库到 A，B 两镇的运费分别为 12 元/(t·km)和 8 元/(t·km). 这两个粮库各运往两镇多少吨大米，才能使总运费最省？此时总运费是多少？

分析　先确定本题基本元关系：每吨每千米运费×吨数×千米数＝运费. 每吨每千米运费为第一类基本元，吨数、千米数为第二类基本元，运费为第三类基本元. 设甲库调往 A，B 两镇大米吨数分别为 x，$(100-x)$，乙库调往 A，B 两镇大米吨数分别为 y，$(80-y)$. 各类基本元最简化如表 9-1 所示.

表 9-1　三类基本元与运费的关系

镇别	单位量/(元·t^{-1}·km^{-1})		单位数				运费/元	
			调米量/t		距离/km			
	甲库	乙库	甲库	乙库	甲库	乙库	甲库	乙库
A 镇	12	12	x	y	20	15	$12x\cdot 20$	$12y\cdot 15$
B 镇	10	8	$100-x$	$80-y$	25	20	$10(100-x)\cdot 25$	$8(80-y)\cdot 20$

由运费元间关系，总运费

$$F=12x\cdot 20+10(100-x)\cdot 25+12y\cdot 15+8(80-y)\cdot 20.\qquad(1)$$

又由题，吨数元 x，y 间有关系

$$x+y=70. \tag{2}$$

整合(1)式和(2)式,得目标元(关系)

$$F=-30x+39\ 200.$$

故总运费(目标元)F 是 x 的一次函数,并且随 x 增大而减小. 因为 $0\leqslant x\leqslant 70$,所以,当 $x_{max}=70$,即甲库调往 A 镇大米 70 t,调往 B 镇大米 30 t,乙库调往 B 镇大米 80 t 时,总运费 F 最小. $F_{min}=-30\times 70+39\ 200=37\ 100$(元).

§5　审美思想

自然界是美的,自然界的美构成了一切审美对象的原始基础. 数学是对自然界的抽象化描述,自然界的美的特征无疑在数学模式中要有所呈现,这就是数学内容的规律性、有序性,如简单、对称、和谐、统一等. 这些有序化特征也构成了数学的自由性本质,这就是所谓的"数学美".

对数学美的追求既是数学家从事创造活动的动力之一,又是他们进行判断和选择的重要标准,因而追求数学美是数学发现的重要因素. 德国数学家外尔(Weyl)说:"我的工作就是努力把真与美统一起来;要是我不得不在其中选择一个,我常常是选择美."著名数学家冯·诺伊曼(Von Neumann)强调:"我认为数学家无论是选择题材还是判断成功的标准主要都是美学的."鲁宾逊(Robinson)也曾写道:"这是一个事实,就是已经组织起来的数学世界在很大程度上是按我们关于数学美及纯粹数学的重要性的直觉组织起来的."科学史上的无数事例已证实了这一点.

简洁性、对称性、统一性、和谐性和奇异性等数学美的特性是重要的方法论因素,数学家通过追求数学美而进行发明创造. 例如,欧几里得几何第五公设看起来不像前四条那样简明,人们便怀疑其作为公设的资格,追求它的证明而使得非欧几里得几何诞生. 二进制从某种意义上讲,是从逻辑关系的简明性考虑引出的结果. 而加法与减法、乘法与除法、微分与积分等逆运算的建立,就是追求对称美的产物. 真数 N 与常用对数 $\lg N$ 的增长表现出明显的不对称,而且真数的增长均匀,而常用对数的增长却不均匀,数学家从对称美的角度考虑而发现了自然对数. 又如,在平面内,两点能确定一条直线,反之,两条直线未必能有一个交点. 为了解除这个不对称关系,法国数学家德萨格(Desargues)大胆设想:两条平行线相交于一个理想点(无穷远点),这样便创立了对偶原理(射影平面内的定理中,将"直线"与"点"互换后结论仍成立)以至射影几何学. 数学的三次危机表明,为消除悖论而引发了数学的重大进展,这是数学家追求和谐美的典范. 而公理化方法也正是为了追求系统内部的简洁与和谐.

用审美获取数学发现已成为不争的事实,这个过程被称为数学中的美学方法. 解题与数学发现有着相同创造本质,在数学解题中,往往是通过数学审美而获得数学美的直觉,使题感经验与审美直觉相配合,激活数学思维中的关联因素,从而产生解题思路. 与方法和策略相比,用数学审美启发解题思路应是指导性原则,我们称之为审美思想. 法国著名数学家庞加莱说过:"缺乏这种审美感的人永远不会成为真正的创造者."

例 1　(1) 若 $f[f(x)]=\dfrac{x+1}{x+2}$,猜测 $f(x)$ 可能的解析式;

(2) 若 $f[f(x)]=f^2(x)$,猜测 $f(x)$ 可能的解析式.

分析　通过审美、直觉调整,可直接看出:

(1) $f[f(x)]=\dfrac{1}{1+\dfrac{1}{1+x}}$,所以 $f(x)=\dfrac{1}{1+x}$;

(2) $f(x)=x^2$.

例 2　求证:$\cos\dfrac{\pi}{999}+\cos\dfrac{3\pi}{999}+\cdots+\cos\dfrac{997\pi}{999}=\dfrac{1}{2}$.

分析　求证式左边角之间的等差关系整齐美观,出于对称美(补美法)的考虑,可进行整体构造并联想到复数.

证　令

$$M=\cos\frac{\pi}{999}+\cos\frac{3\pi}{999}+\cdots+\cos\frac{997\pi}{999},$$

$$N=\sin\frac{\pi}{999}+\sin\frac{3\pi}{999}+\cdots+\sin\frac{997\pi}{999},$$

并设 $z=\cos\dfrac{\pi}{999}+\mathrm{i}\sin\dfrac{\pi}{999}$,则 $z^{999}=-1$. 这时,有

$$\begin{aligned}M+\mathrm{i}N&=z+z^3+z^5+\cdots+z^{997}\\&=\frac{z[1-(z^2)^{499}]}{1-z^2}=\frac{z-z^{999}}{1-z^2}=\frac{z+1}{1-z^2}\\&=\frac{1}{1-z}=\frac{1}{1-\cos\frac{\pi}{999}-\mathrm{i}\sin\frac{\pi}{999}}\\&=\frac{1-\cos\frac{\pi}{999}+\mathrm{i}\sin\frac{\pi}{999}}{\left(1-\cos\frac{\pi}{999}\right)^2+\sin^2\frac{\pi}{999}}\\&=\frac{1-\cos\frac{\pi}{999}+\mathrm{i}\sin\frac{\pi}{999}}{2-2\cos\frac{\pi}{999}}=\frac{1}{2}+\mathrm{i}\,\frac{1}{2}\cot\frac{\pi}{1998},\end{aligned}$$

所以

$$M=\cos\frac{\pi}{999}+\cos\frac{3\pi}{999}+\cdots+\cos\frac{997\pi}{999}=\frac{1}{2}.$$

用同样的方法可以证明:设 $\sin\dfrac{\alpha}{2}\neq 0$,则

$$\sin\alpha+\sin 2\alpha+\sin 3\alpha+\cdots+\sin n\alpha=\frac{\sin\frac{n\alpha}{2}\sin\frac{n+1}{2}\alpha}{\sin\frac{\alpha}{2}}.$$

一般说来，只要令 $z=\cos\frac{\pi}{2n+1}+\mathrm{i}\sin\frac{\pi}{2n+1}$，并通过下列等比数列前 n 项和的实部：

(1) $z+z^3+z^5+\cdots+z^{2n-1}$；

(2) $z^2+z^4+z^6+\cdots+z^{2n}$；

(3) $z+z^2+z^3+\cdots+z^{2n}$，

可以求出下列系列题：

$$\cos\frac{\pi}{3}=\frac{1}{2},$$

$$\cos\frac{\pi}{5}+\cos\frac{3\pi}{5}=\frac{1}{2},$$

$$\cos\frac{\pi}{7}+\cos\frac{3\pi}{7}+\cos\frac{5\pi}{7}=\frac{1}{2},$$

$$\cos\frac{\pi}{9}+\cos\frac{3\pi}{9}+\cos\frac{5\pi}{9}+\cos\frac{7\pi}{9}=\frac{1}{2},$$

$$\cos\frac{\pi}{11}+\cos\frac{3\pi}{11}+\cos\frac{5\pi}{11}+\cos\frac{7\pi}{11}+\cos\frac{9\pi}{11}=\frac{1}{2},$$

$\cdots$,

$$\cos\frac{\pi}{2n+1}+\cos\frac{3\pi}{2n+1}+\cos\frac{5\pi}{2n+1}+\cdots+\cos\frac{(2n-1)\pi}{2n+1}=\frac{1}{2},$$

$$\cos\frac{2\pi}{3}=-\frac{1}{2},$$

$$\cos\frac{2\pi}{5}+\cos\frac{4\pi}{5}=-\frac{1}{2},$$

$$\cos\frac{2\pi}{7}+\cos\frac{4\pi}{7}+\cos\frac{6\pi}{7}=-\frac{1}{2},$$

$$\cos\frac{2\pi}{9}+\cos\frac{4\pi}{9}+\cos\frac{6\pi}{9}+\cos\frac{8\pi}{9}=-\frac{1}{2},$$

$$\cos\frac{2\pi}{11}+\cos\frac{4\pi}{11}+\cos\frac{6\pi}{11}+\cos\frac{8\pi}{11}+\cos\frac{10\pi}{11}=-\frac{1}{2},$$

$\cdots$,

$$\cos\frac{2\pi}{2n+1}+\cos\frac{4\pi}{2n+1}+\cos\frac{6\pi}{2n+1}+\cdots+\cos\frac{2n\pi}{2n+1}=-\frac{1}{2},$$

$$\cos\frac{\pi}{2n+1}+\cos\frac{2\pi}{2n+1}+\cos\frac{3\pi}{2n+1}+\cdots+\cos\frac{2n\pi}{2n+1}=0.$$

例 3　已知

$$\frac{x^2}{2^2-1^2}+\frac{y^2}{2^2-3^2}+\frac{z^2}{2^2-5^2}+\frac{w^2}{2^2-7^2}=1,$$

$$\frac{x^2}{4^2-1^2}+\frac{y^2}{4^2-3^2}+\frac{z^2}{4^2-5^2}+\frac{w^2}{4^2-7^2}=1,$$

$$\frac{x^2}{6^2-1^2}+\frac{y^2}{6^2-3^2}+\frac{z^2}{6^2-5^2}+\frac{w^2}{6^2-7^2}=1,$$

$$\frac{x^2}{8^2-1^2}+\frac{y^2}{8^2-3^2}+\frac{z^2}{8^2-5^2}+\frac{w^2}{8^2-7^2}=1,$$

求 $x^2+y^2+z^2+w^2$ 的值(美国第 35 届中学生数学竞赛题).

解　由已知条件式的结构特征,用统一美的观点来看,$2^2,4^2,6^2,8^2$ 就是关于 t 的方程

$$\frac{x^2}{t-1^2}+\frac{y^2}{t-3^2}+\frac{z^2}{t-5^2}+\frac{w^2}{t-7^2}=1$$

的根,方程变形为

$$t^4-(x^2+y^2+z^2+w^2+1+9+25+49)t^3+at^2+bt+c=0.$$

由韦达定理得

$$2^2+4^2+6^2+8^2=x^2+y^2+z^2+w^2+1+9+25+49,$$

即 $x^2+y^2+z^2+w^2=36$.

例 4　设 A,B,C 是 $\triangle ABC$ 的三个内角,且

$$\begin{vmatrix} 1 & \sin A & \cos A \\ 1 & \sin B & \cos B \\ 1 & \sin C & \cos C \end{vmatrix}=0,$$

求证:$\triangle ABC$ 是等腰三角形.

分析　条件式排列的整齐、有序,且正弦、余弦的相应对称,可使我们获得如下关联直觉:点的坐标、$\sin^2\alpha+\cos^2\alpha=1$、三点共线,于是产生如下解法:

解　设 $P(\sin A,\cos A)$,$Q(\sin B,\cos B)$,$M(\sin C,\cos C)$是单位圆上的三个点. 由已知条件知这三点共线,于是 P,Q,M 中至少有两点重合,即

$$\begin{cases}\sin A=\sin B,\\ \cos A=\cos B\end{cases} \text{或} \begin{cases}\sin A=\sin C,\\ \cos A=\cos C\end{cases} \text{或} \begin{cases}\sin B=\sin C,\\ \cos B=\cos C.\end{cases}$$

而

$$0<A,B,C<\pi,$$

所以

$$A=B \quad \text{或} \quad A=C \quad \text{或} \quad B=C.$$

例 5　如图 9－11 所示,在平面上给定半径为 1 的圆与 n 个点 $A_1,A_2,\cdots,A_n$,证明:在圆上总可以找到点 M,使 $MA_1+MA_2+\cdots+MA_n\geqslant n$.

分析　由题设可能想到建立坐标系，使已知圆为 $x^2+y^2=1$，已知点为 $A_i(x_i,y_i)$ $(i=1,2,\cdots,n)$，问题转化为求证存在点 $M(\cos\theta,\sin\theta)$，使

$$\sum_{i=1}^{n}\sqrt{(x_i-\cos\theta)^2+(y_i-\sin\theta)^2}\geqslant n,$$

即

$$\sum_{i=1}^{n}\sqrt{x_i^2+y_i^2-2(x_i\cos\theta+y_i\sin\theta)+1}\geqslant n.$$

由于表达式越来越复杂，又不能保证求和式的每一项都大于或等于1. 审美直觉告诉我们，这个思路不可取.

回到图9-11，有一种整体性不平衡的感觉. 为考虑和追求整体上的和谐美，先考虑特殊情况只有一个点 A（图9-12），这时连接 AO，交圆于点 M 和 M'，则直径两端点中必有一个与 A 的距离不小于1，命题成立.

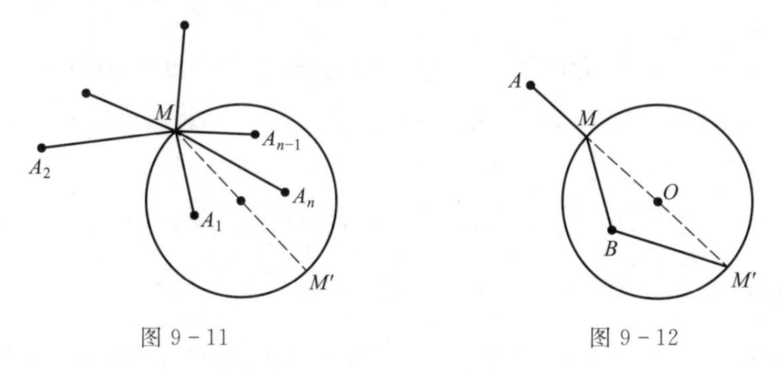

图9-11　　　　图9-12

当问题增加到两个点 A,B 时，连接 BM,BM'，有

$$AM+AM'\geqslant MM'=2,\quad BM+BM'\geqslant MM'=2.$$

两式相加得

$$(AM+BM)+(AM'+BM')\geqslant 4,$$

其中必有某一括号内的和不小于2，于是思路产生.

证明　任取一条直径 MM'，连接 $A_iM,A_iM'(i=1,2,\cdots,n)$，有

$$A_iM+A_iM'\geqslant MM'=2,$$

即有

$$\sum_{i=1}^{n}A_iM+\sum_{i=1}^{n}A_iM'=\sum_{i=1}^{n}(A_iM+A_iM')\geqslant 2n.$$

所以

$$\sum_{i=1}^{n}A_iM\geqslant n\quad 或\quad \sum_{i=1}^{n}A_iM'\geqslant n.$$

可见，从数学审美创造的角度出发，按照美的标准与方式思考问题，在某些情况下会获得解决问题的突破口.

例6　求证：$\dfrac{a^2(x-b)(x-c)}{(a-b)(a-c)}+\dfrac{b^2(x-a)(x-c)}{(b-a)(b-c)}+\dfrac{c^2(x-a)(x-b)}{(c-a)(c-b)}=x^2$（其中

$a\neq b\neq c$).

分析　用常规方法需要通分和多项式乘法，太复杂. 如果从审美角度去观察，会发现 a,b,c 是轮换对称的. 这种对称美的发现会诱导我们继而发现，a,b,c 三个不相等的数都满足这个式子，而将这个等式看成一元二次方程，那它只能有两个不相等的根，因此原等式一定是一个恒等式.

例 7　求方程组 $\begin{cases}x^2+y^2-9xy-6=0,\\x+y=5\end{cases}$ 的实数解.

分析　解二元二次方程组，按常规的代入消元法比较困难. 观察发现方程组的两个方程都是关于 x,y 对称的，我们完全可施加一个关于 x,y 对称的代换，将其化简：

设 $t=x+y,s=xy$，则原方程变为

$$\begin{cases}t^2-11s-6=0,\\t=5.\end{cases}$$

这样就可以先解出 t,s 的值，再去求 x,y 的值，运算过程就相当简捷了.

例 8　在 $\triangle ABC$ 中，三边有关系 $a^2+c^2-b^2=ac$，又 $\log_4\sin A+\log_4\sin C=1$ 且三角形的面积为 3，求三边 a,b,c 的长和三内角 A,B,C 的度数.

分析　审美观察题中的三个条件，都反映出对称的关系：在 $a^2+c^2-b^2=ac$ 中的 a,c 是对称的，在 $\log_4\sin A+\log_4\sin C=1$ 中的 A,C 是对称的，在 $\frac{1}{2}ac\sin B=3$ 中的 a,c 是对称的. 这三个关系中的对称美，又形成了整个题目中的和谐统一美的风格.

因为在三角形中 a,c 边的对角是 A,C，参考这种对称美的关系，在解题中就可遵循一种规划，即追求 A 与 C 或 a 与 c 位置的对称性. 另外，如果遇到比较 A 与 C 的大小时，由于 A,C 的对称关系，无论假定 $A>C$ 或 $A<C$，都不影响正确结论.

§6　最简元思想

求简意识是数学的本质思想之一. 数学题都是由某些基本元素和基本关系组成的，解题是建构的过程，但建构的前提是首先对题目的内在关系进行“解构”. 找出最简元并通过最简元的分析与综合突破解题思路的思想，即最简元思想.

解数学题就是从问题中的数学元素及其关系出发，通过分析，运用已知的“基本元关系”，求出目标元素或推得目标元关系(结构)的过程. 在有些实际情况下，解数学题则是在新情境下构建新的基本元关系，也就是构建数学模型，即所谓的“数学建模”，这正是前面所讲的建模思想.

例 1　一船在河流中行驶，由 A 港到 B 港顺流行驶需 6 h，由 B 港到 A 港逆流行驶需 8 h. 一天，该船从早晨 7 时整由 A 港出发顺流行驶到达 B 港后，发现救生圈掉入河水中，立即返回，1 h 后找到救生圈. 问救生圈何时刻掉入河水中?

分析　行程问题. 速度 v、时间 t 和路程 s 为基本数量，基本量关系为 $vt=s$.

设救生圈掉入河中地点为 C，找到救生圈的地点为 D. 这样先把行程河段 AB“分化”为 AC，CD，DB 共 3 个最小路程段，如图 9-13 所示.

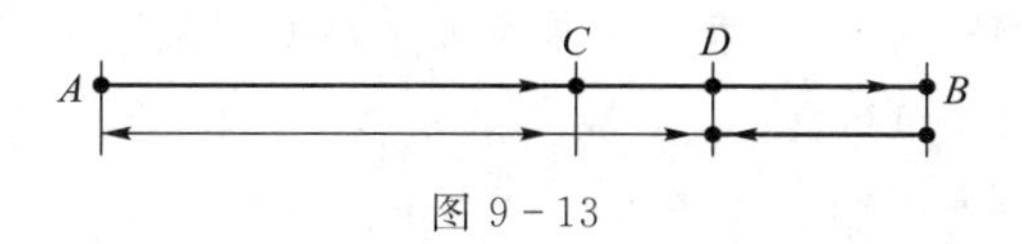

图 9-13

其次，把复杂的速度细分为船在静水中速度、水流速度、船顺流行驶速度和逆流行驶速度(单位：km/h)4 个速度，并分别记为 a，b，$a+b$ 和 $a-b$. 接着再把复杂的时间细分为：① 船顺流行驶 AB 段时间 6 h，② 船逆流行驶 BA 段时间8 h，③ 船逆流行驶 BD 段时间 1 h，④ 设救生圈在船上随船顺流行驶 AC 段时间为x h，⑤ 救生圈掉入河中随河水漂流 CD 段时间为$(6+1-x)=(7-x)$h，共 5 个时间小段. 最后，根据基本关系 $vt=s$，得相应的 5 个路程小段：

$$AB=6(a+b),\quad BA=8(a-b),\quad BD=a-b,$$

$$AC=x(a+b),\quad CD=b(7-x).$$

显然，路程段间有关系 $AB=BA=AC+CD+BD$，即有方程

$$6(a+b)=8(a-b)=(a+b)x+b(7-x)+(a-b).$$

整合上面的关系式，消去字母参数 a，b，即得 $x=5$(h).

最后，由时刻与时间的关系：初时刻+时间=末时刻，得 $7+5=12$(时)，即救生圈 12 时整掉入河中.

这是一个复杂的行程问题，速度 v、时间 t 和路程 s 为 3 类基本(母)元，基本元关系为 $vt=s$. 运用“最简元法”对最简速度(子)元、时间(子)元和路程(子)元及其关系列表解析，如表 9-2 所示.

表 9-2　用最简元法分析例 1

行驶情况		基本元		
		速度/(km·h^{-1})	时间/h	路程/km
船	① 船顺行 AB	$a+b$	6	$AB=6(a+b)$
	② 船逆行 BA	$a-b$	8	$BA=8(a-b)$
	③ 船逆行 BD	$a-b$	1	$BD=a-b$
救生圈	④ 救生圈在船上顺行 AC	$a+b$	x	$AC=(a+b)x$
	⑤ 救生圈掉入河中漂流 CD	b	$7-x$	$CD=b(7-x)$

从表 9-2 不难看出，复杂行程问题被分化为 5 个简单行程问题的组合. 由最简路程元间关系 $AB=BA=AC+CD+BD$，得含字母参数的方程

$$6(a+b)=8(a-b)=(a+b)x+b(7-x)+(a-b).$$

说明:(1) 两种解法的基本思想都是把复杂行程问题“分化”为5个简单行程问题的组合,即每个简单行程问题“分化”为最简速度、时间、路程子元3类最简元及其关系的组合;(2) 分类、分解、图示、列表等是基本元最简化的有效手段和工具;(3) 在确定基本元关系“单位量 $v\times$ 单位数 $t=$ 总量 s”的基础上,对基本元单位量 v、单位数 t、总量 s 等施行分化,使复杂应用题分化为若干简单应用题的组合,即“分化”为最简单位量 v、单位数 t、总量 s 这3类最简元及其关系的组合,从而使复杂应用题在思维方面清晰、简明、容易一些.

例 2(复杂根式问题)　化简 $\dfrac{\sqrt{2}+\sqrt{5}-\sqrt{3}}{2\sqrt{30}-6\sqrt{2}+4\sqrt{3}}$.

分析　根式、分式性质等为本题基本元关系. 由分式概念确定分子($\sqrt{2}+\sqrt{5}-\sqrt{3}$)、分母($2\sqrt{30}-6\sqrt{2}+4\sqrt{3}$)为基本(母)元. 把分子、分母分拆(一级最简化)为 $\sqrt{2}$, $\sqrt{3}$, $\sqrt{5}$, $2\sqrt{30}$, $6\sqrt{2}$, $4\sqrt{3}$, 其中 $\sqrt{2}$, $\sqrt{3}$, $\sqrt{5}$ 不必再“分化”. 运用根式性质分解(二级最简化)

$$2\sqrt{30}=(\sqrt{2})^3\sqrt{3}\sqrt{5},\quad 6\sqrt{2}=(\sqrt{2})^3(\sqrt{3})^2,\quad 4\sqrt{3}=(\sqrt{2})^4\sqrt{3},$$

由此确定 $\sqrt{2}$, $\sqrt{3}$, $\sqrt{5}$ 为本题最简元. 原复杂根式“分化”成最简元 $a=\sqrt{2}$, $b=\sqrt{3}$, $c=\sqrt{5}$ 及其关系的组合,从而,化简复杂根式 $\dfrac{\sqrt{2}+\sqrt{5}-\sqrt{3}}{2\sqrt{30}-6\sqrt{2}+4\sqrt{3}}$ 化归为化简有理式 $\dfrac{a+c-b}{a^3bc-a^3b^2+a^4b}$.

于是,分解分母得

$$原式=\frac{a+c-b}{a^3bc-a^3b^2+a^4b}=\frac{a+c-b}{a^3b(c-b+a)}=\frac{1}{a^3b},$$

回代得

$$原式=\frac{1}{(\sqrt{2})^3\sqrt{3}}=\frac{\sqrt{6}}{12},$$

或

$$\begin{aligned}原式&=\frac{\sqrt{2}+\sqrt{5}-\sqrt{3}}{(\sqrt{2})^3\sqrt{3}\sqrt{5}-(\sqrt{2})^3(\sqrt{3})^2+(\sqrt{2})^4\sqrt{3}}\\&=\frac{\sqrt{2}+\sqrt{5}-\sqrt{3}}{(\sqrt{2})^3\sqrt{3}(\sqrt{2}+\sqrt{5}-\sqrt{3})}=\frac{\sqrt{6}}{12}.\end{aligned}$$

说明:(1) 分拆、分解等数、式变换是基本元最简化的一种常用手段, $\sqrt{2}$, $\sqrt{3}$, $\sqrt{5}$ 是构成本题的最简元;(2) 复杂整式、分式、根式、指数式、对数式、三角函数式、数列等的问题,均能如同本例一样用最简元思想,在确定基本元及其关系的基础上,通过分拆、分解、分离、分裂、代换等数、式变换手段,把复杂的基本元及其关系分化、简化为最简元及其关系的组合,从而使上述复杂数、式的解证问题在思维方面变得清晰、顺畅、容易一些.

例 3(凹四边形)　如图 9 - 14 所示,凹四边形 $ABCD$,求证:

$$\angle BDC=\angle A+\angle B+\angle C.$$

分析　在所有多边形中,三角形是基本元也是最简元,已知凹四边形 $ABCD$ 虽不复杂但非基本元,需分化为基本元(三角形),而三角形的最简基本子元是三边和三角.本题是证明角元关系,确定角度为最简元.

证法 1　如图 9 - 15 所示,延长 BD 交 AC 于点 E,把原图形“分化”为两个基本元 $\triangle ABE$ 和 $\triangle EDC$,其内角(各 3 个)与 $\angle BDC$ 共 7 个角为最简基本子元. 由三角形外角定理(基本元关系)得,其中 5 个最简子元间关系为

$$\angle BDC=\angle DEC+\angle C=\angle A+\angle B+\angle C.$$

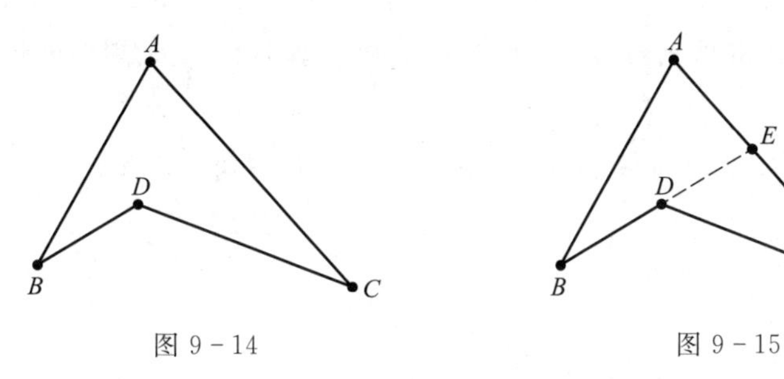

图 9 - 14　　　　图 9 - 15

证法 2　如图 9 - 16 所示,构造任意凸四边形 $ABEC$ 和 $DBEC$,确定四边形 $ABEC$ 和 $DBEC$ 为基本元,图中 $\angle BDC$, $\angle A$, $\angle E$, $\angle 1$,$\angle 2$,$\angle 3$,$\angle 4$ 这 7 个角为最简元. 由四边形内角和定理(基本元关系),7 个最简元间有关系

$$\angle A+\angle E+\angle 1+\angle 2+\angle 3+\angle 4=360^{\circ}, \quad (1)$$

$$\angle BDC+\angle E+\angle 3+\angle 4=360^{\circ}. \quad (2)$$

整合,(2)-(1)得 $\angle BDC-(\angle A+\angle 1+\angle 2)=0^{\circ}$,即 $\angle BDC=\angle A+\angle 1+\angle 2$,结论成立.

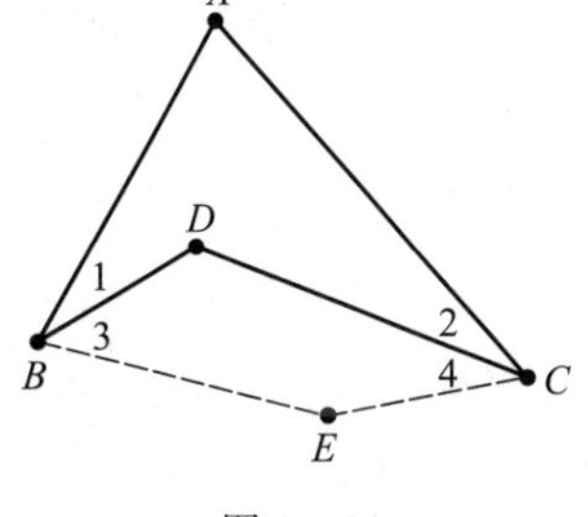

图 9 - 16

说明:(1) 用最简元法审视,可得出本题多种证明方法,如连接 AD(可延长),BC,或构造任意凸多边形均能证明结论;(2) 通过构作辅助线(面、形、体)割补复杂形体为基本形体,是复杂空间形体问题基本元最简化的基本手段.

例 4　如图 9 - 17 所示,等腰直角三角形的边长为 4,两处圆弧分别以一个顶点和对边中点为圆心,求阴影部分面积.

分析 1　图 9 - 17 阴影部分为复杂图形. 确定被等腰直角三角形的三边和两个圆弧线“分化”成的 4 小块图形(非基本图形)的面积 S_1,S_2,S_3,S_4(非基本元)为本题 4 个最简元(数学元件),等腰直角三角形面积($S_1+S_2+S_3$)、半圆面积($S_2+S_3+S_4$)、扇形面积(S_1+S_2)为 3 个基本元(组件). 诸元间有关系

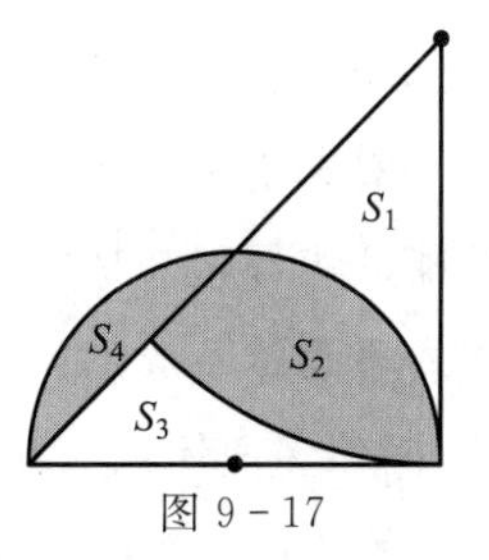

图 9 - 17

$$S_1+S_2+S_3=\frac{1}{2}\times4\times4=8, \tag{1}$$

$$S_2+S_3+S_4=\frac{1}{2}\pi\times\left(\frac{4}{2}\right)^2=2\pi, \tag{2}$$

$$S_1+S_2=\frac{1}{8}\pi\times4^2=2\pi. \tag{3}$$

(等腰直角三角形边长,圆弧半径为另一层级基本元.)

整合诸元间关系,(1)-(2),得

$$S_1-S_4=8-2\pi. \tag{4}$$

(3)-(4),得 $S_{阴影}=S_2+S_4=4\pi-8$.

分析 2　确定等腰直角三角形、半圆、扇形面积为基本元,复杂图形面积 $S_{阴影}$ 可用基本元表示为

$$S_{阴影}=扇形面积+半圆面积-等腰直角三角形面积,$$

所以

$$S_{阴影}=\frac{1}{8}\pi\times4^2+\frac{1}{2}\pi\times\left(\frac{4}{2}\right)^2-\frac{1}{2}\times4\times4.$$

例 5(加薪问题)　某人在一家公司工作,目前年薪 10 万元. 老板提供了两种加薪方案. 方案一:每年加 10 000 元;方案二:每半年加 3 000 元. 若他在该公司继续工作 5 年,选择哪种方案得到的收入多?

分析　(1) 确定基本元关系为"单位时间加薪数×时间数(年数或半年数)=加薪数";基本元为单位时间加薪数、时间数、加薪数.

(2) 基本元"单位时间加薪数"最简化为"每年加 10 000 元"和"每半年加3 000元"两种最简子元;基本元"时间数"的最简化,即把时间 5 年分化为 1,2,3,4,5 个 1 年数,和 1,2,3,…,9,10 个半年数,共两种 15 个"时间数";由基本元关系随即确定相应的 5 个和 10 个"加薪数",分别相加即得两种方案加薪总数:

方案一的 5 年加薪总数

$$F_1=10\,000\times(1+2+3+4+5)=150\,000\text{ 元};$$

方案二的 5 年加薪总数

$$F_2=3\,000\times(1+2+3+4+5+6+7+8+9+10)=165\,000\text{ 元}.$$

(3) 整合. $F_2>F_1$,即选方案二得到的收入多,比方案一多 15 000 元.

例 6(足球多面体)　如图 9-18 所示,大家都熟悉的足球虽然看起来是球体,但它实际是由黑白两色皮子缝合成的多面体而成的. 黑块皮为正五边形,白块皮为正六边形,问该多面体顶点数 V、棱数 E、面数 F 各是多少?

图 9-18

解　(1) 确定基本元关系(数学模型)为欧拉公式

$$V-E+F=2. \tag{1}$$

（2）把基本元面数 F 最简化（分拆）为正五边形块数 x 与正六边形块数 y 之和，即

$$F=x+y. \tag{2}$$

由此确定 x,y 为最简子元.

下面观察图并分析基本元 V,E 与最简元 x,y 间的关系.

首先，多面体顶点数

V＝多面体所有五边形顶点数＝一个五边形顶点数×五边形块数，

即基本母元 V 与最简元 x 间有关系

$$V=5x. \tag{3}$$

又多面体的棱就是正五、六边形的边. 观察图可得，

多面体棱数 E＝正五、六边形边数之和÷2，

即基本母元 E 与最简元 x,y 间有关系

$$E=(5x+6y)\div 2. \tag{4}$$

另一方面，y 块白色正六边形共 $6y$ 条边，其中 $3y$ 条边与白色六边形对接，另外 $3y$ 条边与黑色五边形各边对接. 故最简元 x,y 间有关系

$$5x=3y. \tag{5}$$

（3）整合诸元间关系，即解由(1)—(5)式组合成的方程组，得正五边形块数 $x=12$，正六边形块数 $y=20$. 进而解得目标元：该多面体顶点数 $V=60$，棱数 $E=90$，面数$F=32$.

只要掌握“最简元法”的实质，无须机械地套用其步骤. 有目的、有意识、能动地用最简元法的理念审视、解析复杂问题，能使我们的思维更加深刻和广阔，解题思路更为灵活.

例 7（空瓶换喝汽水）　已知 3 个空汽水瓶可换 1 整瓶汽水，现有 10 个空汽水瓶，若不添钱，问最多可喝几瓶汽水？

分析　空瓶数 3，10，整瓶汽水数 1，可喝汽水瓶数 x 为本题基本元. 把基本元1 整瓶汽水最简化（分拆）为：“1 个空瓶＋1 瓶汽水”. 设 1 个空瓶、1 整瓶汽水（含瓶）、1 瓶汽水（不含瓶）的价值分别为 a 元，b 元，c 元（本题隐含的另一类基本元，也是最简元，且 $0<a,c<b$），即 a,b,c 有（隐含）关系

$$b=a+c. \tag{1}$$

又由已知，

$$b=3a. \tag{2}$$

设 10 个空瓶最多可（换）喝 x 瓶汽水，即有含目标元 x 的关系式

$$xc\leqslant 10a. \tag{3}$$

整合诸元间关系(1)—(3)，消（约）去 a,b,c，即得目标元 $x\leqslant 5$（瓶）. 故用 10 个空汽水瓶，不添钱，最多可（换）喝 5 瓶汽水.

说明：(1) 把基本元 1 整瓶汽水（含瓶）最简化（分拆）为“1 个空瓶＋1 瓶汽水”，引入价值并确定隐含的基本元及其关系 $b=a+c$ 是解答本题的核心和关键；同类量才能比较大小，本题引入价值是合理和必要的，与其他方法比较，本解法更揭示问题的数学实质.

(2) 一般地，“已知 n 个空汽水瓶可换 m 整瓶汽水，现有 k 个空汽水瓶，若不添钱，问最多可喝几瓶汽水（n,m,k 为正整数，$m<n<k$）？”如运用本例的“最简元法”，可得此类问题的计算公式（数学模型）$x=\left[\dfrac{km}{n-m}\right]$.

例 8（发车问题）　某人在电车路轨旁与路轨平行的路上骑车，他留意到每隔 6 min有一部电车从他的后面驶向前面，每隔 2 min 有一部电车从他的前面驶向后面.假设电车和行人的速度都不变（分别用 v_1，v_2 表示），求电车每隔几分钟（用 t 表示）从车站开出一部？

分析 1　确定基本元关系为“单位量×单位数＝总数量”. 由“每隔 6 min 有一部电车从他的后面驶向前面，每隔 2 min 有一部电车从他的前面驶向后面”知，每分钟有 $\dfrac{1}{6}$部电车从他的后面驶向前面，同时有$\dfrac{1}{2}$部电车从他的前面驶向后面（对电车部数施行“分化”）. 故每分钟有$\left(\dfrac{1}{6}+\dfrac{1}{2}\right)$部电车（单位量）从他的后面驶向前面或（和）从他的前面驶向后面. 设每隔 t min（单位数）有 1 部电车从他的后面驶向前面，同时又有 1 部电车从他的前面驶向后面，即由“电车每隔 t min 从车站开出一部车”的多部车中，总共有 2 部车（总数量）从他的后面驶向前面或从他的前面驶向后面. 故

$$\left(\frac{1}{6}+\frac{1}{2}\right)t=2,\quad \text{解得}\quad t=2\div\left(\frac{1}{6}+\frac{1}{2}\right)=3(\text{min}).$$

分析 2　首先确定本题基本元关系为“速度×时间＝路程”. 速度元分为电车速度 v_1 和骑车人速度 v_2 共 2 个，时间元分为 $6,2,t$ 共 3 个. 本题骑车人与电车所在位置较复杂，用字母、数字标码法对人、车位置施行“分化”，也就“分化”了路程元. 设点 R_t，$A_{i,t}$分别表示行驶 t 分钟后骑车人、第 i 部电车所在位置.

(1) 人车同向. 如图 9－19 所示，设两重合点 R_0 与 $A_{i,0}$为骑车人和第 i 部电车相遇时所在位置，$A_{i+1,0}$，$A_{i+2,0}$，…为此时刻第 $i+1$，$i+2$，…部电车所在位置. 6 min 时间，第 i，$i+1$，…部电车行驶路程为 $A_{i,0}A_{i,6}=A_{i+1,0}A_{i+1,6}=\cdots=6v_1$，人骑行路程为 $R_0R_6=6v_2$. 6 min 后人与第 $i+1$ 部电车相遇，点 R_6 与点 $A_{i+1,6}$重合，即有路程元关系 $A_{i,0}A_{i+1,6}=R_0R_6$. 由图 9－19，各路程元间有关系

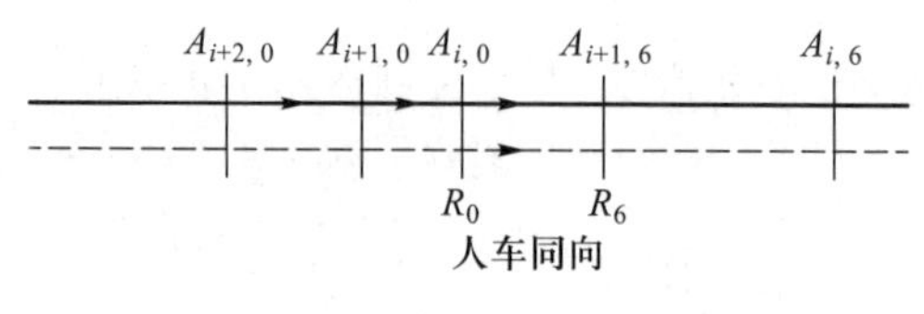

图 9－19

$$A_{i,6}A_{i+1,6}=A_{i,0}A_{i,6}-A_{i,0}A_{i+1,6}=A_{i,0}A_{i,6}-R_0R_6 \\ =6v_1-6v_2=6(v_1-v_2). \tag{1}$$

(2) 人车异向. 如图 9-20 所示,设两重合点 R_0 与 $A_{j,0}$ 为骑车人和第 j 部电车相遇时所在位置,$A_{j+1,0}$,$A_{j+2,0}$,…为此时刻第 $j+1$, $j+2$,…部电车所在位置. 2 min 时间,第 j, $j+1$,…部电车行驶路程为 $A_{j,0}A_{j,2}=A_{j+1,0}A_{j+1,2}=\cdots=2v_1$,人骑行路程为 $R_0R_2=2v_2$. 2 min 后人与第 $j+1$ 部电车相遇,点 R_2 与点 $A_{j+1,2}$ 重合,即有路程元关系 $A_{j,0}A_{j+1,2}=R_0R_2$. 所以,各路程元间有关系

$$A_{j,2}A_{j+1,2}=A_{j,2}A_{j,0}+A_{j,0}A_{j+1,2}=A_{j,2}A_{j,0}+R_0R_2 \\ =2v_1+2v_2=2(v_1+v_2). \tag{2}$$

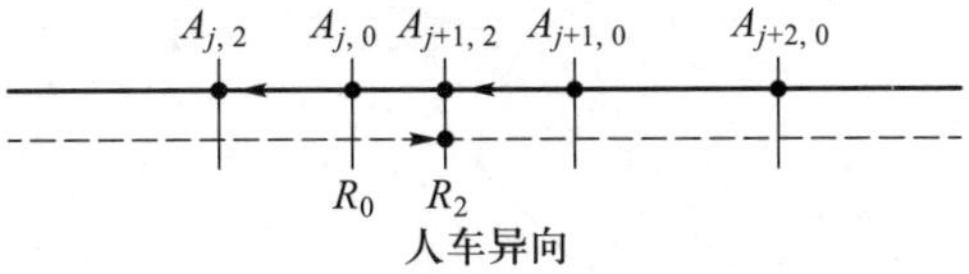

$A_{j,2}$　$A_{j,0}$　$A_{j+1,2}$　$A_{j+1,0}$　$A_{j+2,0}$

R_0　R_2

人车异向

图 9-20

(3) 因为电车每隔 t min 从车站开出一部,所以无论行驶多少时间,也无论人车同向还是异向,相邻两部电车之间距离恒为 v_1t. 故路程元间有关系

$$A_{i+1,6}A_{i,6}=A_{j+1,2}A_{j,2}=\cdots=v_1t. \tag{3}$$

整合诸元间关系,由(1)—(3)式,得

$$6(v_1-v_2)=2(v_1+v_2)=v_1t. \tag{4}$$

由 $6(v_1-v_2)=2(v_1+v_2)$,解得 $v_1=2v_2$,回代得 $t=3$(min).

解数学题要分析,解复杂数学问题更需要分析. "分析"的字典解释是:"把事物整体分解成组成部分,找出各部分的本质属性和相互联系."这个解释有两层意思,一是"分析"的对象是一个整体,要把一个整体分解成若干部分,二是要找出各部分的本质属性和相互联系. 最简元思想解题就是要将复杂问题的基本元及其关系最简化,就是通过分类、分解、分拆、分离、分裂、割补、图表……把一个整体"分化"成若干部分,即最简元及其关系的组合. 这也充分反映了"分"与"合"的对立统一过程.

习　题　九

1. 甲、乙两人分别从 A,B 两地同时出发相向而行,两人相遇在离 A 地 10 km 处. 相遇后,两人速度不变,继续前进,分别到达 B,A 之后,立即返回,又相遇在离 B 地 3 km 处. 求 A,B 两地间的距离.

2. 某水池装有编号为 1,2,3,…,9 的 9 个进出口水管,有的只进水,有的只出水. 已知所开的水管号与水池灌满时间如下:

水管号	1,2	2,3	3,4	4,5	5,6	6,7	7,8	8,9	9,1
时间/h	2	4	8	16	31	62	124	248	496

若 9 个水管一齐开，水池多少小时灌满？

3. 求证：$S=\left[\sum\limits_{k=0}^{n}(-1)^k(\sqrt{2\,022})^k\right]\left[\sum\limits_{k=0}^{n}(\sqrt{2\,022})^k\right]$是整数.

4. 三个 12 cm×12 cm 的正方形都被连接两条邻边的中点的直线分成 A,B 两片，如图 9-21(a)所示，把这 6 片黏在一个正六边形的外面，如图 9-21(b)所示，然后折成多面体(图 9-22)，求这个多面体的体积(美国第三届数学邀请赛题).

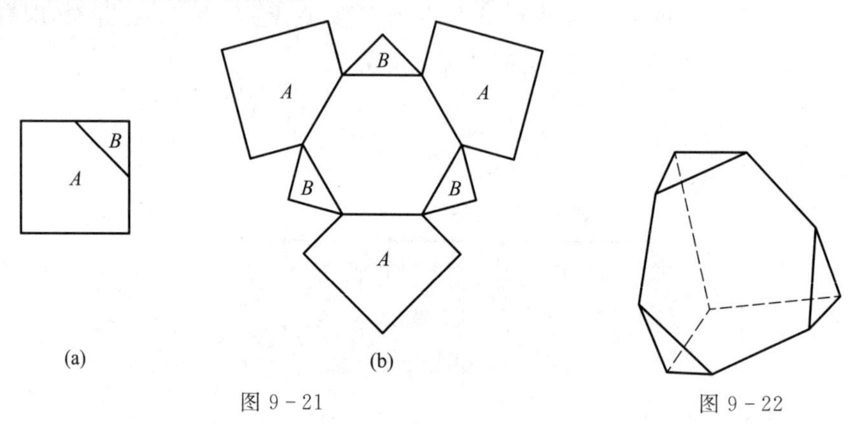

图 9-21　　　　图 9-22

5. 解函数方程 $f(x+y)+f(x-y)=2f(x)\cos y$.

6. 解不等式 $\sqrt{15+2x-x^2}\geqslant x-1$.

7. 已知正三角形 ABC 的边长为 2，点 A 在 x 轴的正方向上移动，点 B 在 45°角的终边上移动，求顶点 C 到原点的距离.

8. 已知等边$\triangle ABC$，在$\angle BAC$ 内作线段 AP，连接 BP,CP，求证：$AP\leqslant BP+CP$.

9. 求与已知圆 $x^2+y^2-4x-8y+15=0$ 相切于点 $A(3,6)$且经过点 $B(5,6)$的圆的方程.

10. 等差数列$\{a_n\}$中，$S_n=a_1+a_2+\cdots+a_n$，求证：

$$\frac{S_{n+m}}{n+m}=\frac{S_n-S_m}{n-m}\quad(n\neq m).$$

11. 证明：任意三角形的边长 a,b,c 满足不等式

$$a(b-c)^2+b(c-a)^2+c(a-b)^2+4abc>a^3+b^3+c^3.$$

12. 已知 $f(x)=\dfrac{x^2}{1+x^2}$，求 $f(1)+f(2)+\cdots+f(100)+f\left(\dfrac{1}{2}\right)+f\left(\dfrac{2}{2}\right)+f\left(\dfrac{3}{2}\right)+\cdots+f\left(\dfrac{100}{2}\right)+\cdots+f\left(\dfrac{1}{100}\right)+f\left(\dfrac{2}{100}\right)+\cdots+f\left(\dfrac{100}{100}\right)$的值.

13. 设 $a>0$,$b>0$,$c>0$，求证：

$$\sqrt{a^2-ab+b^2}+\sqrt{b^2-bc+c^2}>\sqrt{c^2-ca+a^2}.$$

14. 试证：在有 6 人参加的集会中，至少有 3 人原先就相互认识或相互不认识.

15. 求满足下列方程组的实数解：

$$\begin{cases}x=\dfrac{2z^2}{1+z^2},\\[2ex] y=\dfrac{2x^2}{1+x^2},\\[2ex] z=\dfrac{2y^2}{1+y^2}.\end{cases}$$

16. 设 a^2,b^2,c^2 成等差数列,求证:$\frac{1}{b+c},\frac{1}{c+a},\frac{1}{a+b}$也成等差数列.

17. 化简 $\cot 18°+\cot 36°+\cot 54°+\cot 72°$.

18. 解方程$\left(\sqrt{3+2\sqrt{2}}\right)^x+\left(\sqrt{3-2\sqrt{2}}\right)^x=6$.

19. 二次方程 $2x^2-(\sqrt{3}+1)x+k=0$ 的解为 $\sin\theta,\cos\theta$ 时,求 k 的值.

20. 解不等式$\left|x^2-\sqrt{x-3}\right|<\left|2-\sqrt{x-3}\right|+\left|x^2-2\right|$.

21. 过椭圆$\frac{x^2}{25}+\frac{y^2}{16}=1$外一点 $P(6,5)$作椭圆的两条切线,求过两个切点的直线方程.

22. 不等于零的三个数 a,b,c 满足$\frac{1}{a}+\frac{1}{b}+\frac{1}{c}=\frac{1}{a+b+c}$,求证:$a,b,c$ 中至少有两个互为相反数.

23. 设$\frac{x}{x^2+x+1}=a$,其中 $a\neq 0$,求$\frac{x^2}{x^4+x^2+1}$的值.

24. 证明:对每一个正角 $\alpha<180°$,有不等式 $\sin\alpha+\frac{1}{2}\sin 2\alpha+\frac{1}{3}\sin 3\alpha>0$.

25. 已知$\frac{x}{a}+\frac{y}{b}+\frac{z}{c}=1$,$\frac{a}{x}+\frac{b}{y}+\frac{c}{z}=0$,求证:$\frac{x^2}{a^2}+\frac{y^2}{b^2}+\frac{z^2}{c^2}=1$.

26. 如图 9-23 所示,腰长为 6 的等腰直角三角形 FDE 和腰长为 9 等腰直角三角形 ABC 部分地重叠在一起,且 $BE=1$,求阴影部分的面积.

27. 如图 9-24 所示,Rt$\triangle ABC$ 中,$AC=BC=2$. 若$\triangle ABC$ 在它所在的平面内绕点C 顺时针旋转 90°,求斜边 AB 扫过的面积(阴影部分面积).

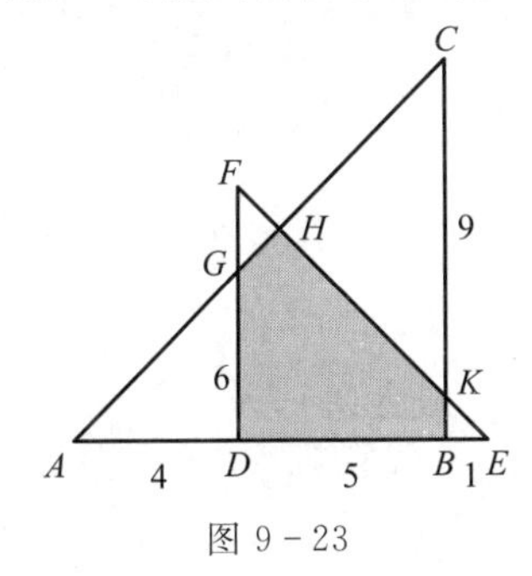

图 9-23

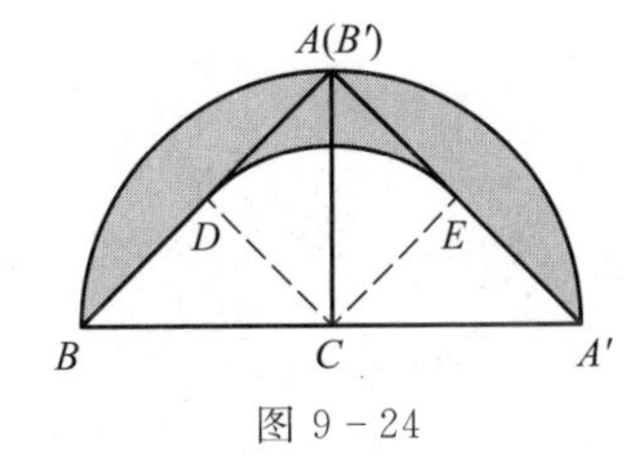

图 9-24

28. 如图 9-25 所示,AB 是$\odot O_1$ 的直径,AO_1是$\odot O_2$ 的直径,弦 $MN\parallel AB$,且 MN 与$\odot O_2$ 相切于点 C,$\odot O_1$ 的半径为 2. 求所围成的阴影部分的面积.(提示:连接 O_1N,O_2C,作 $O_1D\perp MN$.)

29. 如图 9-26 所示,E,F 分别是平行四边形 $ABCD$ 的边 AB,BC 的中点,设图中阴影部分面积为 S,无阴影部分面积为 S',求 $S:S'$的值.

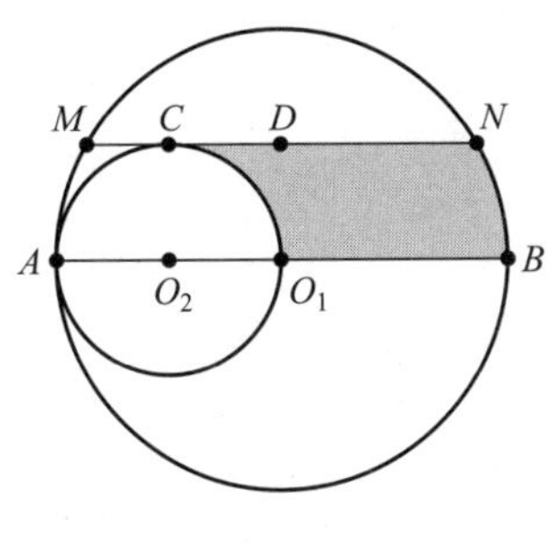

图 9-25

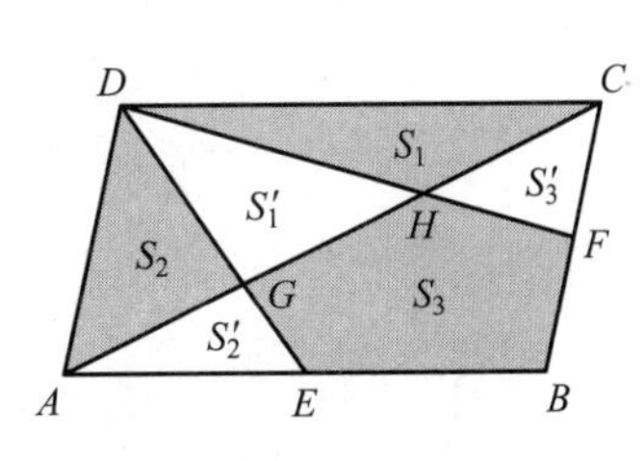

图 9-26

30. 商店经销某商品，年进货总量为 D 件，每件商品的年库存费用为 I，每次进货所需费用为 S. 现假设商店在卖完该货物时立即进货，使平均库存量为$\frac{Q}{2}$件，问每批进货 Q 为多大时，一年内总费用最省？

31. 甲、乙二人骑摩托车从 A，B 两地出发相向而行，车速比为 4∶5. 相遇后各自沿原方向继续行驶. 甲到达 B 地后立即返回行驶且速度增加$\frac{1}{4}$，乙到达 A 地后亦立即返回行驶且速度增加$\frac{1}{3}$，两人第二次相遇地点与第一次相遇地点距离为 34 km，求 A，B 两地距离.

第九章典型习题

解答或提示

参考文献

[1] 徐利治. 数学方法论选讲[M]. 3版. 武汉:华中理工大学出版社,2000.

[2] 王仲春,李元中. 数学思维与数学方法论[M]. 北京:高等教育出版社,1989.

[3] 波利亚. 怎样解题[M]. 阎育苏,译. 上海:上海科技教育出版社,2011.

[4] 波利亚. 数学的发现[M]. 刘景麟,邹清莲,曹之江,译. 北京:科学出版社,2006.

[5] 弗里德曼. 怎样学会解数学题[M]. 陈淑敏,尹世超,译. 哈尔滨:黑龙江科学技术出版社,1981.

[6] 唐以荣. 中学数学综合题解法新论[M]. 重庆:重庆出版社,1982.

[7] 唐以荣. 中学数学综合题解题规律讲义[M]. 重庆:西南师范大学出版社,1987.

[8] 罗增儒. 数学解题学引论[M]. 西安:陕西师范大学出版社,2016.

[9] 罗增儒. 怎样解答高考数学题[M]. 西安:陕西师范大学出版社,1997.

[10] 霍振化,张雄. 怎样解数学题[M]. 西安:陕西人民教育出版社,1993.

[11] 戴再平. 数学习题理论[M]. 上海:上海教育出版社,1991.

[12] 张雄. 数学教育学概论[M]. 西安:陕西科学技术出版社,2001.

[13] 梁法驯. 数学解题方法[M]. 武汉:华中理工大学出版社,1995.

[14] 高隆昌. 数学及其认识[M]. 成都:西南交通大学出版社,2011.

[15] 李玉琪. 数学方法论[M]. 海口:南海出版公司,1990.

[16] 吴岱明. 科学研究方法学[M]. 长沙:湖南人民出版社,1987.

[17] 张顺燕. 数学的源与流[M]. 2版. 北京:高等教育出版社,2003.

[18] 阮体旺. 数学方法论[M]. 北京:高等教育出版社,1994.

[19] 霍华德·加德纳. 多元智能[M]. 沈致隆,译. 北京:新华出版社,2004.

[20] 朱学志. 数学的历史、思想和方法[M]. 哈尔滨:哈尔滨出版社,1990.

[21] 张奠宙. 20世纪数学经纬[M]. 上海:华东师范大学出版社,2002.

[22] 喻平. 数学问题化归理论与方法[M]. 桂林:广西师范大学出版社,1999.

[23] 徐利治,郑毓信. 关系映射反演方法[M]. 南京:江苏教育出版社,1989.

[24] 史久一,朱梧槚. 化归与归纳类比联想[M]. 南京:江苏教育出版社,1988.

[25] 王振鸣. 数学解题方法论[M]. 海口:南海出版公司,1990.

[26] 伊夫斯 H. 数学史概论[M]. 欧阳绛,译. 哈尔滨:哈尔滨工业大学出版社,2009.

[27] 张顺燕. 心灵之花[M]. 北京:北京大学出版社,2002.

[28] 张雄. 数学发现之旅[M]. 北京:中国科学技术出版社,2012.

读者意见反馈

为收集对教材的意见建议，进一步完善教材编写并做好服务工作，读者可将对本教材的意见建议通过如下渠道反馈至我社。

咨询电话　400-810-0598

反馈邮箱　hepsci@pub.hep.cn

通信地址　北京市朝阳区惠新东街4号富盛大厦1座

　　　　　高等教育出版社理科事业部

邮政编码　100029